CHANGJIAN
ZHONGYAOCAI
SHENGCHAN GUANLI JISHU

陈随清 主编

常见中药材生产管理技术

植物源 · 动物源 · 菌物源 · 形态特征 · 生长习性 · 栽培技术 · 收获与加工

中原农民出版社
· 郑州 ·

图书在版编目（CIP）数据

常见中药材生产管理技术 / 陈随清主编 .—郑州 : 中原农民出版社 , 2022.10
ISBN 978-7-5542-2476-2

Ⅰ. ①常… Ⅱ. ①陈… Ⅲ. ①药用植物—栽培技术 Ⅳ. ①S567

中国版本图书馆CIP数据核字（2021）第206521号

常见中药材生产管理技术

CHANGJIAN ZHONGYAOCAI SHENGCHAN GUANLI JISHU

出 版 人：刘宏伟
选题策划：张付旭
责任编辑：李运飞
责任校对：张晓冰　韩文利
责任印制：孙　瑞
装帧设计：贾　悦

出版发行：中原农民出版社
地址：郑州市郑东新区祥盛街 27 号 7 层　　邮编：450016
电话：0371 － 65788690（编辑部）　0371 － 65788199（营销部）
经　　销：全国新华书店
印　　刷：河南省诚和印制有限公司
开　　本：710 mm×1010 mm　1/16
印　　张：26.5
字　　数：360 千字
版　　次：2022 年 10 月第 1 版
印　　次：2022 年 10 月第 1 次印刷
定　　价：86.00 元

主　编　陈随清（河南中医药大学）

副主编（按姓氏笔画排列）

兰金旭（河南中医药大学）　刘玉霞（河南省农业科学院）
杨铁钢（河南省农业科学院）　侯小改（河南科技大学）
黄显章（南阳理工学院）

编　委（按姓氏笔画排列）

付　钰（河南中医药大学）　朱昀昊（河南中医药大学）
乔　璐（河南中医药大学）　孙孝亚（河南中医药大学）
纪宝玉（河南中医药大学）　苏秀红（河南中医药大学）
李　超（南阳理工学院）　杨月琴（河南科技大学）
吴廷娟（河南中医药大学）　张　飞（河南中医药大学）
张　庆（河南中医药大学）　张　宝（河南中医药大学）
张国盘（河南牧业经济学院）　练从龙（河南中医药大学）
侯典云（河南科技大学）　葛晓瑾（河南省农业科学院）
薛淑娟（河南中医药大学）

前　言

中医用的药材自古以来以野生为主，但随着人口的不断增长，特别是随着我国经济的快速发展和人民生活水平的日益提高，人们对中药材的需求量也越来越大，野生药材已经远远不能满足中医临床的需求。近年来我国中药材生产发展迅速，2000~2020 年，种植面积达到 8 000 余万亩，居世界第一位；同时中药材出口量居世界第一。目前中医临床常用的近 500 种中药材中有 300 种已经实现了人工种植。

中药材虽属于农产品，但它是特殊的农产品，它的品质关系到人民群众的用药安全及生命健康，所以产品质量问题不容小觑。由于大多数药材的人工种植历史较短，栽培技术和规范程度远远不能与大宗农作物相比，还存在很多问题，如种子种苗培育、田间管理、病虫草害防治、采收加工等环节还有很多关键技术问题没有解决；同时中药材品种多，单品种种植面积小，每个品种种植技术不同，使得种植规范的制定和机械化生产面临很多困难。

本书选择适合我国中原地区生产的常用中药材，重点介绍生产过程中的关键技术，以保证中药材的规范化生产。特别是介绍了每个药材质量评价指标和商品规格等级标准，目的是要重视中药材的质量，保证中药材的疗效。另外，动物药材也是中药材的重要组成部分，全蝎、土鳖虫、蜈蚣、鹿茸、龟板、鳖甲等是中医临床常用中药，中原地区是主要养殖生产地区，因此本书收载了全蝎、土鳖虫、蜈蚣、梅花鹿、乌龟、中华鳖等的生产管理技术。

为方便读者阅读，书中采用生产中人们习惯叫法，没有严格对植物名和中药材名进行区分。

本书的编写得到河南省中药材产业技术体系的大力支持。参加本书编写的人员来自河南中医药大学、河南省农业科学院、河南科技大学、南阳理工学院和河南牧业经济学院等高等院校与科研院所。本书的编写以中药材生产中存在的问题为导向，本着简练、实用的目的，重点介绍中药材生产中的关键技术。本书适合中药材种植或养殖人员、中药材生产管理人员、中药材商贸人员以及中药学专业、中药资源与开发专业的老师和学生学习参考。受编写人员水平和经验的限制，书中存在错误在所难免，欢迎读者在使用过程中多多批评指正，在此表示衷心感谢！

主编　陈随清

目录

植物源

动物源

菌物源

植物源

学名：*Artemisia argyi* Levl. et Vant.

科：菊科

艾，多年生草本植物，以叶入药，药材名艾叶，性温，味辛、苦。具有温经止血、散寒止痛之功效，外用祛湿止痒。用于吐血，衄血，崩漏，月经过多，胎漏下血，少腹冷痛，经寒不调，宫冷不孕等症；外治皮肤瘙痒。艾全草称为艾草，可作为加工艾绒、提取艾油的原料。

一、生物学特性

艾喜温暖、湿润气候，在潮湿肥沃土壤上生长良好。生于低海拔至中海拔地区的荒地、路旁及山坡等地，也见于森林及草原地区，局部地区为植物群落的优势种。24~30℃生长旺盛，气温高于30℃茎秆易老化、抽枝、病虫害加重。一般每年3月下旬开始返青出苗，可长高至80~150 cm，霜降后随着温度降低，地上部分开始枯萎。花果期在9~10月。

二、选地与整地

艾种植以光照充足、土层深厚、土壤通透性好、有机质丰富的中性土壤为佳，在肥沃、松润、排水良好的沙壤及黏壤土中生长良好。整地时深耕30 cm，每亩（1亩=1/15公顷）施腐熟有机肥2 000~3 000 kg、复合肥20~30 kg，耙碎做畦，畦宽5 m，便于人工除草和机械作业。每两畦间开一浅沟，沟深20 cm、宽30 cm，便于防涝排水。

三、繁殖方法

1. 种子繁殖　于早春播种，3~4 月可直播或育苗移栽，直播行距 40~50 cm，播种后覆土不宜太厚，以 0.5 cm 为宜或以盖严种子为度。若为育苗移栽，苗高 10~15 cm 时，按株距 20~30 cm 定苗。

2. 分株繁殖　艾草分蘖能力强，可进行分株繁殖。每年 3~4 月，株高 15~20 cm 时，挖取艾草分株后按行株距 45 cm × 30 cm 种植，栽培后浇水，以利生根。普通种植行株距为 45 cm × 30 cm；密植行株距为 45 cm × 15 cm；合理密植行株距则为 45 cm × 20 cm。每穴 1 株。在黏性较大的黄土地或黑土地上，种植深度 5~8 cm；沙土地或麻骨石地种植深度以 8~10 cm 为宜。

四、田间管理

1. 中耕与除草　一般出苗后，3 月下旬和 4 月上旬各中耕除草 1 次。每次采收后，及时拔草。

2. 施肥　以基肥和有机肥为主，追肥为辅。基肥在 1 月施入，一般亩施高钾复合肥 20~30 kg。春季适当追肥可显著促进艾苗生长，一般在 3 月中上旬，结合田间清沟、锄草后，每亩田间撒施尿素 10~15 kg，并喷施 1~2 遍 800 倍磷酸二氢钾叶面肥。

3. 灌溉　干旱及时浇水，雨后清沟排水。

五、病虫害防治

艾在 4 月底至 5 月易大面积暴发蚜虫，蚜虫主要在艾田秋冬老株老兜、田间杂草等处过冬。应提前做好蚜虫综合防控：一是冬季和早春要及时清理田间老株、杂草和田埂杂草，保持田间卫生，减少田间蚜虫、叶蝉等越冬虫源；二是在 2~3 月全田用石灰半量式波尔多液 150~200 倍液喷雾防治，每隔 10 d 施用 1 次，连续 2~3 次；三是在冬季和早春，利用田埂和田间空地播种苜蓿、紫云英、蚕豆等植物，为蚜虫天敌瓢虫等益虫提供生存场所，进行生物防控。

六、采收加工

艾叶第1茬收获期在6月初，于晴天及时收割，割取地上带有叶片的茎枝，并进行茎叶分离，摊晒在太阳下，或者低温烘干，干燥后打包存放。7月中上旬，选择晴好天气收获第2茬，下霜前后收取第3茬。

艾草则不需要茎叶分离，晒干即可。

七、质量评价

1. 经验鉴别　以色青、背面灰白色、绒毛多、叶厚、质柔软而韧、香气浓郁者为佳。

2. 检查　水分不得过15.0%。总灰分不得过12.0%。酸不溶性灰分不得过3.0%。

3. 含量测定　照气相色谱法测定，本品按干燥品计算，含桉油精不得少于0.050%，含龙脑不得少于0.020%。

商品规格等级

艾叶药材一般为统货，不分等级。

统货：干货。多皱缩、破碎，有短柄。完整叶片展平后呈卵状椭圆形，羽状深裂，裂片椭圆状披针形，边缘有不规则的粗锯齿；上表面灰绿色或深黄绿色，有稀疏的柔毛和腺点，下表面灰白色，密生绒毛。质柔软。气清香，味苦。

百合

学名：*Lilium brownii* F. E. Brown var. *viridulum* Baker.

科：百合科

百合，多年生草本植物，以干燥肉质鳞叶入药，味甘，性寒，具有养阴润肺、清心安神的功效，用于阴虚燥咳、劳嗽咳血、虚烦惊悸、失眠多梦、精神恍惚。百合为药食兼用品种。近年的研究表明，百合主要富含多种生物碱，百合苷A、百合苷B、秋水仙碱、秋水仙胺及蛋白质、脂肪、磷、铁、钙、锌、维生素C、维生素B_1、维生素B_2、胡萝卜素等药用及营养成分。野生品种原产于中国，主产于湖南、四川、河南、江苏、浙江、甘肃等省区，全国各地均有种植。

一、生物学特性

百合，鳞茎球形，多片、质肥厚、色泽洁白、先端常开放如莲座状。株高70~150 cm。花大、多白色、漏斗形，单生于茎顶。蒴果长卵圆形，具钝棱。种子多数，卵形，扁平。6月上旬现蕾，7月上旬始花，7月中旬盛花，7月下旬终花，果期7~10月。8月上旬地上叶进入枯萎期。6~7月为干物质积累期，花凋谢后进入高温休眠期。

喜凉爽，较耐寒，高温地区生长不良。喜干燥，怕积水。土壤湿度过高则引起鳞茎腐烂死亡。应选择深厚、肥沃、疏松且排水良好的壤土或沙壤土种植。黏重的土壤不宜栽培。忌连作，3~4年轮作一次，前作以豆科、禾本科作物为好。根系粗壮发达，耐肥。

二、选地与整地

选地以富含腐殖质、土层深厚疏松、排水良好的沙质壤土为宜。喜微酸性土壤，pH 5.5~7.0。种植前 30 d 施基肥，每亩施入腐熟的堆肥、牛粪、羊粪等有机肥 5 000~8 000 kg，过磷酸钙 200 kg，或施入 15~20 kg 的磷酸二铵和硫酸钾复合肥，也可以增施 40 kg 左右的骨粉。可用福尔马林、敌百虫等防治土传病虫害。种植前进行土地平整，整成南北向高垄，垄面宽 90~120 cm，沟宽 30 cm，垄高 25 cm。四周开好 30 cm 深的排水沟，以利排水。

三、育苗移栽

百合在生产上主要有鳞片繁殖、小鳞茎繁殖、珠芽繁殖和大鳞茎分株繁殖等无性繁殖方式。春夏秋冬均可种植，秋播多为 8 月下旬至 9 月上旬，春播多为 2 月下旬至 3 月上旬。

1. 鳞片繁殖　选择生长势强、植株高、茎秆粗品种的无病、肥大鳞片，用多菌灵或高锰酸钾配成消毒液浸泡消毒；将 1/3~2/3 的鳞片基部向下插在苗床上，株距 3~4 cm，行距 15 cm，盖草 2~3 cm 保湿，4~5 d 即可发芽，20 d 后形成 1~2 个小鳞茎。2~3 年鳞茎重达 50 g 即可移栽。

2. 小鳞茎繁殖　老鳞茎茎轴上的小鳞茎经消毒后按行株距 25 cm × 6 cm 播种，经 1 年的培养，达到 50 g 即可移栽。

3. 珠芽繁殖　成熟珠芽采集后与湿沙混合置于阴凉通风处。秋季按株行距 12~15 cm、深 3~4 cm 播种，覆盖。2 年后即可移栽。

4. 大鳞茎分株繁殖　收获时选取个头较大的鳞茎用手掰开作种，直播于大田，第二年 8~10 月收获。

移栽一般为秋播，多为 8 月下旬至 9 月上旬播种，株行距为 15 cm × 20 cm，穴深 3~7 cm，将鳞茎底部朝下摆正，覆土。盖草防冻和保持土壤湿润。

四、田间管理

1. 中耕除草　及时中耕除草。一般中耕除草与施肥结合，除草2~3次，浅锄，以免伤鳞茎。

2. 追肥　一般追施3次，3月下旬每亩追施复合肥20 kg、尿素10 kg；4月下旬追施复合肥25 kg、尿素15 kg；6月中旬每亩追施磷酸二氢钾和钼酸铵50 kg。

3. 灌溉排水　种植后应马上浇一次透水，以后视土壤墒情灌溉。生长中期需要充足的水分；在积水严重时，要及时排水。

4. 摘花蕾和珠芽　植株孕蕾期间，及时摘除花蕾和珠芽，促进鳞茎生长。

五、病虫害防治

1. 疫病、病毒病、灰霉病、细菌性软腐病　其他几种病害综合防治方法：①种球消毒。②轮作倒茬。③清沟沥水，避免土壤及空气湿度过分潮湿。④避免损伤植株。⑤采用配方施肥和喷洒农药技术，适当增施磷肥、钾肥，提高抗病力，使幼苗生长健壮；种球出苗后可用30%甲霜·噁霉灵水剂200倍液喷淋，防治根茎病害；用石灰倍量式波尔多液160~240倍液作叶面喷雾，可有效防治叶部病害。

2. 虫害　白粉虱通过悬挂黄色黏虫板诱杀，吡虫啉结合阿维菌素喷雾防治。地老虎、蛴螬可用毒土、毒饵诱杀，或用辛硫磷等灌根防治。蚜虫用吡虫啉或阿维菌素喷雾防治，尤其叶片背面。红蜘蛛使用苦参碱、藜芦碱等配合阿维菌素防治。

六、采收加工

1. 采收　应于移栽后的第二年立秋前后，当茎叶枯萎时，选晴天挖取，除去泥土、茎叶和须根。

2. 加工　先将大鳞茎剥离成片，按照大、中、小分别盛放，洗净泥土，沥干水分，然后投入沸水中烫煮，大片约 10 min，小片 5~7 min，煮至边缘柔软，背面有极细的裂纹时，迅速捞出，放入清水中漂洗出黏液，立即薄摊于晒席上暴晒，未干时不要随意翻动，以免破碎。晚间收进屋内平摊晾干，切勿堆放。次日再晒，晒两天后可翻动一次，晒至全干。遇阴雨天可烘干。

七、质量评价

1. 经验鉴别　以肉厚、色白、质坚、味苦者为佳。

2. 检查　水分不得过 3.0%。总灰分不得过 5.0%。

3. 浸出物　照水溶性浸出物测定法项下的冷浸法测定，不得少于 18.0%。

4. 含量测定　照高效液相色谱法，本品按干燥品计算，含百合多糖以无水葡萄糖计，不得少于 21.0%。

商品规格等级

商品一般称为龙牙百合，分为 3 个等级。

一等：干货。呈长椭圆形，表面乳白色至淡黄色，有数条纵直平行的白色维管束。顶端稍尖，基部稍宽，边缘薄，微波状，略向内弯曲。质硬而脆，断面较平坦，角质样。气微，味微苦。4.5 cm ＜长度≤ 5.0 cm，1.7 cm< 宽度≤ 2.0 cm，中部厚 2~4 mm。

二等：长度 3.5~4.5 cm，宽度 1.4~ 1.7 cm，中部厚 2~4 mm。余同一等。

三等：2 cm ≤长度 <3.5 cm，1 cm ≤宽度 <1.4 cm，中部厚 2~4 mm。余同一等。

白花蛇舌草

学名：*Hedyotis diffusa* Willd.

科：茜草科

白花蛇舌草，一年生披散草本，全草入药，具有清热解毒、利湿消肿、活血止痛的功效，主治咽喉肿痛、湿热黄疸等病症，尤善治疗各种类型炎症。河南的信阳、驻马店等区域有大面积栽培。

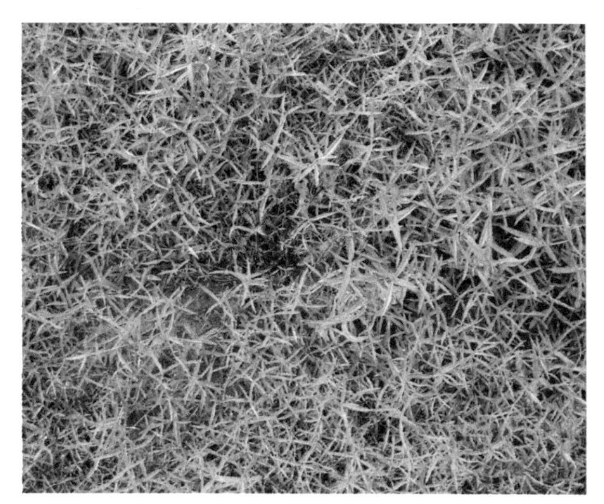

一、生物学特性

白花蛇舌草植株高 15~50 cm。根细长。茎略带方形或扁圆柱形，光滑无毛，从基部发出多分枝。叶对生，无柄，膜质，线形，长 1~3 cm，宽 1~3 mm。花单生或成对生于叶腋，常具短而略粗的花梗，花冠白色，漏斗形，长 3.5~4 mm。蒴果扁球形，直径 2~2.5 mm，种子棕黄色，极细小，千粒重仅为 5 mg。

白花蛇舌草的生育期为 140~150 d，大致可划分为出苗期、展叶期、花期和果期。白花蛇舌草出苗期为 4 月下旬至 5 月下旬。从出苗后出现第一对真叶到分枝后叶片停止生长，前后 80~100 d，此期植株生长迅速，根也生长最快，伸长量约为成熟时根长的 76%，为展叶期。白花蛇舌草大多在 6 月上旬至 7 月上旬开始现花，花期约延续 65 d，但主要集中在 7 月中旬至 8 月中旬。白花蛇舌草从 6 月底初见结果，果期因受花期的影响，延续 60 多天，此期对肥水并不敏感，植株生长减慢甚至停止生长，中下部叶片开始发黄，但上部叶片仍为青色。

二、选地与整地

1. 选地　白花蛇舌草选择光照充足、灌溉方便且土壤疏松肥沃、富含腐殖质的壤土地块种植。

2. 整地　每亩施入腐熟有机肥 2 000 kg 作基肥，均匀撒入土内，浅耕细耙，深耕 25 cm 左右，耙细整平，做宽 1.2 m 的高畦，畦沟宽 30~45 cm，深 30 cm，畦面呈龟背形，以便排灌。

三、播种

1. 播种时间　白花蛇舌草用种子繁殖，一亩地需要种子 1 kg。播种可分为春播和秋播。春播作商品，秋播既可作商品又可留种。春播以 3 月下旬至 5 月上旬为佳，至 8 月下旬至 9 月上旬收获。秋播于 8 月中下旬进行，至 11 月中下旬待果实成熟后即可收获。

2. 种子处理　将白花蛇舌草的果实放在水泥地上，用橡胶或布包的木棒轻轻摩擦，脱去果皮及种子外的蜡质，然后将细小的种子拌细土数倍，便于播种均匀。

3. 播种方式　一般分条播和撒播，条播行距为 30 cm；撒播将带细土的种子均匀播在畦面上，稍压或用竹扫帚轻拍，在播种后用小麦秸秆薄薄盖一层，白天遮阴，晚上揭开，直至出苗后长出 4 片叶子为止，早晚喷浇一次水，保持畦面湿润。

四、田间管理

1. 中耕除草　由于白花蛇舌草的苗较细弱，宜在其展叶初期苗高 5~7 cm 时，进行人工中耕除草，并以株距 5 cm 间苗，除弱留壮；苗高 8~10 cm 时可进行第 2 次中耕除草，进行定苗，株距 15 cm 左右。待植株长大披散满地时，不再除草，以免锄伤植株。

2. 抗旱排涝　白花蛇舌草播种后应经常浇水，保持土壤湿润，但忌畦面积水，雨后或连续多天下雨有积水应及时排除，天旱时采用灌喷的方法进行灌溉。7~8 月气温较高时，应在沟内灌水，可适当遮阴降温以防止植株烧伤。植物在生长期间，排灌水是关键，既要防旱又要防涝，果期可以停止灌溉。

3. 合理追肥　白花蛇舌草生长期短，需要重施基肥，以农家肥为主。同时施用一定量氮肥，既能疏松土壤，又能促进植物生长。第 1 次中耕除草，每亩薄施农家肥 1 000 kg、尿素 10 kg，促进幼苗的生长；第 2 次追肥每亩薄施农家肥 1 500 kg、饼肥水 50 kg。封行前每亩追施腐熟厩肥 2 000 kg，过磷酸钙 30 kg。如遇苗情长势不好，在 6 月上旬苗高 10 cm 左右时，每亩用农家肥 500 kg，加水稀释 5 倍泼浇，中期按长势可不定期追施农家肥，由于白花蛇舌草苗嫩，追肥时要掌握浓度，以防灼烧。如需收获两次，在第 1 次收割后，每亩追施一次农家肥或尿素 15 kg，待苗高 10 cm 左右再施清水粪，如果在收获前，即刚开花时，苗势不好，可增施一次农家肥。

五、病虫害防治

白花蛇舌草主要害虫为地老虎、斜纹夜蛾等。地老虎可用敌百虫拌炒香的豆饼或麦麸做成毒饵诱杀，或于清晨露水干前人工捕杀；斜纹夜蛾可用诱虫灯诱蛾，或亩用 5% 氟虫腈悬浮剂 40 mL 或苏云金芽孢杆菌 200~250 g 防治。

六、采收加工

白花蛇舌草一年可收割两次，第 1 次收获在 8 月中下旬，果实发黄成熟时，齐地面割取地上部分。第 2 次收获在 11 月上旬待果实成熟时，割取地上部分。晒干即可。

七、质量评价

1. 经验鉴别　以质嫩、茎叶完整、茎髓部饱满者为佳。

2. 检查　水分不得过 12.5%。总灰分不得过 11.0%。酸不溶性灰分不得过 3.0%。

3. 浸出物　照醇溶性浸出物测定法项下的热浸法测定，用 50% 乙醇作溶剂，不得少于 12.5%。

4. 含量测定　照高效液相色谱法测定，本品含齐墩果酸和熊果酸的总量不得少于 0.25%。

商品规格等级

白花蛇舌草药材商品一般为统货，不分等级。

统货：干货。全体扭缠成团状，灰绿色至灰棕色。主根细长，直径约 2 mm，须根纤细，淡灰棕色。茎细，卷曲，质脆，易折断，中心髓部白色。叶多皱缩，破碎，易脱落；托叶长 1~2 mm。花、果单生或成对生于叶腋，花常具短而略粗的花梗。气微，味淡。

白及

学名：*Bletilla striata* (Thunb.) Reichb.f.

科：兰科

白及，多年生草本植物，又名连及草、甘根等，以干燥块茎入药，是我国的传统名贵中药材之一，具有收敛止血、消肿生肌之功效，用于咯血、外伤性出血、吐血、皮肤皲裂和疮疡肿毒等症。河南三门峡卢氏县，南阳南召县、桐柏县，洛阳栾川县、嵩县种植较为集中。

一、生物学特性

白及植株高 18~60 cm。假鳞茎扁球形，上面具荸荠似的环带，富黏性。茎粗壮劲直。叶 4~6 枚，狭长圆形或披针形。顶生总状花序，一般有 3~10 朵花，花较大，花色多样，有粉红色或紫红色。蒴果呈棱柱形，外表面有 6 条长棱，里面是极细小的种子，每个蒴果有 3 万 ~5 万粒种子，但自然条件下其种子的萌发率较低。花期在 4~5 月，果期在 7~9 月。3~4 月根茎开始萌发，6 月地上部分生长旺盛。霜冻后地上部分枯萎，地下部分可在田间越冬。

白及喜温暖、湿润、阴凉的气候环境。野生白及多生于丘陵、林缘、草丛及海拔 100~3 200 m 的常绿阔叶林下。

二、选地与整地

选择土层深厚、肥沃疏松、排水性良好的沙壤土或腐殖土种植，深翻 20 cm 以上，每亩施腐熟厩肥或堆肥 2 000 kg 作基肥。移栽前再浅耕 1 次，整细耙平做畦，畦宽约 60 cm，种植深度 5~8 cm。

三、繁殖方法

白及有三种繁殖方式，分别是种子繁殖、块茎繁殖和组培快繁。自然条件下白及种子的萌发率不足 5%，一般不用于大规模的栽种；白及无性组培快繁是通过种子或块茎组织培养获得无菌的种苗，其需要较为成熟的条件才可提高组培苗驯化的成活率。因此在大规模培育中，最适宜的方法是选择块茎无性繁殖，挑选无病害的、大小适宜的、带有若干芽眼的白及块茎作育苗用。

白及播种可分为春播和秋播两种。春播选用往年采收的留种块茎播种，栽种前用刀子将块茎划开，并蘸取适量草木灰后栽到穴里。秋播一般于 10~11 月收获时进行，选择三年生的健康植株作为种植材料，种球采挖后，剪下过长须根，在做好的畦上，按照株距约 15 cm、行距约 20 cm、沟深 5~8 cm 的标准，随挖随栽。如果是具有嫩芽的块茎，则可以切成小块，每块留 1~2 个芽，芽朝上放入沟底栽植。

四、田间管理

1. 中耕除草　中耕除草每年进行 4 次，除草时浅锄畦面，避免伤及茎芽和根。3~4 月白及出苗后第 1 次中耕除草，清除白及周围的杂草，防止杂草与白及形成竞争关系，导致白及幼苗营养不足；5~6 月白及生长旺盛期时第 2 次中耕除草；7~8 月第 3 次除草；8~9 月最后一次除草。冬季停止生长倒苗后，及时清理地上倒伏的枯枝。

2. 追肥　白及喜肥，每次中耕除草，适时追肥。5 月白及生长进入旺盛期，按照亩用硫酸铵 4~5 kg、磷酸钙 30~40 kg、堆肥 2 000 kg 的标准，拌匀后在白及苗周围挖穴施入。

3. 灌排水　栽培地需保持湿润但不积水，遇干旱天气及时浇水，最好每天早晚各浇一次水，但水量不宜过多，水分过多易造成白及的根茎腐烂。白及怕涝，雨季注意挖沟排水，避免烂根。

4. 遮阴　夏季高温季节忌阳光直射。夏季白天温度达 35℃以上时，白及生长缓慢，而且叶片也会因高温灼伤变黄、脱落。因此，炎热夏季应适当遮阴。可与连翘、核桃、杜仲等套种遮阴，能提高土地利用率，增加收益。

五、病虫害防治

1. 根腐病　为害根部，导致整株死亡，多在夏、秋多雨季节发生。防治方法：防涝防渍，保持排水畅通，田间湿度不宜过大，特别注意不要让植株长期浸泡在积水的土壤中。

2. 虫害　白及中常见的虫害是地老虎、金针虫和蝼蛄，可人工捕杀或诱杀，也可用 3% 辛硫磷颗粒剂 6 kg，苗床撒施。

六、采收加工

1. 采收　白及栽培 3~4 年后可采收，于 9~10 月地上茎叶枯黄时即可采挖。此时，地下块茎抱团生长在一起，造成拥挤，生长不良，故应适时采收。采挖时，先把地上部枯死的茎叶及杂质清除干净，用小铲从距白及 20 cm 的侧面挖土，可将白及根部周围的土壤一起挖出，注意不要过度用力以免伤到白及的根茎而影响白及的质量。待挖出所有的块茎后，抖去块茎上的泥土，先选留具老秆的块茎作种茎用，其他的加工药材。

2. 加工　挖出的块茎，剪去茎秆，在清水中浸泡 1h，洗净泥土捞出，用脚踩掉粗皮、洗净，放到沸水锅里煮 5~10 min，当块茎内没有白心时，捞出晾晒烘干，再清除杂质即可。一般亩产干品 200~400 kg。干燥的白及可装入麻袋或编织袋内，放于干燥通风处贮藏。为防止贮藏时间久而发生霉变，影响白及的质量，每隔一两个月都要检查翻晒，预防回潮。

七、质量评价

1. 经验鉴别　以个大、饱满、色白、半透明、质坚实者为佳。

2. 检查　水分不得过 15.0%。总灰分不得过 5.0%。二氧化硫残留量照二氧化硫残留量测定法测定，不得过 400 mg/ kg。

3. 含量测定　照高效液相色谱法，本品含 1,4- 二［4-（葡萄糖氧）苄基］-2- 异丁基苹果酸酯不得少于 2.0%。

商品规格等级

白及药材一般为选货和统货 2 个规格。选货分为 2 个等级。

选货一等：呈不规则扁圆形，多有 2~3 个爪状分枝。表面灰白色或黄白色，有数圈同心环节和棕色点状须根痕，上面有突起的茎痕，下面有连接另一块茎的痕迹。质坚硬，不易折断，断面类白色，角质样。气微，味苦，嚼之有黏性。每千克≤ 200 个。

选货二等：每千克＞ 200 个。余同一等。

统货：呈不规则扁圆形，多有 2~3 个爪状分枝，长 1.5~5cm，厚 0.5~1.5cm。不分大小。余同选货。

白蜡树

学名：*Fraxinus chinensis* Roxb.
科：木樨科

白蜡树，多年生落叶乔木，以干燥枝皮或干皮入药，药材名秦皮，别名岑皮、秦白皮、蜡树皮等，是我国常用中药之一。秦皮味苦、涩，性寒，归肝、胆、大肠经，具有清热燥湿、收涩止痢、止带、明目之功效，用于热毒泻痢、赤白带下、目赤肿痛、目生翳障等症。在河南各山区均有分布，生于1 500 m以下的山坡、山谷杂木林中；平原各地均有栽培，其中以豫东平原较多。同时，适合河南栽培，可作中药“秦皮”药用的还有同属植物：尖叶白蜡树 *F. szaboana* Lixgelsh.、宿柱白蜡树 *F. stylosa* Lingelsh.、苦枥白蜡树 *F. rhynchophylla* Hance。

一、生物学特性

白蜡树高10~12 m；树皮灰褐色，纵裂。花期4~5月，圆锥花序顶生或腋生枝梢，长8~10 cm；果期7~9月，翅果匙形，长3~4 cm，宽4~6 mm。雌雄异株，4月初雄花先于雌花4~5 d开放，花着生于前一年枝条上，9月中下旬果实成熟。白蜡树属于阳性树种，喜光，有发达的根系，具有较强的抗寒性，对气温适应范围较广，对土壤的适应性较强，但以湿润、肥沃沙质或沙壤质土壤生长较好。

二、选地与整地

选择土壤疏松、背风向阳、排灌方便、稍有坡度的沙壤土地块种植白蜡树为佳，结合翻耕，每亩地可施厩肥 3 000~4 000 kg，耙细整平。翻耕时每亩地施入 5% 辛硫磷颗粒剂 2~3 kg 防治地下害虫。做宽 2~3 m、长 6~10 m 的畦。每亩施入 15~20 kg 的硫酸亚铁防治苗木立枯病。

三、育苗移栽

种子繁殖播种前，把白蜡树种子与湿沙 1∶3 混合后低温层积 2 个月，进行低温催芽；也可以先用 40℃温水浸种 2~3 d，每天换 1 次水并翻动 3~5 次，然后按 1∶3 的比例混合湿沙，置于 20~25 ℃的温床上进行催芽，要保持湿润并每天翻动。当露白的种子数达到总数的 30% 时即可进行播种，播种一般在 3~4 月进行，在准备好的苗床上进行开沟条播，行距为 0.5 m 左右。播种后立即覆盖 2~3 cm 的土，踏实并浇一遍透水，可以覆盖草帘或地膜进行保温、保湿，加速出苗。

扦插育苗一般在春季 3 月下旬至 4 月上旬进行，扦插前细致整地，施足基肥，使土壤疏松，水分充足。从生长迅速、无病虫害的健壮幼龄母树上选取一年生萌芽枝条，枝条直径 1 cm 以上，长度 15~20 cm，上切口平剪，下切口为马耳形。可先用生根粉泡半小时，每穴插 2~3 根，使插条分散开，行距 40 cm，株距 20 cm，春插宜深埋，扎实，少露头，每亩地可插 4 000 株。

四、田间管理

1. 灌溉　出苗前，土壤湿度保持在 60% 左右即可。出苗后，减少灌溉的次数，但需加大灌溉的水量，每 2~3 d 浇 1 次透水。苗定植后要浇定根水，秋末冬初要浇 1 次防冻水，翌年春初萌动之前浇好返青水，干旱时及时补水。积水时及时排水，避免烂根。

2. 中耕除草　在灌溉或雨后 1~2 d 拔除杂草，可减少水分蒸发，避免土壤板结和龟裂，改善土壤结构；苗木进入生长旺盛期松土，有利于根系呼吸，初期宜浅，后期稍深，以不伤苗木根系为准。但为了促进苗木的木质化，在苗木的硬化期应暂停松土除草。

3. 追肥　施肥要遵循“薄肥勤施”的原则，结合灌水进行。一般新定植的苗木在6月中下旬可以追施1次氮磷钾复合肥，有条件的地方秋末结合浇冻水再施1次农家肥。翌年春季，追施1次氮磷钾复合肥，秋末增施1次农家肥，以后的管理只需秋末增施农家肥即可。

4. 整形修剪　冬季要进行疏枝，在主干上保留3~5个长势良好的枝条作为主枝，其余分枝点以下的侧枝全部除去。次年在每个主枝上选取2~3个健壮的侧枝保留，剪去其余侧枝，以形成丰满的树冠。当基本的树形形成之后，以后每年只需要进行常规的修剪即可。

五、病虫害防治

1. 虫害　白蜡树易受吉丁虫、蚜虫、天牛等为害。越冬期用50%多菌灵可湿性粉剂800~1 000倍液或70%甲基硫菌灵可湿性粉剂800~1 000倍液与任意1种杀虫剂（如20%甲氰菊酯乳油1 000倍液或5%氯氰菊酯乳油1 500倍液）混配，进行树干涂药，杀死越冬害虫，也可防治白蜡树流胶病。

2. 褐斑病　褐斑病主要为害白蜡树的叶片，引起早期落叶。褐斑病的病菌寄生于叶片正面，散生多角形或近圆形褐斑，斑中央呈灰褐色。防治方法：播种苗应及时间苗，前期加强肥水管理，增强苗木抗病能力；注意营养平衡，不可偏施氮肥；秋季清扫留在苗床地面上的病落叶，集中处理，就地深埋或远距离烧毁，减少越冬菌源；6~7月，喷施石灰倍量式波尔多液200倍液或65%代森锰锌可湿性粉剂600倍液2~3次，防病效果良好。

3. 煤污病　煤污病主要是由白蜡蚜虫、介壳虫、粉虱等害虫引起，除为害叶片、阻塞叶片气孔妨碍正常的光合作用外，还会引起白蜡树早期落叶，对枝条造成损害。一般春、秋季是煤污病的盛发期。防治方法：通过间苗、修枝等措施，使树木通风透光，增强树势，提高树木的抗逆性；及时防治蚜虫、介壳虫、粉虱等，可用吡虫啉或啶虫脒喷施防治，也可掺入多菌灵或甲基硫菌灵可湿性粉剂，施用效果更佳。介壳虫是一种比较难防治的害虫，一定要抓住若虫活动高峰时用药，可用10%氟啶虫酰胺水分散粒剂3 000倍液，一般喷 1 次就可达到较好的防治效果。

4. 白蜡流胶病　白蜡流胶病主要发生在树的主干。早春树液开始流动时，此病发生较多，表现为从病部流出半透明黄色树胶。防治方式：加强管理，增施有机肥、疏松土壤，适时灌溉与排涝，及时浇返青水、封冻水、合理修剪，冬季防寒、夏季防日灼，树干涂白，避免机械损伤，使树体健壮，增强抗病能力；早春白蜡树萌动前喷石硫合剂，每 10 d 喷一次，连续喷两次，以杀死越冬病菌；发病期用 50% 多菌灵可湿性粉剂 800~1 000 倍液或 70% 甲基硫菌灵可湿性粉剂 800~1 000 倍液与任意一种杀虫剂，如 20% 甲氰菊酯乳油 1 000 倍液或 5% 氯氰菊酯乳油 1 500 倍液混配，进行树干涂药，防治白蜡树流胶病。

六、采收加工

1. 采收　白蜡树一般栽植后 5~8 年，树干直径达 15 cm 以上时，于春秋两季剥取树皮。

2. 加工　将采收的树皮切成 30~60 cm 长的短段，置通风干燥处，晾干。

七、质量评价

1. 经验鉴别　以条长、外皮薄且光滑、色灰白、苦味浓者为佳。

2. 检查　水分不得过 7.0%。总灰分不得过 8.0%。

3. 浸出物　照醇溶性浸出物测定法项下的热浸法测定，用乙醇作溶剂，不得少于 8.0%。

4. 含量测定　照高效液相色谱法测定，本品含秦皮甲素和秦皮乙素的总量，不得少于 1.0%。

商品规格等级

秦皮药材一般为选货和统货 2 个规格。选货分为 2 个等级。

选货一等：外表面灰白色、灰棕色或黑棕色，内表面黄白色或棕色，平滑，质坚硬，不易折断，断面纤维性较强。气微，味苦。主要为枝皮，呈筒状或槽状，厚 1.5~3 mm。外表面光滑、灰白色、灰棕色至黑棕色或相间呈斑状，平坦或稍粗糙，并有灰白色圆点状皮孔及细斜皱纹，有的具分枝痕。

选货二等：主要是干皮，为长条状块片或半筒状，厚 3~6 mm。外表面灰棕色，具龟裂状沟纹及红棕色圆形或横长的皮孔。余同一等。

统货：不规则的条或块状，厚薄均有。余同一等。

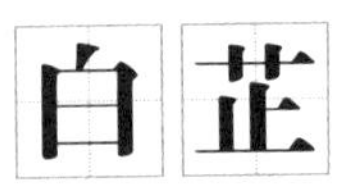

白芷

学名：*Angelica dahurica* (Fisch.ex Hoffm.) Benth.et Hook.f.
科：伞形科

白芷，多年生高大草本植物，以干燥根入药，药材名白芷。白芷性温，味辛，具有解表散寒、祛风止痛、宣通鼻窍、燥湿止带、消肿排脓的作用，用于感冒头痛、眉棱骨痛、鼻塞流涕、鼻鼽、鼻渊、牙痛、带下、疮疡肿痛等症。

一、生物学特性

野生白芷分布于东北及华北等地海拔200~1 500 m的林下、林缘、溪旁、灌丛和山谷草地，耐寒，喜温和湿润、阳光充足的环境。种子发芽温度为10~25℃，适宜生长温度为15~28℃，在24~28℃生长最快，不耐30℃以上高温。冬季地上部分枯萎，以宿根越冬。

二、选地与整地

白芷适应性很强，怕热耐寒，属于深根喜肥植物，宜种植在土层深厚、疏松肥沃、排水良好的沙质壤土地。每亩施腐熟有机肥2 000 kg、过磷酸钙50 kg作基肥，翻耕后耙细整平，做宽1~2 m、高15 cm的高畦。

三、繁殖方法

成熟种子当年秋季发芽率为80%~86%。秋播于10月中下旬进行，春播于4月中下旬进行，但产量和品质较差。在整好的畦面上，按行距30 cm开浅沟，深度 1.5 cm，将种子与细沙土混合，均匀撒于沟内，覆土盖平，用锄顺行推一遍，压实，使种子与土壤紧密接触。播种量为 1.5 kg，播后 15~20 d 出苗。

四、田间管理

1. 间苗、定苗　白芷苗高 5~7 cm 时，开始间苗，每隔约 10 cm 留一株。清明前后苗高约 15 cm 时按株距 12~15 cm 定苗。定苗时应将生长过旺，叶柄呈青白色的大苗拔除，以防止提早抽薹开花。

2. 中耕除草　间苗结合中耕除草，前期浅松表土，后期中耕稍深一些。封垄后不再行中耕除草。

3. 追肥　封垄前追施钙镁磷肥 25 kg、氯化钾 5 kg，施后随即培土，可防止倒伏，促进生长。追肥次数和数量可依据植株的长势而定。

4. 拔除抽薹　第二年 5 月若有植株抽薹开花，应及时拔除。

五、病虫害防治

1. 斑枯病　又叫白斑病，病原是真菌中的半知菌，主要为害叶片。病斑为多角形，病斑部硬脆。一般 5 月发病，严重时造成叶片枯死。发病初期，摘除病叶，用石灰等量式波尔多液 160 倍液或用 65% 代森锌可湿性粉剂 400~500 倍液喷雾 1~2 次，能控制病情发展。

2. 根结线虫病　为害根部。轮作是防治根结线虫病的主要措施之一。

3. 蚜虫　以成虫、若虫为害嫩叶及顶部。发生期可选用 10% 吡虫啉可湿性粉剂 1 500 倍液喷雾防治，每 5~7 d 用 1 次，连续 2~3 次。

4. 红蜘蛛　以成螨、若螨为害叶片。4 月开始用 1.8% 阿维菌素乳油 3 000~5 000 倍液喷雾防治，每 7 d 防治 1 次，连续数次。

六、采收加工

1. 采收　白芷因产地和播种时间不同，收获期各异。春播白芷于当年 10 月中下旬收获；秋播白芷第二年 9 月下旬叶片呈枯萎状态时采收。

2. 加工　白芷含淀粉多，不易干燥，如遇雨水，会引起腐烂。传统方法是将处理干净的鲜白芷根，用硫黄熏 24 h 再晒干。现代加工方法多采用烘干法，可以不用硫黄熏，烘干温度 50~60℃。

七、质量评价

1. 经验鉴别　以条粗壮、体重、粉性足、香气浓郁者为佳。

2. 检查　水分不得过 14.0%。总灰分不得过 6.0%。铅不得过 5 mg/kg；镉不得过 1 mg/kg；砷不得过 2 mg/kg；汞不得过 0.2 mg/kg；铜不得过 20 mg/kg。

3. 浸出物　照醇溶性浸出物测定法项下的热浸法，用稀乙醇作溶剂，不得少于 15.0%。

4. 含量测定　照高效液相色谱法测定，本品按干燥品计算，含欧前胡素不得少于 0.080%。

商品规格等级

白芷药材一般为选货和统货 2 个规格。选货分为 3 个等级。

选货一等：干货。呈圆锥形。根表皮呈淡棕色或黄棕色。断面黄白色，显肉质，有香气，味辛，微苦。无虫蛀、霉变。1 kg ≤ 36 支，无空心、黑心、残茎、油条。

选货二等：干货。36 支＜ 1 kg ≤ 60 支，余同一等。

选货三等：干货。1 kg ＞ 60 支，顶端直径不得小于 1.5 cm，无黑心、油条。间有白芷尾、异状，但总数不得超过 20%。余同一等。

统货：不分长短大小。无黑心、油条。无虫蛀、霉变。余同一等。

白术

学名：*Atractylodes macrocephala* Koidz.
科：菊科

白术，多年生草本植物，以根茎入药，药材名白术。白术味甘、苦，性温，有补脾健胃、燥湿利水、止汗安胎等功效，主治脾虚食少、消化不良、慢性腹泻、自汗、胎动不安等症。近几年在河南商丘、周口等地有大面积栽培。

一、生物学特性

白术根状茎结节状；茎直立，高 20~60 cm；瘦果倒圆锥状，花果期 8~10 月。喜光照，但在高温季节适当遮阴，有利于白术生长。白术对水分的要求比较严格，但对土壤要求不严，酸性的黏土或碱性沙质壤土都能生长，但一般要求 pH 5.5~6、排水良好、肥沃的沙质壤土栽培，如土壤过黏，则因土壤透气性差，易发生烂根现象。

白术种子在 15℃以上萌发，3~5 月植株生长较快，茎叶茂盛，分枝较多。6~7 月生长较慢，8 月中下旬至 10 月中旬根茎生长较快。10 月中旬以后根茎生长速度下降，12 月以后进入休眠期。翌年春季再次萌动发芽。当年植株可开花，但果实不饱满；二年生白术开花多，种子饱满。

二、选地与整地

选土质疏松、肥力中等、排水良好的沙壤土种植白术。育苗地忌连作，一般间隔 3 年以上。不能与白菜、玄参、番茄等作物轮作，前作以禾本科作物为好。深耕 30 cm，下种前再翻耕一次，育苗地一般亩施堆肥或腐熟厩肥 1 000~1 500 kg，移栽地 2 500~4 000 kg。整地要细碎平整，多做成宽 120 cm 左右的高畦，畦长根据地形而定，畦沟宽 30 cm 左右，畦面呈龟背形，便于排水。山区坡地的畦向要与坡向垂直，以免水土流失。

三、育苗移栽

白术的栽培一般是第一年育苗，贮藏越冬后移栽大田，第二年冬季收获。

1. 育苗　以 3 月下旬至 4 月上旬，将选好的种子先用 25~30℃的清水浸泡 12~24 h，然后再用 50% 多菌灵可湿性粉剂 500 倍液浸种 30 min，晾干，在整好的畦面上开横沟条播，沟心距约为 25 cm，播幅 10 cm，深 3~5 cm，覆盖后保持湿润，以利出苗。播种量 4~5 kg。育苗田与移栽田的比例为 1∶(5~6)。

幼苗生长较慢，要勤除杂草，拔除过密苗，苗间距为 4~5 cm。苗期一般追肥两次，第一次在 6 月上中旬，第二次在 7 月，施用稀人畜粪尿或速效氮肥。天气干旱要浇水，并在行间盖草。

种栽于 10 月下旬至 11 月下旬收获，选晴天挖取根茎，把尾部须根剪去，离根茎 2~3 cm 处剪去茎叶，勿伤害主芽和根茎表皮。将种栽摊放于阴凉通风处 2~3 d，待表皮发白、水气干后贮藏于深宽约 1 m 的阴处坑内，每层铺 10~15 cm 厚，覆盖土 5 cm 左右，到第二年春天边挖边栽。

2. 移栽　应选顶芽饱满，根系发达，表皮细嫩，顶端细长，尾部圆大的根茎作种。一般在 4 月上中旬栽种，也可秋季移栽。白术种栽大小以 200~240 棵 / 千克为好。

种植方法有条栽和穴栽两种，行株距有 25 cm × 20 cm、25 cm × 18 cm、25 cm × 12 cm 等多种，基本苗可栽 12 000~15 000 株 / 亩，用种量 50 kg 左右，栽种深度以 5~6 cm 为宜。

四、田间管理

1. 间苗　播种后约 15 d 发芽，幼苗出土生长，可进行间苗，拔除弱小或有病的幼苗，苗间距为 4~5 cm。

2. 中耕除草　幼苗期要进行中耕除草 4~5 次。移栽后，4 月进行第一次松土除草，行间宜深锄。5 月间进行第二次松土除草，宜浅锄。6 月间杂草生育繁茂迅速，每隔半月除草一次，但雨后或露水未干时不能锄草，否则容易感染病害。

3. 追肥　追肥按照“足基肥，早施苗肥，重施摘蕾肥”的原则进行。幼苗基本出齐后，第一次追肥，亩用人粪尿 750 kg 左右。5 月下旬每亩地再追施一次人粪尿 1 000~1 250 kg 或硫酸铵 10~12 kg。7 月中旬，摘花蕾后 5~7 d，亩施腐熟饼肥 75~100 kg、人畜粪尿 1 000~1 500 kg 和过磷酸钙 25~30 kg。

4. 排水　雨季要清理畦沟，排水防涝。8 月以后根茎迅速膨大，及时浇水，以保证水分供应。

5. 摘蕾　摘蕾要选晴天进行，于 7 月上中旬头状花序开放前，摘除为宜。

6. 覆盖　白术有喜凉爽怕高温的特性，夏季可在白术的植株行间覆盖一层草，以调节温度、湿度，覆盖厚度一般以 5~6 cm 为宜。

五、病虫害防治

1. 立枯病　白术苗期主要病害。发生普遍，为害严重，常造成幼苗成片死亡。合理轮作 2~3 年或土壤消毒（可亩用 50% 多菌灵可湿性粉剂 1~2 kg 在播种和移栽前处理土壤）。发病初期用 5% 的石灰水淋灌，7 d 淋灌 1 次，连续 3~4 次，也可喷洒 70% 甲基硫菌灵可湿性粉剂 800~1 000 倍液等药剂防治。

2. 铁叶病　叶片因病引起早枯，导致减产。初期叶上出现生黄绿色小斑点，后期病斑中央呈灰白色，上生小黑点。叶片发病由下向上扩展，植株枯死。选健壮无病种栽，并用 70% 甲基硫菌灵可湿性粉剂 1 000 倍液浸渍 3~5 min 消毒；发病初期喷石灰倍量式波尔多液 100 倍液或 80% 代森锰锌可湿性粉剂 1 000 倍液，7~10 d 喷 1 次，连续 3~4 次。

3. 锈病　为害叶片。受害叶初期生黄褐色略隆起的小点，以后扩大为褐色梭形或近圆形，周围有黄绿色晕圈。叶背病斑处聚生黄色颗粒黏状物。收获后集中处理残株落叶，减少来年侵染菌源；发病期亩用 15% 三唑酮可湿性粉剂 30 mL 或 25% 戊唑醇水乳剂 60 mL 喷雾防治，7~10 d 喷 1 次，连续 2~3 次。

4. 根腐病　根茎干腐，地上部萎蔫。常在植株生长中后期气温升高，连续阴雨转晴后，病害突然发生。与禾本科作物轮作则病害轻，轮作年限应在 3 年以上；用 70% 噁霉灵可湿性粉剂 3 000 倍液浸栽 1 h 或 50% 多菌灵可湿性粉剂 500 倍液浸栽 30 min，晾干后下种；发病初期用 50% 多菌灵可湿性粉剂 1 000 倍液或 70% 代森锰锌可湿性粉剂 1 000 倍液浇灌病区；及时防治地下害虫。

5. 白绢病　为害根状茎。根状茎在干燥情况下形成“乱麻”状干腐，而在高温高湿时则形成“烂薯”状湿腐。加强田间管理，雨季及时排水，避免土壤湿度过大；及时挖除病株及周围病土，并用生石灰消毒；亩用 50% 多菌灵可湿性粉剂 100 g 或 20% 氟酰胺可湿性粉剂 100 g，兑水 30 kg 浇灌病区。

6. 白术长管蚜　术蚜喜密集于白术嫩叶、新梢上吸取汁液，使白术叶片发黄，植株萎缩，生长不良。发生期可亩用以下药剂叶面喷雾防治：0.3% 苦参碱水剂 150 mL，或 10% 吡虫啉可湿性粉剂 8 g，或 40% 啶虫脒水分散粒剂 3 g，兑水 30 kg，叶面喷雾。

六、采收加工

1. 采收　定植当年 10 月下旬至 11 月上旬，当茎秆由绿色转枯黄时即可收获。选晴天将植株挖起，抖去泥土，剪去茎叶，及时运回。

2. 加工　生晒术是将收获的鲜白术，抖净泥土，剪去须根、茎叶，必要时用水洗去泥土，置日光下晒干，需 15~20 d，直至干透为止。

3. 烘术　将鲜白术放入烘斗内，每次 150~200 kg，最初火力宜猛而均匀，约 100 ℃，待蒸汽上升，外皮发热时，将温度降至 60~70 ℃，缓缓烘烤 2~3 h，然后上下翻动一次，再烘 2~3 h，至须根干透，将白术从斗内取出，不断翻动，去掉须根。将去掉须根的白术，堆放 5~6 d，让内部水分慢慢外渗，即反润阶段。再按大小分等上灶，较大的白术放在烘斗的下部，较小的放在上部，开始生火加温。开始火力宜强些，至白术外表发热，将火力减弱，控制温度为

50~55 ℃，经 5~6 h，上下翻动一次，再烘 5~6 h，直到 7~8 成干时，将其取出，在室内堆放 7~10 d，使内部水分慢慢向外渗透，表皮变软。按支头大小分为大、中、小三等。再用 40~50 ℃文火烘干，大号的烘 30~33 h，中号的约烘 24 h，小号 12~15 h，烘至干燥为止。

七、质量评价

1. 经验鉴别　以个大、质坚实、断面色黄白、香气浓郁者为佳。

2. 检查　水分不得过 15.0%。总灰分不得过 5.0%。二氧化硫残留量不得过 400 mg/ kg。色度照溶液颜色检查法试验，与黄色 9 号标准比色液比较，不得更深。

3. 浸出物　照醇溶性浸出物测定法项下的热浸法测定，用 60% 乙醇作溶剂，不得少于 35.0%。

商品规格等级

白术药材一般不分规格，分为 4 个等级。

一等：呈不规则团块，体形完整。表面灰棕色或黄褐色。断面黄白色或灰白色。味甘微苦。每千克 40 只以内。无焦枯、油个、炕泡、杂质、虫蛀、霉变。

二等：味甘微苦。每千克 100 只以内。余同一等。

三等：味甘微苦。每千克 200 只以内。余同一等。

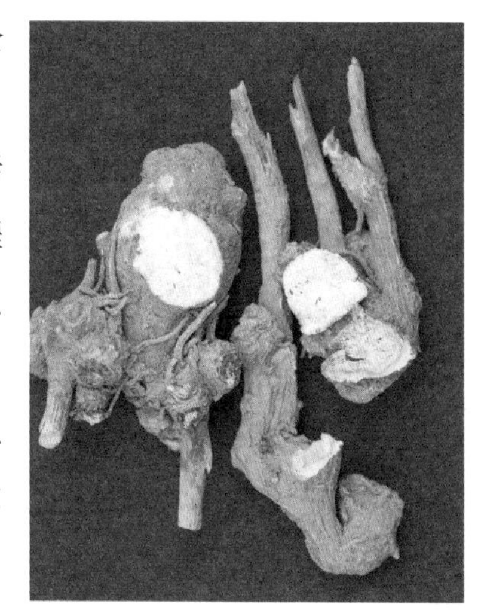

四等：体形不计，但需全体是肉（包括武子、花子）。每千克 200 只以上、间有程度不严重的碎块、油个、焦枯、炕泡。无杂质、霉变。

注：1. 凡符合一、二、三等质量的花子、武子、长枝、顺降一级。2. 无论炕、晒白术，均按此规则标准的只数分等。

半边莲

学名：*Lobelia chinensis* Lour.
科：桔梗科

半边莲，多年生草本植物，又称半边花，为半边莲属植物半边莲的干燥全草。具有清热解毒、利水消肿功效，主治疮痈肿毒、蛇虫咬伤、腹胀水肿、湿疮湿疹、阑尾炎等。

一、生物学特性

半边莲茎细弱，匍匐，节上生根，节上有侧芽，可向上长出侧枝；侧枝直立，高 6~15 cm，无毛；叶互生，无柄或近无柄，椭圆状披针形至条形。花通常 1 朵，生分枝的上部叶腋；花冠粉红色或白色，裂片全部平展于下方，呈一个平面。蒴果倒锥状，长约 6 mm。种子椭圆状，稍扁压，近肉色。花果期 5~10 月。生长的适宜温度是 25~30 ℃。人工种植以沟边河滩较潮湿处为佳，土壤以沙质土壤为好。

半边莲属湿生杂草，喜潮湿环境，稍耐干旱，耐寒，可在田间自然越冬，生于田埂、草地、沟边、溪边潮湿处。冬季叶片枯萎后，半边莲以茎芽休眠形式越冬。春季，当平均气温达 10℃以上时茎芽萌发，长出新苗。在干旱、淹水条件或埋入土层较深的情况下，种子不能萌发，茎芽生长亦受到抑制。半边莲再生力强，侧枝折断后，即可长出新株。匍匐茎的伸长与湿度关系较大，干旱时生长很慢，直至停止伸长；湿润时生长较快。耐水淹，浅水中尚能正常生长，此时主茎伸长受抑制，而侧枝生长较快，在稻田中可依附水稻生长。

半边莲花期长，可随着主茎的蔓延而不断开花结实，边开花，种子也成熟脱落，种子在土壤中寿命较长，可达2~3年。

二、选地与整地

半边莲喜潮湿环境，稍耐轻湿干旱，耐寒，对土壤要求不严，但以沙质壤土为好。

三、繁殖方法

一般以分株繁殖和扦插繁殖为主。4~5月，新苗长出后，每株丛可分4~6株进行分株繁殖，按行距15~25 cm、株距6~10 cm开沟栽种。扦插繁殖一般于5~7月进行，将植株茎枝剪下，扦插于土中，温度在24~30 ℃，土壤保持潮湿，大约10 d即可成活。第二年3~5月移栽于大田。

四、田间管理

1. 中耕除草　幼苗期及时松土除草，封行后不再进行。

2. 肥水管理　栽种后施1次农家肥。夏季收获后追施1次畜粪或硫酸铵、尿素等。冬季施腐熟肥或堆肥。遇干旱季要灌溉，经常保持土壤湿润，以利生长。

3. 打顶　及时打顶，促进分枝增加。

五、病虫害防治

1. 病害　常见有立枯丝核菌、镰刀菌、葡萄孢菌、腐霉菌。通过轮作，合理灌溉，降低田间湿度，控制病害的发生。

2. 虫害　常见有蚜虫、潜叶蝇、蓟马、白粉虱、蛾蝶类害虫及蛞蝓等，可参考其他药材上的防治方法进行防治。

六、采收加工

半边莲栽植后，一年可收割两茬。头茬在夏季生长茂盛时，二茬在秋季霜降前，收割时用镰刀割取。收割的鲜半边莲，洗净泥沙，除净杂物，晒干。

七、质量评价

1. 经验鉴别　以干燥、色绿、根黄、无泥沙者为佳。

2. 检查　水分不得过 10.0%。

3. 浸出物　照醇溶性浸出物测定法项下的热浸法测定，用乙醇作溶剂，不得少于 12.0%。

商品规格等级

半边莲药材商品一般为统货，不分等级。

统货：干货。本品常缠结成团。根茎极短，直径 1~2 mm；表面淡棕黄色，平滑或有细纵纹。根细小，黄色，侧生纤细须根。茎细长，有分枝，灰绿色，节明显，有的可见附生的细根。叶互生，无柄，叶片多皱缩，绿褐色，展平后叶片呈狭披针形，长 1~2.5 cm，宽 0.2~0.5 cm，边缘具疏而浅的齿或全缘。气微特异，味微甘而辛。

板蓝根

学名：*Isatis indigotica* Fort.
科：十字花科

板蓝根为植物菘蓝的干燥根，是常见的传统中药材。板蓝根具清热解毒、止痛利咽、消斑凉血之功效；用于瘟疫时毒、发热咽痛，温毒发斑、痄腮、烂喉丹痧、大头瘟疫、丹毒、痈肿等症。其叶入药，称“大青叶”，性寒，味苦；归心、胃经，具有清热解毒、凉血消斑功效，用于温病高热、神昏、发斑发疹、痄腮，喉痹、丹毒、痈肿。全国各地均有分布，主产于河南、山东、河北、江苏等地。

一、生物学特性

菘蓝株高 1 m 左右，主根长圆柱形，肉质肥厚，灰黄色。茎直立略有棱，上部多分枝，稍带粉霜，基部稍木质光滑无毛。基生叶有柄，叶片倒卵形至倒披针形，蓝绿色，肥厚，先端钝圆，基部渐狭；茎生叶无柄。复总状花序，花黄色，花梗细弱。

菘蓝正常生长发育过程必须经过冬季低温阶段，才能开花结籽。板蓝根为长日照植物，秋季播种出苗后，是营养生长阶段，露地越冬经过春化阶段，于第二年春抽茎、开花、结实而枯死，完成整个生长周期。花期 4~5 月，果期 5~6 月。种子寿命 1~2 年，容易萌发，15~30℃范围内均可发芽，发芽率 80% 以上。菘蓝系深根植物，喜湿润温暖环境，耐寒、怕涝，适应性很强，对自然环境和土壤要求不严，但排水良好、疏松肥沃的沙质壤土较适宜生长。

二、选地与整地

菘蓝主根长可达 40~50 cm，故应选土层深厚、疏松肥沃、排水良好的沙质壤土种植,排水不良的低洼地或黏土不利生长。播种前深翻土地 30 cm 以上，结合翻地，每亩施入腐熟有机肥 3 000~4 000 kg，过磷酸钙 50 kg，整平耙细，做成宽 1~1.2 m、高 15 cm 的畦，或做成宽 50~60 cm 的小垄。

三、播种

菘蓝用种子繁殖，一年生的菘蓝不抽茎开花。留种的菘蓝宜立秋前后播种；收根的应在春季播种，利用其当年不抽茎开花的特性，提高根的产量和质量。4 月中、下旬春播，宽行条播，播前种子用温水浸种催芽，在畦面上按 20~25 cm 的行距划出 2 cm 左右的浅沟,把种子均匀撒入沟内,覆土 1 cm 左右，稍加镇压。每亩播种量 1.5~2 kg。如气温达 18~20℃，湿度适宜，5~6 d 即可出苗。

四、田间管理

1. 间苗、定苗　苗高 5~6 cm 时，结合中耕除草，按株距 4~6 cm 间苗；苗高 10 cm 左右时，按株距 6~8 cm 定苗。

2. 中耕除草　苗高 5~6 cm 时，第一次中耕除草；苗高 15 cm 左右时，进行第二次中耕除草，做到田间无杂草。

3. 追肥　定苗后结合中耕除草，每亩追施厩肥 1 500 kg，前期每亩可施硝酸铵或尿素 7.5~10 kg，以利多次收叶，后期追施厩肥 1 000 kg，再混合过磷酸钙 15 kg，以利根系生长。

4. 灌溉排水　菘蓝定苗后，如果土壤没有出现严重缺水干旱的现象，一般不需过多浇水，这样有利用板蓝根的幼苗扎根生长；在生长初期，为了促使幼苗往土壤深部扎根，需要保持土壤地面稍微湿润。如春季土壤干旱，应及时浇透水，否则幼苗生长不良或死亡。7~8 月雨季及时排除田间积水，以防烂根。

五、病虫害防治

1. 霜霉病　3~4 月始发，发病初期叶片产生黄白色病斑，叶背出现浓霜样霉斑。随着病情发展，叶色变黄，最后呈褐色干枯，直至植株枯死。防治方法：①清洁田园，处理病株，减少病原；②轮作；③亩用 40% 三乙膦酸铝可湿性粉剂 250 g 兑水喷雾，隔 7 d 喷施 1 次，连喷 2~3 次。

2. 菌核病　4 月始发，从土壤中传染，基部叶片首先发病，然后向上为害茎、叶和果实。发病初期呈水渍状，后为青褐色，直至最后腐烂死亡。5~6 月多雨高温时发病严重。防治方法：①与禾本科作物轮作；②增施磷钾肥；③及时拔除病株，并用 5% 石灰乳消毒病穴，播前用 70% 五氯硝基苯粉剂 1 kg 进行土壤消毒。

3. 菜粉蝶　幼虫俗称菜青虫，5 月起为害叶片，尤以 6 月为害严重，可用 80% 敌百虫可溶性粉剂 800 倍液，或亩用 16 000 IU/mg 苏云金杆菌可湿性粉剂 200 g 兑水喷雾防治；或收根后将地上部集中烧毁深埋。

六、采收加工

1. 采收大青叶　春播菘蓝，收根前，可收割 2~3 次叶子，第一次在 6 月中旬，苗高 20 cm 左右时进行；第二次于 8 月中下旬，可割植株外层的叶片，留心叶，或离地面 2~3 cm 处全割。伏天高温季节不宜收割，以免引起成片死亡。

2. 采收板蓝根　播种后当年初冬、地上部分枯萎时采挖。挖根时应在晴天进行，由于菘蓝入土较深，要深挖，否则易弄断主根，影响品质。

3. 加工大青叶　采割的大青叶，捡出杂质，晒干。

4. 加工板蓝根　挖取的根，去净泥土、芦头和残叶，晒至 7~8 成干，扎成小捆，晒至全干即可。

七、质量评价

（一）板蓝根

1. 经验鉴别　以条长、粗大、体实者为佳。

2. 检查　水分不得过 15.0%。总灰分不得过 9.0%。酸不溶性灰分不得过 2.0%。

3. 浸出物　照醇溶性浸出物测定法项下的热浸法测定，用 45% 乙醇作溶剂，不得少于 25.0%。

4. 含量测定　照高效液相色谱法测定，本品按干燥品计算，含（R，S）－告依春不得少于 0.020%。

（二）大青叶

1. 经验鉴别　以叶片完整、色暗灰绿色者为佳。

2. 检查　水分不得过 13.0%。

3. 浸出物　照醇溶性浸出物测定法项下的热浸法测定，用乙醇作溶剂，不得少于 16.0%。

4. 含量测定　照高效液相色谱法测定，本品按干燥品计算，含靛玉红不得少于 0.020%。

商品规格等级

板蓝根药材一般为选货和统货 2 个规格，都不分等级。大青叶药材一般为统货。

板蓝根选货：呈圆柱形，稍扭曲，长 5~20 cm，直径 0.5~1.5 cm。表面淡灰黄色或淡棕黄色，有纵皱纹、横长皮孔样突起及支根痕。根头略膨大，可见暗绿色或暗棕色轮状排列的叶柄残基和密集的疣状突起。体实，质略软，断面皮部黄白色，木部黄色。气微，味微甜后苦涩。无虫蛀、无霉变。中部直径 0.8 cm 以上，长度 10 cm 以上。几乎不带根头。

板蓝根统货：中部直径 0.5~1.5 cm，长度 5~20 cm。多带有根头。余同选货。

大青叶统货　干货。本品多皱缩卷曲，有的破碎。完整叶片展平后呈长椭圆形至长圆状倒披针形，长 5~20 cm，宽 2~6 cm；上表面暗灰绿色，有的可见色较深稍突起的小点；先端钝，全缘或微波状，基部狭窄下延至叶柄呈翼状；叶柄长 4~10 cm，淡棕黄色。质脆。气微，味微酸、苦、涩。无虫蛀、无霉变。

板蓝根片

大青叶

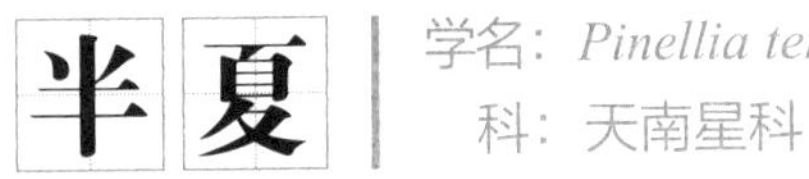

学名：*Pinellia ternata* (Thunb.) Breit.

科：天南星科

半夏，多年生草本植物，以干燥块茎入药，药材名半夏，为常用中药，具燥湿化痰、降逆止呕、消痞散结之功能，主治痰多咳嗽、呕吐反胃、胸脘痞气等症。块茎含胆碱、麻黄碱、谷甾醇等成分。河南大部分区域都有种植。

一、生物学特性

半夏块茎圆球形，直径 1~2 cm，具须根。叶 2~5 枚，叶柄长 15~20 cm，基部具鞘，鞘内、鞘部以上或叶片基部（叶柄顶头）有直径 3~5 mm 的珠芽。花序有长柄，佛焰苞绿色或绿白色。肉穗花序：雌花序长 2 cm，雄花序长 5~7 mm，附属器绿色变青紫色，长 6~10 cm，直立，有时“S”形弯曲。浆果卵圆形，黄绿色，先端渐狭呈明显的柱状。花期 5~7 月，果 8 月成熟。

半夏为浅根系植物，喜温暖湿润环境，温度高于 26℃或低于 13℃，半夏即倒苗。畏强光，耐荫蔽，忌烈日直射，对土壤要求不甚严格，但喜肥，在肥沃、疏松、湿润、含水量在 40%~50% 的沙质壤土中生长良好。过黏、过于积水都不宜生长。土壤 pH 以 6~7 为宜。每年出苗 2~3 次，第 1 次 3~4 月出苗，5~6 月倒苗；第 2 次 6 月出苗，7~8 月倒苗；第 3 次 9 月出苗，10~11 月倒苗。每次出苗后生长期为 50~60 d，珠芽萌生初期在 4 月初，高峰期在 4 月中旬，成熟期在 4 月下旬至 5 月中旬。每年 6~7 月珠芽增殖数为最多，约占总数的 50%。5~8 月为地下球茎生长期，此时母球茎与第 3 批珠芽膨大加快，整个田间个体增加，密度加大，对水肥需求量增加。

二、选地与整地

宜选湿润肥沃、保水保肥力较强、质地疏松、排灌良好的沙质壤土或壤土地种植，于10~11月深翻土地20 cm左右，结合整地，每亩施腐熟农家肥5 000 kg、饼肥100 kg和过磷酸钙60 kg，翻入土中作基肥。于播前再耕翻一次，然后整细耙平，做成宽0.8~1.2 m的平畦。

三、繁殖方法

半夏的繁殖方法以块茎和珠芽繁殖为主。

1. 块茎繁殖　以春栽为好，秋冬栽种产量低。当地温稳定在6~8℃时，即可用温床或火炕进行种茎催芽。催芽温度保持在20℃左右时，15 d左右芽便能萌动。2月底至3月初，在整细耙平的畦面上开横沟条播。行距12~15 cm，株距5~10 cm，沟宽10 cm，深5 cm左右，把催过芽的种茎摆入沟内。栽后，上面施一层混合肥土。每亩用混合肥土2 000 kg左右。然后，将沟土提上覆盖，厚5~7 cm，耧平，稍加镇压。也可结合收获，秋季栽种，一般在9月下旬至10月上旬进行，方法同春播。栽后立即盖上地膜。每亩需种茎50~60 kg。栽后遇干旱天气，要及时浇水，始终保持土壤湿润。

2. 珠芽繁殖　夏秋间，珠芽已成熟，即可进行条播。按行距10 cm，株距3 cm，条沟深3 cm播种。播后覆以厚2~3 cm的细土及草木灰，稍加压实。

四、田间管理

1. 揭开地膜　当有50%以上的半夏长出一片叶、叶片在地膜中初展开时，即应当及时揭开地膜。

2. 中耕除草　半夏植株矮小，要经常松土除草，做到除早、除小、除了，株间杂草宜用手拔除。中耕宜浅，深度不超过5 cm，避免伤根。

3. 追肥　半夏生长期追肥4次。第1次于4月上旬齐苗后，每亩施入1∶3

的腐熟粪水 1 000 kg；第 2 次在 5 月下旬珠芽形成期，每亩施用腐熟粪水 2 000 kg；第 3 次于 8 月倒苗后，当子半夏露出新芽，母半夏脱壳重新长出新根时，用 1∶10 的腐熟粪水泼浇，每半月一次，至秋后逐渐出苗；第 4 次于 9 月上旬，半夏齐苗时，每亩施入腐熟饼肥 25 kg、过磷酸钙 20 kg、尿素 10 kg，与沟泥混拌均匀，撒于土表，起到培土和促进灌浆的作用。

4. 排水灌溉　半夏喜湿怕旱，在播种时应浇 1 次透水，以利出苗。立夏前后，天气渐热，半夏生长加快，可适当浇水且浇后应及时松土。夏至前后，气温逐渐升高，干旱时可 7~10 d 浇水 1 次。处暑后，气温渐低，应逐渐减少浇水量。若雨水过多，应及时排水，避免因田间积水造成块茎腐烂。

五、病虫害防治

1. 根腐病　根腐病为半夏最常见的病害，多发生在高温多湿季节和越夏种茎贮藏期间，为害地下块茎，造成腐烂，随即地上部分枯黄倒苗死亡。播种前用木霉分生孢子悬浮液处理半夏块茎，或以 5% 草木灰溶液浸种 2 h。发病初期，拔除病株后在病穴处用 5% 石灰乳淋穴，防止蔓延。

2. 芋双线天蛾　芋双线天蛾为食叶性害虫，为害率可达 80% 以上，在叶背取食叶肉，残留表皮。幼虫发生时，亩用 40% 辛硫磷乳油 40 mL 或 25% 氟啶虫酰胺悬浮剂 3 g，兑水 30 kg 叶面喷雾。

六、采收加工

1. 采收　种子繁殖的半夏于第三、第四年采收，块茎繁殖的半夏于当年或第二年采收。一般于夏、秋季茎叶枯萎倒苗后采收，过早影响产量，过晚难以去皮和晒干。采收时，从地块的一端开始，用爪钩顺垄挖 12~20 cm 深的沟，逐一将半夏挖出。起挖时选晴天，小心挖取，避免损伤。挖取块茎，除去须根，按大小分级，中小块茎留作种用，大块茎加工入药。每亩可产鲜块茎 500~750 kg，最高可达 1 000 kg。

2. 加工　采回的新鲜块茎，堆放室内，撒上石灰粉（柴灰、煤灰均可），堆置 4~5 d，或用石灰水泡 4~5 d（一般 100 kg 半夏用生石灰 10 kg），待外皮稍腐烂易搓落时，装入箩筐内，置于流水中，脚穿长筒胶鞋（因半夏有毒），反复踩去外皮，至呈洁白为止；如果量大，也可用脱皮机脱去外皮。洗净半夏，晾干水气，置阳光好而且通风好的地方暴晒并不断翻动。晚上收回摊放，不能堆放，不能遇露水。第二天继续晒，如此反复至干燥即可。如遇阴雨天气，可用炉火烘干，温度控制在 35~60℃，并不断翻动，力求干燥均匀，以免出现僵子。鲜品折干率一般为 25%~30%。

七、质量评价

1. 经验鉴别　以个大、色白、质坚实、粉性足者为佳。

2. 检查　水分不得过 14.0%。总灰分不得过 4.0%。

3. 浸出物　照水溶性浸出物测定法项下的冷浸法测定，不得少于 7.5%。

商品规格等级

半夏药材一般为选货和统货 2 个规格。选货分为 2 个等级。

选货一等：干货。呈类球形，有的稍偏斜，直径 1.2~1.5 cm，大小均匀。表面白色或浅黄色，顶端有凹陷的茎痕，周围密布麻点状根痕；下面钝圆，较平滑。质坚实，断面洁白或白色，富粉性。气微，味辛辣、麻舌而刺喉。每 500 g 块茎数＜ 500 粒。

选货二等：每 500 g 块茎数 500~1 000 粒。余同一等。

统货：干货。呈类球形，有的稍偏斜，直径 1~1.5 cm。表面白色或浅黄色，顶端有凹陷的茎痕，周围密布麻点状根痕；下面钝圆，较平滑。质坚实，断面洁白或白色，富粉性。气微，味辛辣、麻舌而刺喉。

半枝莲

学名：*Scutellaria barbata* D.Don
科：唇形科

半枝莲，多年生草本植物，以地上部分入药，具有清热解毒、活血、消肿止痛、抗癌等功效。河南南部区域有大面积种植。

一、生物学特性

半枝莲，根茎短粗，生出簇生的须状根。茎直立，高 12~35 cm，四棱形，不分枝或具或多或少的分枝。叶具短柄或近无柄；叶片三角状卵圆形或卵圆状披针形，有时卵圆形，长 1.3~3.2 cm，宽 0.5~1 cm。花单生于茎或分枝上部叶腋内，花冠紫蓝色，长 9~13 mm，冠檐 2 唇形。小坚果褐色，扁球形，径约 1 mm。半枝莲喜气候温和、比较湿润的环境，过于干燥的地区生长不良。

植株于 4 月上旬出苗，4 月中旬抽茎分枝，蕾期 4~6 月，花期 5~8 月，果期 6~9 月。植株地上部分于 12 月枯萎。第二年后，当第一次抽茎所结种子成熟枯萎时，又重新由老茎上或基部抽茎、分枝、孕蕾，开花结实。

二、整地与选地

半枝莲喜温暖气候和湿润、半阴的环境，对土壤要求不严，栽培以土层深厚、疏松、肥沃、排水良好的沙质壤土或腐殖质壤土为好，忌积水。栽种前将土壤翻耕，结合整地，每亩施入有机肥 1 000 kg，撒施磷酸二氢铵 20 kg、尿素 10 kg，做 1.2 m 宽的高畦， 并挖好排水沟。

三、育苗移栽

半枝莲多采用种子繁殖。

1. 育苗移栽　种子用50℃温水浸种24 h，捞出后按1∶50的比例与细沙土（过细筛）混合均匀，再均匀撒入畦内，按照每平方米12~15 g播种；播后浅土覆盖，扎小拱棚覆膜或盖草苫。每天喷洒1次水，保持土壤湿润，15~20 d发芽出苗。苗出全后揭去覆盖物，随即喷1次水，以后隔3~4 d喷浇1次水。苗高5 cm时向大田移栽，行株距各20 cm，每穴1株。

2. 大田直播　为使直播种的种子全部萌发，最好选在阴雨天下种。一般于春季3~4月或者秋季9月至10月上旬进行，条播按行距25~30 cm开沟，沟深4 cm，把种子均匀地撒在沟内，盖0.5 cm厚的疏松细土肥或草木灰，也可用农膜或草苫覆盖，保持土壤湿润。

四、田间管理

1. 中耕除草、追肥　出苗后，当苗高1~2 cm时，结合除草每亩撒施尿素15 kg，促进小苗生长。苗高4~5 cm时，进行间苗与补苗，最后按株距3~4 cm定苗，同时将缺苗补齐。结合除草，每次收割后，均应追肥1次，每亩追施尿素15 kg，复合肥10 kg，以促新枝叶萌发。

2. 排灌水　苗期要经常保持土壤湿润，干旱及时灌溉，雨后及时疏沟排水。

五、病虫害防治

1. 锈病　主要为害叶片，受害植株叶背面呈黄褐色斑点，严重时叶片变黄，翻卷脱落，发病初期可用15%三唑酮可湿性粉剂1 500倍液、10%苯醚甲环唑水分散粒剂1 000倍液喷雾防治，连续2~3次。

2. 疫病　在高温多雨季节易发生，叶片上呈现水渍状暗斑，随后萎蔫下垂。用20%唑菌酯悬浮剂2 000~3 000倍液喷雾防治。

3. 虫害　蚜虫、非洲蝼蛄、斜纹夜蛾等可亩用1.8%甲维盐乳油10 mL兑水 30 kg 喷雾防治。

六、采收加工

1. 采收　半枝莲每年可以收割 3~4 次。第 1 次于 6 月上旬，以后每隔 50 d 左右收割 1 次。采收时选晴天，自茎基离地面 2~3 cm 处割下。最好在开花期采收。以干燥、茎枝带有花穗、色青绿者为佳。

2. 加工　收割后，在通风的日光下晾晒，晒至 7 成干，扎成小把，再晒至全干即成。

七、质量评价

1. 经验鉴别　以干燥、枝叶完整、花穗多者为佳。

2. 检查　杂质不得过 2.0%。水分不得过 12.0%。总灰分不得过 10.0%。酸不溶性灰分不得过 3.0%。

3. 浸生物　照水溶性浸出物测定法项下的热浸法测定，不得少于 18.0%。

4. 含量测定　照紫外 – 可见分光光度法，本品含总黄酮以野黄芩苷计不得少于 1.50%。照高效液相色谱法测定，本品含野黄芩苷不得少于 0.20%。

商品规格等级

半枝莲药材商品一般为统货，不分等级。

统货：干货。本品长 15~35 cm。茎丛生，较细，方柱形；表面暗紫色或棕绿色。叶对生，有短柄；叶片多皱缩，展平后呈三角状卵形或披针形，长 1.5~3 cm，宽 0.5~1 cm；先端钝，基部宽楔形，全缘或有少数不明显的钝齿；上表面暗绿色，下表面灰绿色。果实扁球形，浅棕色。气微，味微苦。

薄荷

学名：*Mentha haplocalyx* Briq.
科：唇形科

薄荷，多年生草本植物薄荷的干燥地上部分，性凉，味辛，具有疏散风热、清利头目、利咽、透疹、疏肝行气的功效，用于风热感冒、风温初起、头痛、目赤、喉痹、口疮、风疹、麻疹、胸胁胀闷等症。

一、生物学特性

薄荷在全国各地均有分布，对环境适应能力较强，海拔 2 100 m 以下地区均可生长，但以海拔 300~1 000 m 最适宜。薄荷为长日照作物，性喜阳光，对土壤要求不十分严格，除过沙、过黏、酸碱度过重及低洼、排水不良的土壤外，一般土壤均能种植，但以 pH 6~7.5 的沙质壤土、冲积土为好。

根茎宿存越冬，能耐 –15℃低温。春季地温稳定在 2~3℃时，根茎开始萌动，地温稳定在 8℃时出苗，早春刚出土的幼苗能耐 –5℃低温，生长最适宜温度为 25~30℃。气温低于 15℃时生长缓慢，高于 20℃时生长加快，在 20~30℃，只要水肥适宜，温度愈高生长愈快。秋季气温降到 4℃以下时，地上茎叶就枯萎死亡。生长期间昼夜温差大，有利于薄荷油和薄荷脑的积累。

二、选地与整地

选择土质肥沃，排水方便，保水、保肥力强的壤土、沙质壤土为宜，前茬作物以玉米、大豆为好。薄荷种植地块应在前茬收获后及时翻耕、做畦。

三、繁殖方法

薄荷有根茎繁殖、种子繁殖、扦插繁殖三种繁殖方法。生产上一般只采用根茎繁殖，种子繁殖只在育种时使用，扦插繁殖多用于育苗及急速扩大种植面积。根茎繁殖的播种材料为扦插繁殖的种茎或专门留下的地下茎，选择黄白嫩种根，剔除老根、病根。播种时间分为春秋两季，秋季播种较为常用。春季播种在 4 月上旬进行。秋播在 9 月，用白色根茎 50~70 kg，种根粗壮的要适当增加数量。夏种薄荷亩播种量以 150 kg 为宜。采用开沟条播或撒播。在整好的畦面上，按 25 cm 的行距开沟，株距约 10 cm，播种沟深度为 5~7 cm。

四、田间管理

1. 及时补苗　“头刀”薄荷密度一般在 2 万株 / 亩左右，“二刀”薄荷适宜密度在 4 万 ~7 万株 / 亩。

2. 去杂去劣　与良种薄荷不同者即为野杂薄荷。去杂宜早不宜迟，后期去杂，地下茎难以除净，须在早春植株有 8 对叶以前进行。

3. 中耕除草　夏秋温度高、雨水多的季节，土壤易板结，杂草容易生长，严重影响薄荷的产量和质量。中耕除草要早，开春苗齐后到封行前要进行 2~3 次。封行后要在田间拔除杂草。“二刀”薄荷田间中耕除草困难，应在“头刀”收后，结合锄残茬，捡拾残留茎茬和杂草植株，出苗后多次拔草。

4. 摘心　种植密度不足时采用摘心能增加分枝数及叶片数，增加产量。

5. 追肥　薄荷施肥应注重氮、磷、钾平衡施用。薄荷是需钾肥较多的作物，且对钾肥较敏感，在缺钾或钾素相对不足的土壤施用钾肥，均能显著增产。一般在中等地力基础上，每亩施过磷酸钙 60 kg，尿素 10~15 kg，配合土杂肥 2 500 kg 做基肥施入，苗肥、分枝肥可施尿素 5~10 kg。后期每亩施尿素 10~15 kg，施肥时间以收前 35~40 d 为宜。

“二刀”薄荷生育期短，只有 80~90 d。施肥原则与“头刀”不同，应重施苗肥，在“头刀”薄荷收割后，每亩施尿素 20 kg，促苗发、苗壮。轻施“刹车肥”，提前在 9 月上旬每亩施用尿素 4~5 kg。“二刀”薄荷也有用饼肥作基肥的，饼肥养分全、肥效长、防早衰，但要在“头刀”薄荷收后把腐熟饼肥与土拌和撒施，并结合刨根平茬施入土中。

6. 排水灌溉　薄荷在生长前期干旱要及时灌水，灌水时切勿让水在地里停留时间太长，否则烂根。收割前 20~30 d 应停止灌水，防止植株贪青返嫩，影响产量、质量。“二刀”薄荷前期正值伏旱、早秋旱常发生的季节，灌水尤为重要。薄荷生长后期，要注意排水，降低土壤湿度。

五、病虫害防治

1. 锈病　主要为害叶片和茎。发病初期叶背面有黄褐色斑点突起，随之叶正面也出现黄褐色斑点。为害重者，叶片黄枯反卷、萎缩而脱落，植株停止生长或全株死亡，导致严重减产。5~10 月，气温适中、雨水较多易于发病。“头刀”薄荷在 6 月下旬至 7 月上旬梅雨季节易发病，而且随风雨蔓延，其速度相当快。发病后用 25% 三唑酮可湿性粉剂 1 500 倍液喷雾防治。

2. 斑枯病　为害叶片，叶面上产生暗绿色斑点，病斑周围的叶组织变黄，早期落叶，严重时引起叶片枯萎。发病期用 70% 甲基硫菌灵可湿性粉剂 1 500~2 000 倍液，7~10 d 喷 1 次，连续喷 2~3 次。

六、采收加工

1. 采收　以薄荷油量为评价指标，“头刀”薄荷适宜采收期为 7 月下旬，“二刀”薄荷适宜采收期为 10 月上中旬。收获薄荷应在晴天中午进行。

2. 加工　鲜薄荷收割后立即晾晒，至 7~8 成干时，扎成小把，继续晒干，切勿雨淋或夜露，否则放置易发霉变质。

七、质量评价

1. 经验鉴别　以质嫩、叶多、色黑绿者为佳。

2. 检查　叶不得少于 30.0%。水分不得过 15.0%。总灰分不得过 11.0%。

酸不溶性灰分不得过 3.0%。

3. 含量测定　照挥发油测定法，本品含挥发油不得少于 0.80%。照高效液相色谱法，本品按干燥品计算，含薄荷脑不得少于 0.20%。

商品规格等级

薄荷药材一般为干燥地上部分及全叶 2 个规格。干燥地上部分分为一等和二等 2 个等级。

干燥地上部分一等：干货。茎多呈方柱形，有对生分枝，棱角处具茸毛。质脆、断面白色，髓部中空。叶对生，有短柄，叶片皱缩卷曲，展平后呈宽披针形，长椭圆形或卵形。轮伞花序腋生。搓揉后有特殊清凉香气。味辛凉。茎表面呈紫棕色或绿色，叶上表面深绿色，下表面灰绿色。揉搓后有浓郁的特殊清凉香气。叶≥ 50%。

干燥地上部分二等：干货。茎表面呈淡绿色，叶上表面淡绿色，下表面黄绿色。揉搓后清凉香气淡。叶在 40%~50%。余同一等。

干燥地上部分统货：干货。茎多呈方柱形，有对生分枝，表面呈紫棕色或淡绿色，棱角处具茸；质脆、断面白色，髓部中空。叶对生，有短柄，叶片皱缩卷曲，展平后呈宽披针形，长椭圆形或卵形。轮伞花序腋生。叶呈黄棕色、灰绿色。揉搓后清凉香气淡，味辛凉。叶≥ 30%。

全叶统货：干货。叶对生，有短柄，叶片皱缩卷曲，展平后呈宽披针形，长椭圆形或卵形，微具茸毛。上表面深绿色，下表面灰绿色。揉搓后有浓郁的特殊清凉香气，味辛凉。

补骨脂

学名：*Psoralea corylifolia* L.
科：豆科

补骨脂，一年生直立草本植物，果实入药，别名破故纸、婆固脂等，有补肾壮阳、补脾健胃之功能，并可治牛皮癣等皮肤病。河南商丘、新乡、信阳等地是其适宜区，都有种植。

一、生物学特性

补骨脂高 60~150 cm，单叶互生，枝端的叶有时具 1 枚侧生小叶；托叶镰形。花 10~30 朵组成密集的总状或小头状花序，腋生；花冠蝶形，黄色或蓝色。荚果卵形，黑色，表面具不规则网纹，不开裂，果皮与种子不易分离，种子 1 颗，气香而腥。花期在 7~8 月，果期在 9~10 月。

补骨脂喜温暖湿润气候，喜肥，对土质要求不严，以土层深厚、排水良好、富含有机质的壤土或沙质壤土为好，喜阳光，在荫蔽条件下栽培则茎叶徒长，产量低。种子发芽的最适温度为 15~30℃，室温贮藏条件下 18 个月后发芽率仍达 67%。一般种子在 20℃左右，有足够湿度的土壤中，7~10 d 出苗。

二、选地与整地

选择土层深厚、排水良好的壤土或沙质壤土，前作收获后至播种前将土地耕翻 20~30 cm。每亩施厩肥 3 000 kg，草木灰 1 800 kg，过磷酸钙 75 kg，整细耙平，做成 48~50 cm 宽的垄或 100~130 cm 宽的平畦。

三、播种

种子繁殖一般采用直播，4 月中旬至 5 月上旬开沟条播或穴播，穴播按行距 35~40 cm，穴距 25~30 cm 开穴，深 3~6 cm，每穴播种 10~15 粒，施入人畜粪水，再盖草木灰或细土 2~3 cm。播种宜早不宜晚，晚播则种子难以成熟。

育苗移栽以春分前后播种为好，一般采用撒播，盖细土或火灰，再盖一层薄草保湿，苗期注意防旱、防虫害，勤除草。苗高 17~20 cm 时移栽。按行距 35~40 cm，穴距 17~20 cm 开穴，每穴栽苗 2~3 株。

四、田间管理

1. 间苗、定苗　直播出苗后及时间苗，苗高 10~15 cm 时，条播者按株距 30 cm 定苗；穴播者，每穴留壮苗 3~4 株。

2. 中耕除草　一般进行 2~3 次，第 1 次在定苗后进行，浅锄表土；第 2 次在苗高约 30 cm 时，深锄 6~10 cm ；最后一次在封行前并结合培土。移栽的中耕除草两次，苗高 30 cm 及封行前。

3. 追肥　一般追肥 2 次，第 1 次在间苗、定苗后，以速效氮肥为主；第 2 次在开花前，以磷钾肥为主，结合培土。移栽的植株结合中耕除草追肥。

4. 打顶　补骨脂为总状花序，果实由下而上逐渐成熟，9 月上、中旬，把花序上端刚开花不久的花序剪去，以利下部果实充实饱满，提前成熟。

五、病虫害防治

1. 根腐病　5~6 月发生，根部变黑腐烂，叶黄，严重时死亡。防治方法：注意排水，前作宜选禾本科作物，不可用种过蔬菜、烟草、白术的地种植；发现病株立即拔除烧毁，并用石灰水浇穴消毒。

2. 地老虎　人工捕杀或用 90% 敌百虫晶体 1 000~1 500 倍液浇穴防治。

3. 蚜虫、卷叶虫、蝗虫　蚜虫可用 40% 辛硫磷乳油 800~1 500 倍液喷雾防治；卷叶虫、蝗虫可用 4% 鱼藤酮乳油 2 000 倍液喷雾防治。

六、采收加工

1. 采收　7~10 月果实陆续成熟，需分批采收。当小穗上的果实有 80% 变成黑色时即可采收果穗。补骨脂花期较长，故一般均随熟随采，一般每隔 7~10 d 采收 1 次，最后连茎秆割回。遇有大风雨天气，应提前收获，否则果实容易被风吹落，难以收集。

2. 加工　采下的果实，经晒干、脱粒、除去杂质，即可药用，也可将果实采下后，放在布袋等容器中闷一夜，使之发热，再晒干，这样气味浓。

七、质量评价

1. 经验鉴别　以粒大、饱满、色黑者为佳。

2. 检查　杂质不得过 5.0%。水分不得过 9.0%。总灰分不得过 8.0%。酸不溶性灰分不得过 2.0%。

3. 含量测定　本品按干燥品计算，含补骨脂素和异补骨脂素的总量不得少于 0.70%。

商品规格等级

补骨脂药材一般为选货和统货 2 个规格，都不分等级。

选货：干货。呈肾形，略扁，表面黑色、黑褐色或灰褐色，具细微网状皱纹。顶端圆钝，有一小突起，凹侧有果梗痕。质硬。果皮薄，与种子不易分离；种子 1 枚，子叶 2，黄白色，有油性。气香，味辛，微苦。颗粒饱满、大小均匀，含杂率≤ 2.5 %。瘪粒率≤ 3.0 %。

统货：颗粒不饱满、大小不均匀，含杂率＜ 3.0 %。瘪粒率≤ 5.0 %。余同选货。

学名：*Atractylodes lancea* (Thunb.) DC.
科：菊科

苍术，多年生草本植物，别名茅苍术、南苍术、赤术等，以其干燥根茎入药，药材名苍术。苍术味辛、苦，性温，具有燥湿健脾、祛风散寒、明目等功效。《中国药典》也收载北苍术 *A.chinensis* (DC.) Koidz. 的根茎作为苍术药用，适合在河南栽培。

一、生物学特性

苍术的根状茎平卧或斜升，粗长或通常呈疙瘩状。茎直立，高 30~100 cm，单生或少数茎成簇生，花果期 6~10 月。苍术喜凉爽气候，生活力很强，荒山、坡地、瘦地也可种植，需生长 2 年后才可收获。

苍术从种子萌发至收获种子约 635 d，其中营养生长期约 330 d（发芽次年孕蕾），孕蕾期约 65 d，开花期约 40 d，结果期约 60 d，休眠期约 140 d。一般 2 月中旬至 3 月上旬种子发芽，3 月中旬至 4 月上旬出苗，4 月中旬至 6 月中旬为营养生长期，6 月下旬至 8 月下旬为孕蕾期，9 月上旬至 11 月中旬为开花结果期，11 月中旬至次年 3 月中旬为休眠期。一年生苗极少抽茎开花。

二、选地与整地

苍术适宜在土层深厚疏松、土质肥沃、排水良好的沙质壤土栽种，露地栽培时宜与玉米等高秆作（植）物套种，以保持 30% 左右的遮光度为宜。10

月整地，深耕 30 cm 以上，结合整地施用充分腐熟的农家肥 2 000~3 000 kg 作基肥，整细、耙平，做成小高垄，垄宽 40~80 cm，垄高 25 cm，沟宽 25 cm，四周开排水沟。

三、繁殖方法

苍术的繁殖方法分种子繁殖、根茎繁殖。

1. 种子繁殖　可进行冬播和春播，冬播的适宜时期为 11 月下旬至土壤封冻前，春播适期为 3 月下旬至 4 月上旬。每亩用种 3.5~5.0 kg，畦宽 1.0 m，按行距 15 cm 横向开播种沟，播种沟宽 10 cm、深 1.5 cm，将种子拌土灰或细沙，均匀撒入播种沟内，然后上覆 1~2 cm 细土，播种后及时浇水，以利保墒。起苗一般在植株休眠后的 11~12 月前后进行，以随起随栽为好，起苗后放于背阴处选苗，剔除不合格苗。

2. 根茎繁殖　一般于二至三年生苍术采收时，掰下其上的芽头，一般芽头下连接一个结节（为芽头供应营养）。每个根茎保留 2~3 个主芽。然后用 500 倍 50% 多菌灵溶液浸泡消毒 25 min，取出置于阴凉处晾干。栽种时，芽头向上，覆土厚度 1 cm。一般 8~12 g 的芽头苗，种植密度为 15 cm × 30 cm；20 g 左右的芽头苗，种植密度为 20 cm × 40 cm。

四、田间管理

1. 中耕除草　结合中耕和田间管理，及时清除杂草。杂草清除一般在 3 月、6 月及雨季结束后。

2. 排灌水与施肥　在苍术生长关键时期，如遇干旱，及时浇水。雨后遇到积水及时排水。在孕蕾期，可结合浇水追施复合肥。忌用氮肥和未腐熟的农家肥。

3. 摘蕾控苗　大田一般在 6~7 月把主干上和侧枝上出现的带蕾花枝全部打掉，地上部分留 40 cm 即可。

五、病虫害防治

1. 根腐病　为害苍术地下根状茎及须根，根茎干腐，皮层和木质部脱离，仅残留木质部纤维及碎屑。地上部分叶片萎蔫，叶片脱落。禾本科植物轮作3年以上，发病初期，用多菌灵、甲基硫菌灵、代森锰锌（络合态）+甲霜灵、广枯灵（噁霉灵+甲霜灵）等喷淋茎基部或灌根，视病情一般10 d左右用药1次，连用2~3次。

2. 软腐病　为害地下根状茎，初期呈褐色水渍状，后呈“豆腐渣”或“糨糊状”软腐，发臭，植株枯死，防治措施同根腐病。

3. 叶斑病　主要为害叶片，病斑灰褐色、黑褐色或黑色，圆形或不规则形，两面都能产生稀疏的黑色霉层。发病初期，喷施多菌灵、代森锰锌等保护制剂；发病后，选用多抗霉素、嘧菌酯、醚菌酯、咯菌腈等喷雾防治。

4. 根结线虫　为害根部。线虫侵入后，细根及粗根各部位产生大小不一的不规则瘤状物。用淡紫拟青霉菌（2亿孢子/克）灌根，一般7 d灌1次，连灌2次。

5. 蚜虫　一般在4~6月发生，在幼嫩的茎尖取食嫩叶。每亩用10%吡虫啉可湿性粉剂10 g，或40%啶虫脒水分散粒剂3 g，兑水30 kg叶面喷雾。

六、采收加工

1. 采收　大田定植后2年采收。一般在11~12月采收。

2. 加工　除去茎叶和泥土，晒到五成干时装进筐中，撞去部分须根，表皮呈黑褐色；晒到六七成干时，再撞1次，以去掉全部老皮；晒到全干时最后撞1次，使表皮呈黄褐色，即成商品。每亩可产干品药材200 kg左右。

七、质量评价

1. 经验鉴别　以条长、粗大、体实者为佳。

2. 检查　水分不得过13.0%。总灰分不得过7.0%。

3. 含量测定 照高效液相色谱法测定，本品按干燥品计算，含苍术素不得少于 0.30%。

商品规格等级

苍术药材一般为茅苍术和北苍术 2 个规格。分为统货和选货，都不分等级。

茅苍术选货：干货。野生品呈不规则连珠状或结节状圆柱形，略弯曲，偶有分枝；栽培品呈不规则团块状或疙瘩状，有瘤状突起。表面灰黑色或灰棕色。质坚实。断面黄白色或灰白色，散有橙黄色或棕红色朱砂点，露出稍久，可析出白色细针状结晶。气浓香；味微甘、辛、苦。中部直径 1 cm 以上。无须根。无残留茎基及碎屑，每 500 g ≤ 70 头。

茅苍术统货：干货。不分大小。余同选货。

北苍术选货：干货。呈不规则的疙瘩状或结节状。表面黑棕色或黄棕色。质较疏松。断面黄白色或灰白色，散有黄棕色朱砂点；气香；味辛、苦。中部直径 1 cm 以上。无须根。无残留茎基及碎屑，每 500 g ≤ 40 头。

北苍术统货：干货。不分大小，偶见残留茎基及碎屑。余同选货。

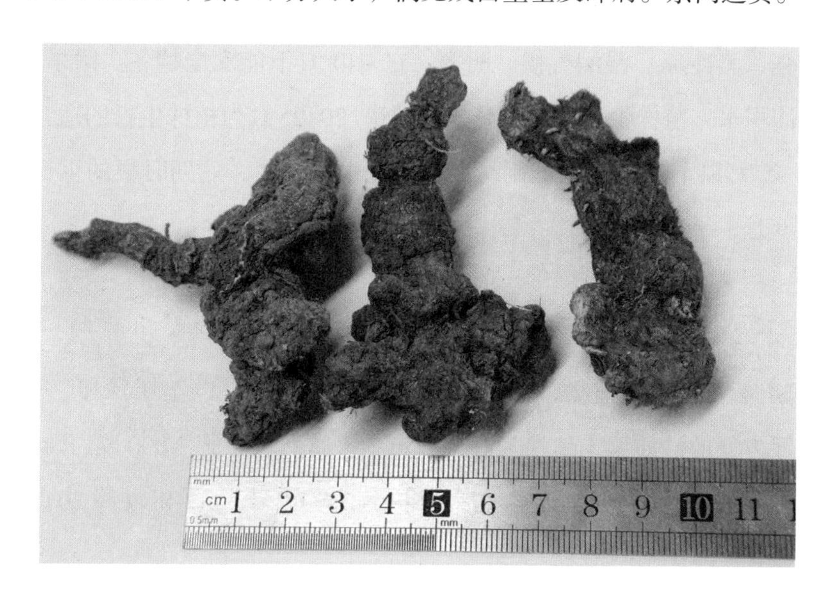

柴胡

学名：*Bupleurum chinense* DC.
科：伞形科

柴胡，多年生草本植物，以干燥根入药，药材名柴胡，商品常被称为“北柴胡”。柴胡性微寒，味苦，具有发表和里、疏肝解郁、提升中气的功效。“嵩胡”为河南省道地药材。《中国药典》还收载狭叶柴胡 *B.scorzonerifolium* Willd. 的根作柴胡药用，商品称“南柴胡”。

一、生物学特性

柴胡株高 50~85 cm，主根较粗大，棕褐色，质坚硬。茎单一或多数。适应性较强，喜冷凉、湿润气候。耐寒，在 –40 ℃下能安全越冬。耐旱，忌高温和涝洼积水。植株生长随气温升高而加快，20~25℃为植株生长的适宜温度，气温达 35 ℃以上生长受到抑制，以 6~9 月生长迅速，后期时根的生长加快。花期 6~9 月，果期 8~10 月。

二、选地与整地

柴胡是耐旱喜光植物，怕涝，对土壤要求不严。以土层深厚、疏松肥沃、排灌方便的沙质壤土地块为好，每亩施入腐熟农家肥 3 000 kg、磷酸二铵 10 kg 作基肥，深耕 20~25 cm，然后做畦，畦宽 1.2~1.5 m，畦埂高 20 cm。

三、繁殖方法

1. 种子处理　柴胡种子用0.8% ~1.0%高锰酸钾水溶液浸种10 min，可提高出苗率；或者用0.5~1.0 mg/L的细胞分裂素6–BA浸种1 d，取出种子用水冲洗后播种；也可先用30~40℃温水浸种48 h，再用20~25℃湿沙层积7~10 d，种子裂口后，即可播种。

2. 播种　当土壤表层温度稳定在10℃以上时，即可进行播种。播种后如果连续干旱，需要浇水保障出苗。

3. 播种方法　以条播为主，行距20~25 cm，开沟2~3 cm深，将种子均匀撒入沟内，或用滚筒将种子滚入沟内，每亩播量0.8~1.2 kg。播后覆土1.0~1.5 cm，然后进行踩实，或镇压提墒，再盖草保湿。

四、田间管理

1. 生产田　出苗后及时中耕除草，严防草荒。苗高5~7 cm时进行定苗，以每平方米50株留苗为宜。发现病虫害要及时防治。干旱时要及时浇返青水，结合中耕，每亩施优质农家肥2 000 kg，磷酸二铵6~8 kg。进入开花期及时打顶。一般在现蕾期，每亩追尿素10 kg或人畜粪水，追肥后结合浇水，满足柴胡生长发育对水分和养分的需要。雨涝注意及时排水，防止地面积水，否则易引发根腐病。

2. 留种田　选柴胡植株生长健壮的地块。8~10月是种子成熟季节，由于抽薹开花不一致，因此种子成熟时间不同。当大部分种子表皮变褐，籽粒变硬时，即可一次性收获。二年生以上柴胡种子每亩产量一般为20~50 kg。

五、病虫害防治

1. 锈病　主要为害茎叶，叶面出现黄色病斑。5~6月开始发病，雨季发病严重。及时清除病残枯叶，发病初期用25%三唑酮可湿性粉剂1 000倍液喷雾防治。

2. 斑枯病　主要为害叶片，严重时叶片上病斑连成一片，植株枯萎死亡。发病初期喷石灰等量式波尔多液 160 倍液，生长期喷 40% 代森铵可湿性粉剂 1 000 倍液或 50% 退菌特可湿性粉剂 1 000 倍液。

3. 根腐病　发病初期侧根和须根变褐腐烂，逐渐向主根扩展，主根发病后，根部腐烂，只剩下外皮，最后成片死亡。移栽时选壮苗，用 70% 甲基硫菌灵可湿性粉剂 1 000 倍液浸根 5 min，晾干后栽植。增施磷肥，提高抗病能力。发现病株，及时拔除，病穴用石灰水处理。

4. 蚜虫　一般为害嫩芽或花蕾，用 4.5% 高效氯氰菊酯乳油 2 500 倍液、50% 抗蚜威可湿性粉剂 4 000 倍液或 0.3% 苦参碱水剂 150~200 mL，兑水 30 kg 叶面喷雾，7 d 喷 1 次，连续 2~3 次。

六、采收加工

1. 采收　一年生柴胡根中皂苷总含量为 1.57%，二年生的为 1.19%，但二年生根的干重为一年生根的 3 倍以上，从总皂苷得率考虑，仍以二年生以上收获为佳，以三年生的挥发油含量最高。柴胡宜于播种后 2~3 年采挖。一般于秋季植株枯萎后，或早春萌芽前挖取地下根条。

2. 加工　挖出后抖去泥土，除去茎叶，晒干即成。如提取柴胡挥发油，宜阴干。一般二年生柴胡亩产 70~120 kg，三年生的亩产 120~200 kg。

七、质量评价

1. 经验鉴别　以条粗长，须根少者为佳。

2. 检查　水分不得过 10.0%。总灰分不得过 8.0%。酸不溶性灰分不得过 3.0%。

3. 浸出物　照醇溶性浸出物测定法项下的热浸法测定，用乙醇作溶剂，不得少于 11.0%。

4. 含量测定　北柴胡照高效液相色谱法测定，本品按干燥品计算，含柴胡皂苷 a 和柴胡皂苷 d 的总量不得少于 0.30%。

商品规格等级

柴胡药材一般为北柴胡家种、北柴胡野生 2 个规格，都不分等级。

北柴胡家种选货：干货。呈圆柱形或长圆锥形，上粗下细，顺直或弯曲，多分枝。头部膨大，呈疙瘩状，无残留茎苗，下部多分枝，中部直径> 0.4 cm，无残茎。表面黑褐色，有纵皱纹、支根痕及皮孔。质硬而韧，不易折断，断面显纤维性较强，皮部浅棕色，木部黄白色。气微香，味微苦辛。无须毛、杂质、虫蛀、霉变。

北柴胡家种统货：干货。中部直径> 0.3 cm，偶见残茎。余同选货。

北柴胡野生统货：干货。呈圆柱形或长圆锥形，上粗下细，顺直或弯曲，多分枝。头部膨大，呈疙瘩状，无残留茎苗，下部多分枝。表面黑褐色，有纵皱纹、支根痕及皮孔。质硬而韧，不易折断，断面显纤维性较强，皮部浅棕色，木部黄白色。气微香，味微苦、辛。无须毛、杂质、虫蛀、霉变。

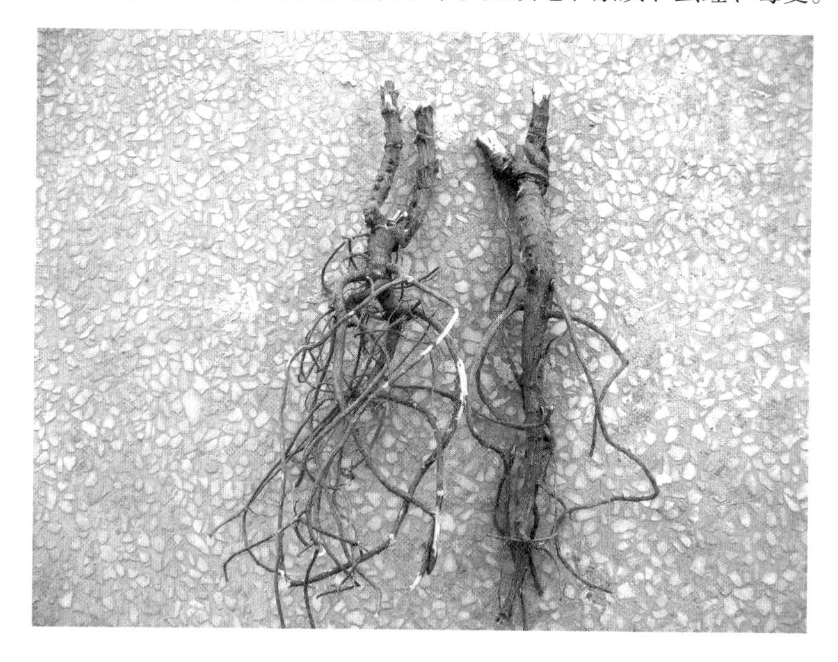

重楼

学名：*Paris polyphylla* Smith var. *chinensis*（Franch.）Hara

科：百合科

重楼为植物七叶一枝花的干燥根茎，别名虫蒌、重楼一枝箭。重楼性微寒，味苦，有小毒，归肝经，具有清热解毒、消肿止痛、凉肝定惊等功效，临床上用于治疗疔疮痈肿、咽喉肿痛、毒蛇咬伤、惊风抽搐等症，是云南白药、宫血宁、抗病毒冲剂等著名中成药的主要原材料之一。七叶一枝花主要分布于浙江、安徽、福建、河南等地。河南伏牛山区嵩县、栾川县、西峡县、南召县有种植。另外，还有云南重楼 *P. polyphylla* Smith var. *yunnanensis*（Franch.）Hand.-Mazz. 的根茎也做重楼药用，主要分布于云南、贵州、四川、湖北等地，现在也有栽培。

一、生物学特性

重楼为多年生草本植物，高 30~100 cm，茎直立，叶 5~8 片轮生于茎顶，叶片长圆状披针形、倒卵状披针形或倒披针形，长 7~17 cm、宽 2.5~5 cm；花梗从茎顶抽出，通常比叶长，顶生 1 花。花期在 5~7 月，果期在 8~10 月。重楼生长于海拔 500~3 000 m 的山谷、溪涧边、阔叶林下阴湿地，喜在凉爽、阴湿、水分适度的环境中生长，喜斜射或散光，忌强光直射，属典型的阴生植物。

重楼种子萌发、根生长发育及顶芽萌发的适宜温度为 18~20℃，地上部植株生长为 16~20℃，地下部根茎生长为 14~18℃。重楼具有越冬期长、营养生长期较短、生殖生长期较长的特点，其生育周期一般从 11 月中下旬倒苗后进入越冬，翌年 3 月开始萌动，5 月从台叶盘上抽薹开花，营养生长约 1 个月。

从 5 月开花至 10 月种子成熟，生殖生长期长达 5 个月。

二、选地与整地

重楼对土壤的要求较严格，要求土层深厚、疏松肥沃、有机质含量高的沙质壤土，且地势平坦，有自然灌溉条件，排水方便。在有机质含量或速效肥力高的壤土中，土壤透气和保肥性好，重楼生长良好；土壤板结、贫瘠的黏性土及排水不良的低洼地，不利于重楼的生长，不宜用来种植重楼。

重楼为多年生浅根植物，生长缓慢，根系少但较长，一般移栽第 1 年要将地深翻，有利于根系生长。在冬季选择晴天，田块较干时翻耕 25 cm 深，翻晒 1~2 d 后每亩施入腐熟农家肥 2 000~2 500 kg，平整做畦，畦面宽 1.2 m，沟宽 0.3 m，沟深 0.25 m，沟要通畅，便于排水。

三、繁殖方法

1. 种子繁殖　种子苗床要选择地势较高、排水良好、富含有机质的地块，旱地要搭 3~4 层遮阴网。选择晴天、田块干时翻耕，翻耕深度 15 cm 左右，翻耕时将土块碾碎，并捡去石块和杂草，平整做墒。

选饱满、成熟、无病害、无霉变、无损伤的重楼种子，将其与干净的细沙以 2∶1 混合，搓擦除去外种皮，洗净，并用 50% 多菌灵可湿性粉剂 500 倍液浸种 1 h，埋入湿沙中，20℃ 处理 4 个月后，等重楼种子生根后播种，在此期间要注意保湿。

处理后的种子可进行点播和条播，也可以进行撒播。播入混匀的腐殖土和细沙 (2∶1) 中，种子上要覆盖 1.5~2 cm 薄土层，再盖一层细碎草以保水分，这样既利于小苗出土，又利于子叶脱壳保证出苗率。在此期间要保持苗床湿润、荫蔽的环境，避免土壤板结、干燥和过度日照，一般 3~4 个月出苗。

2. 切割繁殖　在冬季将无病虫害、形态正常的重楼地下茎按 2 个节 (约 2 cm) 切割，伤口用草木灰处理，带顶芽的切块直接到大田栽种，不带顶芽的切块按株行距 10 cm × 10 cm 栽种，种植后覆盖松毛或腐殖土保湿，并搭遮阴网遮阴。

3. 移栽　种苗生长2年后即可移栽，株行距15 cm×20 cm，移栽后覆盖松毛，然后搭建遮阴网遮阴。移栽时间宜在冬季，地上茎倒苗后，根茎休眠时，移栽过程中注意保护顶芽和须根不受损伤。

四、田间管理

1. 中耕除草　由于重楼根系较浅，而且在秋冬季萌发新根，中耕时必须注意。在9~10月前后，地下茎生长初期，用小锄头轻轻中耕除草，中耕不能过深，以免伤害地下茎。中耕除草时要结合培土，并结合施用冬肥。立春前后苗逐渐长出，发现杂草应及时拔除。

2. 排灌水　种植地四周应开好排水沟，以利排水。排水沟的深度应在35 cm以上，基本达到雨停水干。重楼出苗后遇干旱应及时浇水，下雨后要注意排水。在地上茎出苗前不宜浇水，否则易烂根。

3. 施肥　每年施肥2次，即冬肥和春肥。冬肥一般在11下旬至12月上旬进行，首先将表土轻轻中耕一次，选晴天每亩施复合肥15~20 kg；春肥在苗出齐后进行，每亩施腐熟农家肥1 000~1 500 kg，苗高3 cm左右时，每亩施复合肥20 kg。

4. 摘顶　在营养生长结束时，对不留种的植株摘除子房，但要保留萼片，以保证有机质向根茎转移。

5. 遮阳　不同生长年限的重楼需光度不同，原则上2~3年的苗需光10%~20%，4~5年的苗需光30%左右，5年以后的苗需光40%~50%。因此，对林下种植透光率过低的，需修剪林木过多的枝叶；遮阴度不够时，可采取插树枝遮阳的办法。

五、病虫害防治

1. 褐斑病　从叶尖、叶基产生近圆形的病斑，有时病害会蔓延至花轴，形成叶枯、茎枯。防治措施：注意土壤湿润，降低空气的湿度，以减轻发病；

在发病初期用 50% 异菌脲水分散粒剂 800~1 000 倍液或 15% 咪鲜胺微乳剂 1 000~1 500 倍液，每 7 d 喷雾 1 次，连喷 3~4 次。

2. 根腐病　病菌主要为害地下茎，早期植株症状不明显，后期随着根部糜烂的加剧，导致吸收水分和营养的功能逐渐减弱，最终整个根茎腐烂，整株逐渐枯死。防治措施：移栽时疏通排水沟，用 50% 多菌灵可湿性粉剂 500 倍液浸种 1~2 h；发病初期用石灰等量式波尔多液 200 倍液或 50% 多菌灵可湿性粉剂 500 倍液喷雾防治。

3. 猝倒病　发病症状为从茎基部感病，初发病为水渍状，并很快向地上部扩展，病部不变色或黄褐色并缢缩变软。初期仅个别幼苗发病，后期以发病株为中心，迅速向四周扩展蔓延，形成块状病区。防治措施：发病初期清除病苗后施药，可用 65% 代森锌可湿性粉剂 500 倍液喷雾或用 75% 百菌清可湿性粉剂 1 000 倍液喷施；也可用石灰粉 1 份与草木灰 10 份混匀后撒施。

4. 炭疽病　叶片上产生点状、近圆形或不规则形褐色病斑，严重时叶片上多个病斑连接成片，枯黄死亡。病菌在土壤病残体中越冬，第 2 年雨季来临时侵染健康植株发病，尤其是种植密度大、排水不良、阴雨多湿、多年连作田块发病重。防治措施：发病初期用 15% 咪鲜胺微乳剂 1 000~1 500 倍液或 32.5% 苯甲嘧菌酯悬浮剂 1 000~1 500 倍液，每 7 d 喷雾 1 次，连喷 1~3 次。

5. 虫害　主要有地老虎和金龟子及其幼虫蛴螬，主要为害重楼的茎和根，使之倒伏或形成不规则的凹洞。防治措施：每亩用 90% 敌百虫晶体 50~70 g 拌 20 kg 细潮土撒施或用 50% 辛硫磷乳油 0.5 kg 拌鲜菜叶做成毒饵，每亩撒施 5 kg。金龟子可夜间用火把诱杀成虫，用鲜菜叶喷敌百虫或敌敌畏放于畦面诱杀幼虫。

六、采收加工

1. 采收　以种子种植的重楼，5 年后可采收；以块茎种植的，3 年后可采收。秋季倒苗前后至翌年 3 月芽萌发前均可收获。重楼块茎大多生长在表土层，容易采挖，但要注意保持茎块完整。先割除茎叶，然后用锄头从侧面开挖，挖出块茎，抖落泥土。

2. 加工　挖出的重楼根茎，清水刷洗干净后，晒干即可。阴天可用30℃左右微火烘干。

七、质量评价

1. 经验鉴别　以身干、根条肥大、质坚实、断面色白、粉性足为佳。

2. 检查　水分不得过12.0%。总灰分不得过6.0%。酸不溶性灰分不得过3.0%。

3. 含量测定　照高效液相色谱法测定，含重楼皂苷Ⅰ、重楼皂苷Ⅱ和重楼皂苷Ⅶ的总量不得少于0.60%。

商品规格等级

重楼药材一般为统货和选货2个规格；选货分为3个等级。

选货一等：干货。结节状扁圆柱形，略弯曲。个体较长，上中部直径≥3.5 cm，单个质量≥50 g，每1 000 g根茎数≤20个，个头均匀。气微，味微苦、麻。

选货二等：干货。结节状扁圆柱形，略弯曲。个体较长，上中部直径≥2.5 cm，单个质量≥25 g，每1 000 g根茎数≤40个，个头均匀。气微，味微苦、麻。

选货三等：干货。结节状扁圆柱形，略弯曲。个体较长，上中部直径≥2.0 cm，单个质量≥10 g，每1 000 g根茎数≤100个，个头均匀。气微，味微苦、麻。

丹参

学名：*Salvia miltiorrhiza* Bge.
科：唇形科

丹参，多年生草本植物，别名血参、紫丹参、赤参等，以干燥根及根茎入药，药材名丹参。丹参味苦，性微寒，归心、肝二经，具有活血祛瘀、养血安神、消肿止痛等功效。河南大部分区域均有栽培。

一、生物学特性

丹参株高 40~80 cm。根粗壮且长，主根肉质，外皮深红色，内部白色。茎直立，紫色或绿色，上部多分枝。丹参适应性强，喜气候温暖、阳光充足、空气湿润的环境。丹参 3 月中旬开始返青，3~5 月为茎叶生长旺季，4~6 月陆续开花结果，地上部分的生长迅速。7~9 月为根快速生长期。7~8 月茎秆中部以下叶子部分或全部脱落，果后花序梗自行枯萎，花序基部及其下面一节的腋芽萌动并长出侧枝和新叶，基生叶丛生。8 月中下旬，丹参根系加速分支、膨大，此时应增加根系营养，防止积水烂根。10 月底至 11 月初平均气温 10℃以下，地上部分开始枯萎。

二、选地与整地

丹参根系发达，应选择地势向阳，土层深厚疏松，土质肥沃，排水良好的沙质壤土栽种，忌连作，不适于与豆科植物或其他根类药材轮作。亩施腐熟农家肥 1 500~3 000 kg，深翻 30 cm 以上，耙细整平后做成宽 80~130 cm 的高畦。

三、繁殖方法

主要有种子繁殖、分根繁殖和芦头繁殖等方法。

1. 种子繁殖、育苗　丹参种子于6~7月成熟采摘后即可播种。在整理好的畦上按行距25~30 cm开沟，沟深1~2 cm，将种子均匀地播入沟内，覆土，以盖住种子为度，播后浇水盖草保湿。每亩用种量0.5 kg，15 d左右可出苗。当苗高6~10 cm时可间苗，一般11月左右，即可移栽定植于大田。也可于9月育苗，第二年3月中下旬定植于大田。

2. 分根繁殖　栽种时间一般在当年2~3月，选种要选一年生的健壮无病虫的鲜根作种，直径1~1.5 cm，取根条中上段萌发能力强的部分切成5~7 cm长的根段。行距30~40 cm，株距20~30 cm开穴，穴深3~5 cm，每穴栽1~2段，大头朝上，直立穴内，不可倒栽，盖土1.5~2 cm压实，覆盖地膜。栽后60 d出苗。

3. 芦头繁殖　3月上中旬，选无病虫害的健壮植株，剪去地上部的茎叶，留长2~2.5 cm的芦头作种苗，按行距30~40 cm，株距25~30 cm，挖3 cm深的穴，每穴栽1~2株，芦头向上，覆土盖住芦头为度，浇水，40~45 d（即4月中下旬）芦头即可生根发芽。

四、田间管理

1. 中耕除草　分根繁殖幼苗出土时要进行查苗，及时刺破地膜，以利出苗。苗高10~15 cm时进行第1次中耕除草，中耕要浅，避免伤根。第2次在6月，第3次在7~8月进行，封垄后停止中耕。育苗应拔草时，要避免伤苗。

2. 合理施肥　第1次除草结合追肥，雨后进行，一般以施氮肥为主，以后配施磷、钾肥，如肥饼、过磷酸钙、硝酸钾等。第1、2次可每亩施腐熟粪肥1 000~2 000 kg、过磷酸钙10~15 kg或肥饼50 kg。第3次施肥于收获前两个月，应重施磷、钾肥，促进根系生长，每亩配施肥饼50~70 kg、过磷酸钙40 kg，两者堆沤腐熟后挖窝施，施后覆土。

3. 排灌　疏通排水沟，严防积水成涝，造成烂根，但出苗期和幼苗期需要经常保持土壤湿润，遇干旱应及时浇水。

4. 摘花薹　对丹参抽出的花薹应注意及时摘除，以抑制生殖生长，减少养分消耗，促进根部生长发育。

五、病虫害防治

1. 根腐病　根部发黑腐烂，地上部个别茎枝先枯死，严重时全株死亡。雨季及时排除积水，发病初期用 70% 甲基硫菌灵可湿性粉剂 800~1 000 倍液浇灌。

2. 叶斑病　为害叶片。5 月初发生，初期叶片上生有圆形或不规则形深褐色病斑。严重时病斑扩大汇合，致使叶片枯死。发病初期喷 50% 多菌灵可湿性粉剂 1 000 倍液。注意排水，降低田间湿度，减轻发病。

3. 菌核病　发病植株茎基部、芽头及根茎部等部位逐渐腐烂变成褐色，并在发病部位及附近土面以及茎秆基部的内部，生有黑色鼠粪状的菌核和白色菌丝体，植株枯萎死亡。发病初期及时拔除病株并用 50% 氯硝胺粉剂 0.5 kg 加生石灰 10 kg，撒在病株茎基及周围土面，防止蔓延，或用 50% 腐霉利可湿性粉剂 1 000 倍液浇灌。

4. 蚜虫　主要为害叶及幼芽。用 4.5% 高效氯氰菊酯乳油 20 mL，兑水 30 kg 喷雾，7 d 喷 1 次，连续 2~3 次。

5. 银纹夜蛾　以幼虫咬食叶片，夏秋季发生。咬食叶片成缺刻，严重时可把叶片吃光。悬挂黑光灯诱杀成虫。在幼龄期，喷 40% 辛硫磷乳油 40 mL，兑水 30 kg 喷雾，每 7 d 喷 1 次。

6. 蛴螬、地老虎　4~6 月发生，咬食根部。撒毒饵诱杀，或在上午 10 时前人工捕捉地老虎幼虫，或用 90% 敌百虫晶体 1 000~1 500 倍液浇灌根部。

六、采收加工

1. 采收　春栽丹参于当年 11 月初至 11 月底地上部枯萎时采挖。丹参根入土较深，根系分布广，质地脆而易断，采挖时先将地上茎叶除去，深挖参根，防止挖断。

2. 加工　采收后的丹参要经过晾晒和烘干。如需条丹参，可将直径 0.8 cm 以上的根条在母根处切下，顺条理齐，暴晒，不时翻动，七八成干时，扎成小把，再暴晒至干，装箱即成“条丹参”。如不分粗细，晒干去杂后装入麻袋者称“统丹参”，有些产区在加工过程中有堆起“发汗”的习惯，但此法会使有效成分含量降低，故不宜采用。

七、质量评价

1. 经验鉴别　以条粗壮、紫红色者为佳。

2. 检查　水分不得过 13.0%。总灰分不得过 10.0%。酸不溶性灰分不得过 3.0%。重金属及有害元素铅不得过 5 mg/ kg；镉不得过 0.3 mg/ kg；砷不得过 2 mg/ kg；汞不得过 0.2 mg/ kg；铜不得过 20 mg/ kg。

3. 浸出物　水溶性浸出物，照水溶性浸出物测定法项下的冷浸法测定，不得少于 35.0%。醇溶性浸出物，照醇溶性浸出物测定法项下的热浸法测定，用乙醇作溶剂，不得少于 15.0%。

4. 含量测定　照高效液相色谱法测定，本品按干燥品计算，含丹参酮 $Ⅱ_A$、隐丹参酮和丹参酮Ⅰ的总量不得少于 0.25%；含丹酚酸 B 不得少于 3.0%。

商品规格等级

丹参药材一般按产地分为川丹参、山东丹参及其他产区丹参 3 个规格。川丹参分为 4 个等级、山东丹参分 2 个等级。

川丹参特级：干货。呈圆柱形或长条状，略弯曲，偶有分枝。表面紫红色或棕红色。具纵皱纹，外皮紧贴不易剥落。质坚实，不易掰断。断面灰黑色或棕黄色，无纤维。气微，味甜微苦。长≥ 15 cm，主根中部直径≥ 1.2 cm。

川丹参一级：干货。长≥ 13 cm，主根中部直径≥ 1.0 cm。余同特级。

川丹参二级：干货。长≥ 12 cm，主根中部直径≥ 0.8 cm。余同特级。

川丹参三级：干货。长≥ 8 cm，主根中部直径≥ 0.5 cm。余同特级。

川丹参统货：干货。长度不限，不分大小。余同特级。

山东丹参一级：干货。呈长圆柱形。表面棕红色。有纵皱纹。质硬而脆，易折断。断面纤维性。气微，味甜微苦。长≥ 15 cm，主根中部直径≥ 0.8 cm。

山东丹参二级：干货。长≥ 12 cm，主根中部直径≥ 0.6 cm。余同一级。

山东丹参统货：长度不限，不分大小。余同一级。

其他产区丹参选货：干货。呈长圆柱形。表面棕红色，具纵皱纹，外皮紧贴不易剥落。质坚实，断面较平整，略呈角质样。长≥ 12 cm，主根中部直径≥ 0.8 cm。

其他产区丹参统货：干货。长度不限，不分大小。余同选货。

学名：*Codonopsis pilosula* (Franch.) Nannf.
科：桔梗科

党参，多年生草质藤本植物，以干燥根入药，性平，味甘，归脾、肺经，有健脾益肺、养血生津的功效。党参的主要化学成分有生物碱、炔类及烯类化合物、萜类、黄酮、木质素、甾体、酚酸、糖类、氨基酸、挥发油等。临床用于治疗脾肺气虚、食少倦怠、咳嗽虚喘、气血不足、面色萎黄、心悸气短、津伤口渴，内热消渴等症。

一、生物学特性

党参根肥大肉质，呈纺锤状圆柱形，较少分枝，长 15~30 cm，直径 1~3 cm，表面黄色。茎缠绕，长 1~2 m，直径 2~3 mm，有多数分枝。叶在主茎互生；叶片卵形或窄卵形；花单生于枝端，花冠钟状，黄绿色。蒴果圆锥形；种子多数，细小，卵形，棕黄色。花期 7~8 月，果期 8~9 月。

党参适应性较强，喜温和、夏季凉爽和空气湿润的气候环境。党参是深根性植物，适宜种植在土层深厚、土质疏松、排水良好的沙质土壤中，土壤酸碱度以中性或偏酸性为宜，一般 pH 6.5~7.0，忌连作，一般隔 3~4 年种植。以三年生党参所结种子发芽率最高，达到 90% 以上，常温下贮存 1 年则发芽率降低。

党参从早春解冻后至冬初封冻前均可播种，春、秋季播种的党参，一般 3 月底至 4 月初出苗，然后进入缓慢的苗期生长，至 6 月中旬，苗一般可长到 10~15 cm 高。从 6 月中旬至 10 月中旬，进入营养生长的快速期，一般一年生党参地上部分可长到 60~100 cm，低海拔或平原地区种植的党参，8~9 月部分植株可开花结籽，但秕籽率较高；在海拔较高的山区，一年生参苗一般不能开花。10 月中下旬植株地上部分枯萎进入休眠期。

二、选地与整地

1. 育苗地　育苗地宜选地势平坦、靠近水源、无地下病虫害、无宿根杂草、土质疏松肥沃、排水良好的沙质壤土，如排灌方便的河滩等。

2. 栽植地　以土层深厚、疏松肥沃、排水良好的沙质壤土为佳。施足基肥，常用厩肥、坑土肥等。深耕 30 cm 以上，耙细整平，做成畦或做成垄。山坡地应选阳坡地，整地时只需做到坡面平整，按地形开排水沟，沟深 21~25 cm 即可。

三、繁殖方法

党参用种子繁殖时，当年新产种子发芽快，发芽率高，长出苗均匀，健壮。隔年陈种子发芽率低。党参种子无休眠期。

1. 种子直播　直播春秋两季均可，秋播出苗较好。秋播从 10 月初开始至地冻前播完；春播于 3 月下旬至 4 月中旬。播种时将种子与细土拌和后，均匀撒在地表，覆一层薄土，以盖住种子为宜。也可先在整好的畦上横开浅沟，然后将种子与细土拌匀，均匀播在沟内，微盖细土，稍加镇压，使表土与种子结合。党参萌发需要较多水分，同时幼苗喜阴，因此在生产上要采用覆盖谷物秸秆保墒或间作高秆作物遮阴等方法，保证种子发芽及苗期生长有足够的水分和适宜的生态环境。

2. 育苗移栽　育苗移栽是目前常用方法，药材产量高，生长周期较短，但较费工时，药材分杈多。

（1）育苗　春播在 3~4 月进行，夏播多在 5~6 月雨季进行。夏季温度高，要特别注意幼苗期的遮阴与防旱，以防参苗日晒或干旱而死。春、夏播种时可先将种子进行催芽处理。秋播在 10~11 月土地上冻前为宜，当年不出苗，到第2年清明前后出苗。秋播宜迟不宜早，太早种子发芽出苗，小苗难以越冬。

（2）移栽　党参分为春栽和秋栽。春季宜于芽苞萌动前移栽，即3月下旬至4月上旬；秋季于10月中下旬移栽。春栽宜早，秋栽宜迟，以秋栽为好。移栽最好选阴天或早晚进行，随起苗随移栽。移栽时不要损伤根系，将参条顺沟的倾斜度放入，使根头抬起，根梢伸直，覆土要以使参头不露出地面为度，一般高出参头5 cm左右。参秧以斜放为好。一般每亩栽大苗1.6万株左右，栽小苗2万株左右；密植栽培每亩栽参苗4万株左右。

四、田间管理

1. 苗期管理　党参幼苗生长细弱，怕旱、怕涝、怕晒，喜阴凉，因此在苗期注意遮阴。常用的遮阴方法有盖草遮阴、塑料薄膜遮阴和间作高秆植物遮阴等。盖草遮阴就是春季播种或秋冬播种后，天气逐渐转热时，用谷草、树枝、苇帘、麦草、麦糠、玉米秆等覆盖畦面，保湿和防止日晒。一般随播种随全遮阴以达到保湿的目的，待参苗发芽后慢慢揭开覆盖物，不可一次揭完，防止参苗被烈日晒死。在塑料大棚种植时，参苗出齐后放风，待长出2~3片真叶时，揭去塑料棚，白天用草帘子遮盖，夜间揭去（风天除外）或改用盖草。

2. 浇水、除草、松土　出苗期和幼苗期畦面保持湿润，以利出苗。苗期适当干旱有利于参根伸长生长，雨季特别注意排水，防止烂根烂秧，造成参苗死亡。育苗期要做到勤除杂草。撒播地见草就拔，条播地松土除草同时进行。注意除去过密的弱苗。松土宜浅，避免伤到根。拔草要选阴天或早晨、傍晚进行。

3. 起苗　育苗1年后可收苗。收苗时注意从侧面挖掘，防止伤苗。起苗不宜在雨天进行。秋天移栽的，起苗后就定植，如春天定植，可将参苗先贮在地窖中。

4. 追肥　移栽成活后，每年5月上旬当苗高约30 cm时，追施有机肥1次，每亩1 000~1 500 kg，然后培土。或结合第1次除草松土，每亩施入氮肥10~15 kg；结合第二次松土每亩施入过磷酸钙25 kg，肥施入根部附近。在冬季每亩地施厩肥1 500 kg左右，以促进党参次年苗齐、苗壮。

5. 搭架　当参苗高于 30 cm 时要搭架，以使茎蔓攀缘，以利通风透光，增强光合作用能力，促进苗壮苗旺，减少病虫害，避免雨季烂秧和感染病虫害。搭架可在行间插入竹竿或树枝，两行合拢扎紧，成“人”字形或三脚架。

五、病虫害防治

1. 根腐病　发病初期下部须根或侧根首先出现暗褐色病斑，接着变黑腐烂，病害扩展到主根时，容易导致整条参根腐烂。一般 5 月中下旬开始发病，6~7 月为发病高峰期，8 月中下旬随着气候转凉，病害发展趋势放缓。病害的流行程度与 6~8 月的土壤温度、湿度密切相关，高温高雨、田间积水、藤蔓匍匐地面厚密，会导致病害迅速蔓延。培育和选用无病种秧苗；雨季随时清沟排水，减低田间湿度；田间搭架，避免藤蔓密铺地面，有利于地面通风透光；发病高峰季节要勤检查，发现病株立即处理防止病害蔓延。

2. 锈病　为害党参的叶、茎、花托。发病初期叶面出现浅黄褐斑，扩大后叶病斑中心淡，呈褐色，周围有明显的黄色晕圈。病部叶背略隆起，呈黄褐色斑状，后期表皮破裂，并散发锈黄色粉末（夏孢子）。一般秋季发病严重。需及时拔除并烧毁病株，病穴用生石灰消毒；收获后清园，消灭越冬病源。

3. 霜霉病　叶面生有不规则褐色病斑，叶背有灰色霉状物（分生孢子梗和分生孢子），可致植株枯死。发病期喷 40% 霜疫灵可湿性粉剂 300 倍液或 70% 百菌清可湿性粉剂 1 000 倍液，每隔 7~10 d 喷 1 次，连续 2~3 次。

4. 蚜虫　蚜虫成虫及成虫群集叶片背面及嫩梢吸取汁液为害。被害叶片向背面卷曲、皱缩，天气干旱时为害更为严重，造成茎叶发黄。一般 5~6 月天气干旱时容易发生。一般冬季温暖，春暖早的年份容易发生，高温、高湿不利于发生。消灭虫源，清除附近杂草，进行彻底清园。蚜虫为害期喷 50% 灭蚜松乳油 1 500 倍液或 2.5% 鱼藤酮乳油 1 000~1 500 倍液，每隔 7~10 d 喷 1 次，连续喷 2~3 次。

5. 蛴螬　幼虫蛴螬生活在土壤中，在地下取食。在幼苗期，地下根茎的基部被咬断或大部分被咬断，地上部分枯死；在生长期，党参根部被咬食，使党参形成空洞、疤痕，从而影响党参的产量和质量。成虫白天隐蔽，傍晚开始飞出取食植物叶片。幼虫 4 月开始，6 月中下旬为害最盛。7~9 月是幼虫的高发期。10 月为害下降。成虫 5 月中旬开始出土活动，成虫盛发期在 6 月上旬至 7 月下旬。春季多雨、土壤湿度大、厩肥使用较多的土中发生严重。使用腐熟的有机肥，可防止成虫来产卵，在田间出现蛴螬为害时，可挖出植株根际附近的幼虫，人工捕杀；每亩用 90% 敌百虫晶体 100~150 g 或 50% 辛硫磷乳油 100 g，拌细土 15~20 kg 做成毒土施用。

六、采收加工

1. 采收　党参的合理采收期应以 3~5 年为好，直播的以 4~5 年为宜，移栽育苗的以 3~4 年为宜。党参的收获季节可以从秋季党参地上部分枯萎开始，直到次年的春季党参萌芽前为止。以秋季采收的粉性足，折干率高，质量好。春季采挖时要及早动手，避免党参因气温升高快而萌发。采收时要选择晴天，先除去支架，割掉参秧，在挖沟时小心刨出参根。鲜参根脆嫩，容易破、易折断，一定要小心避免伤到参根，否则容易造成根中汁液外溢，影响根的品质。

2. 加工　将挖出的参根除去残茎叶，抖去泥土，用水洗净，先按大小、长短、粗细分为老、大、中条，分别晾晒至三四成干，至表皮略起皱发软时，将党参一把一把地顺握或放木板上，用手揉搓，如参梢太干可先放水中浸一下再搓，握或搓后再晒，反复 3~4 次，使党参皮肉紧贴，充实饱满并富有弹性。应注意，搓的次数不宜过多，用力也不宜过大，否则会变成油条，影响质量。每次搓过后不可放于室内，应置室外摊晒，以防霉变，晒至八九成干后即可收藏。一般 2 kg 鲜党参可加工 1 kg 干货。

七、质量评价

1. 经验鉴别　以条大粗壮、皮松肉紧、横纹多、质柔润、有香气、味甜浓、嚼之无渣者为佳。

2. 检查　水分不得过 16.0%。总灰分不得过 5.0%。二氧化硫残留量不得过 400 mg/ kg。

3. 浸出物　照醇溶性浸出物项下热浸法，用 45% 乙醇作溶剂，醇溶性浸出物不得少于 55.0%。

商品规格等级

党参药材商品为选货和统货 2 个规格。选货分为 3 个等级。

一等：呈长圆柱形。表面灰黄色、黄棕色至灰棕色，有“狮子盘头”。质稍柔软或稍硬而略带韧性。断面稍平坦，有裂隙或放射状纹理，皮部淡棕黄色至黄棕色，木部淡黄色至黄色。有特殊香气，味微甜。芦头下直径≥ 0.9 cm。

二等：芦下直径 0.6~0.9 cm。余同一等。

三等：芦下直径 0.4~0.6 cm。余同一等。

地黄

学名：*Rehmannia glutinosa* Libosch.
科：玄参科

地黄，多年生草本植物，以新鲜块根入药，药材名为鲜地黄；以干燥块根入药，药材名为生地黄或地黄；以生地黄为原料，蒸制加工，药材名为熟地黄。鲜地黄有清热、生津、凉血的功效；生地黄有滋阴清热、凉血、止血的功效；熟地黄则有滋阴补血的功效。河南栽培地黄历史悠久，但以“古怀庆府”（今河南的温县、沁阳、武陟、孟州等地）一带的怀庆地黄栽培历史最长，为道地产区，系著名“四大怀药”之一。

一、生物学特性

地黄高 10~30 cm，密被灰白色多细胞长柔毛和腺毛。块根肉质肥厚，叶通常在茎基部集成莲座状。总状花序，蒴果卵形至长卵形，长 1~1.5 cm。花果期在 4~7 月。地黄喜温和凉爽气候，适宜中性至微碱性的沙质壤土。地势低洼积水，土质过于黏重的地块及盐碱地不宜种植。宜高畦栽培，忌连作，轮作需 8 年以上；前作以禾本科作物为好，豆类作物不宜为前作，否则易造成线虫病。

地黄属喜光植物，整个生育期要求阳光充足，尤其在叶子迅速生长期，适生于年日照约 2 600 h，年均温 13~14℃ 地区。喜温和凉爽气候，在 25℃ 左右时生长旺盛，低于 8℃ 停止生长，高于 35℃ 生长缓慢，高温多湿不利于生长。种子千粒重 0.19 g，在 22~30℃，有足够的湿度，播种后 3~5 d 出苗，8℃ 以下不发芽；种根在 18~21℃，有足够湿度，约 10 d 出苗，11~13℃ 出苗则需

30~45 d，8℃以下根不能萌芽，且易腐烂。土壤含水量 20%~34%，种子萌芽；块根在 0~5 cm 土层中，土壤含水量 8%~12%，块根萌芽。土壤过干，影响出苗，生长期遇干旱或湿度过大，则生长不良。地面积水 2~3 h，常会引起根茎腐烂，植株死亡。地黄块根萌蘖能力强，但与芽眼分布有关。顶部芽眼多，发芽生根亦多，向下芽眼依次减少，发芽和生根也依次减少。一般先长芽后长根。春季“种栽”种植，4~7 月为叶片生长期，7~10 月为块根迅速生长期，9~10 月为块根迅速膨大期，10~11 月地上枯萎，霜后地上部分枯萎后，自然越冬。全生育期 140~160 d。

二、选地与整地

1. 选地　地黄宜在土层深厚、土质疏松、腐殖质多、地势干燥、能排能灌的中性或沙质壤土中生长。前茬以小麦、玉米、谷子、甘薯为好。花生、豆类、芝麻、棉花、油菜、白菜、萝卜和瓜类等不宜作地黄的前作或邻作，否则，易发生病害。

2. 整地　于秋季前茬作物收获后，深耕 30 cm，结合深耕亩施腐熟的有机肥料 4 000 kg，次年 3 月下旬亩施饼肥约 150 kg。灌水后浅耕 15 cm，并耙细整平做成畦，畦宽 120 cm，畦高 15 cm，畦间距 30 cm，习惯垄作，垄宽 60 cm，便于灌水和排水。

三、播种

1. 选种　一般选用中段直径 4~6 cm、外皮新鲜、没有黑点的肉质块根留种繁殖，将块根均成 1~2 cm 的段即可。

2. 播期与密度　一般早地黄 4 月上旬栽植，麦茬地黄于 5 月下旬至 6 月上旬栽植，栽植时按行距 30 cm 开沟，在沟内每隔 15~18 cm 放块根 1 段（每亩 6 000~8 000 段，20~30 kg），然后覆土 3~4.5 cm，稍压实后浇透水，15~20 d 后出苗。

四、田间管理

1. 间苗、补苗　在苗高 3~4 cm，即长出 2~3 片叶时，要及时间苗。块根可长出 2~3 株幼苗，间苗时从中留优去劣，每穴留 1 株壮苗。发现缺苗时及时补栽。

2. 中耕除草　出苗后到封垄前应经常松土除草。幼苗期浅松土两次。第一次结合间苗进行浅中耕，不要松动块根处；第二次在苗高 6~9 cm 时可稍深些。地黄茎叶快封行，地下块根开始迅速生长后，停止中耕，杂草宜用手拔，以免伤根。

3. 摘蕾、去除晚芽　出苗后一个月地下根茎出现的新芽及时抹去，应结合除草及时将花蕾摘除，促进块根生长，每株只留 1 个壮苗。

4. 灌溉排水　保持土壤含水量，15%~25% 时有利于地黄出苗。前期地黄生长发育较快，需水较多；后期块根大，水分不宜过多，最忌积水。生长期间保持地面潮湿，宜勤浇少浇。一般施肥后浇水，久旱无雨浇水，夏季暴雨后浇井水，地皮不干不浇水，中午烈日下不浇水，天阴欲雨时不浇水。地黄怕涝，雨季注意排水。

5. 追肥　地黄为喜肥植物，在种植中以施入基肥为主，进行适量追肥。齐苗后到封垄前追肥 1~2 次，前期以氮肥为主，以促使叶生长茂盛，一般每亩施入硫酸铵 7~10 kg。生育后期根茎生长较快，适当增加磷肥、钾肥。生产上多在小苗 4~5 片叶时每亩追施硫酸铵 10~15 kg，饼肥 75~100 kg。

五、病虫害防治

1. 斑枯病　一般于 6 月中旬发生，持续到 10 月上中旬。地黄基部叶片出现不规则大斑，病斑连片时，导致叶缘上卷，叶片焦枯。发病初期用石灰等量式波尔多液 160 倍液或 65% 代森锌可湿性粉剂 500~600 倍液喷雾，每隔 10 d 喷 1 次，连续 2~3 次。

2. 枯萎病　引起叶柄腐烂，根茎干腐，细根干腐脱落，地上部枯死。6 月中旬零星可见，7~8 月为发病盛期，地势低洼积水、大水漫灌的田块，发病严重，种前每亩用 50% 多菌灵可湿性粉剂 1 kg 处理土壤，同时用 50% 多菌灵可湿性粉剂 500 倍液浸栽子 3~5 min；发病初期用 70% 代森锰锌可湿性粉剂 800 倍液或 50% 多菌灵可湿性粉剂 500 倍液喷淋病株。

3. 虫害　主要有红蜘蛛、地老虎、地黄拟豹纹蛱蝶幼虫。可用 20% 甲氰菊酯乳油 2 000 倍液喷雾，也可人工捕杀地黄拟豹纹蛱蝶幼虫。

六、采收加工

1. 采收　以秋后为主，春季亦可。一般栽培地黄在 10 月上旬至 11 月上旬收获，收获时先割去地上植株，然后挖出地黄块根，注意减少块根的损伤。

2. 加工　生地黄加工一般采用烘干。

将地黄按大、中、小分等，分别装入焙炕槽中（宽 80~90 cm，高 60~70 cm），上面盖上席或麻袋等物。在烘干过程中，边烘边翻动，当烘到块根质地柔软无硬芯时，取出，“堆闷”（又称“发汗”），至根体发软变潮时，再烘，直至全干。一般 4~5 d 就能烘干。

七、质量评价

1. 经验鉴别　生地黄以块大、体重、断面黑色者为佳。

2. 检查　水分生地黄不得过 15.0%。总灰分不得过 8.0%。酸不溶性灰分不得过 3.0%。

3. 浸出物　照水溶性浸出物测定法项下的冷浸法测定，不得少于 65.0%。

4. 含量测定　照高效液相色谱法测定，生地黄按干燥品计算，含梓醇不得少于 0.20%，地黄苷 D 不得少于 0.10%。

商品规格等级

地黄药材一般为选货和统货 2 个规格。选货分为 5 个等级。

16 支：呈不规则的团块状或长圆形，中间膨大，两端稍细，有的细小，长条状，稍扁而扭曲。表面棕黑色或棕灰色，断面黄褐色、黑褐色或棕黑色，致密油润，气微。味微甜。每千克支数≤ 16 支。

32 支：每千克支数≤ 32 支。余同 16 支。

60 支：每千克支数≤ 60 支。余同 16 支。

100 支：每千克支数≤ 100 支。余同 16 支。

无数支：每千克支数＞ 100 支，断面有时见有干枯无油性者。余同 16 支。

统货：不分大小，余同 16 支。

颠茄草

学名：*Atropa belladonna* L.
科：茄科

颠茄，多年生草本植物，全草入药，药材名颠茄草，为中药颠茄酊、颠茄浸膏、颠茄流浸膏的原料。其味微苦、辛，原产欧洲，主要药用成分为颠茄碱、莨菪碱以及微量东莨菪碱等。我国很多地区有引种栽培，主要集中在山东、湖南、河南、浙江等地，河南信阳有栽培。

一、生物学特性

颠茄株高 1~1.5 m，茎直立，上部叉状分枝，幼枝具疏柔毛，老时逐渐脱落。叶片卵形或椭圆状卵形，长 5~22 cm。花冠钟状。浆果球形，内含许多种子。种子细小，扁肾形，有网纹。花期 6~8 月，果期 7~9 月。颠茄个体发育从幼苗到种子成熟整个过程约 140 d，可分苗期、叶簇期、抽茎期、孕蕾期、开花期、结果期、种子成熟期。植株生长最快时期为花期，从开花到种子成熟是颠茄全草干物质积累的高峰期。在信阳地区 4~5 月植株生长迅速，营养生长较为旺盛，5 月现蕾期，进入生殖生长期，花单生于叶腋，随着植株不断增高变粗，不断开花结果，6 月浆果开始逐渐成熟，变为黑紫色。

颠茄根为多枝肉质的直根系，根长达 30 cm，土壤以肥沃疏松，排水良好，土层深厚并能保持湿润的沙质壤土为宜，平地或山坡地均可。过于潮湿、排水不良或黏重的土壤均生长不良，易罹患病害。颠茄是喜肥植物，施有机肥、化肥、单一种化肥均能增产。颠茄对温度要求较严，一般在 20~25℃气温下生长良好，当气温超过 30℃或雨水过多时易患根腐病而死亡。

二、选地与整地

宜选择光照资源充足、土层深厚、疏松肥沃、排灌良好、保肥的地块。易积水的低洼地不宜种植，盐碱地也不宜种植，忌连作，也不能以茄科植物为前作。每亩施有机复合肥 50 kg，腐熟农家肥 1 000 kg，然后旋耕，达到土细无大土块。开畦沟，沟深 25~30 cm，腰沟与边沟深 30~40 cm（沟深由内而外逐级递减），每畦宽 1~1.2 m。

三、育苗移栽

于 6 月中旬至 7 月上旬，选取熟透、饱满、优质的颠茄果实，除去果肉果皮，水选后即得种子。播种期前先将种子在 55℃左右的温水中浸泡搅拌 30 min，然后用 0.1% 高锰酸钾溶液浸种消毒 30 min，常温继续浸泡 12 h，捞出沥水，置于 25℃左右苗床中催芽。每天用清水冲洗两次，50% 种子露白即可播种。每亩用种量一般为 1.25~1.5 kg。先用每 0.5 kg 种子拌 4~5 kg 干细沙均匀撒播于整好的畦面，然后覆盖 0.5~1.0 cm 锯末或在畦面铺一层稻草，并浇透水。播后大约 10 d 后出苗。

颠茄栽种可一年两个时期进行移栽，移栽时期分别为 10 月和第二年 3 月，冬种颠茄草产量通常高于春种。

1. 秋季大田移栽　8 月种子育苗，10 月中旬苗高约 15 cm 时可选取壮苗移栽。移栽前挖苗时，可前一天傍晚将苗床浇透，便于次日拔苗，挖苗时尽量避免损伤种根。种苗拔出后，及时移栽。行距 35~40 cm，株距 35 cm，栽苗时，根部需伸展，栽后立即浇水定根，阳光强烈时，边栽边浇水。每亩用苗 3 500~4 000 株。

2. 春季大田移栽　3 月初大田移栽，采用上年 10 月所育的苗进行移栽。

四、田间管理

1. 补苗　发现死苗、缺苗现象应及时补苗。

2. 中耕除草　中耕除草需要进行 3~4 次，封垄前人工锄草，封垄后人工拔大草。

4. 追肥　春季 3~4 月，每亩追施复合肥 25~30 kg，尿素 10~15 kg，追肥前最好中耕除草 1 次。严禁使用含氯肥料。

5. 灌溉排水　遇到干旱时应注意及时浇水，育苗田保持土壤湿润，促进出苗。移栽田在苗期至花期时，地上部分增长迅速，应及时灌溉。雨后应及时清沟排水。

6. 摘心　当颠茄草新苗长到 20 cm 左右时，要及时摘除顶芽促进侧枝生长，保留 6~8 片叶片。

五、病虫害防治

1. 疫病　为害颠茄的茎、叶，高温多雨季节发生，田间积水及大水漫灌都会加重病害。发病初期喷洒 50% 多菌灵可湿性粉剂 600 倍液喷雾，或 70% 百菌清可湿性粉剂 600 倍液喷雾，也可 70% 代森锰锌可湿性粉剂 1 000 倍液喷雾。

2. 根腐病　为害颠茄根部，天气炎热，雨水较多的季节容易发生根腐病，发病初期可用 30% 甲霜·噁霉灵水剂 500 倍液灌根。

3. 棉铃虫　为害颠茄的花蕾和果，可在低龄幼虫期用 10% 多杀霉素悬浮剂 2 000~3 000 倍液喷雾防治。

4. 蚜虫　为害颠茄的嫩叶、嫩茎，3 月底 4 月初发病较为严重，发病初期用 25% 吡虫啉可湿性粉剂 1 000 倍液喷雾，或 10% 高效氯氰菊酯水乳剂 750 倍液喷雾。

5. 枸杞负泥虫　为害颠茄叶片、嫩梢，4 月下旬开始，至颠茄收获均见成虫和幼虫，严重影响颠茄草生长，为重点防治对象。发病初期采用 5% 甲维盐水分散粒剂 3 000 倍液喷雾。

在采用化学防治的同时，可采取轮作倒茬，清洁田园，清沟排水，增施充分腐熟的有机肥等措施避免致病菌和虫卵在田间传播。

六、采收加工

1. 采收　颠茄在开花至结果期内采收，6 月底至 7 月初，果实成熟后，选择晴好天气，全株采收。

2. 加工　除去粗茎和泥沙，晒至七成干，转移至阴凉干燥处阴干即可。或切段，干燥。

七、质量评价

1. 经验鉴别　以叶完整、嫩茎多者为佳。

2. 检查　杂质颜色不正常（黄色、棕色或近黑色）的颠茄叶不得过 4.0%，直径超过 1 cm 的颠茄茎不得过 3.0%。水分不得过 13.0%

3. 含量测定　照高效液相色谱法测定，含生物碱以莨菪碱（$C_{17}H_{23}NO_3$）计，不得少于 0.30%。

商品规格等级

颠茄药材商品一般为统货，不分等级。

统货：干货。本品根呈圆柱形，直径 5~15 mm，表面浅灰棕色，具纵皱纹；老根木质，细根易折断，断面平坦，皮部狭，灰白色，木部宽广，棕黄色，形成层环纹明显；髓部白色。茎扁圆柱形，直径 3~6 mm，表面黄绿色，有细纵皱纹和稀疏的细点状皮孔，中空，幼茎有毛。叶多皱缩破碎，完整叶片卵状椭圆形，黄绿色至深棕色。果实球形，直径 5~8 mm，具长梗。气微，味微苦、辛。

冬凌草

学名：*Rabdosia rubescens* (Hemsl.) Hara
科：唇形科

冬凌草，多年生半灌木植物，以干燥地上草质部分入药，性微寒，味苦、甘，具有清热解毒、活血止痛之功效，多用于咽喉肿痛、症瘕痞块、蛇虫咬伤等症，在河南济源有栽培。

一、生物学特性

冬凌草根茎木质，当年生地上茎 7 月以前为草质，以后下部逐渐木质化，全生育期 270 d。冬凌草种子具子叶两枚，以种子繁殖，条件适宜当年就可以开花结果，但形成的种子发芽率较低。冬凌草在自然界除以种子繁殖外，主要通过根茎和横走茎产生分生体，形成新的植株。8~10 月开花，10~11 月果熟。

3 月中下旬，冬凌草开始萌发新苗，4~6 月地上部分进入快速生长期，8~9 月进入花期，10~11 月果实成熟。11 月霜降之后地上部分逐渐枯萎，根可耐 –15℃ 的温度越冬。

二、选地与整地

选地以土层深厚、肥沃、疏松、富含腐殖质和有机质，保水保肥性能良好，土壤酸碱度适中的壤土、沙壤土或轻黏土为宜。深翻土壤 30 cm，每亩施入厩肥或堆肥 2 500 kg，整平耙细，按宽 2 m 做平畦。

三、繁殖方法

1. 种子繁殖　9~10月果实成熟高峰期采种，用0.5~5 mm的筛子净化种子，置通风处晾干(严禁在阳光下暴晒，以免影响发芽率)，装袋，置阴凉、干燥处储藏。冬凌草种子为小坚果，种子外被蜡质，自然繁殖难度大。为了提高种子的发芽率，提早出苗，播种前最好进行种子处理，处理方法有两种：①温水浸种处理。将干净的种子投入45℃的温水中浸泡24 h，然后播种，这样的种子发芽率可达90%，出苗率可达50%。②用ABT生根粉处理。把种子投入0.01%ABT生根粉溶液中浸泡2 h，再进行播种，种子发芽率可达95%，出苗率比温水浸种处理略有提高。秋播为11月，出苗率比春播高12%；春播为3月。播种时开沟深2 cm，行距20 cm，以5倍于种子的细沙土或草木灰、稻糠等拌匀后撒播，覆土1~5 cm。亩播种量以0.5~0.7 kg为宜。由于播种后覆土较浅，土壤表层易干，应覆以稻糠或腐殖质。早春干旱时要注意适当浇水，保持土壤表层湿润。当苗高15 cm时，移植。

2. 扦插繁殖　采集当年无病虫害的野生冬凌草茎或枝条，将其中、下部剪成10~15 cm长的插穗，每穗保留2~3个芽节，顶芽带2~3个叶片，上部剪口在距第1个芽1~15 cm处平剪，下剪口顺节处平剪，剪口要平滑，不劈裂。剪好后将插穗在清液中浸泡2 h，然后将插穗放于0.01%ABT生根粉溶中浸泡0.5~1 h，选择避风、向阳、灌溉条件比较好的沙壤地，做成宽1~1.5 m、长5~10 m的畦床，于7~8月将处理好的插穗以3.5 cm株、行距或株距以插后叶片互不重叠为标准插入土中。插好后浇水，保持土壤湿润，15 d左右开始生根。

3. 根茎繁殖　选二年生(野生的一般为多年生)以上、无病虫害的健壮冬凌草植株的根部，切成6~10 cm长的小段，开沟，用50%多菌灵可湿性粉剂500倍液浸10 min，捞出晾干，埋入整好的苗圃畦中，压实后浇水。

四、田间管理

1. 查苗补栽　定植后20 d即可查苗，拔除未成活苗、病苗进行补栽。

2. 中耕除草　每年 6~8 月至开花前是冬凌草的旺盛生长期，也是取得高产的关键时期，为防止水肥过大、田间通风不良，造成烂根和叶片腐烂，此期应该视墒情和杂草情况，适时中耕除草、疏松土壤。

3. 肥水管理　水肥是冬凌草生长的必要条件，尤其是定植后 1 个月，是促苗生长的关键时期，应适时灌溉施肥，保持土壤湿度，结合中耕每亩追施尿素 20~30 kg 或复合肥 25~40 kg。

4. 植株复壮　冬凌草生长到第 3 年，由于根网密集，生长开始衰退，在第 4 年早春隔株挖根，或进行分根重栽，进行抚育复壮。

五、病虫害防治

冬凌草病虫害发生较少，仅偶见菜青虫、小甲虫和斑叶病发生；可采用农业综合防治法以提高植株的抗逆性，减少其病虫害的发生。

六、采收加工

1. 采收　当植株高达 50 cm 以上，冬凌草植株繁茂时，便可进行采收，通常一年采收 2 次。第 1 次可于夏季 6、7 月采收，第 2 次可于秋季 10 月采收。采收时离地面 10 cm 左右，割取冬凌草植株的草质部分。连续采割 3~4 年后，应轮闲 2~3 年以恢复种群活力。

2. 加工　采收后的茎叶去除杂质，放在干燥通风的地方晾晒 10~15 d 即可。晾晒好的冬凌草应放在干燥通风处贮藏，在贮运过程中不得与农药、化肥等有毒有害物质混装，保持干燥，防雨防潮。

七、质量评价

1. 经验鉴别　以叶多、色绿者为佳。

2. 检查　水分不得过 12.0%。总灰分不得过 12.0%。酸不溶性灰分不得过 2.0%。

3. 浸出物　照醇溶性浸出物测定法项下的热浸法测定，用乙醇作溶剂，不得少于 6.0%。

4. 含量测定　照高效液相色谱法测定，本品按干燥品计算，含冬凌草甲素（$C_{20}H_{28}O_6$）不得少于 0.25%。

商品规格等级

按照冬凌草叶子占全草的比例不同，一般分为三级。

一级：全为冬凌草叶子，无杂质；

二级：冬凌草叶子占全草的 80%~99%，杂质含量低于 1%；

三级：冬凌草叶子占全草的 60%~79%，杂质含量低于 3%。

杜仲

学名：*Eucommia ulmoides* Oliv.
科：杜仲科

杜仲，多年生落叶乔木，以干燥的树皮入药，药材名杜仲，别名绵杜仲、丝连皮等。杜仲性温，味甘，微辛，具补肝肾、强筋骨、安胎等功效，主治腰酸膝痛、筋骨无力、肾虚阳痿、肝肾不足、经血亏虚、肝阳上亢、眩晕头痛、目昏等症。近几年，杜仲叶已开发为药食兼用的药材，杜仲雄花开发作为茶饮用。河南三门峡、灵宝、汝阳、洛宁等地有大面积种植。

一、生物学特性

杜仲高可达 20 m。树皮灰褐色，粗糙，内含橡胶，折断拉开有多数细丝。嫩枝有黄褐色毛，不久变秃净，老枝有明显的皮孔。芽体卵圆形，叶椭圆形、卵形或矩圆形，薄革质。花生于当年枝基部，雄花无花被，雌花单生。翅果扁平，周围具薄翅，坚果位于中央，种子扁平，线形。早春开花，秋后果实成熟。

杜仲主根长可达 1.35 m，植株萌芽力极强。树生长速度初期较慢，树高快速生长期出现于 10~20 年，年平均生长量 0.4~0.5 m；20~35 年树高生长速度下降，年平均生长量约 0.3 m，其后生长速度急剧下降。胸径速生期出现于 15~25 年，年平均生长量 0.8 cm；25~40 年生长渐次下降，年平均生长量为 0.5 cm。50 年后树高和胸径生长处于停滞状态。

杜仲对气温的适应性特别强。喜光，对土壤的适应性强。应选择土层深厚，肥沃，湿润，排水性良好，阳光充足，pH5.0~7.5 的土壤种植；适宜地势为山麓、山体中下部和山冲，缓坡地优于平原和陡坡，土层深厚的阳坡地优于阴坡地。

二、选地与整地

1. 苗圃地　苗圃地选择向阳、肥沃、土质疏松、富含腐殖质、以微酸到中性壤土或沙质壤土为好。育苗地立冬前深翻，立冬后浅犁，施入基肥。每亩施腐熟的厩肥 5 000 kg 与土混匀、耙平，做成高 15~20 cm、宽 1~1.2 m 的高畦或平畦。低洼地区要在苗圃四周挖好排水沟。

2. 种植地　杜仲可零星或成片种植，田边、地角、房前屋后等都可零星种植。成片种植地，最好选择土层深厚、疏松肥沃、排水良好的酸性或微碱性土壤。种植前深翻土壤，施足底肥，耙平，按行株距 2 m × 3 m 挖穴，深 30 cm，宽 80 cm，穴内施入厩肥、饼肥、过磷酸钙等基肥少许，与穴土拌匀备用。

三、育苗移栽

将籽粒饱满、成熟度好的种子与干净湿沙混匀或分层叠放，经过 30 d，种子露白后即可播种。一般以春播为主（也可在冬季 11~12 月播种），2~3 月地温达 10℃以上条播，行距 20~25 cm，沟深 2~4 cm，种子均匀撒入后，覆盖 1~2 cm 的疏松肥沃细土。浇透水后盖一层稻草，保持土壤湿润。幼苗出土后，于阴天揭除盖草。秋季苗木落叶后至翌年春季新叶萌芽前，可将幼苗移出定植。移栽浇足定根水。

四、田间管理

1. 苗田管理　在苗出齐后应保持土壤湿润。雨季做好排水工作。在幼苗长出 3~5 片真叶时，按 7 cm 株距间苗，同时中耕除草。4~8 月为杜仲追肥期，每次每亩用充分腐熟的人粪尿 1 000 kg、硫酸铵或尿素 5~10 kg，加水稀释后施入，每隔一个月追肥 1 次。立秋后追施磷肥、钾肥各 5 kg，以利幼苗生长和越冬。

2. 大田管理　大田移栽当年要经常浇水，保持土壤湿润，每年春、夏季中耕除草 1 次，定植 1 年生的弯曲不直苗于春季萌动前 15 d 将主干剪去平茬。平茬部位在离地面 2~4 cm 处，平茬后剪口处的萌条，除留一粗壮萌条外，其余除去。在生长过程中抹去下部腋芽（苗高 1/2 以下）。结合除草，每亩每年追施厩肥 2 000 kg，另加过磷酸钙 20~30 kg、氮肥和钾肥各 10 kg。每年冬季修剪侧枝与根部的幼嫩枝条，使主干粗壮。

五、病虫害防治

1. 立枯病　多在土壤黏重、排水不良的苗圃地或阴雨天发病。种子和嫩芽腐烂，幼苗根茎叶萎蔫腐烂。4 月中旬至 6 月中旬发病较多。用石灰等量式波尔多液 200 倍液或 50% 多菌灵可湿性粉剂 400~800 倍液或 70% 代森锰锌可湿性粉剂 800 倍液喷雾，7~10 d 喷 1 次，连用 2~3 次。

2. 角斑病、褐斑病、灰斑病　一般 4~5 月开始发病，7~8 月为发病盛期，为害叶片，病叶枯死早落。发病后每隔 7~10 d 喷施石灰等量式波尔多液 100 倍液，连续 3~5 次。

3. 新皮褐腐病　6 月底开始发病，7~8 月为发病盛期。杜仲环剥在 1 月左右，再生新皮上出现米粒大小的褐色坏死斑，渐渐纵向扩大，变为深褐色，最后病变组织翘起，略反卷，病部流出茶褐色污液，发病严重时整株死亡。剥后喷施高脂膜，保护新皮形成和生长。发病初期及时刮除病变组织，使病部恢复健康。

4. 刺蛾　为害杜仲叶片， 5 月下旬至 6 月上旬化蛹，6 月上旬至 7 中旬成虫发生，卵散生于叶背面。7 月中旬至 8 月下旬为幼虫发生期。利用刺蛾成虫的趋光性进行灯光诱杀，青虫菌（含孢子量 100 亿个 / 克）500 倍液加少量 90% 敌百虫晶体喷雾，杀灭幼虫。

5. 木蠹蛾　为蛀干性害虫，4 月上旬越冬幼虫开始为害，5 月上旬至 6 月上旬化蛹，6 月成虫羽化。成虫昼伏夜出，趋光性较强。根据排出的新鲜粪便找出虫孔，再将蘸有敌敌畏原液的棉花球塞入虫孔，用黄泥封口后熏杀。在成虫羽化初期、产卵前利用白涂剂涂刷树干，可防产卵并杀死虫卵。

6. 金龟子　主要以幼虫为害幼苗。3~5 月为幼虫活动旺盛期，每亩用金龟芽孢杆菌（含活孢子 10 亿 / 克）菌粉 100 g，均匀撒入土中，使幼虫感染发病而死。或用 90% 敌百虫晶体 500 倍液灌注根际。

7. 地老虎　1~2 龄幼虫群集于幼苗根际根茎内取食，4~6 龄幼虫为害苗木叶。一年发生 3~4 代，4~5 月出现成虫，幼虫于 5 月下旬为害严重。在苗圃堆放用 90% 敌百虫粉拌过的新鲜杂草，草药比 50：1，诱杀地老虎幼虫。用黑光灯诱杀成虫。

六、采收加工

1. 采收

（1）整株采收　一般在 4~7 月，先在地面处锯一环状切口，深达茎的木质部，按商品规格所需长度向上量，再锯一环状切口，并用利刀纵割一刀，用竹片剥下树皮，然后砍倒树木，按前法继续剥皮，剥完为止。

（2）环剥采收　在 5 月上旬至 7 月上旬，阴而无雨的天气环剥最好。剥皮时动作要轻，不能戳伤木质部外层的幼嫩部分形成层。

（3）树叶采收　可根据不同需要选择不同时间采摘树叶。从含量来讲，绿原酸含量以 6 月、11 月最高，5 月最低；桃叶珊瑚苷在 6 月、11 月含量最高，7 月、8 月最低；京尼平苷酸在 6 月含量最高，5 月、11 月最低；总黄酮以 5 月含量最高，10 月最低；杜仲胶含量以 5~6 月最高。

2. 加工

（1）杜仲　剥下的树皮用开水烫后，叠放在垫草的平地上，上盖木板，加石块压平，四周覆盖稻草使其“发汗”。一周后堆中杜仲的内皮变为黑褐色或紫黑色，取出晒干。

（2）杜仲叶　采收后要先摊放在室内，并及时进行杀青处理。常见杀青方法是以普通铁锅作为炒锅，翻炒至叶面失去光泽、叶色暗绿、叶质柔软、手握叶不黏手、失重 30% 左右即可；也可以用杀青锅杀青，在 200℃ 左右的温度下杀青处理 5 min。杀青后的杜仲叶，晒干即可。

七、质量评价

1. 经验鉴别　以皮厚、块大、去净粗皮、内表面暗紫色、断面丝多者为佳。

2. 浸出物　照醇溶性浸出物测定法项下的热浸法测定，用75%乙醇作溶剂，不得少于11.0%。

3. 含量测定　照高效液相色谱法测定，本品含松脂醇二葡萄糖苷不得少于0.10%。

商品规格等级

杜仲药材一般为选货和统货2个规格。选货分为2个等级。

选货一等：去粗皮。外表面灰褐色，有明显的皱纹或纵裂槽纹，内表面暗紫色，光滑。质脆，易折断，断面有细密、银白色、富弹性的橡胶丝相连。气微，味稍苦。板片状，厚度≥ 0.4 cm，宽度≥ 30 cm，碎块≤ 5%。

选货二等：板片状，厚度0.3~0.4 cm，宽度不限，碎块≤ 5%。余同一等。

统货：板片或卷形，厚度≥ 0.3 cm，宽度不限，碎块≤ 10%。余同一等。

番红花

学名：*Crocus sativus* L.
科：鸢尾科

番红花，多年生草本植物，以干燥柱头入药，药材名西红花，又名藏红花、番红花。西红花性平，味甘，有活血化瘀、凉血解毒、解郁安神之功效，主治月经不调、经闭、产后瘀血、腹痛以及忧思郁结等症。番红花原产于地中海沿岸的南欧、小亚细亚一带，距今已有几千年的应用历史，现在河南、上海和浙江等省市有栽培，主产于河南许昌、商丘，上海宝山、崇明，浙江建德等地。

一、生物学特性

番红花喜温暖、湿润的气候，较耐寒，怕涝，忌积水；适宜于冬季较温暖的地区种植。在较寒冷地区生长不良，当年尚能开花，次年后不能开花。要求土质肥沃、排水良好、富含腐殖质的沙质中性壤土。生长后期（2~4 月），如气温在 15~20℃，持续时间越长，越有利于球茎生长发育。花芽分化适宜温度 24~27℃，花芽分化至成花，需一个由低到高、由高到低的变温过程，但不宜低于 24℃或高于 30℃。

番红花每年秋季栽种，春末枯萎休眠，全生育期约 210 d。于 9 月上旬萌芽，芽有花芽与侧芽之分，花芽先于侧芽萌发，叶与芽鞘同步生长。10 月下旬开花，由花芽芽鞘内抽出淡紫色花，每个花芽开 1~8 朵。球茎大小决定花芽数、花朵数及产量，球茎越大花芽数越多，开花数越多。花期约 20 d，朵花期 2~5 d，株花期 2~8 d。花期集中，盛花期 10 d 的产量约占总产量的 60%，花期受气候影响会提早或推迟。

11 月中下旬，球茎生根，叶片自叶鞘内抽出。次年 1 月上旬，子球茎形成，老球茎逐渐萎缩。2 月为子球茎生长旺期，3 月下旬叶片停止生长，4 月上旬叶片自上而下枯黄，5 月上旬地上部分全部枯黄，球茎更新。5 月下旬，为生殖生长期，花芽分化，前期缓慢，8 月加快，9 月初花芽明显突出。

二、选地与整地

选择向阳、光照充足，土质肥沃，排水良好，富含腐殖质的沙质中性壤土。土壤过酸或过碱、排水不畅均不适宜栽培；忌连作。翻地，一般耕深 20 cm 以上，每亩施用腐熟有机肥 5 000 kg、菜饼 200 kg、过磷酸钙 50 kg 作基肥。整平耙细做畦，畦宽 130 cm，沟宽 30 cm，沟深 15 cm；横竖沟配套，横沟深 30 cm，待种。

三、繁殖方法

用球茎繁殖，分种茎直播大田法和先室内开花后田间培育球茎法。

1. 种茎直播大田法

（1）播种期　一般在 8 月下旬至 9 月上旬为播种适期，最迟不得超过 9 月下旬。早下种，则球茎先发根，后发芽，早出苗，有利于植株生长健壮；迟下种，则先发芽后发根，迟出苗，不利于植株生长。

（2）种茎选择　球茎的大小、质量与开花的朵数有密切的关系。球茎质量在 8 g 以下的一般不开花，开花的朵数随着球茎的质量而增多。因此番红花的种茎须经过挑选，分级种植。一般按 25 g 以上为一级，8~25 g 为二级，8 g 以下为三级，分档种植，以利管理。

（3）种植方法　番红花的产量与种植密度、深度有一定的关系。如果种植过浅，则新球茎数量多，个体小，能开花的球茎数也要减少；种植过深，新球茎虽大些，但能开花的球茎数也要减少。为此，番红花的种植密度与深度要根据球茎大小而定。一般一级球茎以行距 14 cm、株距 11 cm、深 6 cm 为宜；

二级球茎以行距 12 cm、株距 8 cm、深 6 cm 为宜；三级球茎以行距 10 cm、株距 5 cm、深 4 cm 为宜。下种时，在整好的畦上横向开沟，将球茎摆入沟内，主芽向上，轻压入土，上面覆盖土壤 3 cm 左右，要让顶芽露出土面。

2. 先室内开花后田间培育球茎法

（1）选择培养室　一般选择地势较低、靠近小河或水田，室内外均无水泥地的房屋。房屋前后宽敞，向阳，南北设有较大的窗，便于通风和调节温度、湿度与亮度。

（2）球茎的收获、选择、放置和管理　5 月中旬，地上部分枯萎，新球茎成熟，起苗，剪掉残叶，除去母球茎残体，将新球茎移至室内，按大小分档，堆放在竹匾或木匾里（匾长 1 m，宽 60 cm），芽嘴向上，一般每平方米可摆放 25 g 左右的球茎 7.5~10 kg。为提高室内空间的利用率，可做多层支架。架子一般高 140~190 cm，5~6 层，底层离地 15 cm，每层间隔 30 cm。

（3）除去侧芽　番红花球茎各节上着生多数侧芽，均能形成小球茎（子球茎），以主芽所生成的子球茎最大。为了使养分集中于主芽生长，促使形成大球茎，必须除净四周的侧芽，只留 1~2 个主芽。抹除侧芽在室内采花期间需进行 3 次。第 1 次在 9 月下旬，第 2 次在 10 月中旬，第 3 次在采完花柱以后。除净侧芽后移植田间下种，为次年增产打下基础。

（4）开花与采收　球茎于 10 月底至 11 月中下旬开花。开花后，以花开的当天或第二天采收为宜，随即将柱头和红色花柱部分摘下。

四、田间管理

1. 种茎直播大田管理

（1）中耕除草　1~3 月为番红花子球茎膨大盛期，应及时松土除草，防止土壤板结，促进球茎肥大。

（2）灌溉排水　番红花的种植期与生长期正值干旱少雨季节，应注意灌溉保墒。因番红花喜湿，在球茎更新过程中，需要经常保持土壤湿润。球茎开花后水分消耗大，栽后应及时浇水。一般种植 20 d 左右出苗前灌 1 次出苗水，入冬前灌1次防冬水，以增大土壤的热容量和导热率，3~4月若遇春旱，还应及时灌水。若遇久雨大水，则要及时疏沟排水，以防积水，造成球茎腐烂，叶片发黄，导致植株早枯。

（3）追肥　球茎种下后，可在畦面铺施一层腐熟厩肥，施后用沟土盖肥，既可增加土温，又可保温防冻。次年2月上旬球茎开始膨大，应于1月中旬进行第一次追肥，每亩施入腐熟的人畜粪尿2 000 kg；第二次追肥从2月下旬开始，用0.2%磷酸二氢钾溶液，每亩50 kg进行根外追肥，每10 d追肥1次，连续2~3次，可促进球茎膨大。此外，在6~7月球茎休眠期和10月以后植株生长期，每亩用100 mg/L赤霉素溶液浸渍球茎或进行叶面喷洒，可促进球茎增大，花朵增多，产量增加。

2. 室内培养管理　主要是调节室内温度和湿度。5月中旬室内贮藏时，球茎表面鳞片未干，含水量较高，又值梅雨季节，门窗应经常敞开，保持室内空气畅通，以防球茎发霉。根据番红花生长特性，生长前期最适温度为24~29℃，此时南方正值盛夏，常出现35℃以上高温，不利于球茎萌芽开花，因此必须控制室温在31℃以下，这时可采用在门窗外挂草帘，设凉棚，门窗日闭夜开，在屋顶上盖草等措施来降低和调节室温。5~9月，室内应保持阴暗，当花芽长至3 cm后，室内光照要充足，以防花芽徒长，但阳光不能直射球茎。番红花于10月下旬至11月上旬开放，花期最适温度为15~18℃。当室温低于15℃时，对开花不利，可通过关闭窗户或加温等措施加以调节。番红花开花时，要求有一定的湿度，室内相对湿度应保持在80%以上，应通过地面洒水、喷雾等措施加以调节。

五、病虫害防治

1. 腐烂病　腐烂病病原为一种杆状细菌，为害球茎，在整个发育过程中均有发生。受害处黑色，内部腐烂呈豆腐渣状。防治方法：选择地势稍高、排水良好的土地种植；与其相邻的土地不要作早稻秧田，防止地里积水；球茎种植田间前，用50%多菌灵可湿性粉剂300~500倍液浸泡1~2 h。

2. 花叶病　花叶病病原为番红花花叶病毒，是番红花主要病害之一。受害植株明显矮小，出现黄斑，提早枯萎，球茎逐年退化，无花芽。防治方法：轮作；拔除病株；剔除受害球茎。

3. 腐败病　患病球茎长出的芽和叶呈黄色、棕色、水渍状腐烂而死。防治方法：选用健壮无病球茎作种；用 5% 石灰水或石灰等量式波尔多液 50 倍液浸种后再种；亩用 90% 敌克松晶体 5 kg 进行土壤消毒；进行轮作；加强田间管理，及时排除田间积水；及时拔除病株，病穴用生石灰消毒；苗期喷 50% 叶枯净可湿性粉剂 1 000 倍液或 75% 百菌清可湿性粉剂 500 倍液。

4. 蚜虫　常见于 10 月进入培养室，聚集在芽头上为害。防治方法：亩用 20% 氰戊菊酯乳油 20~40 mL 兑水喷雾，每 7~10 d 喷 1 次，连续喷 2~3 次。由于球茎遇水易发根，所以不能在球茎架上喷药，需搬到室外再逐框喷药，注意切勿将球茎萌根处喷湿，待鳞片上的药液吹干后，再搬回室内。

此外，还发现地下害虫（蛴螬、蝼蛄等），以及鼠和野兔等为害，可用毒饵加以诱杀。

六、采收加工

1. 采收　番红花在 10 月下旬至 11 月上旬开花，花期仅半月左右，每朵花 8~11 时开放，2~3 d 即枯萎。采收的最佳时期在花苞完全展开，花丝挺直伸出花瓣的当天中午，先将整朵花集中采下，放入花篮中。花柱与柱头要当天与花被分开，采后随即剥花，取出花丝，用手指在花丝红黄交界处掐断，平整分摊于小盘。后期番红花不能从芽鞘中抽伸出的花苞，采收时应剥开芽鞘，采下花苞，剥开花苞采取花丝，此阶段花丝虽然质量不高，但可增加产量。如果不剥下花苞，移至大田后，花苞烂在芽鞘中，此芽就不能长出针叶。番红花在开花第一天采摘产量最高，含量则以未开大时采收的番红花苷 I 含量最高，尽量做到当天开的花一定要当天采摘。

2. 加工　番红花的加工有烘干、烤干、阴干、晒干等方法，其中以烘干质量最好，番红花苷 I 含量高。花丝数量少时可用烘箱烘干，而花丝数量多时可建烘房来烘干。烘房大小根据花丝数量确定，一般100亩种植面积可建一个3 m^2的烘房。烘房内搭两排5~8层的搁架，层与层间隔应在15 cm以上，放置花丝托盘。花丝托盘用不锈钢网或尼龙网片制成，有50 cm × 80 cm × 2 cm的框。将采下的花丝平直均匀地放置于烘托盘内，厚度不能超过0.5 cm，花丝上盖透气的宣纸1~2层，然后将烘盘放入烘房（烘箱）。花丝烘干分三个阶段：初始阶段花丝含水量高，温度应调节至28~30℃，打开烘房（箱）的全部通风口，利于水分的快速散发，此期1~1.5 h；第二阶段花丝半干时，温度调节至30~35℃，半开通气口，减少换气量，此期1.5~2 h；第三阶段花丝基本干时，温度调节至38℃，小开上通气口，尽量减少换气量，以减少花丝活性成分的挥发，烘至全干，时间1~2 h。整个烘干过程需5~6 h。这样烘出的花丝鲜红、平直，柱头呈扁平扇形，无焦斑和焦味，品质上乘。

七、质量评价

1. 经验鉴别　以个体完整，呈鲜红色，有光泽，不见黄点，花丝平直，粗细均匀，味香甜，无烟焦味及其他异味为优。

2. 检查　干燥失重减失重量不得过12.0%。总灰分不得过7.5%。在423 nm的波长处测定吸光度不得低于0.50。

3. 浸出物　照醇溶性浸出物热浸法测定，用30%乙醇作溶剂，不得少于55.0%。

4. 含量测定　本品按干燥品计算，照高效液相色谱法测定，含西红花苷-Ⅰ和西红花苷-Ⅱ的总量不得少于10.0%，含苦番红花素不得少于5.0%。

商品规格等级

西红花药材一般为进口西红花和国产西红花2种规格，进口西红花分4个等级，国产西红花分3个等级。

进口一级：呈线性，暗红色至鲜红色，上部较宽而略扁平，顶端边缘显不整齐的齿状，体轻，质松软，无油润光泽，干燥后质脆易断。花丝长度≥

1.8 cm，断碎量≤ 5%，无残留黄色花柱。

进口二级：呈线性，暗红色至鲜红色，上部较宽而略扁平，顶端边缘显不整齐的齿状，体轻，质松软，无油润光泽，干燥后质脆易断。花丝长度≥ 1.5 cm，断碎量≤ 10%，无残留黄色花柱。

进口三级：呈线性，暗红色至鲜红色，上部较宽而略扁平，顶端边缘显不整齐的齿状，体轻，质松软，无油润光泽，干燥后质脆易断。花丝长度≥ 1.5 cm，断碎量≤ 15%，残留黄色花柱≤ 0.2 cm。

进口四级：呈线性，暗红色至鲜红色，上部较宽而略扁平，顶端边缘显不整齐的齿状，体轻，质松软，无油润光泽，干燥后质脆易断。花丝长度≥ 1.0 cm，断碎量≤ 30%，残留黄色花柱≤ 0.2 cm。

国产一级：呈线性，暗红色，上部较宽而略扁平，顶端边缘显不整齐的齿状，体轻，质松软，无油润光泽，干燥后质脆易断。花丝长度≥ 1.9 cm，断碎量≤ 5%，无残留黄色花柱。

国产二级：呈线性，暗红色，上部较宽而略扁平，顶端边缘显不整齐的齿状，体轻，质松软，无油润光泽，干燥后质脆易断。花丝长度≥ 1.5 cm，断碎量≤ 10%，残留黄色花柱≤ 0.1 cm。

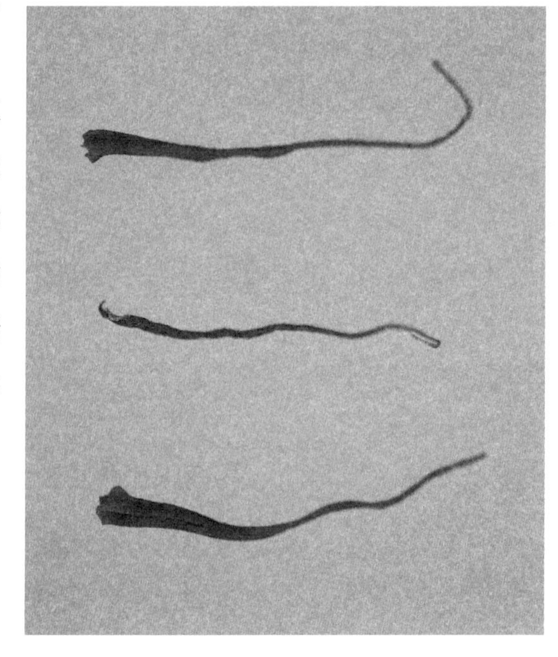

国产三级：呈线性，暗红色，上部较宽而略扁平，顶端边缘显不整齐的齿状，体轻，质松软，无油润光泽，干燥后质脆易断。花丝长度≥ 1.0 cm，断碎量≤ 30%，残留黄色花柱≤ 0.2 cm。

防风

学名：*Saposhnikovia divaricata* (Trucz.) Schischk.
科：伞形科

防风，多年生草本植物，以干燥根入药，味辛、甘，微温，具有祛风解表、胜湿止痛、止痉之功效，用于感冒头痛、风湿痹痛、风疹瘙痒、破伤风等症，分布于河南、河北、黑龙江、四川、内蒙古、山东等地。

一、生物学特性

防风株高 30~100 cm，主根圆锥形，淡黄褐色。茎单生，二歧分枝；基生叶有长柄，叶鞘宽；复伞形花序顶生和腋生，总苞片无或 1~3；果窄椭圆形或椭圆形，背稍扁，有疣状突起。植株一般在 4 月中旬开始出苗，5~8 月为生长旺盛期，8 月以后以根增粗为主。花期 7~9 月，果期 9~10 月。

防风喜阳光充足、凉爽的气候条件。光照不足，叶片会枯黄。耐寒，–30℃时仍能存活。高温会使叶片枯黄或生长停滞。对水分要求不严格，苗期需要土壤湿润，成熟植株耐旱，水分过大或长期积水，对其生长不利。对土壤适应性很强，以排水良好、土质疏松沙质壤土为佳。酸性大、黏性过重或过沙的土壤不宜种植。

二、选地与整地

选地势高燥、排水良好、土层深厚的沙质壤土种植。整地时每亩施腐熟有机肥 3 000~4 000 kg，过磷酸钙 15~20 kg，深耕细耙，做成宽 1.2 m、高

15 cm 的高畦，或做宽 60 cm 的垄。

三、繁殖方法

防风以种子繁殖为主，也可进行分根繁殖。

1. 种子繁殖　春、秋季都可播种。春播在 4 月中下旬进行；秋播种子采收后即可进行。春播需将种子在 35~40℃温水中浸泡 1 d，使其充分吸水以利发芽。在整好的畦上或垄内按沟深 2 cm、行距 30~35 cm 开沟条播，把种子均匀播入沟内，播后覆土盖平，稍加镇压，可盖草浇水保湿，播后 20~25 d 即可出苗。每亩用种量 1~2 kg。

2. 分根繁殖　收获时或早春，取直径 0.7 cm 以上的根条，截成 3~4 cm 长的根段作种。按株距 15 cm，行距 30 cm，穴深 6~8 cm，开穴栽种，每穴 1 个根段，不能倒栽，栽后覆土 3~5 cm，每亩用根量 50 kg。

四、田间管理

1. 间苗、定苗　苗高 5 cm 时，按株距 7 cm 间苗；苗高 10~13 cm 时，按株距 13~16 cm 定苗。

2. 除草培土　6 月前需多次除草，保持田间清洁。植株封垄时，先摘除老叶，再培土封根，以防倒伏；入冬时结合场地清理，再次培土以利于根部越冬。

3. 追肥　每年 6 月上旬和 8 月下旬是防风地上部分和地下部分生长旺盛时期，需各追肥 1 次，每亩可分别施腐熟有机肥 1 000 kg、过磷酸钙 15 kg 或 20~30 kg 三元复合肥追肥。结合中耕培土，施入沟内。

4. 摘薹　2 年以上的植株，除留种外，应及时摘薹。

5. 排灌　播种或栽种后到出苗前的时期内，应保持土壤湿润。追肥后及时浇灌。雨季注意及时排水，以防积水烂根。

五、病虫害防治

1. 根腐病　5 月初发生，发病后根部糜烂，使地上部分枯萎，甚至可造成植株死亡。通常发病期在高温多雨的情况下，排水不良的地方也较容易发生。发病初期要及时拔除病株并向病处撒播石灰粉消毒；也可用 50% 甲基硫菌灵可湿性粉剂 1 000 倍液或 50% 多菌灵可湿性粉剂 1 000 倍液喷洒根部；及时清理田间积水，若种植在地势低洼处，须起垄种植。

2. 白粉病　夏秋季时出现，为害叶片两面出现白粉状斑，后期逐渐长出小黑点（病菌的菌囊壳），严重时可使叶片早期脱落。防治方法：施磷、钾肥，注意通风透光；发病时用 50% 甲基硫菌灵可湿性粉剂 800~1 000 倍液喷雾防治。

3. 黄凤蝶　黄凤蝶又名茴香凤蝶，5 月初开始为害，幼虫咬食叶、花蕾。防治方法：人工捕杀；幼龄期喷 90% 敌百虫晶体 800~1 000 倍液或 40% 辛硫磷乳油 1 000 倍液。

4. 黄翅茴香螟　在现蕾开花时期发生，幼虫常在花蕾上结网，啃食花及果实。防治方法：可用 98% 杀螟丹可溶性粉剂 1 000~2 000 倍液或 50% 杀螟硫磷乳油 1 500~2 000 倍液喷雾进行喷杀，并每隔一周喷洒 1 次，连喷数次则可达到防治效果。

六、采收加工

1. 采收　一般在种植后第二年秋季 10 月中旬地上部枯萎时采收，也可春天萌芽前采收。防风根部入土较深，根脆易折断，采收时应从沟的一端开深沟，顺序采挖。

2. 加工　根挖出后去除残留茎叶和泥土，晒到半干时去掉须毛，按根的粗细长短分级，晒干即可。

七、质量评价

1. 经验鉴别　以条粗壮，断面皮部色浅棕，木部浅黄色者为佳。

2. 检查　水分不得过 10.0%。总灰分不得过 6.5%。酸不溶性灰分不得过 1.5%。

3. 浸出物 照醇溶性浸出物测定法项下的热浸法测定，用乙醇作溶剂，不得少于 13.0%。

4. 含量测定 本品含升麻素苷和 5-*O*- 甲基维斯阿米醇苷的总量不得少于 0.24%。

商品规格等级

防风药材有统货和选货 2 个规格。选货分为 2 个等级。

选货一等：干货。主根较粗大，长圆柱形，单枝或多分枝，略弯曲。有的具“扫帚头”。长 20~30 cm，芦头下直径 0.8~2 cm。表皮灰黄色至黄白色，紧致，有多而深的纵皱纹，横向突起皮孔较小而密，“蚯蚓头”不明显。体坚实，质硬脆，易折断，断面无“凤眼圈”。气略香，味微甘。

选货二等：干货。长 15~20 cm，芦头下直径 0.5~0.8 cm。余同一等。

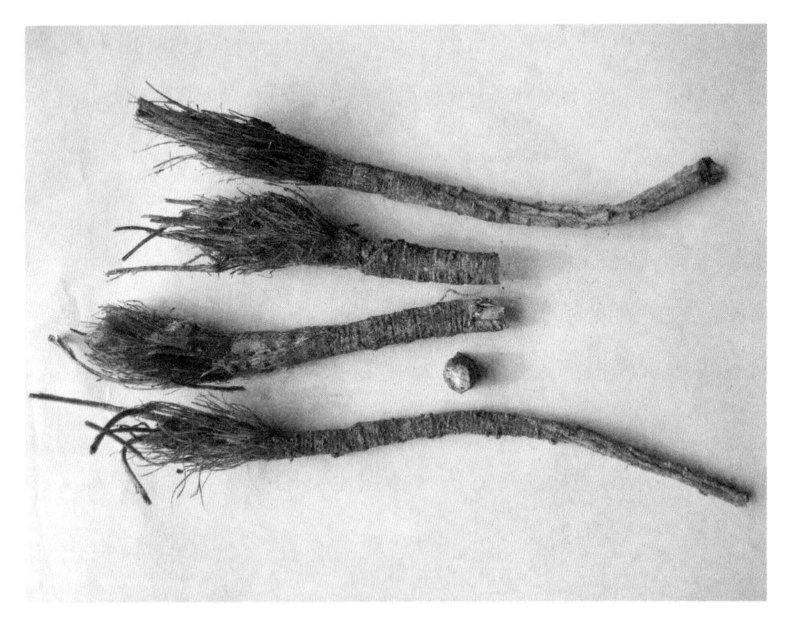

统货：干货，不分大小，余同一等。

粉葛

学名：*Pueraria thomsonii* Benth.
科：豆科

豆科葛属植物甘葛藤的干燥根，入药称为粉葛；同属植物野葛（*P.lobata*）的根入药称为葛根，具解肌退热、生津止渴、透疹、升阳止泻、通经活络、解酒毒之功效，用于外感发热、头痛、项背强痛、口渴、消渴、麻疹不透、热痢、泄泻、眩晕头痛、中风偏瘫、胸痹心痛、酒毒伤中等症。甘葛藤在河南信阳、南阳地区有栽培。葛根主要为野生，在我国广泛分布，除新疆、西藏外，全国大部分地区都有出产。

一、生物学特性

甘葛藤，长可达 8 m，有粗大的块状根。羽状复叶具 3 小叶；荚果长椭圆形，长 5~9 cm，宽 8~11 mm，扁平。花期 9~10 月，果期 11~12 月。性喜温暖湿润的气候，海拔 2 500 m 以下的地区均有分布，以海拔 1 600~2 000 m 居多。适宜在年平均气温 12~16℃，相对湿度 60% 以上的背阴、温凉、潮湿坡地生长，耐寒、耐旱但不耐涝。喜土层厚、肥沃疏松、排水良好、富含腐殖质的沙质壤土或壤土，以中性或微酸为宜。

2 月上旬，日均气温达 10℃时，腋芽开始萌发；在气温稳定达到 15℃时新根生长；适宜生长的日均气温 20~30℃，即 4~9 月，为生长旺季，最适于块根的形成；11 月中旬停止生长。生育期内较低温度有助于提高根中异黄酮的含量；下霜后地上藤蔓大部分枯萎。

二、选地与整地

选择背风向阳、地势平坦、土壤肥沃、结构疏松、富含有机质、pH 6~8、无病原微生物侵染和大量有害虫源的腐殖土或沙质壤土为宜，也可在缓坡耕地、荒山、荒坡或林地以及房前屋后零星空地上种植。冬季深翻 30 cm，结合深耕每亩施农家肥 1 500~2 000 kg，三元复合肥 50 kg，磷肥 50 kg，做成宽 1 m、高 30 cm 的高畦。栽培地直接挖穴，株行距 1 m × 1 m 或 1 m × 2.5 m，穴深 30 cm，肥料与底土混匀，后备用。

三、育苗移栽

选取粗 0.5 cm 以上、充分木质化、无病虫为害和损伤、生长健壮的中下段藤蔓（距根部 1.5 m 内，具有健壮芽节）作为扦插种源，用高锰酸钾消毒后切成小段，芽节下端留 6~7 cm、上端留 3~4 cm，下端用生根粉 400~600 倍液进行浸根处理，按 45° 角插到苗床上，株行距 5 cm × 10 cm，覆盖浇水。一般 20 d 后可见腋芽萌动生长，2 个月左右可见到新生根，3 个月左右，当新生根长到 2~4 cm、藤条长到 20 cm 以上时，即可移栽。

移栽定植在每年 3~4 月，原则是“根舒”、“露芽”、“不伤根”。采用 1 m × 1 m 单行条栽或 1 m × 2.5 m 双行条栽，按 45° 角摆放葛苗定植，定植深度以葛苗幼芽刚露出地面为宜。栽后压紧回填土壤，浇透定根水，也可用杂草、稻草或树叶等杂物覆盖种植沟或种植塘，以减少水分蒸发和高温伤苗。

四、田间管理

1. 中耕除草　及时拔除田间杂草。葛苗定植后半个月左右进行第 1 次中耕除草。第 2 次除草在栽后 1 个月左右进行。

2. 灌溉排水　育苗地保持土壤湿润，有利于出苗。雨后地面积水，应及时开沟排水。

3. 施肥　5~6 月，在葛苗根部追施复合肥，每亩 50 kg；9 月每亩施菜籽饼 50 kg，磷钾肥 20 kg，促进根部生长。

4. 引蔓疏枝　当甘葛藤长到 50 cm 左右时就要及时搭架引蔓，才能促进块根膨大，获得高产。当甘葛藤叶覆盖满全部地面时，要适度地疏枝，每株葛苗可留 1~2 条甘葛藤培养形成主蔓，摘除所有的侧蔓的顶芽，1 m 以内不留分枝侧蔓。

五、病虫害防治

1. 褐斑病　6~8 月发生，为害叶片，形成叶褐变、穿孔、枯死，用 65% 代森锌可湿性粉剂 500 倍液喷雾防治，并立即剪除病叶。

2. 锈病　在 3~8 月发生，为害叶片，叶背形成针头状大小突起的黄色锈斑，亩用 12% 萎锈灵可湿性粉剂 50 g，兑水喷雾防治。

3. 蚜虫　春夏发生，吸食茎叶汁液，使叶片皱缩，可用 6% 鱼藤酮微乳剂 1 000 倍液喷洒防治。

4. 金龟子　在 5~6 月发生，成虫晚上咬食叶片，灯光诱杀或用 90% 敌百虫晶体 1 000 倍液喷洒防治。

5. 天蛾　用 2.5% 溴氰菊酯乳油 2 000 倍液在低龄幼虫期进行防治。

六、采收加工

1. 采收　移栽 2~3 年后便可采收，通常在当年的 11 月至次年的 3 月，选择晴天进行收获。先割去地上茎藤，然后用锄顺将块根挖出，注意勿挖破块根，再用枝剪剪去基茎，装在规格为长 100 cm、宽 50 cm、高 50 cm 的塑料筐中运输。

2. 加工　将葛根按质量大小进行挑选，去病葛、杂质，分级，分别堆放。分别洗净表面泥沙及其他杂物，趁鲜切成厚片或小块干燥。

七、质量评价

1. 经验鉴别　以色白、质坚实、无外皮、粉性足、纤维少者为佳。

2. 检查　水分不得过 14.0%。总灰分不得过 5.0%。二氧化硫残留量不得过 400 mg/kg。

3. 浸出物　照醇溶性浸出物测定法项下的热浸法测定，用 70% 乙醇作溶剂，不得少于 10.0%。

4. 含量测定　照高效液相色谱法测定，本品含葛根素不得少于 0.3%。

商品规格等级

粉葛传统以广西为主产区，产地加工的商品分为 2 个等级。

一等：干货。鲜时去皮切去两端后，纵剖两瓣。全体粉白色。断面显环纹，粉性足，纤维很少。气微、味甘。剖瓣长 13~17 cm，中部宽 5 cm 以上。无杂质、虫蛀、霉变。

二等：干货。鲜时刮去外皮，不剖瓣。表皮黄白色。断面白色，有环纹、纤维多、有粉性。气微、味甘。中部直径 1.5 cm 以上，间有断根、破碎小块。无茎蒂、杂质、虫蛀、霉变。

栝楼

学名：*Trichosanthes kirilowii* Maxim.
科：葫芦科

栝楼，多年生草质攀缘藤本植物，别名瓜蒌，以果实、果壳、种子和块根入药，为常用中药。其干燥成熟果实药材名瓜蒌，别名全瓜蒌，性寒，味甘、微苦，能清热涤痰、宽胸散结、润燥滑肠。干燥成熟果皮药材名称瓜蒌皮，性寒味甘，能清化热痰、利气宽胸。干燥成熟种子称瓜蒌子，别名瓜蒌仁，性寒味甘，能润肺化痰、滑肠通便。干燥根药材名天花粉，性微寒，味甘、微苦，具清热生津、消肿排脓的功效。河南安阳为天花粉道地产区。

一、生物学特性

栝楼，藤长达 10 m，雌雄异株；块根肥大，呈圆柱状，稍扭曲，淡黄褐色，富含淀粉。茎较粗，多分枝，卷须细长。栝楼喜温暖、湿润、通风、透光的环境，忌干旱、积水和霜冻，植株地上部分不耐寒，冬季枯死，地下部分能耐 −15 ℃的低温。栝楼对土壤要求不严，但其为深根植物，主根可深入土中 1~2 m，以土层深厚、疏松肥沃、排水良好的沙质土壤为好，过于黏重、积水和盐碱地不宜种植。

一般于每年 4 月上、中旬出苗，5~6 月初为生长前期，茎叶生长缓慢。从 6~8 月为生长中期，地上部生长加速，6 月后陆续开花结果。9~11 月茎叶生长减缓，逐渐枯萎，养分向果实或地下部运转，为生长后期。10 月上旬果熟。从茎叶枯死至次春发芽为休眠期，地下根部休眠越冬。年生育期为 170~200 d。

二、选地与整地

选地以土层深厚肥沃、疏松通气透水的沙质壤土为好，冬前深翻耙平，开沟做畦，畦宽 1.5~2 m，畦高 20 cm，沟宽 30 cm，深 50 cm。重施有机肥后覆土，以便播种时使用。每亩施腐熟农家肥 5 000 kg、过磷酸钙 50 kg、氯化钾 20 kg 等作为基肥。

三、繁殖方法

种子繁殖的后代中只有 5% 左右的雌株，当年也很少开花结果，适于天花粉生产；分根或压条繁殖，可以控制雌株或雄株；分根繁殖当年就能开花结果。若生产天花粉，则全部选雄株或全部选雌株或不分雌雄；若生产果实，主要选雌株，并每亩配置 10% 的雄株。以生产果实为主的也可兼收天花粉。

1. 种子繁殖　一般 3 月上中旬播种，早播可以覆盖地膜。如以天花粉生产为主，四季均可播种。播前种子与细沙混拌均匀室内催芽 25~30 d，种子裂口时即可播种。直播按 1.5~2 m 穴距挖穴，穴的规格为 30 cm × 30 cm × 30 cm 见方。将基肥与土混合施入穴内，厚度约 15 cm，盖上一层约 10 cm 厚细土，每穴散开播入种子 5~6 粒，也可尖头朝下插入土中，再覆细土厚 3~4 cm，如土壤干燥，则需浇水。盖草保温保湿，8~15 d 便可出苗。出苗后揭草。如果土壤肥沃并施入充足基肥，则可以挖 4~6 cm 穴播入。秋、冬季播种，次春出苗。苗高 6 cm 左右进行间苗，每穴保留壮苗 2 株。

2. 育苗移栽　按行距 15 cm，间隔 5 cm 左右播 1 粒种子，待幼苗长出 2~3 片真叶时，即可移栽。

3. 分根繁殖　选取直径 3~5 cm，断面白色（断面有黄筋者为病根）的新鲜块根，切成 5~7 cm 长的小段，切口上蘸取草木灰（拌入 50% 钙镁磷肥），再喷 0.5~1 mg/L 赤霉素，稍晾干后栽种。

四、田间管理

1. 除草施肥　栝楼生长期间，视杂草情况，每年需中耕除草多次。出苗后每 20 d 左右需 1 次中耕，7 月以后，可减少中耕除草次数。每次结合中耕除草最好进行追肥，适当施入腐熟人畜粪尿，5 月可适当施用氮肥，5 月、6 月、8 月增施复合肥，控氮增磷补钾。冬季增施过磷酸钙及农家肥。

2. 灌水排水　视旱情，及时浇水，保持土壤湿润，并注意雨季排涝。

3. 搭设棚架　当栝楼茎长 30 cm 左右时，搭设棚架，架高 1.5~2 m，将茎蔓牵引，用细绳捆住，使栝楼上架。在搭架引蔓的同时，去除多余茎蔓，每棵最多留 2 个壮蔓。

4. 除蕾、修枝、打杈　摘除生长过密和细弱的分枝、徒长杈枝、腋芽等，使茎蔓分布均匀，通风透光，减少养分的无谓消耗和病虫害的发生。在秋分后果实逐渐成熟，可将老叶或靠近果实的叶片去掉，使其通风透光，既可促使果实早熟，又能保证品质。为避免立秋后所结果实不能成熟，可于 8 月开始摘除所有蔓顶、新出侧芽和花蕾，使养分集中供应已有的果实。如以天花粉生产为主，应及早摘除新生花蕾。

5. 人工授粉　为提高坐果率，需人工授粉。在花期早晨 8~9 点，用毛笔蘸取雄花粉，逐朵涂抹到雌花的柱头上即可，1 朵雄花约可授 5 朵雌花。

6. 徒长处理　栝楼在生长期间若茎蔓徒长，会引起果小或落果。可在栝楼接近地面的茎节间纵伤一小口，有黄水流出即可，此法能促进结果和防止落果。

7. 越冬管理　冬季于封冻前要中耕除草，并于植株根际周围施入适量农家肥，从距地面 1 m 处剪除上部茎蔓，留下的茎蔓盘在地上，随即盖草培土 30 cm，以防冻害。翌春扒开土堆即可。

五、病虫害防治

1. 根结线虫病　栝楼的主要病害，老产区的毁灭性病害，为害根部。植株矮小，生长缓慢，叶片发黄，以至全株枯死。拔起根部，可见有许多瘤状物，剖开可见白色雌线虫。防治方法：早春深翻土地，暴晒土壤，杀灭病源；整地时，亩用5%克线磷颗粒剂2~3 kg进行土壤处理；栽种前，用40%辛硫磷乳油800倍液浸渍种块消毒。

2. 根腐病　为害根部，由尖镰孢和腐皮镰孢引起。主要表现维管束变黄，最后整个根变褐腐烂。土壤用甲基硫菌灵消毒；用多菌灵等拌种浸种；防止积水；发病初期，间隔10 d左右用70%甲基硫菌灵可湿性粉剂500倍液灌根一次，连灌根2~4次。

3. 黑足黑守瓜　幼虫取食栝楼幼苗和叶片。5~7月产卵，用90%敌百虫晶体1 000倍液毒杀成虫或2 000倍液灌根毒杀幼虫。

4. 蚜虫　6~8月发生，为害嫩叶及顶部，亩用20%氰戊菊酯乳油20 mL或40%啶虫脒水分散粒剂3 g叶面喷雾防治。

六、采收加工

1. 采收　种子繁殖的栝楼第三年可采收块根。块根繁殖第二年便可采收块根。以生长4~5年者为好，霜降前后采挖最好，挖时沿根的方向深刨细挖，取出后去掉芦头，洗尽泥土。果实种植1~2年即可采收。当秋季果实呈淡黄色时，便可分批采摘。

2. 加工　栝楼采摘后，把茎蔓连果蒂编成辫子挂起晾干，或将鲜瓜用纸包好挂起晾干。勿暴晒，否则色泽深暗，晾干则色泽鲜红黄色。一般不采取烘干法，若要烘干应先晾干月余后进行，温度控制40~50℃，一周左右烘干。一般亩产干果200~400 kg。

瓜蒌皮：将成熟的果实剖开，取出果瓤和种子，晒干或烘干，即成瓜蒌皮。

瓜蒌子：取果瓤和种子加草木灰用手反复揉搓，在水中淘净果瓤，晒干即成瓜蒌子。

天花粉：趁鲜刮去粗皮，切成10~15 cm长的短节，粗的可纵剖为2~4块，晒干或烘干。一般亩产干根400~600 kg。

七、质量评价

1. 经验鉴别　以完整不破、果皮厚、皱缩有筋、体重、糖分足者为佳。

2. 检查　水分不得过 16.0%。总灰分不得过 7.0%。

3. 浸出物　照水溶性浸出物测定法项下的热浸法测定，不得少于 31.0%。

商品规格等级

瓜蒌药材一般为统货和选货 2 个规格，都不分等级。

选货：呈类球形，长 7~15 cm，直径 6~10 cm（或略大），表面皱缩或较光滑，顶端有圆形的花柱残基，基部略尖，具残存的果梗。质脆，易破开，内表面黄白色，有红黄色丝络，果瓤橙黄色，黏稠，与多数种子黏结成团。具焦糖气，味微酸、甜。外皮橙黄色或橙红色，颜色均一，直径 >7 cm，质重，无破碎或很少破碎，无虫蛀或发霉，切开种子饱满。

瓜蒌皮

统货：外皮颜色橙黄色或发灰（陈货），大小不一，质轻，有破碎，无虫蛀或发霉，切开种子多空瘪。余同选货。

瓜蒌子

天花粉

何首乌

学名：*Polygonum multiflorum* Thunb.

科：蓼科

何首乌，多年生缠绕草本植物，以干燥块根及茎藤入药，块根名为何首乌，别名首乌、赤首乌，性温，味苦、甘、涩，具有补肝肾、益精血、强筋骨、乌须发、润肠通便、解毒散结等功效，用于风疹瘙痒、瘰疬痈疮、肠燥、便秘、高血脂等症。茎藤名“夜交藤”，性平味甘，具有养心安神、祛风湿的功效，用于神经衰弱、失眠多梦、全身酸痛等症，外用治疮癣痛痒。现代研究表明，何首乌主要含有蒽醌类、黄酮类、酰胺类、葡萄糖苷类以及二苯乙烯苷、胡萝卜苷、没食子酸等化学成分。何首乌在全国大部分地区均有分布，多野生于灌木丛、丘陵、坡地、林缘，在河南、湖北、四川、贵州、江苏、广东等地有栽培。

一、生物学特性

何首乌地下有肥大不整齐的块根，茎长 3~4 m，基部略带木质，上部分枝，单叶互生，卵状心形。圆锥花序顶生或腋生，花小而密，白色。瘦果具三棱，黑色有光泽，包于翅状花被内。花期 8~10 月，果期 10~11 月。何首乌适应性强，喜温暖和湿润的环境条件，耐阴，忌干旱，怕严寒。年平均气温在 14.6℃生长良好，低于 12℃时生长不良，0℃以下茎梢易受冻伤。在土层深厚、疏松肥沃、富含腐殖质、湿润的沙质壤土中生长良好，土壤要求含水量为 25%~30%，土层厚度要求 40~60 cm，土壤微酸性至中性，有利于块根生长，产量高。在年降水量 1 200 mm 左右、空气相对湿度 75%~85% 的地区生长良好。

春季播种或扦插的何首乌，当年均能开花结果，9~10 月为盛花期，10~11 月果实成熟。3 月中旬播种的何首乌 4~6 月其地上茎迅速生长时，地下根亦逐渐膨大形成块根；而同期扦插的何首乌，当年只在节上长出根，其中有 1~5 条较粗的根，到第二年 3~6 月才能逐渐膨大形成块根，同时其地上部分的长势优劣与地下块根的多少、大小成正相关。

二、选地与整地

1. 育苗地　选择地势平缓、灌溉方便、土层疏松肥沃的沙质壤土地块，冬季深翻 30 cm，经冬季风化后，翌年春进行多次犁耙，拾去草根、树枝和石块，整平耙细，做成宽 100 cm、高 10~20 cm 的畦。每亩施腐熟的厩肥、草木灰等混合肥 2 000 kg，均匀撒在畦上，然后浅翻入土。

2. 种植地　选择山坡林缘或房前屋后、土层深厚、肥沃疏松、排水良好的地块，于冬季深翻 30 cm 以上，拣去草根和石块。翌年春翻犁 1~2 次，使土层疏松。每亩施厩肥、草木灰混合肥 3 000 kg 作基肥。施后耙地 1 次，使肥料与表土混合均匀后，做成宽 50 cm、高 25 cm 的畦。

三、繁殖方法

何首乌在生产上主要采用扦插繁殖。

3~5 月或 7~10 月，选择生长健壮、无病虫害的植株作为采集母株。用镰刀割除上部嫩枝部分，留下木质化或半木质化的下部茎藤，从茎藤地上 5 cm 处割断。将割取的茎藤剪成长 15~20 cm 的插穗，每插穗留 2~3 个节，但注意要将上切口剪成平口，下切口剪成斜口。扦插育苗前用 50% 多菌灵可湿性粉剂 750 倍液对插穗进行消毒，并用 0.05% 强力生根粉溶液浸泡插穗下部 1 h。扦插时，在整好的育苗床上开横沟，沟深约 8 cm。将处理过的插穗芽头朝上插入土中，并斜靠在沟壁上，保持株距 3 cm、行距 8 cm。插后用土壤填平沟，压实，浇足定根水。从扦插后的第二个月开始，每月除草 1~2 次，做到见草就除。发芽前要及时浇水，保持土壤湿润；发芽长叶后，应控制水分，促进根的生长。生根长叶后，每 5~10 d 浇 1 次水。新发嫩枝长至 15 cm 时，喷洒 2% 磷酸二氢钾溶液和 0.2% 尿素溶液，每隔 7 d 喷 1 次。当苗高 15 cm 以上时，用剪刀剪除顶尖，使苗高保持在 15 cm 左右。3~6 月或 9~10 月，选雨后晴天或阴天进行移栽。移栽前一天，用水浇透苗床，使土壤湿润，有利于第二天起苗。起苗时应保持苗的完整性，不损伤苗。在整好的种植地上，按行株距 32 cm × 30 cm 挖穴，每穴栽苗 1 株，使根系舒展，覆土压实，穴面略低于畦田，栽后浇足定根水。

四、田间管理

1. 中耕除草　4~10 月每月除草 1 次，11 月至次年 3 月只除草 1 次。幼苗期间宜浅锄，以免伤根；植株周围的杂草，应用手拔除，以防锄伤植株。到主茎蔓长到 30 cm 以上时，即可停止松土锄草。

2. 追肥　何首乌是喜肥植物，应施足基肥，并多次追肥。追肥采用前期施有机肥，中期施磷钾肥，后期不施肥的原则。当植株成活长出新根后，每亩施腐熟人粪尿 1 000~1 500 kg，过磷酸钙 15~25 kg，然后视植株生长情况，可再追肥 2 次，每次每亩腐熟施人畜粪尿 2 500 kg。当苗长到 1 m 以上时，一般施氮肥。9 月以后块根开始形成和生长时应重施磷钾肥，将厩肥、草木灰混合肥 3 000 kg 和过磷酸钙 50~60 kg，氯化钾 40~50 kg，在植株两侧或周围开沟施下。以后每年春季和秋季各施肥 1 次，均以有机肥为主，结合适量磷钾肥。每次追肥均结合中耕培土，清除杂草，防止土壤板结。

3. 灌溉、排水　植株成活后，应视土壤墒情及时浇水。雨季加强田间排水，忌过分潮湿，如果水分太多，须根会过度生长，影响块根膨大，造成低产。

4. 搭架、摘枝与除蕾　何首乌为缠绕性植物，搭设支架可以改善田间通风透光条件，提高光合效率，有利于植株和地下块根的生长发育。当茎藤长至 30 cm 时，用竹竿或树枝搭架，交叉插成篱笆状或三脚架状。当茎藤长至 1 m 左右时，将藤蔓按顺时针方向缠绕于支架上，松脱的地方用绳子缚住，每株留一主茎，多余藤蔓除掉，到 1 m 以上才保留分枝，以利于植株下层通风透光。

当植株长至 2 m 高时，可适当打顶，并去掉基部叶片，减少养分消耗，一般每年修剪 5~6 次。不作留种用的植株，于 5~6 月间摘除花蕾，以免养料分散，促进块根生长。

五、病虫害防治

1. 叶斑病　主要为害叶片，染病叶呈黄褐色病斑，严重时叶枯萎脱落，在高温多雨季节或田间通风不良时易发病。防治方法：田间保持通风透气，可防止病害发生；发病初期喷石灰等量式波尔多液 200 倍液，每隔 7~10 d 喷 1 次，连续 2~3 次；80% 代森锰锌可湿性粉剂 800 倍液、50% 多菌灵可湿性粉剂 800~1 000 倍液也可用于防治叶斑病。

2. 根腐病　染病植株根部腐烂，地上基蔓枯萎，多在夏季发生，种植地排水不良时发病严重。防治方法：雨季及时排除田间积水；发病初期将病株拔除，用石灰粉撒在病穴上盖土踩实，可以防止蔓延；用 50% 多菌灵可湿性粉剂 1 000 倍液灌根，可起到保护作用；70% 甲基硫菌灵可湿性粉剂 800~1 000 倍液或 75% 百菌清可湿性粉剂 1 500 倍液喷洒茎基，对根腐病有一定防治效果。

3. 锈病　发病初期叶表面出现圆形黄绿色病斑，叶背面逐渐隆起形成针头状大小的疱斑，后期发病部位长出黑色刺状冬孢子堆。严重时，叶片曲缩、破裂、穿孔，以致脱落，植株枯萎。防治方法：摘除下部老病叶，清除田间杂草和枯叶，减少越冬病原；雨天排除田间积水，降低田间湿度；增施磷钾肥，提高植株抗病能力；发病初前喷 25% 三唑酮可湿性粉剂 1 500 倍液或 80% 代森锌可湿性粉剂 500 倍液。

4. 蚜虫　主要为害茎尖及顶端第一、二片叶，造成被害植株主芽停止生长，叶片皱缩，生长受阻。在各季节均可发生，特别干旱季节，是发生盛期。防治方法：用 0.3% 苦参碱水剂 300 倍液均匀喷雾，蚜虫死亡率达 95%，隔半个月后再喷 1 次，可基本将其消灭；田间悬挂刷有不干胶的黄板进行诱蚜黏杀；保护和利用天敌，主要天敌有草蛉、瓢虫。

5. 中华摩叶蝉　为害植株叶片。防治方法：可亩用 2% 苦参碱水剂 40 mL，兑水喷雾。

6. 地老虎　幼虫为害幼苗，主要咬食幼苗嫩叶，造成孔洞缺刻。3 龄以后，幼虫长大进入暴食期，常从地面咬断幼茎，造成缺苗断垄。防治方法：糖醋液诱杀成虫；人工捕杀幼虫；亩用 0.5% 联苯菊酯颗粒剂 1 500 g 撒施。

六、采收加工

1. 采收　扦插繁殖的何首乌第二年即可收获。每年秋冬季叶片脱落或春末萌芽前采收为宜。采收时先把支架拔除，割除藤蔓，再把块根挖起，先剪下块根（留芽头作种苗用），去泥沙，运回加工。

夜交藤在何首乌种植 2 年后于 10~11 月茎叶枯萎时采收。采收时先拆除支架，用镰刀割去上部未木质化枝条和细小侧枝，再从地上 5 cm 处割断茎藤。

2. 加工　鲜何首乌运回后，洗净泥沙，切除块根两端的细根和须根。置日光下晒至半干时，用刀横切成小段（大者可再切四瓣），晒至全干即为成品，也可趁鲜切片，晒干入药。除晒干外，还可烘烤干燥。在烘烤时分别摊放在炉内，堆厚约 15 cm，头两天烘烤温度控制在 50~55℃，每隔 7~8 h 翻动 1 次，第三天可视情况逐步升温，但不能超过 90℃，经常检查，及时将水蒸气抽出，烘 4~5 d，待烘至 7 成干时取出，在室内堆放“发汗”24 h，使内部水分向外渗透，再入炉内烘至全干。

首乌藤选 4~7 mm 粗的木质化茎藤，剪成约 50 cm 长的段，扎成小把，晒干即可。

七、质量评价

1. 经验鉴别　何首乌以体重、质坚实、粉性足者为佳。首乌藤以粗壮均匀、外表紫褐色者为佳。

2. 检查　何首乌水分不得过 10.0%，总灰分不得过 5.0%。首乌藤水分不得过 12.0%，总灰分不得过 10.0%。

3. 浸出物　首乌藤照醇溶性浸出物热浸法测定，用乙醇作溶剂，不得少于 12.0%。

4. 含量测定　何首乌照高效液相色谱法测定，本品含结合蒽醌以大黄素和大黄素甲醚的总量计，不得少于 0.10%；何首乌含 2, 3, 5, 4'- 四羟基二苯乙烯 -2-*O*-*β*-D- 葡萄糖苷不得少于 1.0%。首乌藤照高效液相色谱法测定，本品含 2, 3, 5, 4'- 四羟基二苯乙烯 -2-*O*-*β*-D- 葡萄糖苷不得少于 0.20%。

商品规格等级

何首乌个均为统货，何首乌片和何首乌块均分统货和选货 2 个规格。

何首乌个统货：干货。呈团块状或不规则纺锤形，长 6~15 cm，直径 4~12 cm。体重，质坚实，断面浅黄棕色或浅红棕色，显粉性。气微，味微苦而甘涩。

何首乌片选货：干货。呈不规则的厚片。外表皮红棕色或红褐色，切面浅黄棕色或浅红棕色，显粉性；气微，味微苦而甘涩。形状规则，大小均匀，中心片多。

何首乌片统货：干货。形状不一，大小不一，边皮片多。余同选货。

何首乌块选货：干货。呈不规则的块。外表皮红棕色、红褐色，切面浅黄棕色或浅红棕色，显粉性。气微，味微苦而甘涩。形状规则，大小均匀。

何首乌块统货：干货。形状不一，大小不一。余同选货。

何首乌

红花

学名：*Carthamus tinctorius* L.
科：菊科

红花，一年生或二年生草本植物，又名红蓝、黄蓝、红花草等，以干燥的花冠入药，药材名红花，又名红蓝花、刺红花、草红花等，种子入药称白平子。红花味微苦、辛，性温，归心、肝经，具有活血通经、散瘀止痛等功效，是重要的活血化瘀中药之一。红花主治经闭、痛经、恶露不行、症瘕痞块、跌打损伤、疮疡肿痛等症。河南省卫辉市“卫红花”为道地药材。

一、生物学特性

红花茎直立，上部分枝，高 50~100 cm。叶互生，无柄，中下部茎生叶披针形、卵状披针形或条状椭圆形，边缘具锯齿，齿顶有针刺。头状花序多数，在茎枝顶端排成伞房花序；苞片先端有针刺；小花初开为黄色，渐变为橘红色、红色，全部为两性花。瘦果倒卵形，有 4 棱。花果期 5~8 月。

红花适应性较强，耐旱，耐寒，喜温和干燥、阳光充足气候，忌高温高湿，尤其是花期怕涝、怕雨。最适生长温度 15~25℃。对水肥和土壤要求不严，以地势高燥，排水良好，肥力中等的沙质壤土为好。土壤过于黏重、地势低洼积水、排水不良或过于肥沃的土地不宜栽培。忌连作。生长期南方 200~250 d，北方 110~130 d。种子容易萌发，发芽率 85% 左右，温度在 12℃时，约 23 d 出苗；15~18 ℃时，15 d 出苗；18~25 ℃时，7~8 d 出苗。种子千粒重 34.4 g。红花为长日照植物，生长后期如有较长的日照，能促进开花结果，可获得高产。

二、选地与整地

1. 选地　依据红花抗旱怕涝特性，宜选地势高燥，排水良好，土层深厚，中等肥沃，pH 6.5~8.5 的沙土壤或轻黏质土壤种植。忌连作，前茬以豆科、禾本科作物为好，实行三年以上的轮作种植制度。

2. 整地　翻耕前采用秋灌或春灌，整地时，每亩施用腐熟农家肥 2 000 kg 左右，配加过磷酸钙 20 kg 和硫酸钾 8 kg 作基肥，秋、春耕翻入土，耙细整平，可以喷洒除草剂。播前整地要达到地表平整，表土疏松细碎，土块直径不超过 2 cm。

三、播种

1. 播期　红花用种子繁殖。春播时间在 3 月中旬至 3 月下旬，旬平均气温达到 3℃ 和 5 cm 地温达 5℃ 以上时即可播种，播种深度为 5~8 cm。秋播时间在 10 月中旬至 11 月上旬为好。

2. 种子处理及用种量　播前用 50 ℃ 温水浸种 10 min，转入冷水中冷却后，取出晾干待播。亩用种量为条播 3~4 kg，穴播 2~3 kg，撒播 4~5 kg。

3. 播种方式　常用的有四种方式，条播、穴播、点播和撒播，干旱地区播种后可覆盖塑料膜。

条播行距为 20~30 cm，沟深 5 cm，播后覆土 2~3 cm。

穴播行距同条播，穴距 15~20 cm，穴深 5 cm，穴径 10 cm，穴底平坦，每穴播种 5~6 粒，播后覆土，搂平畦面。

点播行距为 20~30 cm，株距 8~10 cm，采用精量点播机进行播种。

撒播要均匀，撒播后运用机械镇压搂平或耙子搂平。

四、田间管理

1. 间苗、补苗　当幼苗长有 3 片真叶时，每隔 8~10 cm 留壮苗 1 株；当苗长到 8 cm 高时，每隔 15~20 cm 留苗一株，穴播的每穴留壮苗 2 棵。缺苗的地方用间下的壮苗进行补齐。

2. 肥水管理　红花一生分为莲座期、伸长期、分枝期、开花期和种子成熟期 5 个生长发育阶段，在整个生长发育期灌溉 2~3 次，追肥 1~2 次，并可以适当喷施叶面肥 2~3 次。红花进入分枝期后，沟灌培土并亩施尿素 15~20 kg。现蕾前，还可根外喷施 0.2% 磷酸二氢钾溶液 2~3 次。红花开花期要求土壤水分充足，可灌溉 1~2 次，但需避免田间积水。种子成熟期控制水分，停止施肥。

3. 中耕除草　红花植株 5 月初进入快速生长的伸长阶段，结合灌溉，中耕除草 1~2 次，追肥 1 次并培土沟灌，可防止红花倒伏。

4. 打顶　当株高超 1.5 m 时可进行打顶，促进分枝增加。

五、病虫害防治

1. 锈病　锈病主要为害叶片，也可为害苞叶等其他部位。幼苗被害后，子叶、下胚轴及根部出现蜜黄色病斑，病组织略肿胀，病斑上密生针头状黄色颗粒，严重时引起死苗。在雨后及时开沟排水，发病初期用 25% 三唑酮可湿性粉剂 800~1 000 倍液喷雾防治，间隔 7~10 d 喷 1 次，连喷 2~3 次。

2. 根腐病　以积水地块较重，多在 5~6 月发生。主要为害根和茎基部，主根变褐色腐烂，侧根基部维管束变黑褐色。播种前用 50% 多菌灵可湿性粉剂 300 倍液浸种 20~30 min，捞出，晾干后播种。发病初期，拔除病株集中烧毁，并用生石灰粉撒施处理，或石灰等量式波尔多液 120 倍液或 50% 多菌灵可湿性粉剂 500 倍液或 70% 甲基硫菌灵可湿性粉剂 500 倍液灌根。

3. 红花褐斑病　在红花生长的中后期发生，主要为害叶片。病初在叶部出现失绿小点，以后病斑逐渐扩大，形成圆形或近圆形的黄褐色斑，病部变薄，病斑外围有一黄色晕圈，中心部位颜色较深。用 70% 甲基硫菌灵可湿性粉剂 1 000 倍液，或 75% 百菌清可湿性粉剂 250~500 倍液，或 70% 代森锰锌可湿性粉剂 500~1 000 倍液，喷施，连喷 2~3 次，间隔 7~10 d 喷 1 次。

4. 红花指管蚜　主要为害幼叶、嫩茎、花轴，吸取汁液，被害处常出现褐色小斑点，影响植株正常生长发育，严重时减产 40%~60%。孕蕾前可亩用 4.5% 高效氯氰菊酯乳油 20 mL 或 50% 抗蚜威水分散粒剂 20 g，兑水 15~30 kg 叶面喷雾防治。

5. 红花潜叶蝇　主要是幼虫潜入红花叶片，吃食叶肉，形成弯曲的不规则的由小到大的虫道。第 1 代幼虫在 5 月上旬出现,第 2 代在 5 月中旬末出现，5 月初用 2.5% 溴氰菊酯乳油 3 000 倍液、21% 噻虫嗪悬浮剂 4 000~5 000 倍液防治。前 2 次连续喷，以后可隔 7~10 d 再喷 1 次，共防治 3~4 次。

6. 棉铃虫　棉铃虫主要以幼虫咬食红花叶和钻蛀红花蕾进行取食，对红花为害很大。在成虫羽化盛期杀虫灯诱杀成虫；在低龄幼虫期喷施苏云金芽孢杆菌制剂，5% 虱螨脲乳油 1 500 倍液、1.8% 甲维盐乳油 4 000 倍液或 15% 茚虫威悬浮剂 3 000 倍液等进行叶面喷雾防治。

7. 地老虎　一般发生在 4~5 月，4 月下旬至 5 月上旬为初孵幼虫盛发期。幼虫可咬断主茎，造成缺苗断垄。可使用棉籽饼或豆渣 20~25 kg 炒香，拌入 90% 敌百虫晶体 100 g（加水溶解），放到幼苗附近或行间诱杀，每亩用毒饵量 10~20 kg。

六、采收加工

1. 采收　春栽红花当年 7~8 月采收，秋栽红花第二年 5~6 月即可收获，在上午 10 点前，当花冠顶端由黄色变为红色时采摘。红花开花时间短，一般开花 2~3 d 便进入盛花期，要在盛花期适时采收。持续 15~20 d 可收完，红花采完 20 d 后，茎叶枯萎时，可收割植株，脱粒种子。

2. 加工　红花采收后，不能暴晒，也不能堆放，应在阴凉通风处摊开晒干，并防潮防虫蛀。

七、质量评价

1. 经验鉴别　以花冠色红而鲜艳、无枝刺、质柔润、手握软如绒毛者为佳。

2. 检查　杂质不得过 2.0%。水分不得过 13.0%。总灰分不得过 15.0%。酸不溶性灰分不得过 5.0%。吸光度照紫外 – 可见分光光度法，在 518 nm 的波长处测定吸光度，不得低于 0.20。

3. 浸出物　照水溶性浸出物测定法项下的冷浸法测定，不得少于 30.0%。

4. 含量测定　照高效液相色谱法测定，本品按干燥品计算，含羟基红花黄色素 A 不得少于 1.0%，含山柰酚不得少于 0.050%。

商品规格等级

红花药材一般为选货和统货 2 个规格，都不分等级。

选货：干货。管状花皱缩弯曲，成团或散在。不带子房的管状花，长 1~2 cm。花冠筒细长，先端 5 裂，裂片呈狭条形，长 0.5~0.8 cm；雄蕊 5，花药聚合成筒状，黄白色；柱头长圆柱形，顶端微分叉。质柔软。气微香，味微苦。表面鲜红色，微带淡黄色。杂质≤ 0.5%，水分≤ 11.0%。

统货：干货。表面暗红色或带黄色。杂质≤ 2.0%，水分≤ 13.0%。余同选货。

厚朴

学名：*Magnolia officinalis* Rehd. et Wils.
科：木兰科

厚朴，多年生落叶乔木，以干燥干皮、根皮及枝皮入药，药材名厚朴，是我国常用中药之一。厚朴味苦、辛，性温，归脾、胃、肺、大肠经。具有燥湿消痰、下气除满的功效。主治湿阻中焦、脘腹胀满、食积气滞、腹胀便秘、痰饮喘咳、七情郁结、痰气互阻、咽中如有物阻、咽之不下、吐之不出的梅核气证。河南各地有零星栽培，商城县、新县有野生分布。同时，在河南信阳大别山区、伏牛山区南部适合栽培，也作中药“厚朴”药用的还有同属植物：凹叶厚朴 *Magnolia officinalis* Rehd.et Wils.var.*biloba* Rehd.et Wils.。

一、生物学特性

厚朴高达 20 m，树皮厚，褐色，不开裂。厚朴为喜光的中生性树种，适应能力较强，幼龄期需荫蔽，喜凉爽、湿润、多云雾、相对湿度大的气候环境。怕炎热，耐寒，宜选择光照好，土层深厚、肥沃、疏松、富含腐殖质、湿润肥沃、微酸至中性土壤的环境造林种植。

厚朴移栽当年为缓苗期，生长速度较慢，一般不超过 30 cm，翌年即进入速生阶段，前 10 年年平均生长高度可达 90 cm，以后逐渐减缓，到 15~18 年时，年生长只有 15~20 cm。凹叶厚朴比厚朴生长快。厚朴适生地栽种，5~8 年即可开花结实，15 年以后进入盛果期。一般每年 3 月中旬花芽已完成分化过程，3 月下旬花芽渐趋饱满，剥开花被可见雄蕊多数，花期 4~5 月，果期 10~11 月。

二、选地与整地

选地以土壤肥力好、土层深厚、土质疏松、富含腐殖质、呈中性或微酸性的沙壤土和壤土为好。每亩施入复合肥 50 kg 或农家肥 2 000 kg，深翻 30 cm，耙细整平。育苗地做成 1.2~1.5 m 宽的畦。大田按株行距 3 m × 4 m 或 3 m × 3 m 开穴，穴深 40 cm，50 cm 见方，备栽。

三、繁殖方法

1. 种子繁殖　播种可在 11~12 月播种，最迟至次年 2 月下旬。播种前用粗沙搓净种子外面的蜡质层，在冷水中浸泡 3 d，捞出晾干即可播种。播种方式一般采用条播，行距 20~25 cm，深 7~10 cm，条沟内每隔 7~8 cm 播种子一粒，播后覆土 3~5 cm，然后盖草。每亩播种量 12~15 kg。第二年苗高 1 m时即可移植，苗距 25~30 cm，主根略加修剪，留长约 25 cm，以促发侧根。

2. 扦插繁殖　于 2 月母树萌动前，在树冠中下部，选直径 1 cm 左右的一至二年生枝条，剪成长约 20 cm 的插条，上端留 1~2 个芽露出地面，插于苗床中，插后浇透水分，并适当遮阴，经常保持土壤湿润，翌年移栽。

3. 压条繁殖　在 8 月上旬至 10 月下旬或在 2 月上旬至 4 月下旬期间，选近地面的一至二年生优良枝条，用刀片将枝条皮部环剥 3 cm，除去部分叶片，将枝条割伤处理压土中，用砖石固定位置，再堆肥土高约 15 cm，枝条梢部要露出土外，并扶直立。第二年即可割离母株后定植。

四、田间管理

1. 中耕除草　当幼苗出土后，及时拔除地内杂草。幼树期每年中耕除草 4 次，分别于 4 月中旬、5 月下旬、7 月中旬和 11 月中旬进行。林地郁闭后一般仅在冬天中耕除草、培土 1 次。

2. 追肥　结合中耕除草进行追肥，当幼苗长到 6~8 cm 时开始追肥，每亩撒施尿素或复合肥 4~7 kg，以 2~4 次为宜。在高温来临前，追施磷钾肥，增强苗木的抗旱性，促进苗木木质化。成苗每亩每次施入农家肥 500 kg、复合肥 5 kg。施肥方法是在距苗木 6 cm 处挖一环沟，将肥料施入沟内，施后覆土。若专施化肥，其氮、磷、钾的配比为 3∶2∶1。

3. 排灌　播种后出苗期间及定植半月以内，应经常浇水，以保持土壤湿润，夏季浇水防止高温和干旱对植物的伤害，以利幼苗生长。多雨季节要防积水，以防烂根。

4. 除萌、截顶　厚朴萌蘖力强，应及时剪除萌蘖，以保证主干挺直，生长快。为促使厚朴加粗生长，增厚干皮，在其定植 10 年后，当树长到 10 m 高左右时，应将主干顶梢截除，并修剪密生枝、纤弱枝，使养分集中供应主干和主枝生长。

5. 斜割树皮　当厚朴生长 10 年后，于春季用利刀从其枝下高 15 cm 处移植至基部围绕树干将树皮等距离斜割 4~5 刀，并用 100 mg/ kg 生根粉溶液向刀口处喷雾，促进树皮增厚。十五年生的厚朴即可剥皮。

五、病虫害防治

1. 叶枯病　一般在 7 月开始发病，8~9 月为发病盛期。病斑呈灰白色，潮湿时病斑上着生小黑点（病原菌分生孢子器），最后叶子干枯死亡。防治方法：冬季清理林地，清除枯枝病叶及杂草并集中烧毁；发病初期摘除病叶，再喷洒 30% 醚菌酯悬浮剂 2 500~3 000 倍液，7~10 d 喷 1 次，连续喷洒 2~3 次。

2. 立枯病　多发生在苗期，发病初期可用 70% 甲基硫菌灵可湿性粉剂 1 000 倍液或 50% 多菌灵可湿性粉剂 600 倍液防治。

3. 根腐病　幼苗期或定植后短期内均可发病，6 月中下旬发生，7~8 月严重。发病初期，须根先变褐腐烂，后逐渐蔓延至主根发黑腐烂，呈水渍状，致使茎和枝出现黑色斑纹，继而全株死亡。防治方法：选择排水良好的沙质土壤育苗，整地时进行土壤消毒；增施磷、钾肥，提高植株抗病力；发现病株及时拔除，病穴用石灰消毒，或用 50% 退菌特可湿性粉剂 1 500~2 000 倍液浇灌。

4. 褐天牛　刚孵出的幼虫先钻入树皮中咬食树皮，影响植株生长。初龄幼虫在树皮下穿蛀不规则虫道；长大后，蛀入木质部，虫孔常排出木屑，被害植株逐渐枯萎死亡。防治方法：成虫期进行人工捕杀，幼虫蛀入木质部后，用药棉浸 80% 敌敌畏原液塞入蛀孔，毒杀幼虫；冬季刷白树干防止成虫产卵。

六、采收加工

1. 采收　厚朴定植 15 年以上才能剥皮，宜在 5~7 月生长旺盛时，砍树剥取干皮和枝皮，在树木砍倒之前，从树生长的地表面按每间隔 35~40 cm 长度用利刀环向割断干皮，然后沿树干纵切一刀，用扁竹刀剥取干皮，按此方法剥到人站在地面上不能再剥时，将树砍倒，再砍去树枝。按上述方法和长度剥取余下树皮和枝皮。对不进行更新的厚朴可挖根剥皮，然后 3~5 段卷叠成筒运回加工。

2. 加工　厚朴皮先用沸水烫软，直立放屋内或木桶内，覆盖棉絮、麻袋等使之"发汗"一昼夜，待皮内侧或横断面都变成紫褐色或棕褐色，并呈油润光泽时，将皮卷成筒状，用利刀将两端切齐，用井字法堆放于通风处阴干或晒干均可。

七、质量评价

1. 经验鉴别　以皮厚、肉细、油性足、内表面紫棕色且有发亮结晶物、香气浓者为佳。

2. 检查　水分不得过 15.0%。总灰分不得过 7.0%。酸不溶性灰分不得过 3.0%。

3. 含量测定　照高效液相色谱法测定，本品含厚朴酚与和厚朴酚的总量不得少于 2.0%。

商品规格等级

商品分为筒朴、根朴、蔸朴等 3 种规格。筒朴分 3 个等级。

筒朴一等：干货。呈卷筒状或双卷筒状，两端平齐。长 30 cm 以上，厚 3.0 mm 以上。外表面灰棕色或灰褐色，粗糙，有粗大密集的椭圆形皮孔及纵皱纹，刮去粗皮者显黄棕色。内表面紫褐色，较平滑，具细密纵纹，划之显油痕。质坚硬，断面外层黄棕色，内层紫褐色，显油润，颗粒性，纤维少，有时可见发亮的细小结晶。气香，味辛辣、微苦。无青苔、杂质、霉变。厚朴酚、和厚朴酚总量不少于 4.0%。

筒朴二等：干货。呈卷筒状或双卷筒状，两端平齐。长 30 cm 以上，厚 2.0 mm 以上。外表面灰棕色或灰褐色，粗糙，有明显的皮孔和纵皱纹；内表面紫棕色，划之显油痕。断面外层灰棕色或黄棕色，内层紫棕色，显油润，具纤维性，有时可见发亮的细小结晶。气香，味辛辣、微苦。无青苔、杂质、霉变。厚朴酚、和厚朴酚总量不少于 3.0%。

筒朴三等：干货。卷成筒状或不规则的块片，以及碎片、枝朴，不分长短大小，均属此等。厚 1.0 mm 以上。外表面灰棕色或灰褐色，有明显的皮孔和纵皱纹。内表面紫棕色或棕色，划之略显油痕。断面外层灰棕色，内层紫棕色或棕色，具纤维性。气香，味苦辛。无青苔、杂质、霉变。厚朴酚、和厚朴酚总量不少于 2.0%。

根朴统货：干货。呈卷筒状或不规则长条状，屈曲不直，长短不分。外表面棕黄色或灰褐色，内表面紫褐色或棕褐色。质韧。断面略显油润，有时可见发亮的细小结晶。气香，味辛辣、微苦。无木心、须根、杂质、霉变、泥土等。厚朴酚、和厚朴酚总量不少于 10.0%。

蔸朴统货：干货。为靠近根部的干皮和根皮，呈卷筒状或双卷筒状，一端膨大，似靴形。长 13~70 cm，上端皮厚 2.5 mm 以上。外表面棕黄色、灰棕色或灰褐色，粗糙，有明显的皮孔和纵、横皱纹；内面紫褐色，划之显油痕。质坚硬，断面紫褐色，显油润，颗粒状，纤维少，有时可见发亮的细小结晶。气香，味辛辣、微苦。无青苔、杂质、霉变、泥土等。厚朴酚、和厚朴酚总量不少于 5.0%。

筒朴

虎杖

学名：*Polygonum cuspidatum* Sieb.et Zucc.
科：蓼科

虎杖，多年生宿根草本植物，以干燥根茎和根入药，药材名为虎杖，具有利湿退黄、清热解毒、散瘀止痛、止咳化痰的功效，用于湿热黄疸、淋浊、带下、风湿痹痛、痈肿疮毒、水火烫伤、经闭、症瘕、跌打损伤、肺热咳嗽等症。

一、生物学特性

虎杖高 1~3 m，根茎横卧地下，木质，黄褐色，节明显；主根粗壮，长可达 50 cm。茎直立，丛生，圆柱形，中空，多分枝，表面散生多数红色或紫褐色斑点。单叶互生；叶片厚纸质或近革质，宽卵形或卵状椭圆形。花单性，雌雄异株，圆锥花序腋生；花小而密，白色或淡红色。瘦果卵形或椭圆形，具三棱，红褐色或黑褐色，光亮，包于宿存翅状花被中，在结果时增大，背部生翅。

二、选地与整地

虎杖适应性强，对土地要求不严，但一般选阴湿、土层深厚、排水良好、疏松肥沃的土壤为好。每亩施腐熟有机肥 2 500 kg，深翻 20~25 cm，深翻时每亩地可拌施磷酸二氢铵 100 kg，耙细整平，做成宽 1.2~1.5 m 的平畦或高畦。

三、繁殖方法

虎杖主要采用种子繁殖和分根繁殖。虎杖种子不耐存，隔年后其种子的发芽率降低很多，因此不宜使用隔年的种子；若采用种子繁殖，为促进发芽，应当去掉其果壳。虎杖种子最适宜的发芽温度为25℃左右，一周左右其发芽率可达25%，但总的发芽率不高。

1. 种子繁殖　一般于春季4月上中旬播种，按行距25~30 cm开深1 cm左右的沟，将种子均匀撒入沟内，覆土后稍压，浇水。采用穴播时，一般按株行距30 cm × 30 cm开浅穴，每穴4~5粒种子，覆以细土即可。在温度20℃左右时，10 d左右即可出苗。

2. 分根繁殖　秋末地上茎叶枯萎或春季幼苗出土前，将母株刨出，把母株分成若干子株，每子株应有2~3个芽子，按行距40 cm开沟，沟深15~20 cm，按株距15 cm把根芽排放于沟内，覆土压实，浇水。秋栽者翌春出苗，春栽者10~15 d即可出苗。

四、田间管理

1. 间苗、定苗　若采用种子繁殖，当苗高5~8 cm时，应按去弱留强的原则进行间苗定苗。条播者，按株距5~10 cm。穴播者，每穴留苗2~3株。

2. 中耕除草　幼苗期及时松土除草，一般虎杖过高时，除去大草即可。

3. 灌溉、追肥　每年进行2次施肥，第1次是在每年春季土壤解冻后，每亩地施腐熟的有机肥3 000 kg或硫酸铵20 kg，均匀撒开，使土、肥混合均匀。第2次施肥是在每年5~6月植株封行前，每亩追施腐熟粪水2 000 kg左右。

五、病虫害防治

虎杖抗病害的能力较强，很少有病害发生，主要是一些虫害。

1. 叶蜂　叶峰主要发生在每年的6~7月，其幼虫咬食叶片，形成缺刻。防治方法：可喷90%敌百虫晶体800倍液杀灭。

2. 豆芫菁虫　此虫害发生在夏季，主要为害植株的叶片。防治方法：可用40%辛硫磷乳油1 500~2 000倍液喷杀。

3. 蚜虫　蚜虫是为害虎杖的主要虫害，多发生在春季或秋季，其成虫和幼虫吸食嫩茎叶的汁液，严重时可造成茎叶发黄。发生期可用 20% 呋虫胺水分散粒剂 3 000~4 000 倍液或 40% 辛硫磷乳油 1 500~2 000 倍液喷雾防治。

六、采收加工

1. 采收　用根茎繁殖的虎杖 2~3 年即可采收，用种子繁殖的则需 4~5 年才能采收。先将枯萎植株割下，再从一端用锹或机械工具挖出，运回。

2. 加工　除去须根、尾梢，洗净后切段或切片，晒干；鲜根可随采随用。

七、质量评价

1. 经验鉴别　以根条粗壮、坚实、断面黄色为佳。

2. 检查　水分不得过 12.0%。总灰分不得过 5.0%。酸不溶性灰分不得过 1.0%。

3. 浸出物　照醇溶性浸出物测定法项下的冷浸法测定，用乙醇作为溶剂，不得少于 9.0%。

4. 含量测定　照高效液相色谱法测定，含大黄素不得少于 0.60%，含虎杖苷不得少于 0.15%。

商品规格等级

虎杖药材一般为统货和选货 2 个规格，均不分等级。

选货：干货。呈不规则厚片，或圆柱形短段，长 4.5~7.0 cm，直径 1.5~2.5 cm。外皮棕褐色，有纵皱纹及须根痕，切面皮部较薄，木部宽广，棕黄色，射线放射状，皮部与木部较易分离。根茎髓中有隔或呈空洞状。杂质含量＜ 1%。质坚硬。气微，味微苦、涩。

统货：干货。长 1.0~7.0 cm，直径 0.5~2.5 cm。杂质含量＜ 3%。余同选货。

黄姜

学名：*Dioscorea Zingiberensis* C.H.Wright.
科：薯蓣科

黄姜，多年生藤本植物，为盾叶薯蓣的干燥根茎。黄姜性凉，味甘、苦，具有清肺止咳、利湿通淋、通络止痛、解毒消肿等功效，在临床上主要用于胃气痛、跌打损伤、痈肿早期未破溃、皮肤急性化脓性感染、软组织损伤等症的治疗。黄姜主要药效成分为薯蓣皂素，是生产皮质激素、性激素和蛋白同化激素类药物的中间原料，可加工多种甾体激素类药物。野生黄姜常见于江水河谷两岸的丘陵、低山、中山山坡或混交疏林及杂灌丛内，生命力较强。随着多年的开发利用，黄姜野生资源逐渐枯竭，现栽培居多，主产于陕西安康、湖北十堰、河南南阳等地。

一、生物学特性

黄姜根状茎横生，肥厚，近圆柱形，指状或不规则分叉，长 6~10 cm，直径 1~2 cm，外边棕褐色，断面黄色。茎平滑，具角棱及细沟纹，左旋，在分枝或叶柄的基部有时具短刺。叶互生，卵状三角形，表面深绿色，沿叶脉处色淡，常有不规则块状的黄白色斑纹，背面灰绿色并具白粉。花雌雄异株，少数同株，雄花序穗状。蒴果，扁圆形，每室种子 2 枚，种子周围具薄翅。黄姜 4 月中旬开始萌芽，5 月中旬至 6 月中旬茎叶迅速生长，6 月中旬到 10 月开花结实，10 月中旬果实成熟，10 月下旬地上部茎叶枯萎，11 月中旬地下根状茎进入休眠。根据黄姜生长特点，生长期可分为苗期、营养生长期、开花结实期、倒苗期、休眠期。

黄姜喜温，不耐寒。气温 8~35℃均可生长，15~25℃生长最快，霜降之后地上茎枯死。挖出的黄姜根状茎应在 2~9℃下贮存，高于 9 ℃，黄姜即会萌发，容易腐烂。黄姜生长期要求光照时数 1 750~2 000 h，有利于皂素积累，无霜期要求 190~210 d。黄姜生长适宜的土壤含水量为 13%~19%，怕涝不怕旱。干旱可造成减产，但不会绝收，而水涝常引起黄姜腐烂，田间积水超过 24 h，可使黄姜死亡绝收。

二、选地与整地

1. 选地　黄姜在沙土、沙壤土、壤土、黄胶土、黏土、风化片麻岩、石渣地均可种植，以土壤疏松肥沃、土层深厚、富含有机质、排水良好的沙质土壤为宜，避免在当年起旱的水田、黄泥地及排水不良的地块种植，同一地块种植两年以上应实行轮作倒茬。

2. 整地　栽前应深翻 25 cm 以上，起好约 30 cm 宽、25 cm 深的边沟。降水量大于 800 mm 以上的地区，平地的四周及中部挖排水沟，排水沟密度约每 10 m 一条，排水沟深度 25~30 cm，宽度约 25 cm。每亩施优质腐熟农家肥 4 000~5 000 kg，碳酸氢铵 750 kg，磷肥 120 kg，硫酸钾 300 kg，饼肥 300 kg。起垄，垄面宽约 60 cm，高约 25 cm，垄间距约 25 cm。

三、繁殖方法

1. 选种　当年 9 月至翌年 3 月均可挖种，挖种应尽量保持种茎完整，以免引起霉烂和破坏根系。选种时最好选择一年生粗细均匀、生命力强、无病虫害、萌发力强的根状茎作种茎，野生种茎一般不宜栽培。种茎栽培前，根据潜伏芽的多少和种茎的大小用手掰成 5~10 cm 小段，要求每段有 2~3 个健壮芽（龙头）。掰好的种茎应摊开放置 1~2 d，待伤口愈合后播种，每亩用种量依据栽培密度和种茎大小而定，一般每亩用鲜黄姜种 150~200 kg。

2. 播种　播种前做好种块消毒，可用 50% 多菌灵可湿性粉剂 800~1 000 倍液浸种 5 min，晾干后播种。播种时间在每年 10 月至翌年 3 月均可，以年前栽植最佳。栽植密度依据地力好坏而定，地肥稍稀、地瘦稍密，株行距可选 25 cm × 25 cm 或 30 cm × 30 cm，即每亩株数保证在 7 000~11 000 株。播种方法可垄作、沟播和穴播，建议垄作。垄作适于平地或坡度在 15° 以内的缓坡地，按 60 cm 的行距开沟作垄，垄高 15~20 cm，垄宽 40 cm，每垄种 2 行，行距 20 cm，株距 25 cm，三角种植。沟播按 30~35 cm 的行距开沟，按 25 cm 左右的株距下种。在坡度较大的地块种植黄姜，一般采用穴播，即按要求密度挖穴播种，其播种深度为 10~15 cm，覆土深度应不低于 7 cm，并使芽苞向上，便于出苗。

四、田间管理

1. 除草　及时人工拔出杂草。出苗期间注意保护黄姜幼苗根系，以免受到影响。

2. 追肥　在 6 月下旬至 7 月上旬黄姜地上部分生长进入高峰期时施一次肥，每亩用 15~20 kg 尿素；在 7 月下旬至 8 月中旬黄姜地下部分快速生长时，按每亩 5~10 kg 尿素再施追肥一次。一般选择雨中或雨后施入，遇伏旱时要推迟施肥时间。追肥可沟施，也可穴施，穴施将肥料施在两行中间并用土覆盖。黄姜生长后期叶面喷肥效果较好，在 8 月中旬和 9 月上旬期间分两次，亩用磷酸二氢钾 0.5 kg 加水 25 kg 进行叶面喷肥。

3. 搭架　当黄姜幼苗长到 30 cm 左右时应搭架。搭架可用细竹竿、杨树枝、桑树枝、荆条等，两穴中间插一个架杆，供其攀缘，架高以 1.2 m 左右为宜。搭架有利于通风透光，解决茎叶相互荫蔽问题，提高光合作用面积，减少病害发生，大幅度提高黄姜的产量。但是搭架会增加架杆投资且地表水分易散发，不利于保墒防旱。因此，搭架也应灵活掌握，肥沃地块、二年生以上黄姜一定要搭架。旱薄地，没有灌水条件，茎叶生长不旺，可以不搭架。

4. 培土　黄姜根系发达，耐旱怕渍，培土壅根必不可少。播种之后，雨水冲刷，沟土淤塞，藤蔓上架时，应及时进行中耕培土，培土厚度 10~15 cm，以覆盖植株基部为宜，7~9 月要注意培土壅根，防止浅根外露影响生长。如遇大雨积水较多时，应及时清淤排渍，防止烂根，导致植株死亡。

五、病虫害防治

1. 炭疽病　由真菌引起，感病株首先在中心叶脉周围产生淡黄色病斑，并逐渐扩大，直径 1~3 mm，椭圆形病斑中央凹陷后转暗褐色，微隆起。叶片边缘发生半圆形褐色病斑，使整个叶片变成褐色致死。防治方法：发病早期每亩用 32.5% 苯甲・嘧菌酯悬浮剂 50 mL 兑水 16 kg 喷雾，连用 3 次。

2. 根腐病　属真菌感染发病，病株蔓的基部变黑褐色，病部稍下陷，有时开裂和深入皮内部，病株蔓下部可发现维管束变褐色，当主蔓基部全部腐烂时，病株死亡。防治方法：4 月底至 5 月上旬，每亩用 50% 多菌灵可湿性粉剂 150 g，兑水 30 kg 灌根。

3. 褐斑病　属真菌性病害。一般 7 月在田间出现，前期在一些老叶上出现褐色病斑，不规则，病斑部逐渐成皮革状，并迅速扩大使整叶变褐色枯萎，病叶很快向周围叶片蔓延，使黄姜成片枯死，严重影响产量。高温多湿易于病害发生，黄姜连作地块、地势低洼、排水不良、植株生长差的发生较重。防治方法：褐斑病应以预防为主，在发病前喷 50% 多菌灵可湿性粉剂 800 倍液，也可用波尔多液、杀菌王等，每隔 7~10 d 喷 1 次，连喷 3~4 次。

4. 蛴螬　主要为害是啃食块茎，造成减产，严重时造成缺苗断垄。防治方法：栽培前要施用充分腐熟的肥料，田间发现蛴螬为害时，可用谷子或豆饼做成饵料，拌药毒杀。具体方法是：将谷子煮成半熟，捞出控净水，拌入 90% 敌百虫晶体，药量为谷子 1.2% 左右，谷子拌药晾至半干后撒在黄姜根部；也可将豆饼炒香后拌敌百虫，药量同上，撒在黄姜根部；也可用 50% 辛硫磷乳油 1 500 倍液灌根防治。

六、采收加工

1. 采收　人工种植的黄姜在第 3 年后进入采收期，霜降后地上茎叶停止生长，进入休眠期时挖出根茎，此时收获的黄姜产量高、品质好且耐储藏。

2. 加工　挖出的黄姜根茎，除去泥土、粗皮和须根，晒干或烘干；或切成 0.5 cm 左右的厚片，晒干或烘干。

七、质量评价

1. 经验鉴别　以个匀、完整、质地坚实、断面色黄者为佳。

2. 检查　水分不得过 10.0%。总灰分不得过 14.0%。酸不溶性灰分不得过 8.0%。

3. 浸出物　照醇溶性浸出物测定法项下的热浸法测定，用 70% 乙醇作溶剂，不得少于 16.0%。

4. 含量测定　照高效液相色谱法测定，本品含薯蓣皂苷元不得少于 0.13%。

商品规格等级

黄姜药材均为统货，不分等级。

统货：干货。呈类圆柱形，常具不规则分枝，分枝长短不一，直径 1.5~3 cm，表面褐色，粗糙，有明显纵皱纹和白色圆点状根痕，质较硬，粉质，断面橘黄色，味苦。

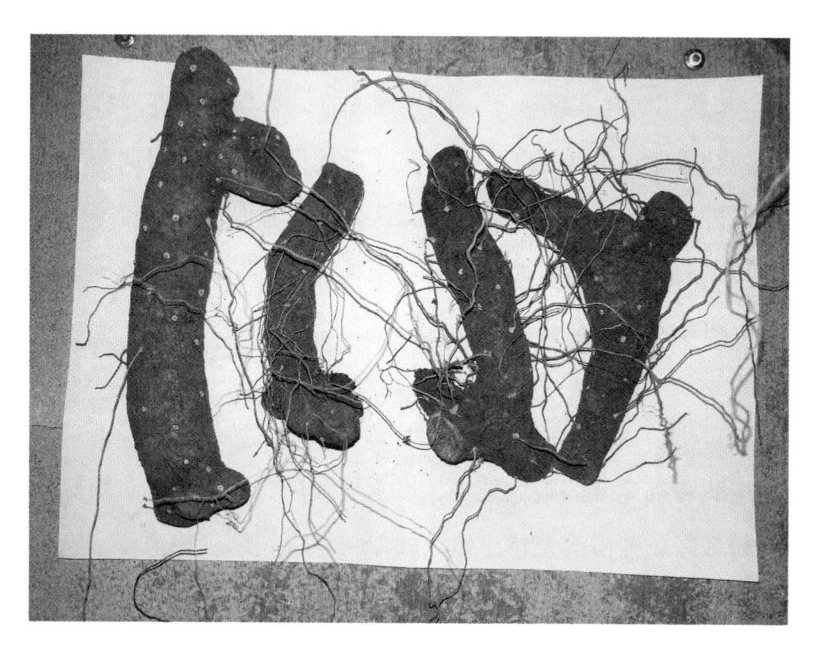

黄精

学名：*Polygonatum sibiricum* Red.

科：百合科

黄精，以干燥根茎入药，具补气养阴、健脾、润肺、益肾之功效，用于脾胃气虚、体倦乏力、胃阴不足、口干食少、肺虚燥咳、劳嗽咳血、精血不足、腰膝酸软、须发早白、内热消渴等症。主产于湖南、河南、湖北、贵州、江西等省。在全国不同地区，尚有滇黄精或多花黄精的干燥根茎作黄精入药。药材按形状不同，习称“大黄精”、“鸡头黄精”、“姜形黄精”。

一、生物学特性

黄精根状茎圆柱状，肉质，淡黄色。茎直立，直径1~2 cm，茎高50~90 cm。叶轮生，每轮4~6枚，条状披针形，先端卷曲。浆果直径7~10 mm，黑色，具4~7颗种子。花期5~6月，果期8~9月。黄精喜阴、耐寒、怕旱，幼苗能在田间越冬，不宜在干燥地区生长，在湿润荫蔽的环境下植株生长良好；在土层较深厚、疏松肥沃、排水和保水性能较好的壤土中生长较好；贫瘠干旱及黏重的地块不适宜生长。种子发芽时间较长，发芽率为60%~70%，种子寿命为2年。

二、选地与整地

选择湿润和有充分荫蔽的地块，以土壤疏松、排水、保水均好的壤土或沙壤土种植最好。种植前先将土地深翻25~30 cm，结合整地每亩施腐熟农家肥3 000 kg，翻入土中作基肥，耙细整平，做成宽1.2 m、高15 cm的畦。

三、繁殖方法

1. 种子繁殖　8 月种子成熟后选取成熟饱满的种子，并立即把 1 份种子和 3 份沙子混合均匀进行沙藏处理，存于背阴处 30 cm 深的坑内，保持湿润。待第二年 4 月中下旬筛出种子，按行距 10~15 cm 开沟，均匀撒播到畦面的浅沟内，覆土约 1.5 cm，稍压后浇水盖草保湿。出苗前去掉盖草，苗高 6~9 cm 时，适当间苗，1 年后可移栽。可在畦埂上种植玉米，创造荫蔽环境。

2. 根状茎繁殖　于晚秋或早春选一至二年生健壮、无病虫害的植株根茎，选取先端幼嫩部分，截成带 2~3 节的小段，截口晾干或蘸草木灰处理。按行距 16~22 cm、株距 10~16 cm、沟深 6 cm 栽植，覆土。栽后 4~5 d 浇透水，以后每隔 5~7 d 浇水 1 次，保持土壤湿润。

四、田间管理

1. 中耕除草　生长前期要经常中耕除草，保持畦面无杂草，宜浅锄并适当培土；后期地上茎较密，拔草即可。

2. 追肥　苗期可开沟追肥，每亩施腐熟农家肥 1 500~2 000 kg，加过磷酸钙 15 kg、饼肥 50 kg。越冬前可施盖头粪 10 cm，每年施 2~3 次。

3. 排灌水　黄精喜湿润、忌积水，雨季应及时排除积水，防止烂根。

五、病虫害防治

1. 黑斑病　多于春夏季发生，为害叶片。发病前或发病初期，喷施石灰等量式波尔多液 160 倍液或 50% 退菌特可湿性粉剂 1 000 倍液防治，每 7~10 d 喷 1 次，连续 3 次。

2. 蛴螬　幼虫为害根部，咬断幼苗或咬食苗根，造成断苗或根部空洞。可用 70% 辛硫磷乳油按种子量 0.1% 拌种；或在田间发生期，用 90% 敌百虫晶体 1 000 倍液灌根。

六、采收加工

1. 采收　种子繁殖的3~4年收获，用根状茎繁殖的1~2年收获。于秋季地上枯萎后收获，也可以第二年发芽前收获，挖取根状茎。

2. 加工　挖出的根茎，洗去泥土，蒸10~20 min，以透心为准，取出晒干或烘干。亩产干品300~400 kg，折干率30%。

七、质量评价

1. 经验鉴别　以块大、肥润色黄、断面透明者为佳。

2. 检查　水分不得过18.0%。取本品，80℃干燥6 h，粉碎后测定，总灰分不得过4.0%。重金属及有害元素铅不得过5 mg/kg；镉不得过1 mg/kg；砷不得过2 mg/kg；汞不得过0.2 mg/kg；铜不得过20 mg/kg。

3. 浸出物　照醇溶性浸出物测定法项下的热浸法测定，用稀乙醇作溶剂，不得少于45.0%。

4. 含量测定　照紫外–可见分光光度法测定，含黄精多糖以无水葡萄糖计，不得少于7.0%。

商品规格等级

黄精药材分为3个等级。

一等：干货。呈结节状弯柱形，结节略呈圆锥形，头大尾细，形似鸡头，常有分枝。表面黄白色或灰黄色，半透明，有纵皱纹，茎痕圆形。每千克≤75头。

二等：干货。每千克75~150头。余同一等。

三等：干货。每千克≥150头。余同一等。

统货：干货。结节略呈圆锥形，长短不一。不分大小。余同一等。

黄檗

学名：*Phellodendron amurense* Rupr.

科：芸香科

黄檗，多年生落叶乔木，树皮内层经加工后入药，药材名黄柏，是我国常用中药之一。黄柏味苦，性寒，清热解毒，泻火燥湿，用于急性细菌性痢疾、急性肠炎、急性黄疸型肝炎、泌尿系统感染等炎症。外用治火烫伤、中耳炎、急性结膜炎等。河南太行山、伏牛山周边区县均有野生和栽培。河南太行山区济源市、辉县市、林州市有野生和栽培；伏牛山南部西峡、南召、栾川、嵩县等地有栽培。同时，伏牛山南部的淅川、西峡、南召等地适合栽培，也作中药“黄柏”药用的还有同属植物：黄皮树 *P. chinense* Schneid.。

一、生物学特性

黄檗树高 10~20 m，大树高达 30 m，胸径 1 m。枝扩展，成年树的树皮有厚木栓层，浅灰或灰褐色，深沟状或不规则网状开裂，内皮薄，鲜黄色，味苦，有黏液质。黄檗对气候适应性强，苗期略耐阴，成龄树喜光。刚出土幼苗怕强光，长出真叶后逐渐解除怕强光的特性。常野生于河岸、肥沃的谷地、低山坡、阔叶混交林等，多生长在避风而又稍为荫蔽的山间、河谷及溪流附近，或混生于杂木林中，如在强烈日光照射或空旷的环境下种植，则生长不良，甚至会形成矮树和伞形树冠。黄檗为速生树种，根系较深，抗风、抗寒力强。1~2 年幼苗即可出圃，5 年以上的树即可开花结果，15~25 年为成材期。种子具休眠特性，低温层积 2~3 个月能打破休眠。花期在 5~7 月，果期在 9~10 月。幼苗无分枝，根系发达，主根明显，入土深，须根少。河南地区一般在春分前后展叶，4~8 月生长最快，5~6 月开花，9~10 月为果期，立冬后开始落叶，年生长期 185~200 d。黄檗为雌雄异株，树龄在 15 年以上的结实量很大。黄檗生长周期较长，人工栽培，一般需 10 年左右方可长成。

二、选地与整地

以土层深厚、排灌方便、腐殖质含量较高的地方为宜，也可在沟边路旁、房前屋后、土壤比较肥沃、潮湿的地方种植。育苗地每亩施腐熟农家肥 3 000~5 000 kg，深翻 25~30 cm，耙细、整平后做成长 10 m、宽 1.2~1.5 m、高 20~25 cm 的高畦。造林地宜选土层深厚疏松、湿润的避风地带进行带垦或穴垦。按株行距 2.5~3 m，挖直径 40~50 cm、深 50 cm 的穴，每穴可施农家肥 10~15 kg 作底肥。大面积造林与其他乔木或灌木混交，以借助伴生树种的保护作用，并促进黄檗树干通直。

三、育苗移栽

黄檗可春播或秋播。春播宜早不宜晚，一般在 3 月中下旬进行，播前用 40℃温水浸种 1 d，然后进行低温或冷冻层积处理 50~60 d，待种子裂口后，按行距 25~30 cm 开沟深约 3 cm 条播。播后覆土，搂平稍加镇压、浇水。秋播在 11~12 月进行，播前 20 d 湿润种子至种皮变软后播种。每亩用种 2~3 kg。培育 1~2 年后，当苗高 40~70 cm 时，即可移栽。时间在冬季落叶后至翌年新芽萌动前，将幼苗带土挖出，剪去根部下端过长部分，每穴栽 1 株，填土一半时，将树苗轻轻往上提，使根部舒展后再填土至平并踏实、浇水。

黄檗也能扦插育苗，每年 6~7 月高温、多雨季节，选健壮枝条，剪成长约 10 cm 的插穗，留 1 片叶，其余剪去；插穗下部削成马蹄形，斜插于苗床，行距 20 cm，株距 10 cm，地面露 1 节，压实盖土淋透水，以后经常保持湿润，用树枝叶或茅草遮阴，待生根后取出遮阴物。苗期加强施肥培土，促进苗木健壮生长。翌年春、秋移栽。

黄檗还能分根繁殖，在休眠期间，选择直径 1 cm 左右的嫩根，窖藏至翌年春解冻后扒出，截成 15~20 cm 长的小段，斜插于土中，上端不能露出地面，插后浇水。1 年后即可成苗移栽。

四、田间管理

1. 间苗、定苗　苗齐后应拔除弱苗和过密苗。一般在苗高 7~10 cm 时，按株距 3~4 cm 间苗，苗高 17~20 cm 时，按株距 7~10 cm 定苗。黄檗幼苗喜欢阴凉湿润的环境，因此，在幼苗未达到半木质之前要对其采取遮阳，可采取 70% 的遮阳网遮阳，以提高幼苗的成活率。

2. 中耕除草　一般在播种后至出苗前，除草 1 次，出苗后至郁闭前，中耕除草 2 次。定植当年和发后 2 年内，每年夏秋两季，应中耕除草 2~3 次。3~4 年后，树已长大，只需每隔 2~3 年，在夏季中耕除草 1 次，并在植株周围松土，将铲除的杂草压入穴内作肥料。

3. 追肥　育苗期，结合间苗中耕除草应追肥 2~3 次，每次每亩施人畜粪水 2 000~3 000 kg 或硫酸铵 8~10 kg，夏季在郁闭前也可追施 1 次。定植后，于每年入冬前施一次农家肥，每株沟施 10~15 kg。

4. 排灌　黄檗幼苗期需水量较大，播种后出苗期间应保持土壤湿润，夏季高温也应及时浇水降温。郁闭后，可适当少浇或不浇。多雨积水时应及时排除，以防烂根。

5. 整形与修剪　一般在 11 月下旬进行冬季修剪，适当修剪侧枝，以促进主干的生长。

五、病虫害防治

1. 花椒凤蝶　主要在 5~8 月发生，为害幼苗叶片。防治方法：利用天敌，即寄生蜂抑制凤蝶发生；在幼龄期，用 40% 辛硫磷乳油 1 000 倍液或苏云金芽孢杆菌乳剂 300 倍液喷施。

2. 蚜虫　以成虫吸食黄檗叶茎的汁液，发生期用 0.3% 苦参碱水剂 150 倍液或 1.5% 除虫菊素水剂 150 倍液连喷数次。

3. 小地老虎的低龄幼虫　常群集于幼苗的中心或叶背取食，3 龄后的幼虫将苗木咬断，并拖入洞中。在冬季及时深翻，把路边杂草处理干净；在幼虫发生初期，用 10% 烯啶虫胺水剂 3 000 倍液喷施。

4. 锈病　主要在 5~6 月始发，为害叶片。防治方法：发病初期用 25% 嘧菌酯悬浮剂 1 000~2 000 倍液或 25% 三唑酮可湿性粉剂 700 倍液喷雾。

5. 轮纹病　主要为害黄檗的叶片，发病期叶片出现近圆形病斑。直径 4~12 mm，暗褐色，有轮纹，后期变为小黑点，即病原体的分生孢子器。病菌有冬季叶上越冬，翌年春条件适宜时传播、侵染。可喷施石灰等量式波尔多液 160 倍液或 70% 甲基硫菌灵可湿性粉剂 800 倍液，或 50% 代森锰锌可湿性粉剂 600 倍液进行防治。

6. 褐斑病　主要为害黄檗的叶片。发病期叶片上病斑圆形，直径 1~3 mm，灰褐色，边缘明显为暗褐色，病斑两面均生有淡黑色霉状物即病原菌的子实体。病菌以菌丝体在有病枯叶中越冬。翌春条件适宜时传播，在 6~7 月发生，一般以预防为主，秋季落叶后彻底清除落叶、病枝，集中烧毁。植株发病时喷施石灰等量式波尔多液 240 倍液。

六、采收加工

1. 采收　黄檗定植 10~15 年便可采收，采收时间宜在 5~6 月，多采用环状剥皮再生新皮的方法。一般在树干距地面 10~20 cm 及以上部位交错剥取树干外围 1/4~1/3 的树皮，切割深度以割断表皮不伤内皮层为宜，每年可更换剥皮部位。剥皮时应在气温 25℃以上，阴天或多云天气进行。剥皮时先在树干上横割一刀，再呈“T”字纵割一刀，割到韧皮部，不要伤害形成层，然后撬起树皮剥离。剥皮 24 h 内不要用手触摸，严禁日光直射、雨淋和喷农药。2 年后达到原生皮的厚度，再次剥皮仍可再生，可重复数次。黄檗剥皮后要及时灌水、增施速效肥料，冬季对环剥皮部位要用塑料薄膜或稻草包扎以免冻害发生。

2. 加工　将剥下的树皮趁新鲜刮去粗皮（以显黄色而又不损伤内皮为度），

然后晒至半干，用石板等重物压平，以免卷折，再晒至全干即可。

七、质量评价

1. 经验鉴别　以皮厚、色黄者为佳。

2. 检查　水分不得过 12.0%。总灰分不得过 8.0%。

3. 浸出物　照醇溶性浸出物测定法项下的冷浸法测定，用稀乙醇作溶剂，不得少于 14.0%。

4. 含量测定　照高效液相色谱法测定，本品含小檗碱以盐酸小檗碱计不得少于 3.0%；黄柏碱以盐酸黄柏碱计不得少于 0.34%。

商品规格等级

黄柏药材一般为选货和统货 2 个规格。选货分为 2 个等级。

选货一等：去粗皮。外表面黄褐色或黄棕色，平坦或具纵沟纹，有的可见皮孔痕及残存的灰褐色粗皮；内表面暗黄色或淡棕色，具细密的纵棱纹。体轻，质硬，断面纤维性，呈裂片状分层，深黄色。气微，味极苦，嚼之有黏性。板片状，厚度≥ 0.3 cm，宽度≥ 30 cm。余同一等。

选货二等：板片状，厚度 0.1~0.3 cm，宽度不限。余同一等。

统货：板片状或浅槽状，厚度≥ 0.1 cm，宽度不限。余同一等。

黄芩

学名：*Scutellaria baicalensis* Georgi
科：唇形科

黄芩，多年生草本植物，以根入药，药材名黄芩，别名条芩、子芩、枯芩等。黄芩性寒味苦，有清热燥湿、泻火解毒、止血安胎等效用。主治温病发热、肺热咳嗽、湿热痞满、泻痢、黄疸、高热烦渴、痈肿疮毒、胎动不安等病症。河南西部、北部有栽培。

一、生物学特性

黄芩株高 33~67 cm。其主根粗壮，略呈圆锥形，长度、粗度逐年增加。总状花序生于枝顶及枝的上端叶腋，唇形花冠，蓝紫色。黄芩喜阳、喜温、耐寒、耐旱，怕水涝、耐高温。冬季可耐 -30℃的低温，夏季在 35 ℃高温下仍可正常生长。低洼积水或雨水过多，黄芩生长不良，也会造成黄芩烂根死亡。土壤以含有一定腐殖质层的中性或微碱性沙质壤土为宜。

黄芩种子春播于 4 月中旬，秋播于 8 月中旬。出苗移栽后 3 个月开始现蕾，现蕾后 10 d 左右开花，40 d 左右果实成熟。二年生植株 4 月开始重新返青生长，花期 6~9 月，果期 8~10 月，11 月地上部枯萎。黄芩的根在开花结果前生长速度最快。

二、选地与整地

选择土层深厚、排水良好、疏松肥沃、阳光充足、中性或近中性的壤土、沙壤土，深耕 25 cm 以上，每亩撒施腐熟农家肥 2 000~4 000 kg，磷酸二铵

10~15 kg，整平耙细，做成宽 2 m 的平畦或高畦。春季采用地膜覆盖种植的，以做成带距 100 cm，畦面宽 60~70 cm，畦沟宽 30~40 cm，高 10 cm 的小高畦更为适宜。

三、播种

黄芩以春季直播为主。3 月下旬至 4 月上中旬，采用普通条播或大行距宽播幅的播种方式。普通条播一般按行距 30~35 cm 开沟条播。大行距宽播幅播种，应按行距 40~50 cm，开深 3 cm 左右、宽 8~10 cm 且沟底平的浅沟，随后将种子均匀撒入沟内，覆湿土 1~2 cm，并适时进行镇压。播种后应适时覆盖地膜、秸秆或碎草，保持土壤湿润，以利出苗。每亩 1 kg 种子。

四、田间管理

1. 中耕除草　出苗后应结合间苗、定苗、追肥进行松土除草，直至田间封垄。第一年 3~4 次。第二年以后春季返青出苗前搂地松土，返青后中耕除草 1~2 次。

2. 间苗、定苗与补苗　齐苗后，于苗高 5~7 cm 时，按株距 6~8 cm 交错定苗，每平方米留苗 60 株左右。对严重缺苗部位进行移栽补苗，要带土移栽，栽前或栽后浇水，以确保成活。

3. 追肥　生长两年收获的黄芩，两年追肥总量以 6~10 kg 纯氮肥、4~6 kg 磷肥（P_2O_5）、6~8 kg 钾肥（K_2O）为宜，两年分别于定苗后和返青后各追施一次，其中氮肥两次分别为 40% 和 60%，磷、钾肥两次分别为 50%，三肥混合，开沟施入，施后覆土，土壤水分不足时应结合追肥适时灌水。

4. 灌水与排水　黄芩在出苗前保持土壤湿润，定苗后土壤水分含量不宜过高，严重干旱或追肥时土壤水分不足，应适时适量灌水。黄芩怕涝，雨季及时排水。

5. 剪花枝　对于不采收种子的黄芩田块，于黄芩现蕾后开花前，选晴天上午，将所有花枝剪去，可促进养分向根部运输，提高黄芩产量。

五、病虫害防治

1. 根腐病　主根腐烂，叶片变黄，枯萎，然后枯死。及时中耕松土，排水防涝，拔出病株，并用生石灰粉消毒，发病初期用30%噁霉灵水剂1 000倍液或25%咪鲜胺乳油1 000倍液或50%多菌灵可湿性粉剂800倍液喷施，每7 d喷1次，连喷3次。

2. 白粉病　主要侵染叶片。发病后叶背出现白色粉状物，白粉状孢子散落后成病斑，严重时汇合布满整个叶片，并在病斑上散生黑色小粒点。加强田间管理，注意田间通风透光，防止氮肥过多或脱肥早衰。发病期用50%代森铵水剂1 000倍液或10%苯醚甲环唑水分散粒剂1 500倍液防治。

3. 叶枯病　为害叶片，先从叶尖或叶缘开始，然后向内延伸成不规则黑褐色病斑，严重时致使叶片枯死。发病初期用50%多菌灵可湿性粉剂1 000倍液或70%百菌清可湿性粉剂600倍液喷雾，每7~10 d喷1次，连喷2~3次。

4. 虫害　主要为蚜虫、菜叶蜂、夜蛾等，亩用40%辛硫磷乳油50 mL，兑水30 kg喷雾防治。

六、采收加工

1. 采收　生长1年的黄芩，由于根细、产量低，有效成分含量也较低，不宜收刨。温暖地区以生长1.5~2年，冷凉地区以生长2~3年收刨为宜。秋春季节收获均可，但以春季收刨更为适宜，易加工晾晒，品质较好。收刨时，应尽量避免或减少伤断根，去掉茎叶，抖净泥土，运至晒场进行晾晒。

2. 加工　宜选通风向阳干燥处进行晾晒，一年生的黄芩直接晾晒干燥即可。二至三年生的黄芩晒至半干时撞皮，至根形体光滑，外皮黄白色或黄色时为宜。晾晒过程应避免水洗或雨淋，否则，黄芩根变绿变黑，失去药用价值。黄芩鲜根折干率为30%~40%。

七、质量评价

1. 经验鉴别　以条长、质坚实、色黄者为佳。

2. 检查　水分不得过 12.0%。总灰分不得过 6.0%。

3. 浸出物　照醇溶性浸出物测定法项下的热浸法测定，用稀乙醇作溶剂，不得少于 40.0%。

4. 含量测定　照高效液相色谱法测定，本品含黄芩苷不得少于 9.0%。

商品规格等级

黄芩商品分为选货和统货 2 个规格。选货分为 3 个等级。

选货一等：呈圆锥形，上部皮较粗糙，有明显的网纹及扭曲的纵皱。下部皮细有顺纹或皱纹。表面棕黄色或深黄色，断面黄色或浅黄色。质坚脆。气微、味苦。去净粗皮。上端中央出现黄绿色、暗棕色或棕褐色的枯心。直径≥ 1.5 cm，长度≥ 10 cm。

选货二等：直径 1.0~1.5 cm，长度≥ 10 cm。余同一等。

选货三等：直径 0.7~1.0 cm，长度 5~10 cm。余同一等。

统货：直径和长度都不分大小。余同一等。

姜

学名：*Zingiber officinale* Rosc.

科：姜科

姜，多年生草本植物，新鲜根茎入药称“生姜”，干燥根茎入药称“干姜”。生姜味辛性微温，入脾、胃、肺经，具有发汗解表、温中止呕、温肺止咳、解毒的功效，主治外感风寒、胃寒呕吐、风寒咳嗽、腹痛腹泻、中鱼蟹毒等病症；干姜味辛、性热，入脾、胃、肺、肾、心经，具有温中散寒、回阳通脉、温肺化饮之功效，可以治疗脘腹冷痛、呕吐泄泻、肢冷脉微、寒饮喘咳等症。

一、生物学特性

姜，株高 0.5~1 m；根茎肥厚，多分枝，有芳香及辛辣味。叶片披针形或线状披针形，无毛，无柄；叶舌膜质。总花梗长达 25 cm；穗状花序，花冠黄绿色。花期在秋季。喜温暖、湿润气候，耐寒和抗旱能力较弱，植株只能在无霜期生长，最适宜温度是 25~28℃，温度低于 20℃则发芽缓慢，遇霜植株会凋谢，受霜冻后根茎就完全失去发芽能力。姜适宜肥沃疏松的壤土或沙壤土，在黏重潮湿的低洼地栽种生长不良；对钾肥的需要最多，氮肥次之，磷肥最少。在生长期间土壤过干或过湿对姜块的生长膨大均不利，且易染病腐烂，耐阴而不耐强日照，对日照长短要求不严格，故栽培时应搭荫棚或利用间作物适当遮阴，避免强烈阳光的照射。

二、选地与整地

选择土层厚、地势高、土地疏松且肥沃、有机质丰富、呈微酸性以及浇灌便捷的沙壤土或是半荫蔽壤土地区种植姜。为了防止发生姜瘟病，要进行3~4年以上的轮作，可将姜种与芋头、豆类或水稻进行间作、轮作，尽量避免选择前作为烟、姜的地块。深翻30 cm，亩施优质腐熟农家肥5 000~8 000 kg、过磷酸钙30~50 kg。然后将地面整平整细。在整平耙细的土壤上做畦，一般畦宽2.0~2.4 m、畦间沟宽40 cm、深40~50 cm，可种生姜4~6行。

三、育苗移栽

选择姜块肥大、丰满，皮色光亮，肉质新鲜、不干缩、不腐烂、未受冻、质地硬，无病虫为害的健康姜块作种，使用草木灰溶液进行浸泡消毒，晾晒7 d，等到姜皮变得干、白，在25℃室内催芽20 d，幼芽长到高度为1 cm时，可将其取出播种，每个姜块的质量保持在60 g左右，且每块都要留2个幼芽，再蘸上一定量的草木灰，即可播种。移栽时姜芽朝上，覆盖，厚度控制在4.5 cm，每亩栽培7 500株，种姜的用量380~500 kg。

四、田间管理

1. 遮阴　姜为阳性耐阴植物，不耐高温和强光，要进行遮阴栽培。在播种后1个月铺上稻草、茅草、麦秆或油菜秆，铺草不可过稀。避免强光直射，减少土壤蒸发，保持空气湿润，减轻干热风对姜苗的不良影响。

2. 中耕除草　姜为浅根性作物，根系主要分布在土壤表层，不宜多次中耕，以免伤根。一般只在出苗后结合浇水浅中耕1~2次，松土保墒，提高地温，清除杂草。幼苗期长且生长缓慢，需及时除草。

3. 追肥　幼苗期通常于苗高30 cm左右并具1~2个小分枝时，进行第一次追肥，每亩可施硫酸铵15~20 kg。立秋前后，是姜生长的转折时期，植株生长速度加快，应结合拔除姜草或拆除姜棚进行第二次追肥，又称"大追肥"或"转折肥"，每亩可施优质腐熟农家肥3 000 kg，硫酸铵15~20 kg。9月上旬，当姜苗具6~8个分枝时，也正是根茎迅速膨大时期，进行第三次追肥，称为"补充肥"。每亩可施复合肥或硫酸铵20~25 kg。

4. 浇水　幼苗期植株小，生长慢，以浇小水为宜，同时进行浅锄，松土保墒，有利于提高地温，促进根系发育。立秋以后，地上部大量发生分枝和新叶，地下部根茎迅速膨大，需水较多，一般每 4~6 d 浇大水 1 次，保持土壤相对湿度 75% ~85%。收获前 3~4 d 再浇 1 次水，带潮湿泥土的姜块有利于下窖贮藏。

五、病虫害防治

1. 姜瘟　是姜生产中最常见，且在各姜区普遍发生的一种毁灭性病害，发病地块一般减产 10% ~20%，重者 50% 以上，甚至绝产。防治方法：①轮作换茬，间隔 3~4 年以上才可种姜。②严格选用无病种姜。③姜田应选在地势高燥、排水良好的地块，在姜田设置排水沟。④出现病株及时铲除，将其周围 0.5 m 以内的健株一并去掉，并挖去带菌土壤，在病穴内撒石灰，然后用干净的无菌土掩埋。

2. 姜炭疽病　染病叶片多从叶尖或叶缘开始出现近圆形或不规则形湿润状褪绿病斑，可互相连成不规则形大斑，严重时可使叶片干枯下垂，潮湿时病斑上长出黑色略粗糙的小粒点。防治方法：①轮作。②彻底清除病残体，集中烧毁。③增施农家肥，注意氮、磷、钾配比施肥，以增强植株抗病能力；严禁偏施氮肥，以免植株生长过旺。④严禁田间积水。⑤用 70% 甲基硫菌灵可湿性粉剂 1 000 倍液加 75% 百菌清可湿性粉剂 1 000 倍液，或 40% 多硫悬浮剂 500 倍液，或 50% 苯菌灵可湿性粉剂 1 000 倍液，或 50% 复方多菌灵可湿性粉剂 1 000 倍液，或 37.5% 氢氧化铜悬浮剂 1 000 倍液，于发病初进行叶面喷施，10~15 d 喷 1 次，连续 2~3 次。

3. 姜螟　又名钻心虫，是为害姜的主要虫害之一。幼虫孵出后，主要集中在姜茎中上部蛀食，造成姜茎空心，被害茎秆枯黄凋萎，很易折断。虫孔处留有粪屑。防治方法：①清洁。姜收获后，将姜的断株、枯叶及虫害苗、杂草清除干净，集中烧毁。②人工捕捉。发现幼苗被害时，找出虫口，剥开茎秆即可捉到幼虫。③药剂防治。用 50% 杀螟松乳油 500~800 倍液，或 40% 辛硫磷乳油 1 000 倍液，或 90% 敌百虫晶体 800~1 000 倍液对田间植株喷雾，亦可用上述药剂注入虫口。

4. 小地老虎　幼虫3龄后把幼苗近地面的茎部咬断，还常将咬断的幼苗拖入洞中，其上部叶片往往露在穴外，使整株死亡，造成缺苗断垄。防治方法：①人工捕捉。每天早晨顺姜苗被害处翻土追捉，消灭幼虫。②除草灭卵。清除田埂、路边及姜田周围杂草，以破坏小地老虎产卵场所，消灭虫卵及幼虫。③诱杀防治。糖、醋、白酒、水、90%敌百虫晶体按一定配比调配成诱杀液，撒于田间，可诱杀成虫；将炒香的秕谷、麦麸或豆饼5 kg，配以90%敌百虫晶体200 g，加适量水拌匀，每亩用1.5~2.5 kg可诱杀幼虫。④药剂防治。在1~3龄幼虫期，喷施2.5%溴氰菊酯乳油3 000倍液或90%敌百虫晶体800倍液。

六、采收加工

1. 采收　一般在10月中下旬至11月，此时地上部植株开始枯黄，根茎充分膨大老熟，须在霜冻前完成，防止受冻腐烂。应选晴天完成，齐地割断植株，再挖取姜块，尽量减少损伤。

2. 加工　挖出姜的根茎，除去须根即为生姜；烘干后装入撞笼中来回推送去掉泥沙、粗皮，即成干姜成品。一般5 kg鲜姜可加工成1 kg干姜，也可趁鲜切片，晒干或低温烘干，称为“干姜片”。

七、质量评价

（一）干姜质量评价

1. 经验鉴别　以身干、个匀、质坚实、粉性足、气味浓者为佳。

2. 检查　水分不得过19.0%。总灰分不得过6.0%。

3. 浸出物　照水溶性浸出物测定项下的热浸法测定，不得少于22.0%。

4. 含量测定　照挥发油测定法测定，本品含挥发油不得少于0.8%（mL/g）。照高效液相色谱法测定，本品按干燥品计算，含6-姜辣素不得少于0.60%。

（二）生姜质量评价

1. 经验鉴别　以个匀、质坚实、无病斑者为佳。

2. 检查　总灰分不得过 2.0%。

3. 含量测定　照挥发油测定法测定，本品含挥发油不得少于 0.12%（mL/g）。照高效液相色谱法测定，本品含 6- 姜辣素不得少于 0.050%，8- 姜酚与 10- 姜酚总量不得少于 0.040%。

商品规格等级

干姜药材有干姜和干姜片 2 个规格。干姜片为统货，不分等级。干姜分为选货和统货 2 个规格，选货分 2 个等级。

干姜选货一等：干货。呈扁平块状，具指状分枝，长 3~7 cm，厚 1~2 cm，表皮粗糙呈灰黄色或灰白色，具纵皱纹和环节。分枝顶端有茎痕或芽。质地坚实，断面黄白色或白色，粉性或颗粒性，内皮层环纹明显，维管束及黄色油点散在。个头饱满坚实、色泽统一、质地坚硬、粉性足；外皮无机械损伤或病虫害造成的斑痕，无须根。个体均匀一致，每千克药材个数 200 个以内，干姜单重 4~8 g 的药材≥ 60%。气香郁、味辛辣。

干姜选货二等：干货。少量药材有机械损伤及病虫害造成的斑痕，部分药材带须根，个体均匀度低于选货一等，每千克药材个数在 200 个以上，干姜单重 4~8 g 的药材＜ 60%。余同一等。

干姜统货：干货。部分个体不够饱满坚实，常有机械损伤及病虫害造成的斑痕，药材个体不均匀，不分大小。余同一等。

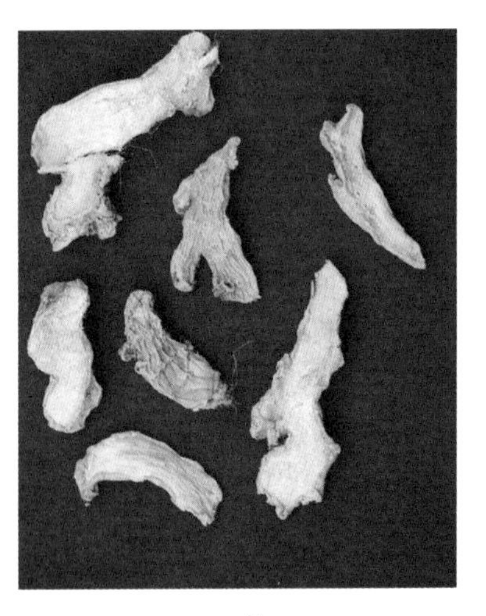
干姜

干姜片统货：干货。采收后洗净，趁鲜切片后晒干或进行低温干燥，呈不规则纵切片或斜切片，具指状分枝。长 1~6 cm，宽 1~2 cm，厚 0.2~0.4 cm。表皮粗糙，灰黄色或灰白色，具纵皱纹及环节。质地坚实，切面黄白色或白色，略显粉性，可见明细的纵向纤维，断面纤维性。气香郁、味辛辣。

桔梗

学名：*Platycodon grandiflorum*（Jacq.）A.DC.
科：桔梗科

桔梗，多年生草本植物，以干燥根入药，药材名桔梗，为常用中药。桔梗性平，味苦、辛，有宣肺、利咽、祛痰、排脓之功效，用于咳嗽痰多、胸闷不畅、咽痛音哑、肺痈吐脓等症。在河南太行山区、桐柏山区有大面积栽培，栽培主要以直立型桔梗为主。

一、生物学特性

桔梗多生于沙石质的向阳山坡、草地、稀疏灌丛及林缘。喜光，喜温润凉爽气候，耐寒，耐干旱，20℃左右最适宜生长，根能在严寒下越冬。桔梗种子10~15℃即可萌发，温度20~25℃，7~8 d萌发，15 d左右出苗，出苗率50%~70%。种子萌发至5月底为苗期，植株生长缓慢，高度至6~7 cm。6~7月进入生长旺盛期，7~9月孕蕾开花，生长速度减缓，8~10月陆续结果，为开花结实期。10~11月中旬地上部开始枯萎倒苗，根在地下越冬，进入休眠期，至次年春出苗。

二年生桔梗由于根茎侧芽发育，每株地上茎常两个以上，生长迅速，根系增重较快，根长达40~50 cm，侧根增多，单株鲜重35 g左右。

二、选地与整地

桔梗种植地选背风向阳、土壤深厚、疏松肥沃、有机质含量丰富、湿润而排水良好的沙质壤土为好。亩施腐熟农家肥3 000 kg、过磷酸钙30 kg，深耕 30~40 cm，整平做畦。畦高 15~20 cm，宽 1~1.2 m。

三、繁殖方法

桔梗以种子繁殖为主，生产上分为直播和育苗移栽。直播产量高，根直，分叉少，便于刮皮加工，质量好，生产上多用。春播、夏播、秋播或冬播均可。秋播产量和质量高于春播，秋播于 10 月中旬以前，冬播于 11 月初土壤封冻前播种。春播一般在 3 月下旬至 4 月中旬，夏播于 6 月上旬小麦收割完之后，夏播种子易出苗。种子可用 40~50℃温水浸泡 24 h，上面用湿麻袋片盖好放置催芽，每天早晚各用温水喷淋 1 次，3~5 d 种子萌动，即可播种。

1. 直播　条播或撒播，以条播多用。条播时在整好的畦面上按行距 20~25 cm 开横沟，沟宽 10~15 cm，沟深 2.5~3.5 cm，铲平沟底，将种子拌草木灰均匀撒于沟内，播后覆盖细土 0.5~1 cm 厚，压实。撒播是将种子拌草木灰均匀撒于畦面，撒细土覆盖压实，以不见种子为度。在播后的畦面上盖草或地膜保温保湿。条播每亩用种子 0.5~1.5 kg，撒播每亩用种子 1.5~2.5 kg。

2. 育苗移栽　育苗方法同直播。一般培育 1 年后，在当年茎叶枯萎后至次春萌芽前移栽，以 3 月中旬为移栽适宜期。栽前将种根小心挖出，勿伤根系，以免发杈，除去病、残根，按大、中、小分级栽植。按行距 20~25 cm 开横沟，沟深 20 cm 左右，株距 5~7 cm，将根垂直舒展地放入沟内，覆土应高于根头 2~3 cm，稍压，浇足水。每亩苗应保持在 5 万株左右，适当密植，有利增产。

四、田间管理

1. 间苗、定苗　出苗后，应及时撤去盖草，苗高 4 cm 间苗。苗高 8 cm 按株距 5~7 cm 留壮苗 1 株定苗，拔除小苗、弱苗、病苗。若缺苗，宜在阴雨天补苗，补苗时，根要直立放入穴中，以免增加侧根数。

2. 中耕除草　桔梗前期生长缓慢，畦面易滋生杂草，由于株行距小，种植密度大，不宜中耕、锄草，应及时人工拔草。

3. 追肥　桔梗一般进行 4~5 次追肥。齐苗后追施 1 次，每亩施人畜粪水 2 000 kg，以促进壮苗；6 月中旬每亩追施人畜粪水 2 000 kg 及过磷酸钙 50 kg；8 月再追施 1 次；入冬植株枯萎后，结合清沟培土，每亩施草木灰或土杂肥 2 000 kg 及过磷酸钙 50 kg。次春齐苗后，施 1 次人畜粪水，以加速返青，促进生长。以磷肥、钾肥和农家肥为主，适当施用氮肥，对培育粗壮茎秆，防止倒伏，促进根的生长有利。二年生桔梗，植株高，易倒伏。若植株徒长可喷施矮壮素或多效唑以抑制增高，使植株增粗，减少倒伏。

4. 抗旱排涝　桔梗播种后至苗期，要保持土壤湿润，以利出苗和幼苗生长。当桔梗形成抗旱能力后，一般不需浇水，但若土壤特别干旱，也应浇水保苗。桔梗生长后期要注意排涝。

5. 摘除花蕾　桔梗花期长达三个月，会消耗大量养分，影响根部生长。生产上多采用人工摘除花蕾，也可在生长旺盛期喷 15% 多效唑可湿性粉剂 20 g，延缓桔梗地上部的生殖生长。

五、病虫害防治

1. 斑枯病、轮纹病　6 月开始发病，7~8 月发病严重，为害叶部。发病初期用 65% 代森锌可湿性粉剂 600 倍液，或 50% 多菌灵可湿性粉剂 1 000 倍液，或 70% 甲基硫菌灵可湿性粉剂 1 000 倍液等喷洒。

2. 紫纹羽病　为害根部。根部腐烂，地上病株自下而上逐渐发黄枯萎，最后死亡。多施基肥，增强抗病力；发现病株及时清除，并用 50% 多菌灵可湿性粉剂 1 000 倍液或 70% 甲基硫菌灵可湿性粉剂 1 000 倍液等喷洒 2~3 次进行防治。

3. 蚜虫　在桔梗嫩叶、新梢上吸取汁液，导致植株萎缩，生长不良。4~8 月为害。可以用 4.5% 高效氯氰菊酯乳油 2 500 倍液喷雾防治。

4. 地老虎　从地面咬断幼苗，或咬食未出土的幼芽。一年发生 4 代。可用棉籽饼或豆渣 20~25 kg 炒香，拌入 90% 敌百虫晶体 100 g，放到幼苗附近或行间诱杀，每亩用毒饵量 10~25 kg。

5. 红蜘蛛　以成虫、若虫群集于叶背吸食汁液，为害叶片和嫩梢，使叶片变黄，甚至脱落；花果受害造成萎缩干瘪。红蜘蛛蔓延迅速，为害严重，以秋季干旱时尤甚。用 1.8% 阿维菌素乳油 3 000~5 000 倍液，或 34% 螺螨酯悬浮剂 6 000~9 000 倍液喷雾防治。

六、采收加工

1. 采收　桔梗一般生长两年。采收可在秋季地上茎叶枯萎后至翌年春萌芽前进行，以秋季 9~10 月采收为好。采收时，先将茎叶割去，从地的一端起挖，依次深挖取出，或用犁翻起，将根拾出，去净泥土。

2. 加工　摘除须根及较小侧根，清洗后趁鲜用竹刀或瓷片等把栓皮刮净。来不及加工的要沙埋，防止外皮干燥不易刮除。刮皮后应及时晒干或烘干，干燥时要经常翻动，直至全干。

七、质量评价

1. 经验鉴别　以根肥大、色白、质坚实、味苦者为佳。

2. 检查　水分不得过 15.0%。总灰分不得过 6.0%。

3. 浸出物　照醇溶性浸出物测定法项下的热浸法测定，用乙醇作溶剂，不得少于 17.0%。

4. 含量测定　照高效液相色谱法测定，本品按干燥品计算，含桔梗皂苷 D 不得少于 0.10%。

商品规格等级

桔梗药材一般为去皮桔梗及带皮桔梗 2 个规格，都分选货和统货，不分等级。

去皮桔梗选货：干货。呈圆柱形或略呈纺锤形。除去须根，趁鲜剥去外皮。表面淡黄白色至黄色，具纵扭皱沟，并有横长的皮孔样斑痕及支根痕，上部有横纹。质脆，断面不平坦，形成层环棕色，皮部黄白色，木部淡黄色。气微，味微甜后苦。芦下直径 1.0~2.0 cm，长 12.0~20.0 cm。质充实，少有断节。

去皮桔梗统货：干货。芦下直径≥ 0.7 cm，长度≥ 7.0 cm。余同选货。

带皮桔梗选货：干货。呈圆柱形或略呈纺锤形。除去须根，不去外皮。表面黄棕色至灰棕色，具纵扭皱沟，并有横长的皮孔样斑痕及支根痕，上部有横纹。质脆，断面不平坦，形成层环棕色，皮部黄白色，木部淡黄色。气微，味微甜后苦。芦下直径 1.0~2.0 cm，长 12.0~20.0 cm。质充实，少有断节。

带皮桔梗统货：干货。芦下直径≥ 0.7 cm，长度≥ 7.0 cm。余同选货。

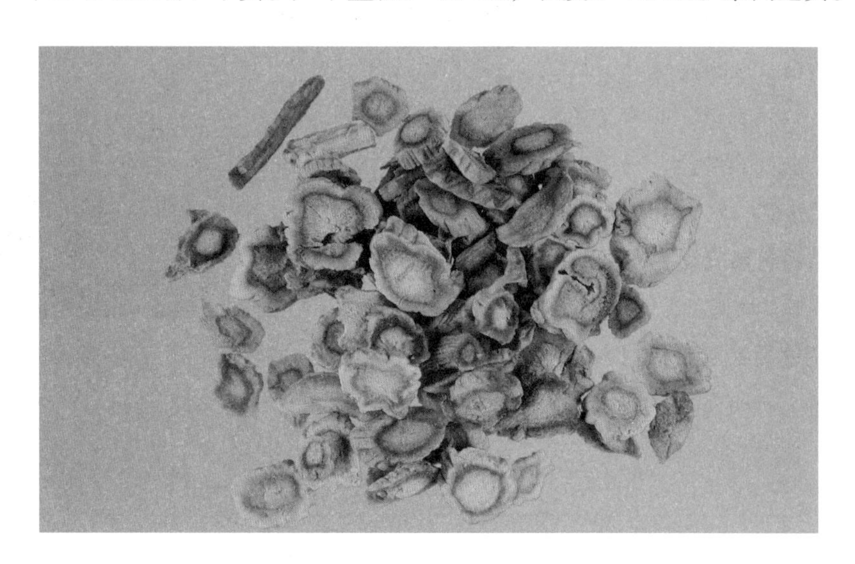

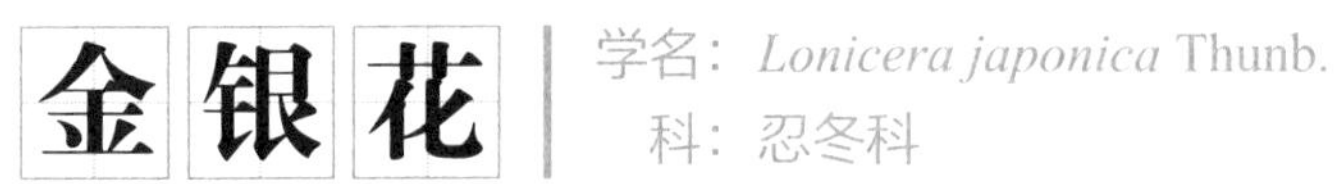

金银花，多年生半常绿缠绕灌木，又名忍冬，以干燥花蕾或带初开的花和干燥茎枝入药，药材名分别为金银花和忍冬藤。金银花味甘，性寒，归肺、心、胃经，具有清热解毒、凉散风热功能，用于痈肿疔疮、喉痹、丹毒、热血毒痢、风热感冒、瘟病发热等症。忍冬藤味甘，性寒，有清热解毒、疏风通络的功效，用于温病发热、热毒血痢、痈肿疮疡、风湿热痹、关节红肿热痛。河南新密、封丘种植较为集中，“密银花”为著名道地药材，其他地方也有种植。

一、生物学特性

金银花小枝细长，中空，藤为褐色至赤褐色。叶纸质，卵形至矩圆状卵形，密被短柔毛。花成对生于小枝上部叶腋，花蕾呈棒状，上粗下细，绿色；花冠先端二唇形，初放时白色，后变为黄色。果实圆形，直径 6~7 mm，熟时蓝黑色，有光泽；种子卵圆形或椭圆形，褐色。花期 4~6 月（秋季亦常开花），果熟期 10~11 月。

金银花根系发达，生命力强，适应范围广，对土壤、气候要求不严，能耐寒、耐热、耐旱，喜阳光，荫蔽处则生长不良；在 –10℃下叶子不落，–20℃时还能安全过冬，5℃植株开始生长，20~30℃为最佳生长温度，花芽分化最佳温度为 5℃。以土层深厚、土壤肥沃、疏松、富含腐殖质的沙壤土为好，生长旺盛，开花多，产量高。

通常种植2年后便可开花，花开于当年早春抽出的新枝上，一年2次花，第1次在5~6月，第2次在8~9月，以第1次花多，第2次仅零星开花；也可人工修剪，增加开花次数，一年3~4次花，第1、2次花产量占总量的70%，第3、4次花产量较小。种子萌发适宜较低的温度，低温处理可促进种子萌发。生产上多采用秋播；如春播，种子要先催芽处理。种子千粒重3.4 g。

二、选地与整地

金银花栽培对土壤和气候的要求不严，抗逆性较强，以土层较厚的沙质壤土为最佳。为便于管理，以平整的土地，有利于灌水、排水的地块较好。移栽前每亩施入充分腐熟的有机肥3 000~5 000 kg，深翻或穴施均可，耙磨、踏实。

三、育苗移栽

生产上常用的方法是扦插育苗法。一般在雨季进行。

在夏秋阴雨天气，插穗选一至二年生健壮、无病虫害的枝条，截成长30 cm左右的插条，约保留3个节位。在平整好的苗床上，按行距30 cm定线开沟，沟深20 cm。沟开好后按株距5~10 cm直埋于沟内，或只松土不挖沟，将插条1/2~2/3插入孔内，压实按紧。及时浇水覆盖。夏季扦插7~8 d芽开始萌动，10 d后开始生根。

冬、春季扦插，一般先生根后发芽。于早春萌发前或秋冬季休眠期进行。在整好的栽植地上，按行距130 cm、株距100 cm挖穴，宽深各30~40 cm，把足量的基肥与底土拌匀施入穴中，每穴栽壮苗1株，填细土压紧、踏实，浇透定根水。

四、田间管理

1. 肥水管理　一般要做到封冻前浇1次封冻暖根水，翌春土地解冻后，浇1~2次润根催醒水，以后在每茬花蕾采收前，结合施肥浇1次促蕾保花水，每次追肥时都要结合灌水。一般至少每年施 2 次肥料。第 1 次在封冻前，每株可用堆肥或腐熟农家肥 5 kg，同复合肥 50~100 g 混合施入；第 2 次在头茬花蕾采摘后，每株可施用人粪尿 5~10 kg 或复合肥 50~100 g，以后根据培育多茬花蕾的实际需要，每采摘 1 次花蕾，则施用 1 次速效氮肥。及时拔出田间杂草。

2. 整形　单枝扦插植株新芽刚萌发后，在植株基部留饱满芽 2~3 枚，新梢长到 30 cm 时，留一直立健壮枝，在 15~20 cm 处定干。入夏生长速度加快，主干出现二次芽后，将下部芽全部抹除，培养主枝。主枝长到 20 cm 时，进行摘心抑制主枝生长，培养侧枝 3~4 个，次年在侧枝上配备结果母枝后，冠形即可基本形成。带枝杈扦插植株应随树作形。

3. 修剪　金银花的修剪分冬剪和夏剪，冬剪可重剪，夏剪则轻剪。冬剪在每年的 12 月下旬至翌年的早春尚未发出新芽前进行，以重短截为主。夏剪在每茬花蕾采摘后进行，夏剪以短截为主，疏剪为辅。枝条修剪时可留 3~5 个节间，徒长枝和长壮枝要重短截至瘪芽处。

五、病虫害防治

1. 蚜虫　以成、幼虫刺吸叶片汁液，为害叶片，造成叶片卷曲发黄，花蕾畸形，产量降低。在 4 月初选用 4.5% 高效氯氰菊酯乳油 2 500 倍液，或 40% 辛硫磷乳油 4 000 倍液，每隔 7~10 d 用药 1 次，喷施 1~2 次，但采花前 15~20 d 应停止用药。

2. 忍冬细蛾　以幼虫潜入叶内，取食叶肉组织，严重影响光合作用，在 1、2 代成虫和幼虫前进行防治，可用 25% 灭幼脲 3 号悬浮剂 3 000 倍液，或 1.8% 甲维盐乳油 2 000~2 500 倍液喷雾。

3. 棉铃虫　主要取食金银花蕾，在幼虫盛发期（5 月初）用 Bt 制剂、氰戊菊酯、烟碱、苦参碱等进行防治。

4. 铜绿丽金龟子　幼虫称蛴螬，主要咬食金银花的根系，造成营养不良，植株衰退或枯萎而死。亩用蛴螬专用型白僵菌 2~3 kg，拌 50 kg 细土，或 10% 辛硫磷颗粒剂 3~5 kg，于初春或 6 月中旬以后，开沟埋入根系周围。

5. 枯萎病　叶片不变色而萎蔫下垂，全株青干枯死，或一枝干枯或半边萎蔫干枯，刨开病干，可见导管变成深褐色。发病初期用 30% 噁霉灵水剂 500 倍液灌根。

六、采收加工

1. 采收　金银花从孕蕾到开放需要 5~8 d，大致可以分为幼蕾期、三青期、二白期、大白期、银花期、金花期和凋花期 7 个阶段，一般认为二白期和大白期花蕾入药质量最好。

金银花采收最佳时间是清晨和上午，此时采收花蕾不易开放，养分足、气味浓、颜色好。下午采收应在太阳落山以前结束，因为金银花的开放受光照制约，太阳落后成熟花蕾就要开放，影响质量。不带幼蕾，不带叶子，采后放入条编或竹编的篮子内，集中的时候不可堆成大堆，应摊开放置，放置时间最长不要超过 4 h。

2. 加工

（1）日晒、阴晾法　金银花采下后应立即晒干，以当天或两天内晒干为好。当天未晒干，夜间将花筐架起，留出间隙，让水分散发。初晒时不能任意翻动（尤其不可用手），以免花色变黑。

（2）烘干法　若遇阴雨天气应及时烘干。因烘干不受外界天气影响，容易掌握火候，比晒干的成品率高，质量好。一般 60~70℃烘 18~24 h 可全部烘干，烘干时不能用手或其他东西翻动，否则易变黑，未干时不能停烘，停烘会引起发热变质。

（3）炒鲜处理干燥法　把鲜品适量放入干净的热烫锅内，随即均匀地轻翻轻炒，至鲜花均匀萎蔫，取出晒干、烘干或置于通风处阴干。炒时必须严格控制火候，勿使焦碎。

（4）蒸汽处理干燥法　将鲜花疏松地放入蒸笼内，蒸 3~5 min，取出晒干或烘干。用蒸汽处理时间不宜过长，以防鲜花熟烂，改变性味。此法增加了花中水分含量，要及时晒干或烘干，若是阴干，成品质量较差。

七、质量评价

1. 经验鉴别　以花蕾不开放、色黄白或绿白、无杂质者为佳。

2. 检查　水分不得过 12.0%。总灰分不得过 10.0%。酸不溶性灰分不得过 3.0%。重金属及有害元素照铅、镉、砷、汞、铜测定法测定，铅不得过 5 mg/ kg；镉不得过 0.3 mg/ kg；砷不得过 2 mg/ kg；汞不得过 0.2 mg/ kg；铜不得过 20 mg/ kg。

3. 含量测定　照高效液相色谱法测定，本品含绿原酸不得少于 1.5%，木犀草苷不得少于 0.050%。含酚酸类以绿原酸、3,5- 二 -*O*- 咖啡酰奎宁酸和 4,5- 二 -*O*- 咖啡酰奎宁酸的总计量，不得少于 3.8%。

商品规格等级

金银花药材一般为晒货和烘货 2 个规格。晒货和烘货均分为 3 个等级。

晒货一等：花蕾肥壮饱满、匀整，黄白色，开放花率 0%，枝叶率 0%，黑头黑条率 0%，无破碎。

晒货二等：花蕾饱满、较匀整浅，黄色开放花率≤ 1%，枝叶率≤ 1%，黑头黑条率≤ 1%。

晒货三等：欠匀整，色泽不分，开放花率 2%，枝叶率≤ 1.5%，黑头黑条率≤ 1.5%。

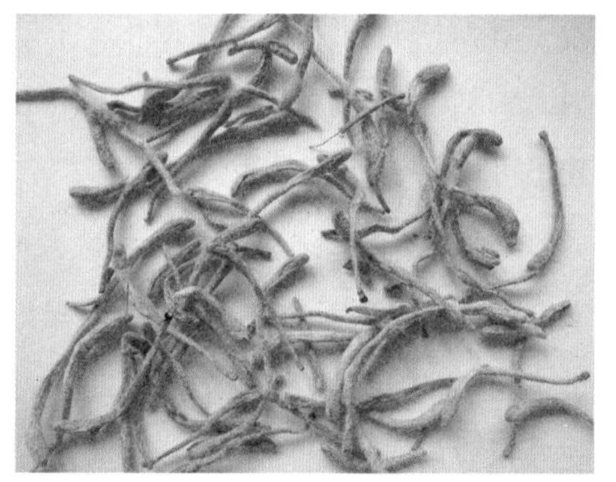

金银花烘货

烘货一等：花蕾肥壮饱满、匀整青绿色，开放花率 0%，枝叶率 0%，黑头黑条率 0%，无破碎。

烘货二等：花蕾饱满、较匀整，绿白色，开放花率≤ 1%，枝叶率≤ 1%，黑头黑条率≤ 1%。

烘货三等：欠匀整，色泽不分，开放花率 2%，枝叶率≤ 1.5%，黑头黑条率≤ 1.5%。

荆芥

学名：*Schizonepeta tenuifolia* Briq.
科：唇形科

荆芥，一年生草本植物，别名香荆芥、假苏等。药用部分为荆芥的干燥地上部分，又称全荆芥。味辛，性温，无毒，清香气浓。荆芥为发汗、解热药，是中医常用药之一，能解表散风、透疹、消疮，治流行感冒、头疼寒热发汗、麻疹、风疹、疮疡初起。荆芥的干燥花穗入药，称荆芥穗。

一、生物学特性

荆芥对气候、土壤等环境条件要求不严，生于山坡路旁、山谷或林缘，海拔在540~2 700 m，我国各地均可种植。

荆芥喜温暖、湿润气候，喜阳光充足、怕干旱、忌积水。种子在19~25℃时，6~7 d就会发芽；当土温降到16~18℃时，则需10~15 d才能出苗；秋播幼苗生长缓慢，能耐0℃左右的低温，–2℃以下则会出现冻害。荆芥繁殖可春播、夏播或秋播，春播荆芥穗产量高且质量好。北方多春播，南方春播、秋播均可。秋播荆芥的生长期约200 d，春播约150 d，夏播仅120 d。

荆芥生育期划分为苗期、旺盛生长期、蕾期、花期和收获期，枝数于蕾期达到最多，以后几乎不再增加，株高增长在旺盛生长期达最快；干、鲜重8月初至9月初为快速增长期，鲜重在9月上旬达到最大，干重在收获时最大。春播花期6~8月，果期8~10月。荆芥种子细小，种子寿命仅一年，陈年种子不能发芽；不同温度下荆芥种子萌发率不同，其最适温度为20~25℃，对光照无明显要求。

二、选地与整地

种植地以比较肥沃湿润、排水良好的沙质壤土、油沙土、夹沙土为好，地势以阳光充足的平坦地为好，忌干旱与积水、忌连作。早耕地、深耕，前茬作物收获后，每亩施腐熟农家肥 3 000 kg，磷肥 15 kg，尿素 10 kg，巴丹 2 kg，以减少地下害虫。深耕 25 cm，整平，第二年结冻后再耕 1 次，耙平做畦。畦宽 120 cm，长短根据地形。荆芥种子很小，所以地一定要精细整平，有利于出苗。

三、繁殖方法

荆芥可以直接播种或育苗移栽。

1. 直播　春播在 3 月下旬至 4 月上旬，秋播于 9~10 月，或在 5~6 月，待小麦等作物收获后实行夏播。第一次播种在 3 月，长到 150~200 cm 时收获，产量高，质量好。第二次播种在 6 月，秋季能长 120 cm 左右，产量、质量比春播者差，比较干旱的地区采取早播或播前深灌。种子用温水浸 4~8 h 后与细沙拌匀，均匀撒于行距 25 cm、深 0.6 cm 的浅沟内，覆土蹚平，稍加镇压。用种量 0.5 kg。

2. 育苗移栽　春播宜早不宜迟。撒播，覆细土，以盖没种子为度，稍加镇压，并用稻草盖畦保湿。出苗后揭去覆盖物，苗期加强管理。苗高 6~7 cm 时，按株距 5 cm 间苗，5~6 月苗高 15 cm 左右时移栽大田，株行距为 15 cm × 20 cm。

四、田间管理

1. 间苗、补苗　直播田应及时间苗，以免幼苗发育纤细柔弱。苗长 15 cm 时，结合间苗进行补苗，株距 5~10 cm，

2. 中耕除草　苗期中耕除草结合间苗进行，中耕要浅，以免压倒幼苗。撒播的荆芥只需除草。移栽田视土壤板结和杂草情况，可中耕除草 1~2 次。

3. 追肥　荆芥需氮肥较多，但为了秆壮穗多，应适当追施磷、钾肥，一

般苗高 1 cm 时，每亩追施腐熟饼肥 1 500 kg，并可配施少量磷、钾肥。如果幼苗较弱的，可每亩追施尿素 15 kg。

4. 排灌水　幼苗期应经常浇水，保持土壤湿润以利生长，成株后抗旱能力增强，但忌水涝，如雨水过多，应及时排除积水。

五、病虫害防治

1. 根腐病　7~8 月由于高温多雨，真菌容易发生，感染后地上部分迅速萎蔫，根及根茎变黑、腐烂。防治方法：注意排水，播前每亩用 70% 敌克松可湿性粉剂 1 kg 处理土壤，发病初期用 40% 五氯硝基苯粉剂 200 倍液浇灌根际。

2. 立枯病　多发生在 5~6 月，低温多雨、土壤很湿时易发病，发病初期苗的茎部发生褐色水渍状小黑点，小黑点扩大，呈褐色，茎基部变细，倒伏枯死。防治方法：选良种，加强田间管理，做好排水工作，遇到低温多雨天气，要喷石灰等量式波尔多液 100 倍液，10 d 喷 1 次，连喷 2~3 次，发病初期喷 50% 甲基硫菌灵可湿性粉剂 1 500 倍液。

3. 虫害　有地老虎、银纹夜蛾等，可以亩用 10% 辛硫磷乳油 40 mL，兑水 30 kg，喷雾防治。

六、采收加工

1. 采收　春播的于当年 8~9 月收割，秋播的于第二年 5 月下旬至 6 月上旬收获。荆芥刚开花时采收质量最好。一般为果穗 2/3 成熟，种子 1/3 饱满，香气浓。在生产上要比正常采收时间提前 5~7 d 采收，此时花盛开或开过花，穗绿色，将要结籽，此时采收药材质量较好。选择晴天早晨露水刚过时用镰刀割下，边割边运，不能在烈日下晒，在阴凉处阴干，干后捆成把为全荆芥，割下的穗为荆芥穗，余下的秆为荆芥梗。

2. 加工　采割后的荆芥应运回摊放于晒场上，当天晾晒，否则穗色变黑，晒至半干，捆成小把，再晒至全干，或晒至 7~8 成干时，收集于通风处，茎基着地，相互搭架，继续阴干即可。干燥的荆芥应打包成捆，每捆 50 kg 左右。

若遇雨季或阴天采收，不能晒干，可用无烟火烘烤，温度控在40℃以下，不宜用武火，否则易使香气散失。

七、质量评价

1. 经验鉴别　以色淡黄绿、穗长而密、香气浓郁者为佳。

2. 检查　水分不得过12.0%。总灰分不得过10.0%。酸不溶性灰分不得过3.0%。

3. 含量测定　挥发油照挥发油测定法测定，本品含挥发油不得少于0.60%（mL/g）。照高效液相色谱法测定，本品含胡薄荷酮不得少于0.020%。

商品规格等级

荆芥药材有全荆芥和荆芥穗2个规格，均为统货。

全荆芥：干货。茎呈方柱形，上部有分枝，长50~80 cm，直径0.2 ~ 0.4 cm；表面淡黄绿色或淡紫红色，被短柔毛，体轻，质脆，断面类白色。叶对生，多已脱落，叶片3~5羽状分裂,裂片细长。穗状轮伞花序顶生，长29 cm，直径约0.7 cm。花冠多脱落，宿萼钟状，先端5齿裂，淡棕色或黄绿色，被短柔毛；小坚果棕黑色。气芳香，味微涩而辛凉。

全荆芥

荆芥穗：干货。穗状轮伞花序呈圆柱形，长3~15 cm，直径约7 mm。花冠多脱落，宿萼黄绿色，钟形，质脆易碎，内有棕黑色小坚果。气芳香，味微涩而辛凉。

荆芥穗

菊花

学名：*Chrysanthemum morifolium* Ramat.
科：菊科

菊，多年生草本植物，以干燥头状花序入药，药材名菊花。菊花味甘、苦，性微寒，具有疏风、清热、明目、解毒的功效，主治头痛、眩晕、目赤、心胸烦热、疔疮、肿毒等症。菊花的栽培品种较多，有的用以观赏，有的茶用和食用，这里讲的是以药用为主的品种。河南焦作地区种植的菊花为四大怀药之一，称为“怀菊花”。怀菊花的栽培品种主要有小白菊、小黄菊、大白菊等。

一、生物学特性

菊高60~150 cm，茎直立，基部木质，多分枝，具细毛或绒毛。花期10~11月。菊能耐轻霜和低温，喜阳光充足，忌荫蔽，怕风寒，喜湿润。过于干旱时分枝少，植株生长缓慢，花期缺水则影响产量和质量；若土壤水分过多，则根部易腐烂，故每次浇水量不宜太大，雨季注意排水。菊喜肥，宜选择肥沃而排水良好的沙质土壤栽培。

菊一般3月中下旬返青；4~5月，地上部分生长较慢；6~7月，地上部分快速生长；8月地上分枝增多；9月上旬现蕾；10~11月进入花期；12月以后地上部分枯萎，根茎可正常越冬。

二、选地和整地

菊种植地以地势高、排水畅通、土壤有机质含量较高的壤土、沙壤土、黏壤土种植为好。冬前应进行耕翻，耕深在 20 cm 以上，保证立垡过冬。移栽前每亩施入充分腐熟的厩肥 2 000~3 000 kg，并加过磷酸钙 20 kg 作基肥，耕翻 20 cm 深、耙平，做成宽 2 m 的平畦。

三、繁殖方法

主要用分根繁殖和扦插繁殖。

1. 分根繁殖　在 4 月 20 日下旬至 5 月上旬，选择阴天，将菊全棵挖出，顺菊苗分开，切掉过长的根和老根以及苗的顶端，根保留 6~7 cm 长，地上部保留 15 cm 长。按穴距 40 cm、行距 30 cm 开 6~10 cm 深的穴，每穴栽 1 株。栽后覆土压实，并及时浇水。每亩栽 5 500 株左右。

2. 扦插繁殖　3 月下旬至 4 月上旬，5~10 cm 日平均地温在 10℃以上时进行。选择健康壮实、直径在 0.3~0.4 cm 粗的春发嫩茎（萌蘖枝）作为种茎。在准备好的苗床上斜插 10~15 cm 长、4~6 片叶子的枝条，扦插枝入土 1/3~1/2，插后立即浇足水分，搭设荫棚。育苗期间要保持苗床土壤湿润。10~15 d 后待插枝生根后即可拆去荫棚，以利壮苗。一般苗龄控制在 40~50 d 后，苗高 20 cm 时即可移栽。移栽应选阴天或晴天进行。

四、田间管理

1. 中耕除草　一般中耕 2~3 次，第 1 次在移植后 10 d 左右；第 2 次在 7 月下旬；第 3 次在 9 月上旬。此外，每次大雨后，为防止土壤板结，可适当进行 1 次浅中耕。

2. 合理追肥　追肥主要分三个时期，分别称促根肥、发棵肥和促花肥。

（1）促根肥　移栽 20 d，缓苗后 10 d 左右，追施第 1 次肥，以利发根，肥源以氮肥为主，亩用量为尿素和 42% 的复合肥各 10 kg，施肥方法为穴施，穴深 5~6 cm。

（2）发棵肥　追肥时间在 7 月中旬第 1 次打顶后。为促进植株发棵分枝，应追施第 2 次肥，肥源以氮肥和有机肥为主，亩用量为尿素 10 kg，选阴雨天撒施，同时亩用厩粪水 1 000 kg，选晴天浇施。

（3）促花肥　在 9 月中旬现蕾前，追施第 3 次肥，以便促进植株现蕾开花。肥源以磷、钾肥为主，用量为 42% 以上的复合肥每亩 20~25 kg，于阴雨天撒施。同时每隔 7 d，用 2% 磷酸二氢钾溶液喷施，进行根外追肥，每亩每次 250 g，连续 3~4 次。此法对多开花和开大花效果十分明显。

3. 适时打顶　在大田生长阶段一般要打 3 次顶。第 1 次在 7 月中旬，应重打，用手摘或用镰刀打去主干和主侧枝 7~10 cm，留 30 cm 高；第 2 次在 7 月下旬至 8 月上旬，第 3 次在 8 月 20 日 ~25 日，第 2 次和第 3 次则应轻打，摘去分枝顶芽 3~5 cm。

4. 培土　一般在第 1 次打顶后，结合中耕除草，在根际培土 15~18 cm，促使植株多生根，抗倒伏。

5. 抗旱排涝　扦插或移栽时，应灌水以保证幼苗成活；缓苗后要少浇水，6 月下旬后天旱要多浇水，追肥后也要及时浇水。蕾期干旱应注意浇水，雨季应及时清沟排水，防止积水烂根。

五、病虫害防治

1. 斑枯病　又名叶枯病。一般于 4 月中下旬发生，一直为害到菊花收获。植株下部叶片出现圆形或椭圆形紫褐色病斑，严重时病斑汇合，叶片变黑干枯。4~9 月雨水较多时发病严重。发病初期，摘除病叶，并交替喷施石灰等量式波尔多液 160 倍液和 70% 甲基硫菌灵可湿性粉剂 1 000 倍液，选晴天，在露水干后喷药。每隔 7~10 d 喷 1 次，连续喷 3 次以上。

2. 枯萎病　俗称“烂根”。于 6 月上旬至 7 月上旬始发，直至 11 月才结束。做高畦，开深沟，排水降低湿度；选用健壮无病种苗；拔除病株，并在病穴中撒施生石灰粉或用 50% 多菌灵可湿性粉剂 1 000 倍液浇灌。

3. 霜霉病　被害叶片出现一层灰白色的霉状物。一般于 3 月中旬菊出芽后发生，到 6 月上中旬结束；第 2 次发病在 10 月上旬。种苗用 40% 甲霜灵可湿性粉剂 300~400 倍液浸 10 min 后栽种；发病期可用 72.2% 霜霉威盐酸盐水剂

800 倍液或 50% 甲霜灵可湿性粉剂 500 倍液叶面喷雾防治；实行轮作，提高田间管理水平。

4. 菊天牛　又名菊虎。成虫将菊茎梢咬成一圈小孔并在圈下 1~2 cm 处产卵于茎髓部，致使茎梢部失水下垂，容易折断。成虫发生期于晴天上午用 40% 辛硫磷乳油 40 mL，兑水 30 kg 喷雾，5 d 喷 1 次，连喷 2 次；清除杂草；在 7 月间释放肿腿蜂进行生物防治。5~7 月，早晨露水未干前人工捕杀成虫。

六、采收加工

1. 采收　一般于 10 月下旬至 11 月上旬集中采收。当花瓣平直，有 80% 的花心散开，花色洁白，在晴天露水干后或午后采收。割取地上部分或将花头手工摘下置筐中运回及时加工。

2. 加工　采摘后将花在晒场摊晾，可以直接晒干；也可以在 50~60℃ 低温下烘干，烘干过程注意及时排湿。

七、质量评价

1. 经验鉴别　以花朵完整、颜色鲜艳、气清香、少梗叶者为佳。

2. 检查　水分不得过 15.0%。

3. 含量测定　照高效液相色谱法测定，本品绿原酸不得少于 0.20%，木犀草苷不得少于 0.080%，3，5-*O*- 二咖啡酰基奎宁酸不得少于 0.70%。

商品规格等级

统货：呈不规则球形或扁球形，直径 1.5~2.5 cm。多数为舌状花，舌状花类白色或黄色，不规则扭曲，内卷，边缘皱缩，有时可见腺点；管状花大多隐藏。碎朵率≤ 50%。花梗、枝叶≤ 3%。

决明子

学名：*Cassia obtusifolia* L.

科：豆科

决明子，又称草决明，为植物决明或小决明的干燥成熟种子，为常用中药，具有清肝明目、通便的功能，主治高血压、头痛、眩晕、急性结膜炎、角膜溃疡、青光眼、痈疖疮疡等症。河南多地都有栽培。

一、生物学特性

决明高 0.8~2 m，茎直立，少分枝。偶数羽状复叶互生，小叶常 3 对，最下 1 对小叶间的叶轴上有 1 条形腺体，或下面 2 对小叶间各有 1 腺体。花腋生，常 2 朵聚生，花瓣 5，黄色。荚果细长，近四棱形，长 15~20 cm，宽 3~4 mm，种子约 25 枚，菱形或菱柱形，淡褐色或绿棕色，光亮，两侧各有 1 条线形斜凹纹。花期 6~8 月，果期 8~10 月。

小决明与决明的主要区别是植株较小，臭味较浓，叶轴上两小叶之间有棒状的腺体 1 枚，小花梗、果柄和果实均较短，种子稍小，两侧各有 1 条宽的浅黄色带，花期 6~8 月，果期 9~10 月。

决明喜温暖湿润的环境，在多雨高温的环境中生长较快，但不耐寒，对土壤要求不严，黏土、腐殖土都可以种植，但在肥沃疏松的沙质壤土中生长最佳，多野生于荒山坡。决明多为人工栽培，其种子最佳的发芽温度为 25℃，其生长期为 130 d 左右，忌连作。

二、选地与整地

决明种植地宜选择排灌条件好的平地或向阳坡地，土壤以沙质为宜，不宜选择低洼地或盐碱地。一般在春分前后进行整地，每亩施腐熟农家肥 1 500~2 000 kg、过磷酸钙 50~60 kg 作基肥。将地整细耙平，为利于排水，整成宽 1.3~1.5 m 平畦。

三、繁殖方法

决明一般采用种子进行繁殖，在清明至谷雨之间播种。播前将种子用 45~50℃的温水浸泡 24 h，在浸泡过程中，可用手或干细黄沙搓掉种子表面的蜡质层，捞出后用湿布盖上进行催芽 3 d。在整好的畦面上按行距 40~50 cm，开深 3~5 cm 的浅沟条播，将种子均匀撒入沟内，覆盖细土即可。穴播按株距为 5 cm、深 5 cm 进行开穴，每穴 3~5 枚种子。一般亩播种量为 1.5~2.5 kg，播种应保持播种沟湿润，以促进出苗。

四、田间管理

1. 间苗、定苗　当植株长出第一片叶子时，进行 1 次间苗；当苗高 5 cm 左右时，除去病弱苗及过密的苗；当苗高 15 cm 左右时，应结合中耕除草进行定苗，株距为 30~40 cm。若发现过疏情况时，应选择长势良好的植株进行移苗，并在移栽 2~3 d 后检查移栽苗的生长情况。不同的田地，应当根据其肥沃程度定苗，一般的原则是肥沃的土地留疏苗，贫瘠的田地留稠苗。

2. 追肥　第 1 次施肥是在定苗后，主要是每亩追施 1 500 kg 的农家肥，同时要每亩拌施 10 kg 的尿素；第 2 次施肥是在封行前进行，可亩施 10 kg 的尿素或是 15 kg 的硫酸铵；在决明开花时，亦可根据其长势施以一定量的有机肥。

3. 排水灌水　整个生长期都应保持田地的湿润，做到天旱时及时浇水，雨季及时排水防涝。另外，每次施肥后可进行灌溉。

4. 中耕除草　从出苗后到封行前，应及时进行除草；一般在下雨或大灌溉后，为防止土地板结，应进行中耕；当植株封行时，要进行最后一次中耕，为防止植株倒伏，此时还要进行培土。

五、病虫害防治

1. 灰斑病　主要症状为初期叶片上产生褐色病斑，后期病斑会产生灰色霉状物。防治方法：选用无病害的种子；发病前或初期用40%灭菌丹可湿性粉剂或50%多菌灵可湿性粉剂1 000~1 500倍液喷治；及时清除有病植株。

2. 轮纹病　主要为害决明的茎、叶、荚果，病斑多为近圆形，轮纹不明显，后期密生黑色小点。防治方法：发病前或初期用40%灭菌丹可湿性粉剂或50%异菌脲可湿性粉剂1 000~1 500倍液喷治，发现病株要及时拔除烧毁。

3. 虫害　虫害较少见，主要是蚜虫。防治方法：可用50%抗蚜威可湿性粉剂，兑水30~50 kg喷雾。

六、采收加工

1. 采收　一般在秋季荚果由青转黄褐色时采收，选晴天早晨待露水未干时，割掉全株。

2. 加工　将采收的植株置院内晾晒，脱粒打下种子，晒干扬净，除去各种杂质即可。

七、质量评价

1. 经验鉴别　以粒饱满、色绿棕色为佳。

2. 检查　水分不得过15.0%。总灰分不得过5.0%。黄曲霉毒素本品每1 000 g含黄曲霉毒素B_1不得过5 μg，黄曲霉毒素G_2、黄曲霉毒素G_1、黄曲霉毒素B_2和黄曲霉毒素B_1总量不得过10 μg。

3. 含量测定　照高效液相色谱法测定，本品含大黄酚不得少于0.20%，含橙黄决明素不得少于0.080%。

商品规格等级

决明药材一般为决明和小决明 2 个规格。所有规格均不分等级。

决明：干货。呈菱形或短圆柱形，两端平行倾斜，表面绿棕色或暗棕色，棱线两侧各有 1 条斜向对称而色较浅的线形凹纹。质坚硬，不易破碎。

小决明：干货。呈短圆柱形，较小，表面绿棕色或暗棕色，表面棱线两侧各有 1 片宽广的浅黄棕色带。质坚硬，不易破碎。

苦参

学名：*Sophora flavescens* Ait.

科：豆科

苦参，多年生落叶半灌木，以干燥的根入药，又名苦骨、地槐等。苦参味苦，性寒，归心、肝、胃、大肠、膀胱经，具有清热燥湿、杀虫、利尿之功效，用于热痢、便血、黄疸尿闭、赤白带下、阴肿阴痒、湿疹、湿疮、皮肤瘙痒、疥癣麻风；外治滴虫性阴道炎。苦参化学成分主要有黄酮类、生物碱类、苯丙素类、脂肪酸类、萜类等。苦参在全国大多数地区均有分布和栽培，河南主产于南阳、洛阳、三门峡、信阳、周口等地。

一、生物学特性

苦参，高 1.5~3 m。根圆柱状，外皮黄白色。茎直立，多分枝，具纵沟；奇数羽状复叶，互生；叶片披针形至线状披针形。花期 6~7 月，果期 7~9 月。苦参喜温暖气候，多生于湿润、肥沃、土层深厚的阴坡、半阴坡或丘陵，适应性较强，对土壤要求不严，一般土壤均可栽培，但以土层深厚、肥沃、排灌方便的壤土或沙质壤土为佳。苦参种子千粒重约 50 g，自然条件下贮存寿命为 3 年，适宜的发芽温度 15~30℃。未经处理的种子发芽率不高，温度在 30℃时，5 d 后的发芽率仅为 20%，生产上种子必须经过机械处理才能播种。秋末芦头生出 3~5 个茎芽，翌年春茎芽横生形成水平地下茎并形成地上植株，第二年秋末地下茎萌生若干茎芽，第三年春横生形成地下茎网络，向上形成地上株群。一年生植株不开花，第二年的可开花结实，花为风虫媒花，可自花或异花授粉。

二、选地与整地

苦参为深根性植物，宜选择土层深厚、肥沃、排灌方便、向阳的黏壤土、沙质壤土或黏质壤土栽培，每亩施入充分腐熟的堆肥或厩肥 3 000 kg，撒匀，深翻 40~50 cm，耙平整细。采用大垄高床技术，床宽 130~140 cm，长度视需要而定，床高 10~12 cm，床间距 30 cm。

三、繁殖方法

1. 种子直播　选择生长健壮、无病虫害的植株，作为采种母株，于采种的前 1 年，加强田间管理，培育壮苗；对母株增施磷钾肥，使籽粒饱满，当 8~9 月荚果变为深褐色充分成熟时，及时采下果实，晒干脱粒，扬净杂质，置通风干燥处贮藏备用。种子处理：一是用 40~50℃温水浸种 10~12 h，取出后稍沥干即可播种；二是用湿沙层积（种子与湿沙按 1∶3 混合）20~30 d 再播种；三是播前用机械打磨坚硬外壳，可提高种子发芽率。春、夏、秋三季均可播种，播种密度为行距 40~50 cm、株距 10~20 cm，每亩保苗约 1 万株。播种可人工播种，在整好的地块上开 2~3 cm 深沟播种，15~20 d 出苗，苗高 5~10 cm 间苗，每穴留壮苗 2 株；也可采用机械播种，在整好的地块上，用专用机械进行播种。

2. 分根繁殖　春、秋两季均可进行。秋栽于落叶后进行，春栽在 4 月下旬，以地下 5 cm 地温稳定到 15℃以上时为宜。选择 15~20 cm 苦参根，每根必须具有根和 2~3 个芽，按行距 30 cm，沟深 10 cm，平放覆土压实，浇透水。

3. 分株繁殖　于每年冬季或早春萌发前，结合采挖，按芦头上芽的多少和根的生长状况将其分切成数株，作为繁殖材料，每株必须有根及 2~3 个壮芽，在整好的地块上按行距 40~50 cm、株距 10~20 cm 挖穴栽植，穴深 10 cm，每穴栽入分根苗 1 株，每亩保苗 1 万 ~1.2 万株，浇足水后，覆土封穴，提高成活率。

四、田间管理

1. 中耕除草　苗期要进行中耕除草和培土，保持田间无杂草和土壤疏松、湿润，以利苦参生长。

2. 追肥　在施足基肥的基础上，每年追肥 2 次。第 1 次在 5 月中下旬苗高 15 cm 时进行；第 2 次在 8 月上中旬苗高 50~70 cm 进行，追肥视植株生长情况适时适量进行追施。

3. 排水与灌水　注意保持土壤湿润，干旱及时浇水，雨季要开沟排水，以免积水烂根。

4. 摘花　除留种地外，要及时剪去花薹，使养分集中供地下根生长，以利增加产量，提高品质。

五、病虫害防治

1. 叶斑病　主要为害叶片，茎部和叶柄也会受害。初期在叶片上可见类圆形褐色斑块，严重时叶片扭曲、干枯、变黑，提早脱落。防治措施：秋季及时割除枯茎，彻底清理带病叶片，减少越冬菌源；合理施氮肥，增强土壤肥力，加强田间管理；在发病初期发现病株后，病叶应立即去除，防止病情蔓延，同时对病株喷洒石灰等量式波尔多液 160~200 倍液，每 10~15 d 喷 1 次，或 80% 代森锰锌可湿性粉剂 500~600 倍液，每 7~10 d 喷 1 次，连续喷 3~4 次。

2. 白粉病　主要为害叶片，发病初期为近圆形病斑，发病后期霉层颜色逐渐变为灰色至灰褐色，严重者全叶卷曲，最终变黄枯死。防治措施：及时清除病株残体，减少病原；选育抗病品种，增强植株的抗逆力；播种前和出苗后撒一层草木灰；合理密植，保持田间通风透光；发病初期用 50% 硫菌灵可湿性粉剂 1 000 倍液或 25% 三唑酮可湿性粉剂 1 500 倍液喷雾防治。

3. 根腐病　主要为害根部。发病初期仅个别侧根发病，后期逐渐向主根扩展，最终导致全根腐烂。植株被侵染以后，早期症状不明显，随着根部腐烂程度的加剧，吸收水分和养分的功能逐渐减弱，地上部的叶片发黄、发黑、变枯，最后植株逐渐枯死。防治措施：轮作倒茬，最好能与禾本科作物实行 3 年以上轮作；选择排水良好的地块种植，播前翻晒土壤，必要时对土壤消毒；及时防治地下害虫和螨类；增施经过充分腐熟的有机肥；发病初期选用 70%

甲基硫菌灵可湿性粉剂600倍液、50%多菌灵可湿性粉剂600倍液等药剂或5%石灰水轮换灌根。

4. 苦参野螟　主要为害叶片。早期为害主要造成叶片出现孔洞，后期大龄幼虫从叶缘开始取食叶片，严重者造成复叶所有小叶均被吃光。主要防治措施：选育抗螟虫品种；选择苏云金芽孢杆菌等生物源农药或45%马拉硫磷乳油等在幼虫低龄阶段进行药剂防治；也可人工防治，从成虫产卵期到幼虫初期，认真检查田块周围其他植株，发现有卵块和包有幼虫的丝黏叶片立刻人工摘除，并做深埋或烧毁处理。实际生产中应坚持人工防治为主，药剂防治为辅。

5. 蚜虫　主要为害叶片、幼茎、花、果，吸食植株体内汁液，导致叶片卷曲、皱缩，甚至枯焦脱落。主要防治措施：春季松土除草，将枯枝、烂叶集中处理，消灭蚜虫滋生的环境和迁移的虫源；利用天敌来防治蚜虫，如蚜茧蜂、蚜小蜂产卵在蚜虫体内，使蚜虫死亡，而七星瓢虫、食蚜蝇和捕食螨等，则直接以蚜虫为食；在蚜虫数量多、为害严重时，可喷洒40%辛硫磷乳油1 000倍液或10%氯氰菊酯乳油2 000倍液；放置黄色诱蚜板诱杀有翅蚜。

6. 地老虎　初龄幼虫多潜伏在心叶和叶腋间取食，3龄后潜入土中，昼伏夜出，白天潜伏土表层，夜间出土咬断幼苗的根或咬食未出土的幼苗。主要防治措施：春季铲除田间杂草，消灭卵及低龄幼虫，对于高龄幼虫期，发现新萎蔫的幼苗可扒开表土捕杀幼虫。可采用药剂防治：初龄幼虫大部分在杂草和幼苗上栖息取食，可用98%敌百虫原药1 000倍液或4.5%高效氯氰菊酯乳油3 000倍液进行喷杀；在幼虫的高龄阶段，每亩用98%敌百虫原药或50%辛硫磷乳油100~150 g溶解在4~5 kg水中喷洒在15~20 kg切碎的鲜草或其他绿肥上做成鲜草毒饵，傍晚时撒在幼苗的周围。

六、采收加工

1. 采收　苦参可于栽种2~3年后茎叶枯萎后或翌年出苗前采挖。刨出全株，根据自然生长情况，分割成单根，运回加工。

2. 加工　挖出的苦参根，去掉芦头、须根，洗净泥沙，晒干或烘干即成。或鲜根切成 1 cm 厚的圆片或斜片，晒干或烘干。

七、质量评价

1. 经验鉴别　以条匀、断面黄白、味极苦者为佳。

2. 检查　水分不得过 11.0%。总灰分不得过 8.0%。

3. 浸出物　照水溶性浸出物冷浸法测定，不得少于 20.0%。

4. 含量测定　照高效液相色谱法测定，本品含苦参碱和氧化苦参碱的总量不得少于 1.2%。

商品规格等级

苦参来源按照野生和家种进行划分，有统货和选货 2 个规格。

野生统货：呈类圆形或不规则形，片厚 3~6 mm，大小不均匀。表面灰棕色或棕黄色，具纵皱纹和横长皮孔样突起，外皮薄，多破裂反卷，易剥落，剥落处显黄色，光滑。质硬，不易折断，断面纤维性，切面黄白色，具放射状纹理和裂隙，有的具异型维管束，气微，味极苦。质地疏松，片直径≥ 1.0 cm，异形片率≤ 40%，碎屑率≤ 28%。

野生选货：质地疏松，片直径≥ 1.5 cm，异形片率≤ 24%，碎屑率≤ 7%。余同统货。

家种统货：质地紧密，片直径≥ 1.0 cm，异形片率≤ 18%，碎屑率≤ 23%。余同野生统货。

家种选货：质地紧密，片直径≥ 1.0 cm，异形片率≤ 16%，碎屑率≤ 3%。余同统货。

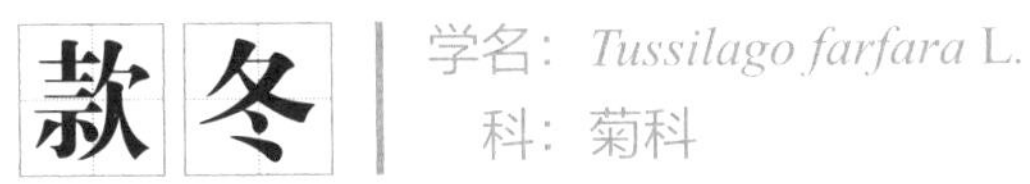

款冬

学名：*Tussilago farfara* L.
科：菊科

款冬，多年生草本植物，又名冬花，以干燥花蕾入药，药材名款冬花。最早记载于《神农本草经》，被列为中品，性辛，甘，温，有润肺、化痰、止咳功效。款冬花主要成分为芦丁、槲皮素、款冬酮、款冬二醇等，现代药理研究表明，款冬花具有镇咳祛痰、提升血压、呼吸兴奋、抗血小板聚集、抗肿瘤、抗腹泻、抗溃疡、形成和促进胆汁分泌作用。

20世纪60年代以前，款冬主要来源于野生，60年代后主要来源于人工栽培。野生款冬花主产于河南、甘肃、山西、河北等省，主要栽培于河南豫西伏牛山嵩县、卢氏等地。

一、生物学特性

款冬多生于海拔1 000 m左右的山区，土壤多为土质疏松、腐殖质较丰富的微酸性沙质壤土、红壤。款冬出苗后生长缓慢，5月下旬才开始迅速生长，6~7月生长旺盛，为营养生长期。8月初花蕾开始形成，进入生殖生长期，8月中旬以后花蕾大量发育形成。10月上旬气温明显下降，地上部生长明显减慢，10月下旬基部叶开始枯黄，11月中旬大部分下部基叶已枯黄。

款冬喜湿耐阴，耐冷怕热，地下根茎可耐–25℃严寒，在30~35℃高温时生长缓慢。地下根茎在4~5℃时即可萌发，6~8℃时开始生长，生长的适宜温度为15~25℃。款冬种植过程中忌积水，否则易发生烂根。

二、选地与整地

应选择土壤肥沃、质地良好、保墒性能好的土地作栽培地。山区当首选阴坡、半阴坡土壤疏松、杂草较少的地块。栽培地选好后，播前必须深翻30 cm，1~2 遍，做到耙耱平整、细碎、无杂草，结合整地每亩施腐熟农家肥2 000 kg，瘠薄地块可酌情增施一定的氮肥。耙平后做宽 1.3 m、高 20 cm 的畦，四周开好排水沟。

三、繁殖方法

款冬的栽培可分为春、秋两季。春季栽培可根据当地气候，土壤解冻后进行栽培，一般为 3 月中旬。秋栽一般于 11 月下旬土壤封冻前进行。

1. 根茎繁殖　选取无病虫害、无外伤、健康粗壮的种茎，每亩约需种茎30~40 kg 栽种。剪切成 5~10 cm 长的小节，随即覆土压紧，与畦面齐平。若天气干旱，应浇水 1 次。种植时可边采挖，边剪切，边栽植，如采挖早、栽植迟，可将根茎埋于湿土中备用。依据不同条件，可平栽、畦栽，也可垄栽、穴栽、沟栽。栽植行距 30 cm 左右，沟（穴）深 5~6 cm，栽植密度以沟内根茎小节首尾相距 3~5 cm 为宜。

2. 种子直播　在有灌溉条件或遇连阴雨的时候，方可考虑种子直播。直播时应采集当年成熟的种子，为保证撒种均匀，将种子拌一定量的细沙或细土，直播时一定要有遮阴措施。将款冬种子与遮阴植物种子均匀撒在新翻平整后的地表，然后用短齿耙横竖浅耙 2~3 遍。遮阴植物宜稀疏。播后地表还须撒少许作物秸秆，如小麦秸秆等，既保持地表潮湿，有利于种子发芽，又可为刚出土的幼苗遮阴。

3. 温棚育苗　温棚应选择避风向阳处，面积可大可小，要求苗床水肥充足，撒种后用过筛细土覆盖 0.5 cm 左右，育苗温度保持在 25~35℃，相对湿度50% 以上。播后一周内出苗，出苗三四天后，应及时放风，以防止烧苗。在苗高 5~10 cm、5 片以上叶时，可移栽于大田之中。育苗移栽时，应保证每穴

1 株。垄下栽培时，垄宽 30 cm、垄距 30 cm、垄高 10 cm，栽植两行，有利于灌水。

四、田间管理

1. 中耕除草　出苗展叶后，结合补苗，进行第一次中耕除草，此时根系生长缓慢，除草时应注意浅松土，避免伤根。如栽培地易长杂草，应进行第二次中耕除草，此时根系生长发育良好，中耕可适当加深。8 月上旬，花芽开始分化，田间应保持无草，可再次进行除草。

2. 追肥　生长前期一般不追肥，生长后期要加强肥水管理。9 月上旬，每亩追施火土灰或堆肥 1 000 kg。10 月上旬，每亩再追施堆肥 1 200 kg 与过磷酸钙肥 15 kg，于株旁开沟或挖穴施入，为保持肥效，并避免花蕾长出地面，施后用畦沟土盖肥，并进行培土。晚秋，花蕾膨大时容易外露暴晒，应及时培土保护，以提高质量。

3. 灌溉排水　款冬既怕旱又怕涝，干旱时及时浇水，多雨时应及时挖沟排除积水。

4. 疏叶　款冬叶片过密不易通风透光，易发生病害，也会影响花芽分化。6~8 月盛叶期时，可将枯黄或发病的烂叶及先生叶剪掉，每株只留 3~5 片新叶即可，这样可提高植株的抗病力，并能多产花蕾，增加产量。

五、病虫害防治

1. 锈病　为害叶片，7 月易感染锈病。在 6 月可喷 15% 三唑酮可湿性粉剂 1 500 倍液或 70% 甲基硫菌灵可湿性粉剂 800 倍液预防。发病后可拔掉病残株，堆放一处干后烧掉，也可再用以上药剂治疗。

2. 枯萎病　一般从根部侵染植株，随后会造成款冬叶片萎蔫、根系腐烂，最后导致全株枯萎死亡。7~8 月为发病盛期。秋冬及时将残枝败叶和病残体清理出田间，轮作可减轻该病的发生。可在款冬花出苗后，用高锰酸钾 600 倍液灌根或喷洒，防止该病的发生。枯萎病在田块初发生时，可用高锰酸钾 500

倍液灌根 2~3 次。此外，也可以用 50% 多菌灵可湿性粉剂 500 倍液灌根，或在叶面喷洒 40% 琥胶肥酸铜可湿性粉剂 500 倍液，连续喷药 2 次，间隔 7 d 左右。

3. 叶枯病　为害叶片，雨季发病较为严重。发现后应及时剪除病叶，集中烧毁深埋，同时可用 10% 多氧霉素可湿性粉剂 1 000~2 000 倍液或 50% 扑海因可湿性粉剂 1 000~1 500 倍防治。

4. 褐斑病　为害叶片，夏季高温高湿或雨后骤晴容易发病，7~8 月为发病盛期。可采用综合防治：采用轮作的方式防治可减轻病害的发生；彻底清除田间病残体，雨水较多时及时排水；出苗后喷洒石灰等量式波尔多液 160 倍液保护；发病初期喷洒 50% 多菌灵可湿性粉剂 500~600 倍液、45% 苯醚甲环唑悬浮剂 600 倍液或 300 g/L 苯甲丙环唑乳油 600~800 倍液等药剂，视病情喷 2~3 次。

5. 蝼蛄　为害根茎，容易造成缺苗断垄。可用 97% 敌百虫晶体 1 kg 拌土 15 kg，在整地时翻入土壤，进行防虫。

六、采收加工

1. 采收　采收期应根据各地气候和花蕾的生长发育情况而定。一般在冬季地冻前半个月左右，或翌年春地解冻后 10 d 左右采收最为合适。在花蕾苞叶呈紫红色、尚未出土时采收，不宜过早或过迟。过早，花蕾还在土内，或贴近土面生长，不易寻找；过迟，花蕾已出土开放，质量降低。采时须将植株地下的根状茎细心刨出，将花蕾从茎基部连同花梗一起采下，轻轻放入竹筐内，注意不可重压，不用水洗，否则，花蕾干后变黑，影响质量。

2. 加工　采收的花蕾应轻拿轻放，置通风处阴干，严禁强光暴晒，放置厚度 1~2 cm，注意不要水洗、重压，摊晾时不能太厚，尽量减少用手翻动，以免花蕾外鳞片掉落或碰伤变黑，影响产量和质量。

七、质量评价

1. 经验鉴别　朵大、色紫红、花梗短者为佳。

2. 浸出物　照醇溶性浸出物测定法项下的热浸法测定，用乙醇作溶剂，不得少于 20.0%。

3. 含量测定　照高效液相色谱法测定，含款冬酮（$C_{23}H_{34}O_5$）不得少于 0.070%。

商品规格等级

款冬药材一般为统货和选货 2 个规格。选货分为 2 个等级。

选货一等：干货。长圆棒状。花蕾较大，表面淡红色、紫红色，无开头。上端较粗，下端渐细，外面被有多数鱼鳞状苞片，体轻，撕开可见絮状白色毛茸。黑头≤ 3%，总花梗长度≤ 0.5 cm。气香，味微苦而辛。

选货二等：干货。花蕾大小不均匀，表面淡红色、紫红色。开头≤ 3%、黑头≤ 3%，总花梗长度≤ 2 cm。余同一等。

连翘

学名：*Forsythia suspensa* (Thunb.) Vahl

科：木樨科

连翘，多年生落叶灌木，以其干燥果实入药，秋季果实初熟尚带绿色时采收，除去杂质，蒸熟，晒干，习称“青翘”；果实熟透时采收，晒干，除去杂质，习称“老翘”。连翘是我国常用的大宗药材，具清热解毒、消肿散结之功效，用于痈疽、瘰疬、乳痈、丹毒、风热感冒、高热烦渴、神昏发斑，热淋尿闭。连翘在我国广泛分布，但多为野生自由生长，无人管理。近年来，随着市场需求量的增加，各主产区对连翘实施了人工管理措施，不少地区还对其进行了引种栽培。我国除华南地区外其他各地均有栽培，以河南、山西、陕西产量较大。

一、生物学特性

连翘一生要经过幼树期、初结果期、盛果期、衰老更新期 4 个时期。虽然每个时期的生长和结果情况不同，但生长发育过程都有年循环同期现象。连翘的年生长期为 270~320 d，遇霜即停止生长，从开花到果实成熟需要 140~160 d。连翘的根系开始活动很早，当春季地温为 1~5℃时即开始活动，当气温达 10℃左右时，花芽开始萌发，10 d 左右后开放。在河南灵宝市，连翘 2 月下旬花芽萌动，4 月 10 日左右花期结束；4 月 1 日至 4 月 20 日为连翘定果期，定果后基本没有落果现象；3 月 16 日至 5 月 20 日为连翘展叶期，2 月下旬开始至 7 月上旬均有新梢萌发；4 月 23 日至 7 月 12 日连翘进入果实膨大时期，8 月下旬果实颜色逐渐由绿变褐，10 月下旬种子逐渐成熟。

连翘对外界环境条件的适应性较强，耐寒，耐旱，忌水涝。喜温暖干燥和光照充足的环境，在排水良好、富含腐殖质的沙壤土上生长良好，黏土地较差。温度、海拔、日照、坡向等是影响连翘生长发育的主要因素。

二、选地与整地

选择土质深厚疏松、酸碱度适中的壤土或沙壤土地建立苗圃，挖鱼鳞坑栽植，坑深 30~50 cm，直径 50 cm 的圆坑，每坑施入农家肥 20~30 kg。

三、繁殖方法

1. 种子繁育　选无病虫的健壮植株采收果实，脱粒，除去杂质，水选后得到种子，阴凉处贮藏。播前用水浸种 4 h，于 3 月 15 日前后，地温 10℃左右即可播种。行距 30 cm，株距 9 cm，沟深 2.5~3 cm，种子顺沟点播，每一种植点播种 3~4 粒，播后浇水覆盖。每亩地用种量约 10 kg。

2. 压条繁殖　选择四至五年生连翘下垂的健壮枝条，于 6 月中旬将枝条弯曲并刻伤后压入土中，地上部分用竹竿或木杈固定，覆上细肥土，踏实。待第二年春季成活后截离母株，连根挖取，移栽定植。

3. 扦插繁殖　挑选优良母株，剪取一至二年生的健壮嫩枝，截成 20~30 cm 长的插穗，插条每段必须带 2~3 个节位。每段留 3 个节，将插穗基部（1~2 cm 处）浸泡在 500 倍的 ABT 生根粉或 500~1 000 倍的吲哚丁酸溶液中 10 s，随即插入苗床。1 个月后生根发芽，当年即可长成 50 cm 以上的植株，可出圃移栽。目前河南生产栽培多采用此法育苗。

4. 移栽定植　秋季落叶后或春季萌芽前，按照不同标准将苗木分级栽培，先向坑内回填一部分土壤，放置苗木，然后边填土、边提苗、边踩实。定植后立即浇透水 1 次，并松土保墒，连翘定植 3~4 年开花结果。定植密度为 2 m × 2.5 m，每亩 120~130 株。

四、田间管理

1. 苗期管理　当苗高 7~10 cm 时，按株距 7 cm，剔除细弱苗；当苗高 15 cm 左右，按去弱留强原则和株距 7~10 cm，留健壮苗 1 株，苗期要经常松土除草。

2. 施肥　苗期勤施薄肥，也可在行间开沟。每平方米施农家肥 2~4 kg，以促进茎、叶的生长。定植后，每年冬季连翘休眠期和开花期结合松土除草施入腐熟的农家肥，幼株每株 1 kg，结果株每株 2 kg，采用株旁挖穴或开沟施入，施后覆盖土，壅根培土。严禁施入硝态氮肥、未腐熟的人粪尿、未获准登记的肥料产品、未经无害化处理的垃圾。

3. 灌溉　连翘属耐寒植物，萌芽前浇水 1 次，开花前以及果实膨大期也要及时浇水，以保证开花正常和果实饱满。雨季要注意开沟排水，以免积水烂根。

4. 中耕除草　定植后前两年，在每年的 4~7 月，每月至少除草 1 次。2 年后，由于植株长势较高，竞争较强，可以减少除草次数。

5. 整形修剪　定植后，幼株高达 1 m 左右时，于冬季落叶后，在主干离地面 70~80 cm 处剪去顶梢。在夏季从不同的方向上，选择 3~4 个发育充实的侧枝，培育成为主枝。以后在主枝再选留 3~4 个壮枝，培育成为副主枝，在副主枝上，放出侧枝，使其逐步形成低干矮冠，内空外圆，通风透光，小枝疏朗，提早结果的自然开心形树型。同时于每年冬季，将枯枝、重叠枝、交叉枝、纤弱枝以及徒长枝和病虫枝剪除。

幼树期的整形修剪原则为“低干矮冠，分层疏散，多留辅养，控制偏冠”。连翘植株宜采用自然开心形，培养牢固的骨架，增加枝量。

初果期株的修剪对于影响主、侧枝生长的直立枝，进行缩剪，保持树势均衡，培养结果枝组。

盛果期树的修剪应着重回缩和疏间结果枝，使树冠上下内外都能形成发育枝与结果枝，分布均匀，对多年连续生长的结果枝或其他延长枝，应普遍回缩，使其更新。

衰老树的更新修剪应着重对主、侧枝回缩，利用徒长枝培养新的树冠或结果枝。

五、病虫害防治

连翘目前多为野生或野生抚育，病虫害较少，偶见钻心虫发生，常见叶斑病。叶斑病为害叶片，常在 5 月中下旬开始发病，7~8 月为发病高峰期，发病时病菌首先侵染叶缘，随着病情的发展逐步向叶中部发展，发病后期整个植株都会死亡。可喷施 75% 百菌清可湿性粉剂 1 200 倍液或 50% 多菌灵可湿性粉剂 800 倍液进行防治，每 10 d 喷施 1 次，连续喷 3~4 次可有效控制病情，同时应注意经常疏除冗杂枝和过密枝，使植株保持通风透光。注意营养平衡，不可偏施氮肥。

六、采收加工

1. 采收　青翘于 9~10 月，果实初熟，尚带绿色时采收；10~12 月果实熟透，裂开时摘下，为老翘。

2. 加工　青翘采收后除去杂质，水蒸气蒸透，晒干或烘干，烘干温度 60~80℃。老翘采收后，晒干，除去杂质即可。

七、质量评价

1. 经验鉴别　青翘以色较绿、不开裂者为佳；老翘以色较黄、瓣大、壳厚者为佳。

2. 检查　杂质青翘不得过 3.0%；老翘不得过 9.0%。水分不得过 10.0%。总灰分不得过 4.0%。

3. 浸出物　照醇溶性浸出物测定法项下的冷浸法测定，用 65% 乙醇作溶剂，青翘不得少于 30.0%；老翘不得少于 16.0%。

4. 含量测定　照高效液相色谱法测定，本品含连翘苷不得少于 0.15%，青翘含连翘酯苷 A 不得少于 3.5%，老翘含连翘酯苷 A 不得少于 0.25%。青翘含挥发油不得少于 2.0%（mL/g）。

商品规格等级

连翘药材一般为青翘和老翘 2 个规格。青翘分为选货和统货，老翘均为统货。

青翘选货：干货。呈狭卵形至卵形，两端狭长，长 1.5~2.5 cm，直径 0.5~1.3 cm。表面有不规则的纵皱纹且突起的灰白色小斑点较少，两面各有 1 条明显的纵沟；多不开裂，表面青绿色，绿褐色。果柄残留率＜ 10%。质坚硬，气芳香、味苦，无皱缩。

青翘

青翘统货：干货。无果柄残留。余同选货。

老翘统货：干货。呈长卵形或卵形，两端狭尖，多分裂为两瓣，长 1.5~2.5 cm，直径 0.5~1.3 cm。表面有一条明显的纵沟和不规则的纵皱纹及凸起小斑点，间有残留果柄，表面棕黄色，内面浅黄棕色，平滑，内有纵隔。质坚脆。种子多已脱落。气微香，味苦。

老翘

麦冬

学名：*Ophiopogon japonicus*（L.f）Ker-Gawl.

科：百合科

麦冬，多年生草本植物，以其干燥块根入药，药材名麦冬。麦冬味甘、微苦、性微寒，具有养阴生津、润肺清心的功效，用于肺燥干咳、虚痨咳嗽、津伤口渴、心烦失眠、内热消渴、肠燥便秘等症。河南有零星栽培。

一、生物学特性

麦冬喜温暖湿润、降雨充沛的气候条件，耐寒、耐湿、耐肥，怕旱，忌强光和高温，野生多位于海拔 2 000 m 以下的山坡阴湿处、林下或溪旁。

麦冬从移栽到收获，其生长发育大致可分为两个阶段。植株生长发育阶段：夏至大暑前，植株生长旺盛，大量产生萌蘖。同时，从老苗基部抽出新根，为营养根，细而长，一般不膨大成块根。块根发育肥大阶段：于三伏后及翌年天气回暖后，又从萌蘖苗或老苗基部抽生出新根，短而粗壮，中部或先端膨大成纺锤形或念珠状肉质块根。11~12 月块根生长发育迅速，而地上部分生长减慢，一般不再产生萌蘖。翌年 1~2 月气温低时，植株呈休眠状态。3~4 月，植株生长，块根继续发育膨大充实。

二、选地与整地

麦冬应选择土层深厚疏松、土质肥沃、排水良好的沙质壤土栽种。亩施腐熟有机肥 2 000~3 000 kg，撒施复合肥 20 kg，耕地深度 25~30 cm，耕细整平。

要求土壤疏松、细碎、平整。

三、繁殖方法

采用分株繁殖法。

1. 备苗

（1）选苗　选择健壮、无病虫且未抽嫩叶的优质种苗。

（2）切苗　选好的种苗切去下部根状茎、块根和须根后，保留 1 cm 以下的茎节，以叶片不散开、根状茎基横切面呈现白色放射状花纹(俗称“菊花心”)为佳。切好的合格种苗清理整齐后，以直径 50 cm 为一捆，及时栽种。

（3）养苗　种植前种苗用清水浸 10~15 min，使之吸足水分，以利生根，边浸种边种植。如不能及时下种，可选阴凉处假植，即在阴湿处的疏松土壤上，种苗周围覆盖土壤护苗，种苗根部保持湿润，时间不超过 7 d，必须保持土壤湿润。

2. 栽种

（1）种植时间　清明至 5 月上旬。气温不低于 18℃，选阴天栽种为宜。

（2）种植密度　因收获年限不同栽种密度也不同。2 年收获的麦冬，株距 16 cm，行距 26 cm，每穴成苗 8~10 株。3 年收获的麦冬，株距 20~26 cm，行距 26~32 cm。四川产区 1 年收获的麦冬，株距 6~8 cm，行距 10~13 cm，每穴栽 4~6 株。种植后浇 1 次定根水。

四、田间管理

1. 适时灌溉　麦冬生长期需要充足的水分，尤其在栽种后和块根形成期，不能缺水，必须及时灌溉，保持土壤湿润。

2. 浅中耕　7~8 月和 9~10 月，用特制钉耙浅中耕 2 次，中耕深度≤ 5 cm，以不伤根系和植株为度。

3. 及时除草　勤除田间杂草，保持田地清洁。栽种麦冬种苗后，每 15 d 除草 1 次，同时进行补苗。5~10 月，每月除草 1~2 次；11 月中旬（立冬）后不宜除草。

4. 追肥

（1）苗肥　4 月下旬至 5 月上旬，每亩施人畜粪水 800~1 200 kg，含氮肥（N）0.76~1.53 kg、磷肥（P_2O_5）1.47~2.94 kg、钾肥（K_2O）0.82~1.65 kg 的复合肥。

（2）分蘖肥　6 月下旬至 7 月中旬，每亩施稀人畜粪水 4 800~6 400 kg，含氮肥 2.04~2.55 kg、磷肥 3.92~4.90 kg、钾肥 2.20~2.75 kg 的复合肥。

（3）秋肥　11 月上旬，每亩施稀人畜粪水 3 200~4 800 kg，含氮肥 0.51 kg、磷肥 0.98 kg、钾肥 0.55 kg 的复合肥，另施 10.6 kg 钾肥的等量单质化肥和 100 kg 草木灰。

（4）春肥　翌年 2 月中旬，每亩施稀人畜粪水 4 000 kg，含氮肥 0.51 kg、磷肥 0.98 kg、钾肥 0.55 kg 的复合肥。

5. 断根处理　8 月下旬至 9 月上旬，用麦冬断根铲刀，沿麦冬种植行间，向下斜插，断掉麦冬部分营养根，促进麦冬贮藏根萌发。

6. 间作和轮作

（1）间作　麦冬宜与玉米、大蒜、萝卜等作物间作，主要间作模式有麦冬 + 玉米、麦冬 + 夏玉米 + 大蒜。

（2）轮作　麦冬宜与禾本科作物轮作，其中与水稻轮作最佳，忌与烟草、紫云英、豆角、瓜类、白术、丹参等作物轮作。主要轮作模式有苕子（绿肥）—麦冬—水稻，水稻—麦冬—秧田—蔬菜，马铃薯—麦冬—秧田。

五、病虫害防治

1. 根结线虫病　9~10 月发病，亩用 5% 噻唑磷颗粒剂 2 500~3 000 g 开沟撒施，然后浇水，每 10 d 撒施 1 次，连续 2 次。

2. 黑斑病　4 月中旬发病，亩用 80% 代森锰锌可湿性粉剂 150 g 或 25% 异菌脲可湿性粉剂 200 g，每 5~7 d 喷雾 1 次，连续 2~3 次。

3. 根腐病　3 月至 4 月中旬发病，亩用 50% 多菌灵可湿性粉剂 75 g 喷雾，每 10 d 喷雾 1 次，连续 2~3 次。

4. 蛴螬　6~8 月发病，亩用 90% 敌百虫晶体 50 g，每 10~15 d 淋蔸 1 次，连续 3 次。

六、采收加工

1. 采收　麦冬在栽后的第 2 年 3 月上中旬选晴天采收。沿麦冬种植行间用锄或犁翻耕土壤，深度 25~28 cm，使麦冬全根露出土面，抖去根部泥土，剪下块根，块根两端的细根保留长度以 1 cm 以内为宜。

2. 加工　将带泥麦冬块根放入箩筐中，置于流水中淘洗干净，晒干水汽，搓去或剪去须根，反复堆晒至干，或于 40~50℃ 烘干。

七、质量评价

1. 经验鉴别　以身干、个肥大、黄白色、半透明、质柔、有香气、嚼之发黏者为佳。

2. 检查　水分不得过 18.0%。总灰分不得过 5.0%。

3. 浸出物　照水溶性浸出物测定法项下的冷浸法测定，不得少于 60.0%。

4. 含量测定　照紫外 – 可见分光光度法测定，本品按干燥品计算，含麦冬总皂苷以鲁斯可皂苷元计，不得少于 0.12%。

商品规格等级

麦冬药材一般为浙麦冬及川麦冬 2 个规格。选货，各分为 3 个等级。

浙麦冬一等：干货。呈纺锤形半透明体。表面黄白色。质柔韧。断面牙白色，有木质心。味微甜，嚼之有黏性。每 50 g 不超过 150 粒。无须根、油粒、烂头、枯子、杂质、霉变。

浙麦冬二等：每 50 g 不超过 280 粒以内。无须根、油粒、枯子、烂头、杂质、霉变。余同一等。

浙麦冬三等：每 50 g 不超过 280 粒，最小不小于麦粒。油粒、烂头不超过 10%。无须根、杂质、霉变。余同一等。

川麦冬一等：干货。呈纺锤形半透明体。表面淡白色。木质心细软。味微甜，嚼之少黏性。每 50 g 不超过 190 粒，无须根、乌花、油粒、杂质、霉变。

川麦冬二等：每 50 g 不超过 300 粒以内。余同一等。

川麦冬三等：断面淡白色。每 50 g 不超过 300 粒，最小不小于麦粒。间有乌花、油粒不超过 10%。余同一等。

注：1. 麦冬，浙江产者为两年、三年生，川产者为一年生，质量不同，故分为浙川两类。各地引种的麦冬，符合哪个标准即按哪个标准分等。2. 野生麦冬，与家种质量相同者，可按家种麦冬标准分等。

猫爪草

学名：*Ranunculus ternatus* Thunb.
科：毛茛科

猫爪草，一年生草本植物，以毛茛科植物小毛茛的干燥块根入药，又称小毛茛。猫爪草性温，味甘、辛，归肝、肺经，有化痰散结、解毒消肿之功效。常用于瘰疬痰核、疔疮肿毒、蛇虫咬伤。河南信阳地区的淮滨、息县，驻马店地区的正阳、确山均有栽培。

一、生物学特性

猫爪草，簇生多数肉质小块根，块根卵球形或纺锤形，顶端质硬，形似猫爪，直径 3~5 mm。茎铺散，高 5~20 cm，多分枝，较柔软。基生叶有长柄；叶片形状多变，单叶或三出复叶，宽卵形至圆肾形，小叶 3 浅裂至 3 深裂或多次细裂。花单生茎顶和分枝顶端，直径 1~1.5 cm，花瓣 5~7 个或更多，黄色或后变白色。聚合果近球形，直径约 6 mm；瘦果卵球形，长约 1.5 mm。开花期 3~5 月，果期 4~7 月。

在 5~6 月瘦果表面呈黄绿色时，拔取全草，晒干后敲打下瘦果，将瘦果放阴凉干燥通风处贮藏。种子有休眠，打破其休眠以 4℃的温度 120 d 左右为好，若于 15~30℃的变温条件下，打破休眠需要 190 d 左右；若于 20~30℃的恒温条件下，180 d 虽不能完全解除休眠，但可使种子发芽率达 50% 以上。因此生产上宜采用秋播，翌年春发芽出苗。

二、选地与整地

1. 选地　猫爪草为中性植物，喜光，也耐阴，喜温暖湿润气候，生于丘陵、旱坡、田埂、路旁、荒地等阴湿处，适应性强，对土壤要求不严。选地以土壤疏松、灌溉方便、排水良好的富含腐殖质的沙质壤土为宜。

2. 整地　每亩施 1 000 kg 商品有机肥、过磷酸钙 25 kg、饼肥 25 kg，深耕 30 cm，耙细整匀，做成宽 1.5 m 的高畦，畦间距 30 cm。

三、繁殖方法

猫爪草采用种子繁殖或块根繁殖。

1. 种子繁殖　猫爪草种子 4~5 月果实成熟时采种后，可随采随播，也可将种子与湿沙 1∶3 混合层积贮藏。一般春播于 1~4 月进行，秋播可于 6~12 月进行。育苗可采用条播，行距 20~30 cm，深 3~5 cm，播后盖土，覆膜，保持畦面湿润，以利出苗。一般 60 d 出苗，苗高 6~7 cm 移栽大田，株行距 15~20 cm。

2. 块根繁殖　春、秋季采收时小的留作种用。将选好的小块根分级，在畦面上按行距 10~15 cm、株距 5 cm 挖穴，深 3 cm 进行点播。覆盖细肥土厚 1 cm，畦面盖草，保温保湿，以利出苗。春播在 3 月下旬进行，当气温上升至 15~25℃时，半个月左右出苗；秋播在 11 月下旬进行，于翌春 3~4 月出苗。出苗后揭去盖草，加强管理，小苗长出 2~3 片真叶时即可移栽。一般 1 个种根能萌发小苗 6~8 株，育苗 1 亩可栽大田 8~10 亩。

四、田间管理

1. 中耕除草　猫爪草在生长期要进行中耕除草 5 次，分别在春季齐苗时、抽薹期、越夏前、9 月、10 月各进行 1 次，做到有草即除。

2. 肥水管理　因根系浅，经常保持土壤潮湿，生长期注意浇水。追肥每年进行 4 次，第 1 次结合中耕除草进行，每亩施氮肥 10 kg；第 2 次在开花前，每亩施低氮高磷高钾复合肥 20 kg；第 3 次在休眠越夏后，每亩施有机肥 500 kg；11 月每亩施有机肥 500 kg，过磷酸钙 30 kg，施后培土。3 月当猫爪草抽出花薹时，除留种外，应及时摘除，促进块根生长，提高产量。

五、病虫害防治

1. 白绢病　猫爪草的根变为褐色，腐烂成烂麻状，易从地表拔起，并长有白色菌丝，最后形成褐色油菜籽状的菌核。发病初期植株地上部没有明显症状，随病情加重，叶片逐渐萎蔫，直至枯死，叶片不易脱落。防治方法：与禾本科作物或与不发生白绢病的作物实行 5 年以上的轮作；在整地时每亩施入生石灰 150 kg 进行土壤消毒；用 50% 甲基硫菌灵可湿性粉剂 1 000 倍液浸泡种子 5~10 min，取出晾干后再栽种。

2. 白粉病　为害猫爪草叶片。发病初期叶片上出现白色霉斑，逐渐扩大，相互融合连成一片，使整个叶片如涂了白粉，严重时整个叶片变褐枯死。防治方法：将植株病残体清出田外，集中烧毁，可减少侵染源，发病初期，用 25% 三唑酮可湿性粉剂 1 500 倍液或用 2% 嘧啶核苷酸水剂 120 倍液喷洒，每隔 10~15 d 喷 1 次，连续喷 2~3 次。

3. 立枯病　及时排除积水，雨季前用 50% 多菌灵可湿性粉剂 500 倍液喷洒植株，每周 1 次，连喷 2~3 次。

4. 灰霉病　用 50% 腐霉利可湿性粉剂 800~1 500 倍液喷雾防治，连喷 2~3 次。

5. 蚜虫　亩用 0.3% 苦参碱水剂 150 g，兑水 30 kg 喷雾防治。

六、采收加工

一般在春、秋两季地上植株枯萎时将根挖出，除去地上茎叶、须根、泥土，晒干即可。

七、质量评价

1. 经验鉴别　以身干、色黄褐、体饱满、质坚实者为佳。

2. 检查　水分不得过13.0%。总灰分不得过8.0%。酸不溶性灰分不得过4.0%。

3. 浸出物　照醇溶性浸出物测定法项下的热浸法测定，用稀乙醇作溶剂，不得少于30.0%。

商品规格等级

猫爪草药材商品一般为统货，不分等级。

统货：干货。本品由数个至数十个纺锤形的块根簇生，形似猫爪，长3~10 mm，直径2~3 mm，顶端有黄褐色残莲或茎痕。表面黄褐色或灰黄色，久存色泽变深，微有纵皱纹，并有点状须根痕和残留须根。质坚实，断面类白色或黄白色，空心或实心，粉性。气微，味微甘。

玫瑰

学名：*Rosa rugosa* Thunb.
科：蔷薇科

玫瑰，多年生落叶花木，以干燥花蕾入药，称为玫瑰花。玫瑰花性温，味甘、微苦，归肝、脾经，主要用于肝胃气痛、食少呕恶、月经不调、跌扑伤痛。玫瑰花也可食用和泡茶饮用，同时还可以提取精油，用作香水、化妆品等工业原料。玫瑰在各地均有种植，主产于江苏、浙江、福建、山东、四川、甘肃等地。

一、生物学特性

玫瑰高可达 2 m 左右，茎上有密生的刚毛，小叶 5~9 枚，椭圆形或椭圆状倒卵形，长 2~5 cm，叶表面有光泽，有皱纹。花单生或数朵聚生，果实扁球形。根为浅根性，根粗硬，易生蘖芽。玫瑰原产于温带，喜阳光。野生玫瑰生长较快，1 年平均能长高 60~70 cm，最高 120~150 cm，每年只开花 1 次，常在长出 5 片小叶时出花蕾，第 1 个花蕾形成出现后，第 2~3 个花蕾也慢慢地萌发出来。

玫瑰对土壤酸碱度适宜性较强，pH 5~8 都能正常生长；需水较多，但积水容易发生烂根；生长最适宜的温度是 15~26℃，空气相对湿度 75%~80%。当温度超过 30℃时，玫瑰生长受抑制，花芽不再分化，长时间高温会死苗；当温度低于 15℃时，即进入休眠期，停止生长。玫瑰喜肥，施有机肥料为主的植株长势旺，叶色、花色都较好。

二、选地与整地

选择光照条件充足，灌溉、通风和排水便利的地块，有机质含量≥ 1.5%，活土层深 60 cm 以上，地下水位 1 m 以下，有团粒结构，pH 6.5~7.5 的沙壤土为宜，忌选在黏重土壤或低洼积水的地方。结合整地，施入腐熟的牛粪、草炭和适量的化肥等作为基肥，挖宽 80~100 cm、深 50~60 cm 的种植沟，深沟回填腐熟的有机肥到 40 cm，后全部回填表土，灌 1 次透水沉实，并做成平畦，等待定植。育苗地每亩施腐熟有机肥 2 000 kg，耙平整细，做成宽 1 m 的高畦。

三、繁殖方法

玫瑰繁殖一般采用茎段扦插或压条繁殖两种方法。

1. 扦插繁殖　春、夏、秋季均可扦插。采用茎秆充实、芽体饱满、色泽正常、根系发达、无损伤、无病虫害、无枯梢失水现象的健壮苗木作母株，截取茎段进行扦插繁殖。将 2/3 的茎段埋入土壤中，1/3 露出地面。剪口一定要保持平滑，不能将表皮和木质部剥离，并且要在最短的时间内处理完毕，按照行距 15 cm，斜插于育苗床上，15 d 左右即可长根。

2. 压条繁殖　选取当年生的健壮枝条，将其弯曲在枝条底部覆土，使枝梢露在外面，只要保持土壤湿润，就可生根，待翌年春天即可挖出移栽。

栽苗时采用“三埋、两踩、一提苗”，使根系舒展。栽植后四周填土压实，浇足底水。成片定植的，第 1~2 年可在行间播种豆类作物。当地表 20 cm 的土温达到 10℃以上，进行定植。定植时保持土壤的湿润。一般采用单畦双行栽植，株距 13~15 cm，行距 50~60 cm。

四、田间管理

1. 中耕除草　结合除草，对玫瑰植株行间进行人工中耕松土，增加土壤通气性，促使根系伸展，为玫瑰生长提供更好的条件。

2. 施肥与培土　施肥以基肥为主、追肥为辅，一般在春季和秋季施基肥。春季开花前，每亩施腐熟的鸡粪或猪粪 3 000 kg、草木灰 1 500 kg、油渣 1 500 kg，混合均匀后穴施，并用土完全覆盖，开花时每亩用三元复合肥 10~15 kg、硼酸 100 g、硫酸镁 1 kg 进行土壤深施。冬灌前宜深施基肥，可在距离玫瑰株基 20~30 cm 处挖 20~40 cm 深的环状土坑，将基肥施入后盖土压实，然后灌足水，保证翌年丰产。每年开花前或冬灌前，结合翻地施肥，在植株基部培厚度 10 cm 左右的新土。

3. 灌溉排水　一般夏季 2~3 d 浇水 1 次，春秋 4~5 d 浇水 1 次，越冬前在 11 月上旬要灌透灌足 1 次越冬水。

4. 修枝　定植 3 年内，剪除纤弱的萌条和徒长枝；定植 4 年后，剪除干枯枝、病虫枝、重叠枝、老枝、铺地枝，剪短过高的徒长枝和疏剪过密枝。一般在定植 8 年左右进行植株更新，分为全株更新和老枝更新，前者是把整丛玫瑰高于地面 4~6 cm 的枝条全部砍除，后者是每年只砍掉丛中衰老的枝条，其余枝条保留。

五、病虫害防治

1. 白粉病　在夏季高温季节易发生白粉病，主要表现为早期幼苗扭曲，叶面有一层白色粉末状物，严重时会影响开花，造成成花少甚至不开花现象，同时叶片枯萎致死。防治方法：可喷施 70% 多菌灵可湿性粉剂 1 000 倍液，也可以施用适量氮肥。

2. 锈病　7~8 月是锈病高发期，主要为害玫瑰的嫩枝、叶片、花，以叶和嫩芽上的症状最为明显。发病期间，被害叶片正面出现黄色小点，背面出现黄色小斑，外围有褪色晕环，颜色逐渐加深变黑，植株被侵染后，枝叶瘦黄，生长不良，影响翌年开花。防治方法：春、夏季发现锈病，要及时摘除病叶、病枝并且烧毁。早春玫瑰发芽前喷 3~4 波美度石硫合剂；生长季节发病，可以用 25% 三唑酮可湿性粉剂 1 000 倍液喷雾防治。

3. 蚜虫　一年四季都会发生，主要集中于植物叶背面、嫩茎、生长点和花上，轻则叶片失绿、卷缩、变硬变脆，发生严重时植株停止生长甚至全株萎蔫枯死。防治方法：发现蚜虫时可用 20% 氰戊菊酯乳油 800~1 000 倍液、10% 烟碱水剂 1 500 倍液或 0.3% 苦参碱水剂 300~600 倍液喷防。

4. 红蜘蛛　红蜘蛛是玫瑰最难防治的害虫之一，可为害玫瑰多个器官，轻则形成灰白色小点，重则叶片黄弱，呈火烤状，然后大量掉叶；如果花朵受害，则会导致花朵僵化，停止开花。防治方法：红蜘蛛防治难度较大，部分药物在玫瑰嫩叶期或花期使用极易产生药害。因此，在红蜘蛛防治方面应采用“适药、适时、适法”的用药原则，发生较轻时可直接摘除叶片，严重时可使用 34% 螺螨酯悬浮剂 6 000~9 000 倍液喷雾防治。

六、采收加工

1. 采收　4 月下旬至 6 月上旬是玫瑰花的采摘期。采收容器 (采收筐) 须专用、干净、清洁，无有害、有毒物污染。宜在花蕾充分膨大、花朵初开、花瓣尚叠合未放、雄蕊还未显露时进行。最好的采收时间是日出之前。

2. 加工　采收的花朵应分散置于阴凉通风处阴干，忌堆压不透气，并时常翻动，防止霉烂。也可采用烘干、炕干等方式进行干燥。

七、质量评价

1. 经验鉴别　以花色紫红鲜艳、朵大不散瓣、香气浓郁者为佳。

2. 检查　水分不得过 12.0%。总灰分不得过 7.0%。

3. 浸出物　照醇溶性浸出物测定法项下的热浸法测定，用 20% 乙醇作溶剂，不得少于 28.0%。

商品规格等级

玫瑰花药材有选货、统货 2 个规格。统货，不分等级。选货分为 2 个等级。

选货一等：干货。略呈半球形或不规则团状。直径 0.7~1.0 cm，残留花梗上被细柔毛，花托半球形，与花萼基部合生；萼片 5，披针形，黄绿色或棕绿色，被有细柔毛；花瓣多皱缩，展平后宽卵形，呈覆瓦状排列，紫色，大小均匀；雄蕊多数，黄褐色；花柱多数，柱头在花托口集成头状，略凸出，短于雄蕊，体轻，质脆。有残留花梗的≤ 3%，完整的花蕾≥ 80%，杂质≤ 1.5%。气芳香浓郁，味微苦涩。

选货二等：干货。直径 1.0~1.5 cm。有残留花梗的≤ 5%，完整的花蕾≥ 70%，杂质≤ 2%。余同一等。

统货：干货。颜色、完整花蕾比例、花开放程度、残留花梗和含杂率未分等级。余同一等。

迷迭香

学名：*Rosmarinus officinalis* L.
科：唇形科

迷迭香，唇形科植物迷迭香干燥地上部分。从迷迭香的花和叶子中能提取具有优良抗氧化性的抗氧化剂和迷迭香精油，广泛用于医药、油炸食品、富油食品及各类油脂的保鲜保质；而迷迭香香精则用于香料、空气清新剂、驱蚊剂及杀菌、杀虫等日用化工业。作为中药材，具有发汗、健脾、安神、止痛的功效，主治各种头痛，防止早期脱发。

一、生物学特性

迷迭香高达 2 m，茎及老枝圆柱形，皮层暗灰色，幼枝四棱形，密被白色星状细茸毛。叶常在枝上丛生。具极短的柄或无柄。叶片草质，线形，长 1~1.2 cm，宽 1~2 mm，先端钝，基部渐狭，全缘，向背面卷曲，上面稍具光泽，近无毛，下面密被白色的星状茸毛。花近无梗，对生，少数聚集在短枝的顶端组成总状花序，苞片小，具柄。花萼卵状钟形，长约 4 mm。花冠白色，长不及 1 cm，冠檐二唇形，雄蕊 2 枚发育，着生于花冠下唇的下方。

迷迭香性喜温暖气候，迷迭香叶片本身就属于革质，较能耐旱，因此富含沙质、排水良好的土壤较有利于其生长发育。值得注意的是迷迭香生长缓慢，再生能力不强。

二、选地与整地

迷迭香喜温暖，较耐旱，宜选择排水良好、土壤肥沃的沙质壤土栽植。

每亩施腐熟有机肥 3 000 kg、过磷酸钙 30 kg，整细耙平，做畦。

三、繁殖方法

迷迭香有种子繁殖和扦插繁殖两种方法。

1. 种子繁殖　一般于早春温室内进行育苗。种子具好光性，将种子直接播在畦面上，播后喷淋，不需覆盖，搭小拱棚，保持土壤表层湿润。种子发芽适温为 15~20℃，2~3 周发芽，当苗长到 10 cm 左右，大约 70 d，即可定植。穴盘育苗时将草炭、蛭石按 3∶1 的比例混匀，即可播种，上覆一薄层蛭石，浇 1 次透水，上搭小拱棚。

2. 扦插繁殖　多在早春进行，选取新鲜健康尚未完全木质化的茎作为插穗，从顶端向下 10~15 cm 处剪下，去除枝条下方约 1/3 的叶子，直接插在土壤中，保持湿润，3~4 周即生根，7 周后可露地定植。移栽扦插苗按株行距为 40 cm × 40 cm 进行挖穴移栽，穴深 20~30 cm，施少量基肥，与底层土混匀后再覆盖 5 cm 待栽。选择阴天或阳光不强的时候带土移栽后浇定根水，扶正压实。

四、田间管理

1. 中耕除草、补苗　及时中耕除草，发现死苗要及时补栽。

2. 灌溉排水　移栽后及时灌溉，待苗成活后，可减少浇水。

3. 施肥　幼苗期结合中耕除草每亩沟施 3 kg 复合肥。每次收割后追施 1 次速效肥，以氮、磷肥为主，一般每亩施尿素 15 kg，过磷酸钙 25 kg。

4. 修剪　迷迭香种植成活后及时打顶，促进侧芽发育。3 个月后通过枝条短截，促进芽的发育和侧枝形成，增加产量。一般剪枝 2~3 次。

五、病虫害防治

1. 病害　常见病害为根腐病、灰霉病、白粉病，潮湿、高温环境易发。根腐病发现病株后及时清理，发病期用 50% 多菌灵可湿性粉剂 500~1 000 倍液根际浇灌；灰霉病可用 5% 多菌灵烟熏剂或 50% 速克灵可湿性粉剂 1 500 倍液防治；白粉病选用 20% 三唑铜乳油 2 000 倍液防治。

2. 虫害　迷迭香常见虫害是红叶螨和白粉虱，可采用 5% 吡虫啉可湿性粉剂 2500 倍液和 1.5% 阿维菌素乳油 3 000 倍液喷施防治。

六、采收加工

1. 采收　迷迭香一次栽植，可多年采收。采收以枝叶为主，5~6 月开始，一般每年可采 3~4 次。

2. 加工　收割的迷迭香，拣出杂质晒干，或切段、晒干。

七、质量评价

1. 经验鉴别　以叶多、叶片完整、色灰绿、香气浓者为佳。

2. 检查　杂质外来物含量不得过 1%，碎茎含量不得过 3%，棕色叶子含量不得过 10%。水分不得过 11%。总灰分不得过 8%。酸不溶性灰分不得过 1%。

3. 浸出物　挥发油含量不得少于 0.8 mL/100 g。

商品规格等级

迷迭香均为统货，不分等级。

统货　干货。茎及老枝圆柱形，皮层暗灰色，幼枝四棱形，密被白色星状细茸毛。叶常在枝上丛生，具极短的柄或无柄。叶片草质，线形，长 1~1.2cm，宽 1~2mm，先端钝，基部渐狭，全缘，向背面卷曲，上面稍具光泽，近无毛，下面密被白色的星状茸毛。花近无梗，对生，少数聚集在短枝的顶端组成总状花序，苞片小，具柄。花萼卵状钟形，长约 4mm。花冠白色，长不及 1cm，冠檐二唇形，雄蕊 2 枚发育，着生于花冠下唇的下方。

牡丹

学名：*Paeonia suffruticosa* Andr.
科：芍药科

牡丹，多年生落叶亚灌木，以干燥的根皮入药，药材名称牡丹皮，又名丹皮。牡丹皮味苦、辛，性微寒，具有清热凉血、活血散瘀的功能。目前牡丹皮商品主要来源于人工栽培药用牡丹，河南周口、商丘等地有大面积种植，3~5 年即可采收。

一、生物学特性

牡丹高 0.5~2 m，枝多直立。2~3 出羽状复叶互生，花单生枝顶。喜温暖湿润、阳光充足的环境，耐旱、怕高温。土壤以土层深厚肥沃、排水良好、地下水位低的中性或微酸性的沙质壤土为宜，在潮湿土壤、盐碱性的黏土地中，多生长不良，根细而分枝多，且易腐烂。

每年雨水前后，鳞芽开始萌动膨大，惊蛰前后顶端破裂显蕾，春分前后抽出花茎，叶片展开；清明左右花蕾迅速增大；谷雨左右开始开花。花期 7~15 d，盛花期 5~7 d，聚合蓇葖果 9~10 月果熟。气温高于 4~5℃，牡丹的地下根部开始生长，以后随温度的上升生长加快；到了夏季高温季节（30~50℃）生长进入半休眠状态；秋季白露前后，气温降至 30℃以下，在 18~25℃根部生长最快，以后随着温度的不断下降，根的生长活动逐渐转弱，直至地温降到 4℃以下停止生长。

二、选地与整地

牡丹适宜阳光充足、排水良好、地下水位低、土层深厚肥沃的沙质壤土及腐殖质土，怕涝，忌连作，前作以芝麻、花生、黄豆为佳。栽种前 1~2 个月，每亩施有机肥 2 000 kg，撒匀，翻地 30~50 cm 深，耙细整平做畦。

三、繁殖方法

选四至五年生无病虫害植株的种子置湿沙或细土中层积堆放于阴凉处，在立秋后至白露前下种育苗。取出层积的种子，按行距 20 cm，开深 8 cm 的浅沟，然后均匀播入种子。覆土与畦面平，淋水，再铺盖一层栏草，防止水土流失，保温过冬。第二年开春解冻后，应揭去覆草，以利幼苗出土。幼苗生长期要经常拔草，松土保墒，3~5 月间施稀薄粪水或腐熟的饼肥 2~3 次，促进幼苗的生长。每亩播种量 30~35 kg。

移栽一般于处暑后至霜降前进行，但以寒露前后为好。栽前把苗分级移栽，小苗并排移栽，大苗交错移栽。按行距 50 cm、株距 40 cm 挖穴，一般穴深 15~20 cm、长 20~25 cm，穴底先施入有机肥，使其与底土混合，每穴栽 2 棵苗。注意根朝下，顶芽朝上，根在土中不卷曲。栽后覆土盖草，每亩可栽 5 000 穴左右。

四、田间管理

1. 中耕除草　牡丹在萌芽出土和生长期间，应经常松土除草，尤其是雨后初晴要及时中耕松土，保持表土不板结。中耕时，切忌伤及根部。入冬后对外露的牡丹根部，要加强培土，防止冻伤。

2. 施肥　牡丹喜肥，每年开春化冻、开花以后和入冬前各施肥 1 次，每亩可施有机肥 150~200 kg 及复合肥 5 kg。肥料可施在植株行间的浅沟中，施后盖上土，及时浇水。

3. 灌溉排水　牡丹如育苗期和生长期遇干旱，可在早、晚进行沟灌，待水渗足后，应及时排除余水。牡丹怕涝，积水时间过长易烂根，故雨季要做好排涝工作。

4. 摘蕾　为了促进牡丹根部的生长，提高产量，应把一至二年生和不留种的植株花蕾全部摘除，以减少养分的消耗。采摘花蕾应选在晴天露水干后进行，以防伤口感染病害。

五、病虫害防治

1. 叶斑病　多发生在雨季，遇高湿、通风不良、光照不足时发病迅速，主要为害叶片，茎部及叶柄也会受害，严重时导致整株叶片萎缩枯凋。早春牡丹发芽前用 50% 多菌灵可湿性粉剂 600 倍液喷洒，杀灭植株及地表病菌；发病初期可用 50% 多菌灵可湿性粉剂 1 000 倍液或 65% 代森锌可湿性粉剂 500~600 倍液，7~10 d 喷 1 次，连续喷 3~4 次。

2. 锈病　多因栽植地低洼积水引起。发病初期，喷洒 15% 三唑酮可湿性粉剂 1 500 倍液或 25% 戊唑醇乳油 2 000 倍液防治，7~10 d 喷 1 次，连续 3~4 次。

3. 白绢病　土壤、肥料是本病的传染源，尤其以甘薯、黄豆为前茬时，容易染病；开花前后，高温多雨时节发病严重。栽种时用 50% 多菌灵可湿性粉剂 500 倍液浸泡种苗；发现病株，应带土挖出烧毁，病穴用石灰处理。

4. 灰霉病　潮湿气候和持续低温下容易发生，春季和花谢后是发病高峰。发现病叶、病株立即除去；可用 70% 代森联水分散粒剂 800 倍液、65% 代森锌可湿性粉剂 300 倍液或 40% 嘧霉胺悬浮剂 1 000~2 000 倍液，每隔 7~10 d 喷 1 次，连续喷 2~3 次。

6. 蛴螬　金龟子幼虫。为害牡丹根部，温度对蛴螬分布影响较大，春秋季到表土层活动为害。用 90% 敌百虫晶体 1 000~1 500 倍液浇注根部，浇后覆土；也可用灯光诱杀成虫。

7. 小地老虎　春秋两季为害最重，常从地面咬断幼苗或咬食未出土的幼芽造成缺苗，在杂草丛生地块发生较重。低龄幼虫亩用 40% 辛硫磷乳油 40 mL，兑水 30 kg 喷雾，高龄幼虫可用切碎的鲜草 30 份拌入敌百虫粉 1 份，傍晚撒入田间诱杀。

六、采收加工

1. 采收　9 月下旬至 10 月上旬选择晴天采挖移栽 3~5 年的牡丹，挖时先把牡丹四周的泥土刨开，将根全部挖起，谨防伤根，抖去泥土，分大、小株进行加工。

2. 加工　由于产地加工方法不同，可分为连丹皮和刮丹皮。连丹皮也叫“原丹皮”，就是将收获的牡丹根堆放 1~2 d，待失水稍变软后，去掉须根，用手紧握鲜根，用尖刀在侧面划一刀，深达木质部，然后抽去中间木心（俗称抽筋）晒干即得。若趁鲜用竹刀或瓷片刮去外表栓皮和抽掉木心晒干者则称刮丹皮，也称粉丹皮。在晒干过程中丹皮不能淋雨、接触水分，否则会使丹皮发红变质，影响药材品质。

七、质量标准

1. 经验鉴别　以条粗长、皮厚、断面色白、粉性足、香气浓者为佳。

2. 检查　水分不得过 13.0%。总灰分不得过 5.0%。

3. 浸出物　照醇溶性浸出物测定法项下的热浸法测定，用乙醇作溶剂，不得少于 15.0%。

4. 含量测定　照高效液相色谱法测定，本品含丹皮酚不得少于 1.2%。

商品规格等级

牡丹皮药材分为连丹皮、刮丹皮 2 个规格，各分为三个等级。

连丹皮选货一级：多呈圆筒状或半筒状，略内卷曲，稍弯曲，表面灰褐色或棕褐色，栓皮脱落处呈粉棕色。厚 0.1~0.4 cm。质硬而脆，断面粉白或淡褐色，有粉性、有香气，味微苦涩。条均匀，长度≥ 11 cm，中部直径≥ 1.1 cm。

连丹皮选货二级：条均匀，长度≥ 9 cm，中部直径≥ 0.9 cm。余同一等。

连丹皮选货三级：条均匀，长度≥ 7 cm，中部直径≥ 0.5 cm。余同一等。

连丹皮统货：大小混杂，间有碎末。余同一等。

刮丹皮选货一级：多呈圆筒状或半筒状，略内卷曲，稍弯曲，表面淡棕色或粉红色，在节疤、皮孔根痕处，偶有未去净的栓皮，形成棕褐色的花斑。厚 0.1~0.4 cm。断面粉白色，有粉性、有香气，味微苦涩。条均匀，长度≥

11 cm，中部直径≥ 1.1 cm。

刮丹皮选货二级：条均匀，长度≥ 9 cm，中部直径≥ 0.9 cm。余同一等。

刮丹皮选货三级：条均匀，长度≥ 7 cm，中部直径≥ 0.5 cm。余同一等。

刮丹皮统货：大小混杂，间有碎末。余同一等。

连丹皮

刮丹皮

木瓜

学名：*Chaenomeles speciosa* (Sweet) Nakai

科：蔷薇科

木瓜，多年生落叶灌木，来源于贴梗海棠的干燥近成熟果实，又名皱皮木瓜、贴梗木瓜。其性温，味酸涩；归肝、脾经；有舒筋活络、和胃化湿等功效，尤为湿痹筋脉拘挛之要药；主治腰膝关节酸重疼痛、肢体麻木、腓肠肌痉挛、中暑吐泻、脚气浮肿等病症。现代研究证明，木瓜含有19种氨基酸、18种微量元素以及大量维生素C，同时还含有齐墩果酸、熊果酸、苹果酸、枸橼酸、酒石酸以及皂苷等，具有护肝降转氨酶、提高人体免疫、抗炎、降血糖血脂等药理活性，新鲜木瓜汁及木瓜煎剂对肠道菌和葡萄球菌有明显的抑菌作用。

一、生物学特性

贴梗海棠为先花后叶植物，偶见花叶同时展开，一般2月中旬至3月上旬萌芽，3月中旬至4月上旬开花展叶，4月为幼果形成期。营养器官生长迅速，表现为新枝形成、叶片快速生长。果实膨大有两个高峰期：5月上中旬，6月中下旬即伏前20~25 d，养分优势主要转向生长果实，单果日鲜重增长较快。果熟期9~10月。9月初至11月底，叶片功能变弱，随着气温的逐渐降低，叶片相继脱落，从而进入休眠期。

二、选地与整地

贴梗海棠喜温暖湿润气候，较耐严寒，宜选地势高、阳光充足、土层深厚肥沃、排水好的田块。林地应选择低山、丘陵、土层深厚、湿润肥沃、排水良好的微酸性土壤，尤其以土层厚度 50 cm 以上富含有机质的壤土、沙壤土生长最好。凡涝洼积水，风口地带，阴冷少光之处不宜种植。整地前要进行林地清理，采用全垦或带状整地方式，整地深度 25~50 cm，表土入里。坡度大于 10° 时，要整成梯田，宽度 1.5~2.5 m。穴的规格为 40 cm × 40 cm × 35 cm，精耕细作，结合整地施足基肥，栽植前每亩施腐熟厩肥 3 000~4 000 kg，撒匀，深翻土地 20~30 cm，耙细整平，做畦。

三、繁殖方法

1. 扦插繁殖　7~8 月，选择生长健壮的一至二年生枝条，剪成 20~30 cm 小段，每段应有 2~3 个腋芽，插入用细沙制成的苗床中，搭帘遮阴，经常喷水，保持苗床湿润。待插条长出新根后，逐渐减少喷水，并增加光照时间。冬季盖草保暖。第二年早春即可移入苗圃培育，1~2 年后移栽大田。

2. 分株繁殖　贴梗海棠根际萌蘖能力很强，在自然生长状态下，根部就能产生很多萌蘖苗，每年冬季落叶后，可距母株 1~2 m 刨开表土露出侧根，每隔 5~10 cm，用刀割伤皮层，然后盖细土，再施以腐熟厩肥，上盖细土或稻草，翌年春季，便能生长出许多幼苗。在惊蛰前后，将老株周围分蘖的幼株带须根掘出，栽入苗圃或大田中。

3. 种子繁殖　采用种子繁殖时，需经低温湿润条件处理打破种子的休眠。生产上多随采随播或沙藏于 0~5℃ 低温条件下至翌春播种。霜降以后，将成熟的种子及细沙拌培，并经常喷水保持湿润，翌年春分至清明时，按行距 25~30 cm 开浅沟播于苗床，覆土，盖实，浇水并保持苗床湿润。出苗后，加强田间管理，苗高约 1 cm 时，即可移栽。每亩播种量 10~13 kg。

4. 压条繁殖　于每年春、秋两季将近地面的枝条压入土中，并将入土部分刻伤，待生根发芽后，截离母株，另行定植。

5. 移栽　贴梗海棠苗移栽，春、秋两季均可进行，以春季为好。按行株距 3 m × 2 m 开穴，每穴径深 30~50 cm，穴底放入腐熟厩肥约 5 kg，呈三角形摆列，盖土后将苗向上轻轻提一下，使其根部展开，然后稍压实，浇足水，保持土壤潮湿。每亩可移栽 120~150 株。栽植应选择雨前、雨后或阴天进行。

四、田间管理

1. 中耕除草　幼苗定植成活后，要特别注意防止草荒，随时进行除草，尽量少用或不用化学除草剂，以保证土壤生物的多样性，促进土壤养分的分解、释放和利用。3~9 月幼林要进行 3~4 次除草，成林进行 2~3 次除草，锄深 10~15 cm。深翻一年四季均可，以秋冬季为宜，深度一般为 30 cm。深翻时要避免伤根，翻土可结合施基肥进行。另外，在贴梗海棠生长期间可以在树围覆盖秸秆和杂草，促进保墒、保肥，减少杂草滋生，同时它们腐烂后可以增加土壤的有机质和养分，有利于木瓜旺盛生长。

2. 施肥　一般每年施肥 3~4 次。秋冬季以土杂肥、厩肥、堆肥为主，并配以适量的磷肥；春季施以腐熟的饼肥或人畜粪尿；夏季施尿素、硫酸铵或过磷酸钙等速效肥，以促进果实增大，改善品质及花芽分化。若能在花期和果期分别喷施 1%~2% 氮、磷肥，增产效果则更明显。

3. 灌溉排水　干旱天气经常浇水，平坦的林地可采取灌、喷、浇水等，还可以覆盖保湿，即林里采用草、树叶、作物秸秆、地膜等覆盖，可阻碍蒸发。在雨量充沛的季节，必须疏沟排水，淹水会造成根部腐烂，甚至落果，长期淹水会导致整树死亡。在山凹或易积水地块，一般采用暗沟排水和高垄沥水。

4. 整形修剪　进入盛果期的贴梗海棠，每年在冬季休眠期整枝修剪 1 次，剪去病枝、枯枝、徒长枝、衰老枝及过密的枝条，使树形保持内空外圆，自然开心形。对衰老的贴梗海棠可将老枝全部砍去，让老根萌生出幼苗，进行植株更新。由于贴梗海棠大多在二年生枝条上开花结果，因此每年整枝修剪时，保留枝条 30 cm 长，剪去顶梢，以促使多发新枝，多开花结果。

五、病虫害防治

1. 灰霉病　主要为害贴梗海棠幼树的嫩芽、嫩叶、幼茎、嫩梢，在雨天高湿严重。综合防治：利用冬季修剪清除病枝及病叶；育苗时要做好土壤消毒，忌重茬圃地；冬季早播和地膜覆盖增温，促苗早出、早木质化；施足基肥、少用追肥，提高苗木的抗病力；也可在苗木出土后，用石灰等量式波尔多液 160 倍液每周喷洒 1 次，连喷 2~3 周，或用 70% 甲基硫菌灵可湿性粉剂 1 500 倍液每 10 d 喷 1 次，连喷 2~3 次。

2. 叶枯病　为害叶片，绿叶期间都可能发生此病害，7~8 月尤其严重。防治措施包括清除枯枝落叶并集中烧掉，用石灰等量式波尔多液 160 倍液叶面喷雾。

3. 锈病　为害叶片、果实、叶柄、嫩枝。防治方法：清除种植地附近 2~3km 的圆柏，阻断病源；每年 3 月底雨后天晴时喷 15% 三唑酮可湿性粉剂 1 500 倍液 1~2 次。

4. 桑天牛和光肩星天牛　为蛀食性害虫。幼虫蛀食枝干，造成枝干枯死，成虫危害枝叶。防治方法：进行林间抚育管理，清除杂草，保持林间卫生；对有虫害的枝干应及时伐除烧尽；用 20% 杀灭菊酯乳油 500 倍液喷射树干，或用 40% 辛硫磷乳油蘸药棉堵塞蛀孔。

5. 蚜虫　为害植物的嫩梢嫩叶，吸食汁液，使芽梢枯萎、嫩叶卷缩，全年受害，3~4 月是贴梗海棠抽梢期，受害最重。防治方法：用瓢虫、食蚜蝇、草铃虫和捕食螨等天敌消灭蚜虫；也可亩用 20% 氰戊菊酯乳油 30 mL，或 70% 吡虫啉可湿性粉剂 2 g，兑水茎叶喷雾。

6. 梨小食心虫　为害嫩梢和幼果。传统农业防治采取冬季深翻木瓜林以破坏越冬场所；做好生长期虫害测报工作；采取剪受害梢、灯光诱蛾等物理方法减低虫口基数。化学防治则在越冬幼虫化蛹后、成虫羽化出土前用 50% 辛硫磷乳油 100 倍液喷洒树冠下。

六、采收加工

1. 采收　贴梗海棠定植 3~5 年后开花结果，7~8 月外果皮呈青黄色发出芳香味时，即可选晴天露水干后进行采收。采摘时注意勿使果实受伤或坠地。

过早采摘水分多而品质差；过晚采摘容易造成果质松泡，也会降低品质。

2. 加工　采摘后用铜刀（忌用铁刀，否则剖面变黑）趁鲜纵剖两半，放沸水中煮 5~10 min，或置笼屉中蒸 15~20 min，取出置竹帘上，果心向上晒 2~3 d，然后翻过来晒 2~3 d，如此日晒夜露（防止雨淋），色变紫红，直至全干。如遇阴雨天，可用微火烘干。也可将采摘的果实直接纵切两瓣，然后横切成 2 cm 厚的薄片，晒干。

七、质量评价

1. 经验鉴别　以外皮皱缩、肉厚、内外紫红色、质坚实、味酸者为佳。

2. 检查　水分不得过 15.0%。总灰分不得过 5.0%。pH 应为 3.0~4.0。

3. 浸出物　照醇溶性浸出物测定法项下的热浸法测定，用乙醇作溶剂，不得少于 15.0%。

4. 含量测定　照高效液相色谱法测定，本品含齐墩果酸和熊果酸的总量不得少于 0.50%

商品规格等级

木瓜药材一般为选货和统货 2 个规格，均不分等级。

选货：干货。长圆形，多纵剖成两半，长度 ≥ 6 cm，宽 2~5 cm，厚 1~2.5 cm。外表面紫红色或红棕色，有不规则的深皱纹；剖面边缘向内卷曲，果肉红棕色，中心部分凹陷，棕黄色；种子扁长三角形，多脱落。质坚硬。气微清香，味酸。

统货：干货。长度 ≥ 4 cm，宽 2~5 cm，厚 1~2.5 cm。余同选货。

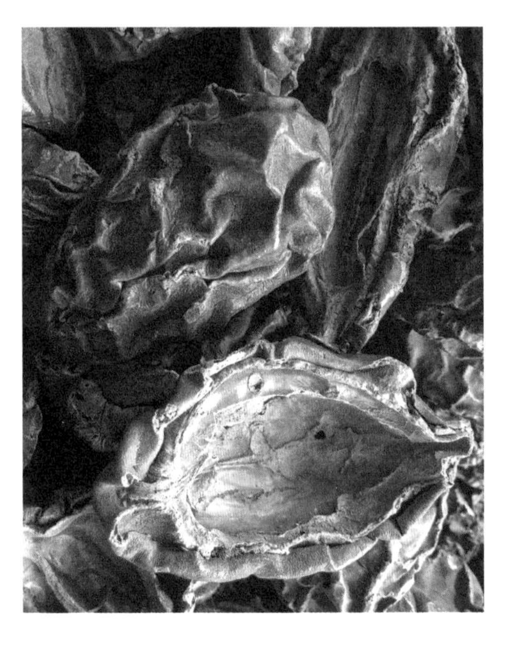

牛蒡

学名：*Arctium lappa* L.

科：菊科

牛蒡，二年生草本植物，又名大力子，以干燥果实和根入药。牛蒡根也可鲜用作蔬菜食用。牛蒡种子具有疏散风热、宣肺透疹、散结解毒之功效；根具有清热解毒、疏风利咽之功效。种子常用于风热感冒、头痛、咽喉肿痛、流行性腮腺炎、疹出不透、痈疖疮疡等症；根常用于疮疖肿毒、脚癣、湿疹等症。

一、生物学特性

牛蒡具粗大的肉质直根，长达 15 cm，径可达 2 cm，有分枝支根。茎直立，高达 2 m，粗壮，通常带紫红或淡紫红色，有多数高起的条棱，分枝斜生，多数。基生叶宽卵形，长达 30 cm，宽达 21 cm。头状花序多数，瘦果倒长卵形或偏斜倒长卵形，两侧压扁，浅褐色。花果期 6~9 月，整果序摘下晒干后可打出许多的种子。

二、选地与整地

选择地势向阳、土层深厚、土质肥沃、排水良好的壤土或沙质壤土，土壤有机质含量丰富，pH 6.5~7.5 为宜。栽培忌连作，前茬以禾谷类、油菜、蚕豆等作物为宜。一般亩施优质农家肥 3 000~4 000 kg、过磷酸钙 50 kg、尿素 5 kg 作基肥，在耕地前将肥料均匀撒施于地表，结合耕地一次翻入土中，耕地深度 30 cm 以上，耙平整细。

三、繁殖方法

牛蒡主要采用种子繁殖。4 月播种，将饱满、无病虫斑、无损伤的种子晒 1~2 d，然后在 40~50℃的温水中浸泡 1~2 h，捞出晾干。条播可按行距 60 cm 开沟，沟深 2~3 cm，将种子均匀撒播于沟内，覆土 1~2 cm；穴播可按株行距 30 cm × 60 cm 开穴播种，每穴播 4~6 粒，覆土 2~3 cm。播后均要稍加镇压，使种子与土壤密切接触，盖草保持土壤湿润。每亩用种量为 0.5~0.75 kg。

四、田间管理

1. 间苗、定苗　出苗后，在傍晚或阴天揭除盖草，当幼苗长出 2~3 片真叶时间苗，条播田按株距 4~5 cm 留壮苗 1 株，穴播田每穴留壮苗 2 株，多余的幼苗全部拔除。当幼苗长出 4~5 片真叶时定苗，条播田按株距 25~30 cm 留壮苗 1 株，穴播田每穴留壮苗 1 株。

2. 中耕除草　结合间定苗进行中耕除草，同时进行根部培土。牛蒡植株生长缓慢，及时中耕除草，封行后不再进行。全生育期中耕除草 4~5 次。

3. 追肥　于播种第二年 4 月下旬进行，每亩追施优质农家肥 1 000 kg，磷酸二铵 15 kg，均匀撒于地表，结合除草翻入土中。花期每亩叶面喷施磷酸二氢钾 0.2~0.3 kg，以促进开花结果。

五、病虫害防治

1. 病害　为叶斑病和白粉病，发病初期叶面喷洒 50% 多菌灵可湿性粉剂或 20% 三唑酮可湿性粉剂或 12% 腈菌唑乳油 1 000~2 000 倍液茎叶喷雾，7~10 d 喷 1 次，连喷 2~3 次。

2. 虫害　以蚜虫、蛴螬、地老虎为主，为害嫩芽、花、根等。防治方法：用 50% 抗蚜威可湿性粉剂 2 000~3 000 倍液进行喷雾防治，7~10 d 喷 1 次，连续 2~3 次。对于地下害虫，每亩用碎鲜草 20 kg，加入 90% 敌百虫晶体进行毒饵诱杀，或用 50% 辛硫磷乳油进行土壤处理。

六、采收加工

1. 采收　牛蒡子在秋后果实成熟时收割果序；牛蒡根在秋末冬初地上植株枯萎后，或第二年春初苗未出土前采挖，挖根时应小心，避免断根、伤根。

2. 加工　收割的鲜牛蒡果序，去杂质，晒干，脱粒，收取果实，晒干，为牛蒡子。挖出的新鲜根，洗净泥土，除去须根，晒干；或切片，晒干或烘干，为牛蒡根。

七、质量评价

1. 经验鉴别　以粒大、饱满、色灰褐者为佳。

2. 检查　水分不得过 9.0%。总灰分不得过 7.0%。

3. 含量测定　照高效液相色谱法测定，本品含牛蒡苷不得少于 5.0%。

商品规格等级

牛蒡子药材一般为选货和统货 2 个规格，不分等级。

选货：干货。呈长倒卵形，略扁，长 0.5~0.7 cm，宽 0.2~0.3 cm。微弯曲，表面带紫黑色斑点，有数条纵棱，通常中间 1~2 条较明显。顶端圆钝，稍宽，顶面有圆环，中间具点状花柱残迹；基部略窄，有一小凸起，凹侧有果梗痕。质硬。果皮较硬，与种子不易分离；种子 1 枚，子叶 2，黄白色，有油性。颗粒饱满、大小均匀，含杂率≤ 1.5%，秕粒率≤ 3.0%。气微，味苦后微辛而稍麻舌。

统货：干货。颗粒不饱满、大小不均匀，含杂率＜ 3.0%，秕粒率≤ 5.0%。余同选货。

牛膝

学名：*Achyranthes bidentata* Bl.
科：苋科

牛膝，多年生草本植物，以干燥的根入药，又名怀牛膝，是临床常用中药之一，味甘、苦、酸，性平，具逐瘀通经、补肝肾、强筋骨、利尿通淋，引血下行之功效。用于经闭、痛经、腰膝酸疼、筋骨无力、淋证、水肿、头痛、眩晕、牙痛、口疮等症。全国都有分布，河南温县、武陟、博爱、沁阳大量种植，为“四大怀药”之一。

一、生物学特性

牛膝株高70~120 cm；根圆柱形，直径5~10 mm，土黄色；茎有棱角或四方形，绿色或带紫色，有白色贴生或开展柔毛，或近无毛，分枝对生。叶片椭圆形或椭圆披针形。胞果矩圆形，长2~2.5 mm，黄褐色，光滑。种子矩圆形，长1 mm，黄褐色。

牛膝喜温暖干燥的气候，不耐严寒，根系较深，耐肥力强。种子寿命1~2年，易萌发，当气温为21~27℃时，一般7~10 d出苗。花期在7~8月，果期9~11月。牛膝从种子发芽到收获，整个生长发育期140 d左右，包括4个时期。幼苗期：该时期从幼苗能独立进行营养生长起，到幼苗出现大幅度生长为止，所需时间大概是30 d。快速发棵期：进入8月，牛膝植株快速生长，为根部生长旺盛期，能持续30 d左右。根部伸长发粗期：植株生长到9月时，地上部发育已经基本完成，其根部快速向下生长，伸长变粗。枯萎采收期：过了10月，温度降至15℃左右，植株的生长发育变慢，霜降之后，牛膝地上部分逐渐枯萎，就可以采收。

二、选地与整地

宜选向阳温暖、土层深厚、疏松肥沃、排水良好的沙壤土种植牛膝。每亩施腐熟的农家肥 3 000 kg、饼肥 30 kg、过磷酸钙 50 kg，土壤深翻 60 cm 左右，耕细耙平，做成 1.3 m 宽的高畦，畦沟 4 cm。

三、繁殖方法

牛膝采用种子繁殖，7 月上中旬为适宜播期。播种前，种子用 20℃左右的温水浸泡 12 h，泡至种子出现“凸嘴”，捞出沥干，与少量细沙土、火土灰拌匀，按行距 20~25 cm、沟深 1.5 cm 左右的标准进行条播，播后覆土以盖没种子为度，稍压，浇水。也可以直接撒播于畦面，播后用耙子轻轻搂动土面，使种子下沉入土中，再撒盖一层厚 1~1.5 cm 的细土。每亩用种量 600~800 g。播后田间保持一定的湿度，5~7 d 即可出苗。

四、田间管理

1. 间苗、定苗　幼苗初期生长柔弱，如遇干旱天气，应及时浇水保苗。苗高 5~7 cm 时，按间距 6 cm 间苗，苗高 15~20 cm 时，按株距 15 cm 定苗。

2. 中耕除草　一般中耕除草 3 次，齐苗后，第 1 次除草；定苗后进行第 2 次除草；9 月初第 3 次除草。

3. 追肥　齐苗后，结合第 1 次除草，每亩施稀薄人畜粪尿拌火土灰 1 000 kg；第 2 次于定苗后，每亩施入人畜粪尿拌土杂肥的混合肥 1 500 kg；9 月初，第 3 次施肥，每亩施入人畜粪尿拌土杂肥的混合肥 2 000 kg，另施过磷酸钙 50 kg。

4. 排灌　除幼苗期需要常保持土壤湿润外，其余时期不宜过多浇水，以防地上部徒长。雨季应及时挖沟排水。

5. 打顶与摘薹　植株现蕾时及时摘除顶部花蕾和抽生的花序，一般进行

2~3 次，控制株高 45 cm 左右，使养分集中于根部，利于根部生长。

五、病虫害防治

1. 白锈病　春秋季低温多雨时易发，主要为害叶片。防治方法：清除病残株，发病时用 50% 甲基硫菌灵可湿性粉剂 1 000 倍液喷施。

2. 叶斑病　夏季发生，为害叶片。病叶出现黄色或黄褐色病斑，严重时叶片变为灰褐色，直至植株枯死。防治方法：及时疏沟排水，降低田间湿度，保持通风透光，增强植株抗病力。发病前后可喷石灰等量式波尔多液 160 倍液或 65% 代森锌可湿性粉剂 500 倍液，每 7 d 喷 1 次，连续喷 3~4 次。

3. 根腐病　为害根部，使根部变褐色，呈水渍状，逐渐腐烂，地上茎叶逐渐枯死。防治方法：减少田间湿度，注意疏沟排水；可用 50% 多菌灵可湿性粉剂 1 000 倍液或 5% 石灰乳淋穴。

4. 虫害　有银纹夜蛾、棉红蜘蛛、椿象等。防治方法：人工捕杀；银纹夜蛾用 90% 敌百虫晶体 1 000 倍液喷杀；3% 阿维菌素微乳剂 2 000~3 000 倍液喷杀。

六、采收加工

1. 采收　播种当年 11~12 月或第 2 年春天发芽之前均可采收。采收时先将地上茎叶割掉，从畦的一端挖宽 60 cm、深 60~80 cm 的沟，依次将牛膝整株连根挖出，注意不要挖断根条。去掉泥土，除去须根、侧根。

2. 加工　挖出牛膝的根，直接晾晒，晾晒至七八成干时，切取芦头，理直根条并按粗细分等，捆成小把，再堆闷 2~3 d 后，晒至全干。

七、质量评价

1. 经验鉴别　根长、肉肥、皮细、黄白色者为佳。

2. 检查　水分不得过 15.0%。总灰分不得过 9.0%。二氧化硫残留量不得过 400 mg/kg。

3. 浸出物　照醇溶性浸出物测定法项下的热浸法测定，用水饱和正丁醇作溶剂，不得少于 6.5%。

4. 含量测定　照高效液相色谱法测定，本品含 β- 蜕皮甾酮不得少于 0.030%。

商品规格等级

牛膝药材一般为统货和选货 2 个规格。统货，不分等级。选货分为 3 个等级。

选货特肥：干货。呈细长圆柱形，挺直或稍弯曲，0.8 cm ＜中部直径 ≤ 1 cm，40 cm ＜长度≤ 70 cm。表面灰黄色或淡棕色，有微扭曲的细纵皱纹、排列稀疏的侧根痕和横长皮孔样的突起。质硬脆，易折断，受潮后变软。断面平坦，淡棕色，略呈角质样而油润。中心维管束木质部较大，黄白色，其外周散有多数黄白色点状维管束，断续排列成 2~4 轮。气微，味微甜而稍苦涩。

选货头肥：干货。0.6 cm ＜中部直径≤ 0.8 cm，30 cm ＜长度≤ 40 cm。余同特肥。

选货二条：干货。0.4 cm ≤中部直径≤ 0.6 cm，15 cm ≤长度≤ 30 cm。余同特肥。

蒲公英

学名：*Taraxacum mongolicum* Hand.-Mazz.
科：菊科

蒲公英，多年生草本植物，别名黄花地丁、婆婆丁等，以带根全草入药，具有清热解毒、消肿散结、利湿通淋功效，主治痈肿疔毒、乳痈内痈、热淋涩痛、湿热黄疸。蒲公英鲜叶作蔬菜食用。

一、生物学特性

蒲公英根略呈圆锥状，弯曲，长 4~10 cm。叶成倒卵状披针形、倒披针形或长圆状披针形，变异较大。花莛 1 至数个，头状花序，舌状花黄色。瘦果倒卵状披针形，暗褐色，顶端冠毛白色，长约 6 mm。花期 4~9 月，果期 5~10 月。

蒲公英属于短日照植物，高温短日照条件下有利于抽薹开花；较耐阴，但光照条件好有利于叶片生长。其适应性较强，生长不择土壤，但以向阳、肥沃、湿润的沙质土壤生长较好。早春 1~2℃即开始萌发生长，种子在土壤温度 15~20℃发芽最快，在 25~30℃时反而发芽变慢，叶片生长最适宜温度 15~22℃。

二、选地与整地

选疏松肥沃、排水良好的沙质壤土种植，亩施有机肥 2 000~3 500 kg，混合过磷酸钙 15 kg，均匀地撒到地面上。深翻地 20~25 cm，整平耙细，做平畦宽 1.2 m、长 10 m、高 20 cm。

三、繁殖方法

蒲公英一般为种子繁殖或移栽野生植株繁殖为主。

1. 种子繁殖　蒲公英种子无休眠期，采收后可随时播种。露地直播采用条播，在畦面上按行距 25~30 cm 开浅横沟，播幅约 10 cm，种子播下后覆土 1 cm,然后稍加镇压。播种量为每亩 0.5~0.75 kg。平畦撒播,亩用种 1.5~2.0 kg。播种后盖草保温，出苗时揭去盖草，约 6 d 可以出苗。为提早出苗可采用温水烫种催芽处理，即将种子置于 50~55℃温水中，搅动至水凉后，再浸泡 8 h，捞出种子包于湿布内，放在 25℃左右的地方，上面用湿布盖好，每天早、晚用温水浇 1 次，3~4 d 种子萌动即可播种。

2. 移栽野生植株繁殖　在蒲公英野生资源丰富的地方，也可直接挖取野生蒲公英的根用于栽培。移栽通常在 10 月，挖根后集中栽培于大棚中，行株距 8 cm × 3 cm，栽后浇足水，至翌年 2 月即可萌发新叶，再追施有机肥，可促进生长。

四、田间管理

1. 间苗和定苗　结合中耕除草进行间苗定苗，出苗 10 d 左右进行间苗，株距 3~5 cm，经 20~30 d 即可进行定苗，株距 8~10 cm，撒播者株距 5 cm 即可。

2. 中耕除草　蒲公英出苗 10 d 左右可进行第 1 次中耕除草，以后每 10 d 左右中耕除草 1 次，直到封垄为止，做到田间无杂草，封垄后可人工拔草。

3. 肥水管理　出苗前保持土壤湿润，出苗后应适当控制水分，防止徒长和倒伏。在叶片迅速生长期，每亩追施 20~30 kg 复合肥促进叶片旺盛生长。地上部分每次采收后都要追施肥料。冬前浇 1 次透水，然后覆盖马粪或麦秸等，利于越冬。翌春返青后可结合浇水，亩施尿素 10~15 kg、过磷酸钙 8 kg 促进生长。

五、病虫害防治

1. 叶斑病　叶面初生针尖大小褪绿色至浅褐色小斑点，后扩展成圆形至椭圆形或不规则状，中心暗灰色至褐色，边缘有褐色线隆起，直径 3~8 mm，个别病斑直径 20 mm。防治方法：发病初期开始喷洒 40% 氟硅唑乳油 8 000 倍液或 40% 多硫悬浮剂 500 倍液。

2. 斑枯病　初于下部叶片上出现褐色小斑点，后扩展成黑褐色圆形或近圆形至不规则形斑，大小 5~10 mm，外部有一不明显黄色晕圈，后期病斑边缘呈黑褐色。防治方法：发病初期用石灰等量式波尔多液 160 倍液或 65% 代森锌可湿性粉剂 500~600 倍液喷雾，每隔 10 d 喷 1 次，连续 2~3 次。

3. 锈病　主要为害叶片和茎，初在叶片上现浅黄色小斑点，叶背对应处也生出小褪绿斑，后产生稍隆起的疱状物，疱状物破裂后，散出大量黄褐色粉状物，叶片上病斑多时，叶缘上卷。防治方法：注意田间卫生，结合采摘收集病残体携出田外烧毁，清沟排水，避免偏施氮肥，适时喷施植宝素等，使植株健壮生长，增强抵抗力，发病初期开始喷洒 40% 氟硅唑乳油 8 000 倍液或 40% 多硫悬浮剂 500 倍液或 50% 异菌脲可湿性粉剂 1 500 倍液，每 10~15 d 喷 1 次，连续防治 2~3 次，采收前 7 d 停止用药。

4. 枯萎病　初发病时叶色变浅发黄，萎蔫下垂，茎基部也变成浅褐色，横剖茎基部可见维管束变为褐色，向上扩展枝条的维管束也逐渐变成淡褐色，向下扩展致根部外皮坏死或变黑腐烂，有的茎基部裂开，湿度大时产生白霉。防治方法：提倡施用酵素菌沤制的堆肥或腐熟有机肥，加强田间管理，与其他作物轮作，选种适宜本地的抗病品种，选择宜排水的沙性土壤栽种，合理灌溉，尽量避免田间过湿或雨后积水，发病初期选用 50% 多菌灵可湿性粉剂 500 倍液或 40% 多硫悬浮剂 600 倍液或 50% 琥胶肥酸铜可湿性粉剂 400 倍液或 30% 碱式硫酸铜悬浮剂 400 倍液喷淋，视病情每隔 7~10 d 喷 1 次，连续 2~3 次。

六、采收加工

1. 采收　采收时可用镰刀或小刀挑割，沿地表 1~2 cm 处平行下刀，保留地下根部，以长新芽；先挑大株收，留下中小株继续生长，也可一次性整株割取。一般每亩地每次可收割鲜叶 2 000~2 500 kg。蒲公英整株割取后，根部受损流出白浆，10 d 内不宜浇水，以防烂根。蒲公英全草作中药材时，在晚秋时节采挖带根的植株。

2. 加工　采挖的蒲公英叶子或全草，去净泥土，拣出杂物，晒干。

七、质量评价

1. 经验鉴别　药材以色灰绿、叶多者为佳。

2. 检查　水分不得过 13.0%。

3. 含量测定　本品按干燥品计算，含菊苣酸不得少于 0.45%。

商品规格等级

蒲公英药材有野生蒲公英和栽培蒲公英 2 个规格，均不分等级。

野生蒲公英：干货。呈皱缩卷曲的团块。叶片较小，叶基生，多皱缩破碎，完整叶片呈倒披针形，绿褐色或暗灰绿色，先端尖或钝，边缘浅裂或羽状分裂，基部渐狭，下延呈柄状，下表面主脉明显。花茎 1 至数条，每条顶生头状花序，头状花序较多，总苞片多层，内面一层较长，花冠黄褐色或淡黄白色。有的可见多数具白色冠毛的长椭圆形瘦果。根呈圆锥状，多弯曲，长 3~7 cm；表面棕褐色，抽皱；根头部有棕褐色或黄白色的茸毛，有的已脱落。气微，味微苦。

栽培蒲公英：干货。叶片较大。头状花序较少。无根。余同野生蒲公英。

千金子

学名：*Euphorbia lathyris* L.

科：大戟科

千金子，又称续随子，为大戟科植物续随子干燥成熟种子。全草有毒，主产于河南，有逐水消肿、破症杀虫、导泻、镇静、镇痛、抗炎、抗菌、抗肿瘤等功效。临床报道，千金子可治疗晚期血吸虫病腹水、毒蛇咬伤、妇女经闭等症。

一、生物学特性

千金子植株高可达 1 m，全株具白色乳汁。茎直立，粗壮，无毛，分枝多。单叶交互对生，茎下部叶较密，由下而上叶渐增大，卵状披针形、线状披针形或阔披针形。杯状聚伞花序顶生，伞梗 2~4，基部具 2~4 枚轮生叶状苞片，每伞梗再分枝，有 2 枚三角状卵形苞叶；花单性，无花被，雄花多数和雌花 1 枚同生于杯状总苞内。蒴果近球形。花期 4~7 月，果期 6~9 月。种子呈椭圆形或卵圆形，长 5~6 mm，直径约 4 mm。表面灰棕色，有网状皱纹，皱纹的凸起部深棕色，凹下部灰黑色，形成细斑点状。种皮薄而硬脆。胚乳黄白色，富油质。

千金子喜温暖光照及中生环境，抗逆性较强，容易栽培，宜湿润，怕水涝，对土壤要求不严，沙壤土、黄土、麦田土均可，但以沙壤腐殖土最佳。生于水田、低湿旱田及地边。一般环境及土壤均能栽培。

二、选地与整地

选择光照、排水良好的沙质壤土。每亩施腐熟有机肥 2 000 kg、过磷酸钙

30 kg、复合肥 30 kg 作基肥，深耕 30 cm，整平耙细，整成 2~3 m 宽平畦。播种时要求土壤湿润。

三、繁殖方法

千金子用种子繁殖。春播于 3 月下旬，秋播于 9 月中旬至 10 月下旬。播种前将种子用 60℃左右的温水浸种 30 min，然后用 50% 多菌灵可湿性粉剂 1 000 倍液浸种 2 h 左右进行消毒灭菌，用清水洗净后备用。采用穴播，穴距以 30 cm × 35 cm 或 30 cm × 40 cm 为宜，每穴播种 4~8 粒，覆土 2~3 cm，浇水压实，覆盖保湿，一般 15~20 d 出苗。条播按行距 30~40 cm 开沟，深 3~4 cm，将种子均匀播入沟内。每亩用种量 2 kg 左右。

四、田间管理

1. 间苗、定苗　苗高 5 cm 左右时间苗，苗高 10 cm 左右时，按株距 25~30 cm 定苗。

2. 中耕除草　结合间苗、定苗各中耕除草 1 次，第 3 次除草在植株封行前进行。

3. 追肥　全生育期追肥 2 次，第 1 次在苗高 20~30 cm 时，亩施尿素 15~20 kg、饼肥 40 kg；第 2 次在苗高 40~50 cm 时，可混施过磷酸钙或钾肥以防植株倒伏，亩施多元复合肥 30~40 kg。

五、病虫害防治

千金子在高温多湿季节，苗期易发生立枯病，中后期易发生叶斑病，也会同时交叉发病，一般均需在发病前进行药剂防治 1~2 次。可用 15% 噁霉灵水剂 500 倍液或 50% 甲基硫菌灵可湿性粉剂 1 000 倍液或 70% 百菌清可湿性粉剂 800 倍液等防治立枯病；用石灰等量式波尔多液 200 倍液、50% 克菌丹可湿性粉剂 800 倍液等防治叶斑病。可用 40% 辛硫磷乳油 1 000~1 500 倍液防治苗期地下害虫。

六、采收加工

1. 采收　当大多数果实变深褐色时，割取地上部分。

2. 加工　将全株晒干，打下种子，除去杂质，晒至全干。

七、质量评价

1. 经验鉴别　以粒饱满、油性足者为佳。

2. 检查　水分不得过 12.0%。总灰分不得过 6.0%。酸不溶性灰分不得过 1.5%。

3. 含量测定　脂肪油以索氏提取器提取后蒸干称量，本品含脂肪油不得少于 35.0%。千金子甾醇照高效液相色谱法测定，本品含千金子甾醇不得少于 0.35%。

商品规格等级

千金子药材均为统货，不分等级。

统货：干货。呈椭圆形或卵圆形，长 5~6 mm，直径约 4 mm。表面灰棕色，有网状皱纹及褐色斑点。一侧具纵沟纹（种脊），顶端有小圆形微凸起点（合点），基部偏向种脊处有类白色突起（种阜），通常已脱落而留下一个小白点。皮薄而硬脆，内有白色油质的胚乳及 2 片子叶。无臭，味辛。

山药

学名：*Dioscorea opposita* Thunb.
科：薯蓣科

山药，多年生缠绕草本植物，以植物薯蓣的干燥根茎入药，性平，味甘，归脾、肺、肾经，具有补脾养胃、生津益肺、补肾涩精作用，用于脾虚食少、久泻不止、肺虚咳喘、肾虚遗精、带下、尿频、虚热消渴等症。河南省温县、武陟、博爱、沁阳等地（古怀庆府）所产“怀山药”最为有名，系著名“四大怀药”之一。山药品种以铁棍山药和太谷山药为主。

一、生物学特性

山药根茎呈长圆柱形，垂直生长，长可达 1 m 多，断面干时白色。雌雄异株，穗状花序，雄花花序轴明显地呈“之”字状曲折；雌花序着生于叶腋。蒴果，三棱状扁圆形或三棱状圆形，外面有白粉；种子着生于每室中轴中部，四周有膜质翅。花期 6~9 月，果期 7~11 月。山药喜温，向阳，且耐寒，对气候环境要求不严，适应性强。全国除高寒地区外，各地均可栽培。山药是深根性植物，耐旱怕渍，根茎入土层，要求地势高燥，土质疏松，土层为深厚、肥沃、不积水的沙质壤土。土壤 pH 6.5~7.5。

山药的生长发育一般分为幼苗期：从发芽、出苗到放叶，4 月初至 5 月中旬；盘棵期：从展叶到现蕾，5 月上中旬至 6 月中下旬；根茎膨大期：从现蕾到根茎基本停止生长，7 月上中旬至 9 月上中旬；根茎膨大后期：9 月上中旬至 10 月底，10 月底为成熟期；休眠期：地上部分枯萎至第二年发芽。山药出苗要求平均地温 13℃以上，并有足够的土壤湿度。7 月到 8 月是山药结“零余子”

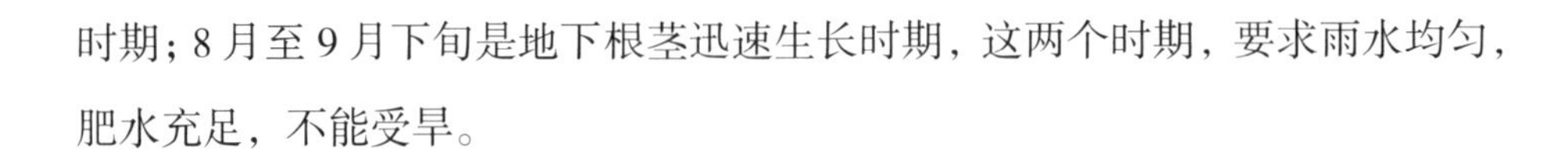

时期；8 月至 9 月下旬是地下根茎迅速生长时期，这两个时期，要求雨水均匀，肥水充足，不能受旱。

二、选地与整地

1. 选地　山药的种植应尽量避免重茬，5 年内不连作。栽培地要求地势高燥，土层深厚，疏松肥沃，避风向阳，排水流畅，pH 7.2~7.5 的沙壤土或轻壤土，忌盐碱和黏土地，而且土体构型要均匀一致，至少 1.2 m 土层内不能有黏土、土沙粒等夹层。

2. 施肥及整地

（1）传统种植法　新茬地一般在冬季进行深翻晾晒（不要打乱土层），以零余子为种栽需深翻 40~50 cm，以山药种栽或山药段子为种栽需深翻 80~90 cm，畦宽 1.3~2 m。春季种植时，结合整地，施入基肥，基肥量应占总肥量的 70% 以上。山药基肥以有机肥（如腐熟的饼肥、鸡粪、鸭粪或人畜粪等）为主，无机肥为辅，用量一般每亩可施 2 000~4 000 kg，外加高钾复合肥 40~60 kg，或用山药专用生物有机肥 200~300 kg，与土充分混合均匀，以防烧苗。施肥后，进行整地，以备种植。

（2）开沟种植法　山药种栽繁殖和山药段子繁殖现多采用开沟种植。秋末冬初时节应进行大田施腐熟的农家肥 2 500~3 000 kg，即深耕 25 cm 左右，深耕过后挖山药壕沟，挖种植壕沟的标准一般宽 25~30 cm，深 80~120 cm。种植行两侧为操作行，宽 80~90 cm。在挖壕操作时，一定注意上下层土要分放在沟两侧，沟底自翻的 20 cm 土层应打碎耙平，轻踩一下，然后分别填入下层土和上层土，每填一层最好用脚轻踩一下。

三、繁殖方法

山药是无性繁殖，在生产上常用的方法有山药段子栽殖、山药种栽繁殖和零余子繁殖。

1. 山药段子栽植

（1）种茎选择　结合采收，挖取山药时，选留两端同粗、直径 3~5 cm、色泽鲜嫩、无病虫害的块茎，截成 6~8 cm 长、重 65~100 g 的段子作种用。

（2）种茎储藏　山药段子两头要经太阳晒干（晴天中午晒 2~3 h），或蘸草木灰。然后用 40% 多菌灵可湿性粉剂 400 倍液浸泡 1~2 h，捞出晾干水，即可排在背风向阳的地方，一般排放 2~3 层或 4~6 层，上面用湿土覆盖保存。

（3）种块选择及播前处理　①选种。选择无病、无损伤的山药根茎作种子。②晒种。在播种前 25~30 d 进行晒种，时间从 3 月 10 日前后开始，要求晒 20~30 d。种块粗细、质量尽量一致，晒种也要均匀。晒种时种块下铺草，将种块排成一层，避免互相叠压，切忌在水泥地上晒种。③浸种。为预防山药病害，可播前用 50% 多菌灵可湿性粉剂 300~500 倍液浸种，将种栽放在药剂中浸 15 min 后取出晒干待种，对防治根腐病、枯萎病、斑枯病等有良好的效果。

（4）播种　4 月上旬至 4 月中旬。按株行距（20~26）cm ×（35~40）cm 开沟条播，沟深 5~7 cm，山药段子平放沟中，播后覆土 3~5 cm，敦实保墒即可。每亩播种 6 000~7 000 株。

2. 种栽繁殖

（1）种栽的选择　山药母本主干上端根部截下 15~30 cm 的芦头叫山药种栽。一般选用一至三年生，具有芽眼的健康芦头作种栽，超过 3 年的不能用。

（2）种栽贮藏　与山药段子的保存方法一样，需要注意的是存放拿取要小心，不要将种栽的芽眼碰掉。

（3）播种　4 月上旬至 4 月中旬。按株行距（20~26）cm ×（35~40）cm 开沟条播，沟深 5~7 cm，种栽按一个方向平放沟中，芽头顺向一方，每个芽眼相距 2~3 cm。播后覆土 3~5 cm，敦实保墒即可。每亩播种 6 000~7 000 株。

3. 零余子繁殖　4 月中下旬，5 cm 地温稳定到 10℃左右，选择晴天播种。先开沟深 10~15 cm，行距 25 cm，株距 10 cm。亩用零余子 35~40 kg，栽植 2.5 万株，播后覆土 6 cm 左右，拍实保墒。播种后 15~30 d 便可出苗，出苗后注意浅耕和除草。

四、田间管理

1. 中耕除草　山药出苗后，及时中耕松土和除草，通常在苗高 20~30 cm 时，进行一次浅锄松土；6 月中旬及 8 月再进行二次除草，后两次只除草不中耕，以免伤根。目前除草不建议使用除草剂，如若使用，可于播后苗前使用 96% 精异丙草胺乳油 2 000 倍液进行土壤封闭，对于一年生禾本科草防效显著，但是对于双子叶的苋菜、马齿苋等防治效果差；对于已出土的杂草，可通过中耕进行人工拔除。

2. 施肥　为使山药高产、稳产，山药出苗三叶时，可每次亩施 15~20 kg 高氮钾型复合肥。方法是距植株 30 cm 左右开沟施后覆土。一般苗高不足 1 m 不灌水。这样有利于根系伸长，提高抗旱能力。若必须浇水，可在垄边开一小沟，在沟中浇水，使水慢慢渗入。山药快速生长期（一般 6 月中旬至 7 月中旬），可每亩 1 次或分次施 30~40 kg 氮磷钾复合肥，中后期还可喷施几次 0.2% 磷酸二氢钾或腐殖酸叶面肥。7 月中旬至 8 月初进入块茎生长盛期，茎叶的生长达到了高峰，块茎迅速生长和膨大，每亩施高氮高钾复合肥 25~30 kg。如遇干旱则应浇水。山药全生育期都要排涝，尤其是在多雨季节。

3. 搭支架　出苗 15~20 d，苗高 20~30 cm 时，用竹竿或树枝搭好“人”字形支架，并引蔓向上攀缘。

（1）搭架　在山药苗高 30 cm 时搭架。一般架高 1~1.5 m。

（2）整枝　出苗初期拔除多余的茎枝，每株只留 1 条茁壮的主茎。

4. 灌溉　山药种植前进行溻墒，种植后墒情不足时可补浇 1 次水，但水量不宜过大，保证山药正常出苗。7 月前，正值根茎伸长期，如遇干旱，只能少量浇水，不能大水漫灌，每次浇水渗入土中的深度不超过块根茎下扎的深度。8 月，进入根系膨大期，为促使块茎增粗，可浇 1 次透水。大雨或浇水过后应及时排出积水。

五、病虫害防治

1. 炭疽病　7~8 月发生，为害茎叶，造成茎枯、落叶。栽种前用 50% 多菌灵可湿性粉剂 500 倍液浸种栽 10 min；发病后用 65% 代森锌可湿性粉剂 500 倍液或 70% 代森锰锌可湿性粉剂 800~1 000 倍液或 70% 甲基硫菌灵可湿性粉剂 800~1 000 倍液喷雾防治。

2. 白涩病　7~8 月发生，为害茎叶，茎叶上出现白色突起的小疙瘩，破裂，散出白色粉末，造成地上部枯萎。及时排灌，防止地面积水；不与十字花科作物轮作；发病期喷石灰等量式波尔多液 160 倍液或 65% 代森锌可湿性粉剂 800~1 000 倍液防治。

3. 叶蜂　幼虫灰黑色，是为害山药的一种专食性害虫，5~9 月密集山药叶背，蚕食叶片，吃光大部分叶片。用 2% 溴氰菊酯乳油 3 000 倍液防治。

4. 蛴螬　金龟子幼虫，咬食块根，使块根变成“牛筋山药”煮不烂，味变苦。用灯光诱杀成虫；90% 敌百虫晶体 1 000 倍液浇灌防治蛴螬。

六、采收加工

1. 采收　春栽山药于当年霜降前后即可收获。一般在 10 月底至 11 月初当地上茎叶枯黄时，先采收零余子，再拆除支架，割去茎蔓，挖出地下根茎。挖时要小心，注意保持山药根茎完整无损。

2. 加工　山药的加工品分为毛山药、光山药、山药片 3 种。

（1）毛山药　将鲜山药洗净泥土，削去外皮，放在篓内，让其自身闷压，控水，并经常倒篓(即将篓上面的山药倒在另一个篓的下面)，每天 1~2 次，3~7 d，至山药水分外渗，通体绵软为止，然后摊在席上晒 2~3 d，日晒夜收，堆放发汗 3~5 d，最后晒干为止即为毛山药。鲜山药 5.5~6.0 kg 可制成毛山药 1 kg。

（2）光山药　将已制成的毛山药放入缸内，清水浸泡 1~2 d，至通体绵软内无硬心为度，用刀将两端切削整齐，再置案上将其搓圆，即成光山药的毛坯。将毛坯晒成 7 成干，再根据长、短、粗、细的情况，切成 20~23 cm 或 13~17 cm 长的段，将切好的段搓圆，搓光，置室外晒干后，再将其在水中浸泡 1 min，用刀刮去最外层，将表面打光，两端用钢挫磨平，即可分级装箱。

（3）山药片　切去芦头，洗净，除去外皮和须根，趁鲜切厚片，烘干，即为山药片。

七、质量评价

1. 经验鉴别　以质坚实、粉性足、色白者为佳。

2. 检查　水分毛山药和光山药不得过 16.0%，山药片不得过 12.0%。总灰分毛山药和光山药不得过 4.0%，山药片不得过 5.0%。二氧化硫残留量毛山药和光山药不得过 400 mg/kg，山药片不得过 10 mg/kg。

3. 浸出物　照水溶性浸出物测定法项下的冷浸法测定，毛山药和光山药不得少于 7.0%，山药片不得少于 10.0%。

商品规格等级

山药药材一般为光山药、毛山药、山药片及毛山药片 4 个规格。光山药、毛山药均分为 4 个等级，山药片分为 2 个等级。

光山药

光山药一等：干货。呈圆柱形，条均挺直，光滑圆润，两端平齐，可见明显颗粒状。切面白色或黄白色。质坚脆，粉性足。无裂痕、空心、炸头。气微，味淡，微酸。长≥ 15 cm，直径≥ 2.5 cm。

光山药二等：干货。长≥ 13 cm，直径 2.0~2.5 cm。余同一等。

光山药三等：干货。长≥ 10 cm，直径 1.7~2.0 cm。余同一等。

光山药四等：干货。长短不分，直径1.5~1.7 cm，间有碎块。余同一等。

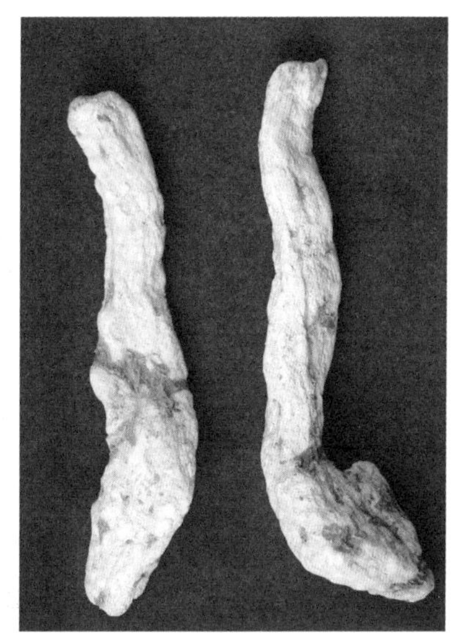

毛山药

毛山药一等：干货。略呈圆柱形，弯曲稍扁，表面黄白色或淡黄色。有纵沟、纵皱纹及须根痕，偶有浅棕色外皮残留。体重、质坚实，不易折断，断面白色，粉性。气微，味淡、微酸，嚼之发黏。长≥ 15 cm，中部围粗≥ 10 cm，无破裂、空心、黄筋。

毛山药二等：干货。长≥ 10 cm，中部围粗 6~10 cm。余同一等。

毛山药三等：干货。长≥ 7 cm，中部围粗 3~6 cm，间有碎块。余同一等。

毛山药四等：干货。长短不分，直径≥ 1.0 cm，间有碎块。少量破裂、空心、黄筋。余同一等。

山药片一等：为不规则的厚片，皱缩不平，切面白色或黄白色，质坚脆，粉性。气微，味淡。直径≥ 2.5 cm，均匀，碎片≤ 2%。

山药片二等：直径≥ 1.0 cm，均匀，碎片≤ 5%。余同一等。

山药片

山楂

学名：*Crataegus pinnatifida* Bunge

科：蔷薇科

山楂，多年生落叶灌木或小乔木，又名山里红，以山里红或山楂的干燥成熟果实入药，具有健脾开胃、消食化滞、活血化瘀的功效，对胸膈脾满、血瘀、闭经等症有很好的疗效，同时也有降血脂、血压等作用。山楂主产于河南、山东、河北等地，河南太行山区是主产区。

一、生物学特性

山楂树根系生长力强，水平根发达。栽植第一年为缓苗期，第二年进入速长期，第三四年开始结果。山楂树具有较强的抗寒、抗风能力，大小年结果现象不明显，花芽是混合芽，分化和连续结果能力强。全年生长期180~200 d，开花至成熟需150~160 d，10年后进入盛果期，可持续50~60年，花期短，结果早，寿命长。果实近球形，深红色，有光泽，具白色斑点，直径2.5 cm，花期5~6月，果期9~10月。

山楂对环境条件的适应性较强，适于栽培的年平均气温为6~14℃、积温为2 300~4 250℃、无霜期130~200 d、年降水量367~1 023 mm的环境，对土壤的要求不严，在山地、平原、丘陵、沙荒地、酸性或碱性土壤上均可栽培。

二、选地与整地

育苗地和移栽地要选择地势平坦、土层深厚、灌水方便、排水良好、向阳、肥沃而疏松的壤土或沙壤土为好；不宜在涝洼地、排水不良的黏重土壤和土层薄的沙土地育苗。秋季清除田间杂草、石块，深翻细耙，秋翻深度 30 cm 以上。春旱地区，随翻随耙，可减少水分蒸发。每隔 2 m 左右做一长 5~10 m 的育苗床，两边开好排水沟。床埂做好后，把腐熟有机肥施在床面上，与土混匀，每亩施肥 3 000~4 000 kg。

三、繁殖方法

繁殖方法有种子繁殖、分株繁殖、嫁接繁殖，其中常用嫁接繁殖。

1. 种子繁殖　常用的播种方法有条播、点播和撒播 3 种。播前 2~3 d 在整好的育苗地上浇 1 次透水，条播行距 50 cm，播种沟深 3~4 cm，宽 4~5 cm，将种子均匀地播入沟内，然后覆细土 1.5~2 cm。点播按株距 10 cm 进行，每穴点播 2~3 粒，播后覆土 1.5 cm。在畦面上均匀撒上混沙种子，而后覆一层细沙土，然后覆土 2~3 cm，稍压实。条播法每亩用种 15~20 kg，点播法每亩用种量为 8~10 kg，撒播每亩用种量 30~40 kg。春播宜早播，秋播一般在土壤结冻前进行。

2. 分株繁殖　春季将粗 0.5~1 cm 的根切成根段，每段长 12 cm 左右，扎成捆，用 100 mg/L 的赤霉素浸泡 5 min，捞出置于湿沙中储存 6~7 d 后，斜插于苗圃中，稍压实，然后浇水。

3. 嫁接繁殖　在春、夏、秋季均可进行嫁接，选择用种子繁殖的实生苗或分株苗作砧木，采用芽接和枝接的方法进行嫁接。

4. 定植　在春、秋及夏季栽植均可，选取健壮的幼苗，按株行距 3 m×4 m 栽植，也可按 2 m×4 m 或 3 m×2 m 栽植，栽植时先将栽植坑内挖出的部分表土与肥料拌匀，将另一部分表土填入坑内，边填边踩实，填至近一半时，再把拌有肥料的表土填入，将幼苗放在中央，使其根系舒展，继续填入残留的表土，同时将苗木轻轻上提，使根系与土壤密切接触并压实。苗木栽植深度以根颈部分比地面稍高为度，避免栽后灌水，苗木下沉造成栽植过深现象。栽好后，在苗木周围培土埂，浇水，水渗后封土保墒，在春季多风地区，可培土 30 cm 高，以免苗木被风吹摇晃使根系透风。

四、田间管理

1. 土肥水管理

（1）覆盖与中耕除草　春季萌芽前，根部覆盖粉碎的麦草或其他秸秆，提高土壤肥力和蓄水能力。夏秋季进行深翻，同时结合扩穴压入绿肥植物，可以改良土壤，增加土壤的通透性。中耕除草 3~4 次，清除根蘖，减少养分和水分的消耗。

（2）灌溉　一般 1 年浇 4 次水。早春土壤解冻后萌芽前结合追肥灌 1 次透水，以促进肥料的吸收利用。花后结合追肥浇水，以提高坐果率。果实膨大前期如果干旱少雨要及时灌水，有利于果实增大。灌冻水一般结合秋施基肥进行，浇透水以利树体安全越冬。

（3）施肥　采果后立即施基肥，基肥以有机肥为主，每亩开沟施有机肥 3 000~4 000 kg，加施尿素 20 kg、过磷酸钙 50 kg、土杂肥 500 kg。追肥一般采用条沟施肥，在树与树的行间开一条宽 50 cm、深 30 cm 的沟，将肥料施入沟中，然后覆土。也可在展叶期、花前与花后期、盛果期用 0.3% 尿素与 0.2% 磷酸二氢钾溶液进行根外追肥，促进开花结果。另外在花期喷洒 50 mg/L 赤霉素溶液，可防止落花落果，提高坐果率，促进增产。

2. 整形修剪　根据树体生长发育特性、栽培方式以及环境条件的不同，通过人为的整形修剪使树体形成匀称、紧凑、牢固的骨架和合理的结构。

（1）冬季修剪　冬季修剪采用疏、缩、截相结合的原则，疏去轮生骨干枝和外围密生大枝及竞争枝、徒长枝、病虫枝，缩剪衰弱的主侧枝，选留适当部位的芽进行小更新，培养健壮枝组。幼树整形修剪多采用疏散分层形法。

（2）夏季修剪　夏季修剪主要是拉枝、摘心、抹芽、除萌等。由于山楂树萌芽力强，加之落头、疏枝、重回缩能刺激隐芽萌发，形成徒长枝，因此要及时抹芽、除萌。夏季对生长旺而有空间的枝在 7 月下旬新梢停止生长后，将枝拉平，缓势促进成花，增加产量。如果还有生长空间，每隔 15 cm 留一个枝，尽量留侧生枝，当徒长枝长到 15 cm 以上时，留 10~15 cm 摘心，促生分枝，培养成新的结果枝组。此外，在辅养枝上进行环剥，环剥宽度为被剥枝条粗度的 1/10。

五、病虫害防治

1. 白粉病　对幼树为害较重，主要在花蕾期和花后发生。防治方法：发病时用 70% 甲基硫菌灵可湿性粉剂 800~1 000 倍液喷施；25% 三唑酮可湿性粉剂 600~700 倍液喷杀；在发芽前喷 1 次 5 波美度石硫合剂。

2. 轮纹病　谢花后 1 周喷 50% 多菌灵可湿性粉剂 800 倍液，以后在 6 月中旬、7 月下旬、8 月上中旬各喷 1 次 80% 代森锰锌可湿性粉剂或 50% 多菌灵可湿性粉剂 800~1 000 倍液。

3. 白绢病　病菌寄生于山楂树体的根茎部分，受害部分产生褐色斑点并逐渐扩大，其上着生一层白色菌丝，很快缠绕根茎，当环周皮层腐烂后，全株枯死。防治方法：注意肥水管理，增强树势，防止日灼与冻害。

4. 桃小食心虫　主要为害果实，一般在山楂树上一年发生两代。防治方法：清洁田园，及时清除烂叶枯枝；在越冬幼虫出土前，用 40% 辛硫磷乳油按每亩 0.25~0.5 kg 拌成毒土撒入树下土中；在 6 月中旬树盘喷 100~150 倍 45% 马拉硫磷乳油，杀死越冬代食心虫幼虫；7 月初和 8 月上中旬，用 21% 噻虫嗪悬浮剂 4 000 倍液，茎叶喷雾，消灭食心虫的卵及初入果的幼虫。

5. 山楂粉蝶　主要为害嫩叶。一年发生一代，以 2~3 龄幼虫在卷叶中的虫巢中越冬。防治方法：将越冬、越夏群居的幼虫巢剪下，集中烧毁；幼虫为害时，用 25% 氟啶虫酰胺悬浮剂 6 000 倍液或 50% 辛硫磷乳油 1 000 倍液，茎叶喷雾防治。

6. 介壳虫　主要发生在 6~7 月。防治方法：落叶后清扫果园落叶、落果，清除病虫枝，集中销毁，减少越冬虫源；发病时喷施 10% 氯氰菊酯乳油 1 500~2 000 倍液。

7. 红蜘蛛、桃蛀螟　主要发生在 5~6 月。防治方法：彻底清理园区，集中销毁，减少越冬虫源。发生期用 0.5% 苦参碱水剂 300 倍液或 20% 甲氰菊酯乳油 2 000 倍液或 1.8% 阿维菌素乳油 3 000~4 000 倍液防治。

六、采收加工

1. 采收　山楂果实后期增重较快，不宜早采，以免影响果实产量、品质和耐储性，9~10 月果实呈红色，表皮白点明显时即可采收。采收时通常采用摇落、棍棒敲打震落的方法采收。采收时注意避免造成断枝、落叶，可在正常采收期 1 周左右，用 40% 乙烯利水剂配成 600~800 mg/kg 浓度的溶液重点喷布果簇，以促进脱落，提高采收效率。喷药后 4~5 d，可在树下铺布，然后晃动枝干采收。注意药剂浓度不宜过高，喷布果簇时期不宜过早。也可以人工摘收。

2. 加工　果实采下后趁鲜横切或纵切成厚片，晒干，或采用切片机切片，在 60~65℃下烘干。

七、质量评价

1. 经验鉴别　以个大、皮红、肉厚、核小者为佳。

2. 检查　水分不得过 12.0%。总灰分不得过 3.0%。重金属及有害元素照铅、镉、砷、汞、铜测定法测定，铅不得过 5 mg/kg，镉不得过 0.3 mg/kg，砷不得过 2 mg/kg，汞不得过 0.2 mg/kg，铜不得过 20 mg/kg。

3. 浸出物　照醇溶性浸出物测定法项下的热浸法测定，用乙醇作溶剂，不得少于 21.0%。

4. 含量测定　照酸碱滴定法测定，本品含有机酸以枸橼酸计，不得少于 5.0%。

商品规格等级

山楂药材有带核山楂和去核山楂 2 个规格，均分为 3 个等级。

带核山楂一等：干货。呈圆形中间片，切面平整，大小匀整，片径 ≥ 2 cm，杂质率 ≤ 3%。外皮红色至暗红色，有灰白色小斑点，具皱纹，果肉浅黄色至浅棕色，厚度≥ 0.2 cm，片厚均匀。

带核山楂二等：干货。呈圆形中间片，兼有边片，切面较平整，大小较匀整，少量切片可见短而细的果柄或花萼残迹，偶见破损片，片径≥ 1.5 cm，杂质率≤ 5%。余同一等。

带核山楂三等：干货。呈圆形中间片，有部分圆形中间片，以边片为主，切面欠平整，大小欠匀整，有的切片可见短而细的果柄或花萼残迹，少量破损片，片径≥ 1.0 cm，杂质率≤ 7%。余同一等。

去核山楂一等：干货。呈圆形中间片，切面平整，大小匀整，片径≥ 2 cm。外皮红色至暗红色，有灰白色小斑点，具皱纹，果肉浅黄色至浅棕色，厚度≥ 0.2 cm，片厚均匀。

去核山楂二等：干货。呈圆形中间片，兼有边片，切面较平整，大小较匀整，少量切片可见短而细的果柄或花萼残迹，偶见破损片，片径≥ 1.5 cm。余同一等。

去核山楂三等：干货。以圆形边片为主，少量中间片，切面欠平整，大小欠匀整，少量破损片，有的边片可见短而细的果柄或花萼残迹，片径≥ 1.0 cm。余同一等。

带核山楂

山茱萸

学名：*Cornus officinalis* Sieb. et Zucc.
科：山茱萸科

山茱萸，多年生落叶灌木或乔木，以成熟干燥的果肉入药，药材名山茱萸，别名枣皮、萸肉、药枣、蜀枣、山萸肉等，是我国常用中药材之一。山茱萸性微温，味酸、涩，具有补益肝肾、收敛固涩之功效，用于肝肾亏虚、头晕目眩、腰膝酸软、阳痿等症。河南伏牛山区栾川县、西峡县、内乡县、嵩县种植较为集中；太行山区济源市、安阳林州市有零星栽培。

一、生物学特性

山茱萸，树高 4~10 m。树干潜伏芽萌发力强，花芽为混合芽，芽内有一个花芽和两个叶芽，前者形成花序，后者花后在花序下抽生一对新梢。结果期树体由营养枝和结果枝组成，结果枝有长、中、短 3 种。以短果枝为主，壮年树短果枝占整个结果枝的 85% 以上。2 月上旬混合花芽萌动；2 月中下旬花序出现（早、晚熟品种约相差 10 d）；2 月下旬至 3 月上旬小花开花期；4 月中下旬小果形成；5~6 月果实快速生长；7~8 月果实内部充实期；9 月下旬至 11 月上旬果实成熟期；11 月下旬至翌年 2 月落叶进入休眠期。

山茱萸属生长较慢、结果迟、寿命长的树种。实生苗在集约管理下 4~5 年结果，野生状态下 7~10 年才能结果。结果前营养枝生长较快，树高年增长 40 cm 以上，冠幅增长 50 cm 以上，结果后生长减慢。生长良好的 15 年树高可达 4 m，冠幅可达 4~5 m，开始进入盛果期，单株可产果 10~25 kg。野生状态山茱萸的坐果率很低，应加强栽培管理。

二、选地与整地

选择土层深厚、疏松、肥沃、湿润、排水良好的沙质壤土进行育苗。每亩施腐熟的有机肥 1 000 kg，深耕 30~40 cm，耕后整细耙平做平畦，一般畦面宽 1.5 m。

山茱萸对土壤要求不严，以中性和偏酸性、具团粒结构、透气性佳、排水良好、富含腐殖质、较肥沃的土壤为最佳。采用鱼鳞坑整地，挖穴定植，穴径 50 cm 左右，深 30~50 cm。挖松底土，每穴施土杂肥 5~7 kg，与底土混匀。

三、繁殖方法

育苗前，采集果大、核饱满、无病虫害的果实去皮肉后作种，种子用清水浸泡后，再用洗衣粉或碱液反复搓揉，并在清水的冲洗下反复清洗，至种子表皮发白，晾干。种子与沙分层交替贮藏催芽，在春分前后，将已处理好的种子播入整好的育苗地。按 25~30 cm 的行距开沟，沟深为 3~5 cm，把种子均匀撒播，覆土耧平，稍镇压，浇水覆膜或覆草，10 d 左右即可出苗。出苗后及时除膜或除去盖草，间苗保留株距 7 cm。6~7 月追肥 2 次，结合中耕每亩施尿素 4 kg，翻入土中浇水。苗高 10~20 cm 时如遇干旱、光照强的天气要注意防旱遮阴。入冬前浇 1 次封冻水，在根部培施土杂肥，保幼苗安全越冬。幼苗培育 2 年，当苗高 80 cm 时，在春分前后移栽定植。3~4 月，苗根带土栽植，根系修剪并蘸泥浆，扶正填土踏实，浇定根水。

四、田间管理

1. 树盘覆草　每年秋季果实采收后或早春解冻后至萌芽前进行冬挖、深翻，夏季 6~8 月浅锄山茱萸园地。垦复深度一般为 18~25 cm，掌握“冬季宜深，夏季宜浅；平地宜深，陡坡宜浅”的原则。树盘覆盖的材料可用地膜、稻草、麦秸、马粪及其他禾谷类秸秆等，覆盖的面积以超过树冠投影面积为宜。

2. 追肥　幼树施肥一般在 4~6 月，结果树每年秋季采果前后于 9 月下旬至11月中旬，注意有机肥与化肥配合施用。根外追肥在4~7月，每月对树体弱、结果量大的树进行1~2次叶面喷肥，用0.5%~1%尿素和0.3%~0.5%的磷酸二氢钾混合液进行叶片喷洒，以叶片的正反面都被溶液小滴沾湿为宜。

3. 整形　根据山茱萸短果枝及短果枝群结果为主，萌发力强、成枝力弱的特性和其自然生长习性，栽植后选择自然开心形、主干分层形及丛状形等丰产树形。

（1）主干分层形　主干高60~80 cm，有中心主枝，主枝分3~4层，着生在中心主枝上。主枝总数5~7个，第1层主枝一般为3个；第2层为2个；第3层以上各层为1个。第1层与第2层之间距离为80 cm左右，以上各层之间距离略小，并在各主枝上培养数个副主枝。

（2）自然开心形　自然开心形树干较矮，不保留中心主枝。整形后，树冠较矮，喷药、采果等管理方便，树冠开张，通风透光性好，符合其耐阴喜光特性。特点是：主干高40~60 cm，主枝3个，间距近等，与主干呈50°左右向外延伸，每个主枝上选留2~4个侧枝。

（3）丛状形　丛状形没有树干，从地表以上培养出长势一致、角度适宜的3~6个主枝，每主枝上再留2~4个侧枝，侧枝上有结果枝组。要注意剪除过多的根蘖条、下垂落地的背生枝及内膛过旺的徒长枝，使树冠均衡圆满，通风透光。此树形管理方便，结果早。

4. 修剪　山茱萸幼树定植后第2年早春，当幼树株高达到80~100 cm时，就应开始修剪。这个时期应以整形为主，修剪为辅。培养树冠的主枝、副主枝，加速分枝，提高分枝级数，幼树应以疏剪为主，短截为辅。成年山茱萸进入结果期先期以整形为主；盛果期后以修剪为主。生长枝的修剪，应以“轻短截为主，疏剪为辅”。侧枝强者轻回缩，弱者重回缩。老树山茱萸培养新的骨干枝，促使徒长枝多抽中短枝群，让新条成株更新。

5. 疏花　一般逐枝疏除30%的花序，即在果树上按7~10 cm距离留1~2个花序，可达到连年丰产结果的目的，在小年则采取保果措施，即在3月盛花期喷0.4%硼砂和0.4%的尿素。

6. 灌溉　山茱萸在定植后和成树开花、幼果期，或夏、秋两季遇天气干旱，要及时浇水保持土壤湿润，保证幼苗成活和防止落花落果造成减产。

五、病虫害防治

1. 炭疽病　主要为害果实和叶片。叶炭疽病发病盛期为5~6月，果炭疽病发病盛期为6~8月。4月下旬发病初期用石灰等量式波尔多液200倍液或50%多菌灵可湿性粉剂800倍液喷施。10 d左右喷1次，共施3~4次。

2. 角斑病　为害叶片和果实。初病喷75%百菌清可湿性粉剂500~800倍液，每7~10 d喷1次，连喷2~3次。

3. 蛀果蛾　8月下旬至9月初为害果实。在山茱萸蛀果蛾化蛹、羽化集中发生的8月中旬，喷洒40%辛硫磷乳油1 000倍液，每隔7 d喷1次，连续喷2~3次。

六、采收加工

1. 采收　当山茱萸果皮呈鲜红色，便可采收。一般成熟时间为10~11月。果实成熟时，枝条上已着生许多花芽，因此采收时，应动作轻巧，按束顺势往下采摘，以免影响翌年产量。

2. 加工　采摘的山茱萸鲜果，除去叶、果柄等杂质。放入沸水中烫煮2~3 min，捞出，立即放入冷水中，捞出，晾干水分，手工挤出果核，或机械去核。自然晒干或烘干。烘干时，80℃烘约4 h，然后温度调至65~70℃，每隔2 h翻炕1次，烘至干燥。

七、质量评价

1. 经验鉴别　以无核、果肉厚、色红、柔润者为佳。

2. 检查　杂质（果核、果梗）不得过3%。水分不得过16.0%。总灰分不得过6.0%。重金属及有害元素铅不得过5 mg/kg；镉不得过1 mg/kg；砷不得过2 mg/kg；汞不得过0.2 mg/kg；铜不得过20 mg/kg。

3. 浸出物　照水溶性浸出物测定法项下的冷浸法测定，不得少于 50.0%。

4. 含量测定　照高效液相色谱法测定，本品含莫诺苷和马钱苷的总量不得少于 1.2%。

商品规格等级

山茱萸药材一般为统货和选货 2 个规格。统货，不分等级。选货分为 4 个等级。

选货一等：干货。呈不规则的片状或囊状，长 1~1.5 cm，宽 0.5~1 cm。表面鲜红色，每千克暗红色≤ 10%，无杂质。皱缩，质柔软，有光泽。气微，味酸、涩、微苦。

选货二等：干货。呈不规则的片状或囊状，长 1~1.5 cm，宽 0.5~1 cm。表面暗红色，每千克红褐色≤ 15%，杂质≤ 1%。皱缩，质柔软，有光泽。气微，味酸、涩、微苦。

选货三等：干货。呈不规则的片状或囊状，长 1~1.5 cm，宽 0.5~1 cm。表面红褐色，每千克紫黑色≤ 15%，杂质≤ 2%。皱缩，质柔软，有光泽。气微，味酸、涩、微苦。

选货四等：干货。呈不规则的片状或囊状，长 1~1.5 cm，宽 0.5~1 cm。表面紫黑色，每千克杂质＜ 3%。皱缩，质柔软，有光泽。气微，味酸、涩、微苦。

芍药

学名：*Paeonia lactiflora* Pall.
科：芍药科

芍药，多年生宿根草本植物，以干燥的根入药，药材名称白芍。性微寒，味苦、酸，归肝、脾经，具有平肝止痛、养血调经、敛阴止汗的功能。河南大部分区域都有栽培，以线条型品种为主。在其他芍药种植区，也有挖出芍药根不经去皮、水煮加工，直接晒干入药，称为赤药。

一、生物学特性

芍药茎直立，高 50~80 cm。根肉质，丛状，没有明显主根。叶为二回三出羽状复叶，花生于茎顶端或叶腋，果实为蓇葖果，种子 9 月成熟。芍药喜阳光充足、温和气候，耐寒，冬季培土能安全越冬；耐旱，42℃高温下能越夏；怕涝，雨水多易引起根病发生。芍药对土壤要求不严格，以疏松、肥沃、土层深厚、地下水位低、排水良好沙质壤土和腐殖质壤土为宜，低洼易涝盐碱地不宜栽种。忌连作，需隔 3~5 年才能种植。

芍药 3 月上旬露红芽出苗，中旬展叶，出苗快而整齐，3 月下旬至 4 月上旬现蕾，4 月底至 5 月上旬为开花期，开花时间比较集中，约 1 周。5~6 月根膨大最快，5 月芍根头上已形成新的芽苞。7 月下旬至 8 月上旬种子成熟，8 月高温植株停止生长，10 月开始地上部逐步枯死。

二、选地与整地

选土层深厚、排水良好、疏松肥沃、富含腐殖质的沙壤土较好，不宜连作。前茬选择豆科作物为好，产区多与高粱、紫菀、红花、菊花轮作。每亩施腐熟的厩肥或堆肥 3 000 kg，深翻土地 30~60 cm，耙平做畦，畦宽 1.2~1.5 m，高 30~40 cm，沟宽 30 cm，四周设排水沟。

三、繁殖方法

芍药的繁殖方法主要有芍头繁殖、分根繁殖和种子繁殖。

1. 芍头繁殖　选取形体粗壮，芽苞饱满的芽头作繁殖用。9 月下旬至 10 月上旬取出栽种。60 cm × 40 cm 开穴，穴深 10~15 cm，穴径 15~20 cm，每穴内施以适量腐熟的有机肥，上覆一层薄土，放入健壮芍芽 1~2 个，覆土，稍加镇压。栽后施以腐熟的人畜粪水，将畦面耧成龟背形即可。每亩栽芍头 2 500 株左右。

2. 分根繁殖　选择芍药根，按其芽和根的自然形状切分成 2~4 株，每株留芽和根 1~2 个，根长宜 18~22 cm，剪去过长的根和侧根，供栽种用。每亩用种根 100~120 kg。

3. 种子繁殖　9 月中下旬播种。采用条播法，按行距 20~25 cm 开沟，沟深 3~5 cm 播种。将畦面耧成龟背形，再铺盖一层薄草，保温保湿。第二年 4 月上旬幼苗出土时，及时揭去盖草。

四、田间管理

1. 中耕除草　早春松土保墒。芍药出苗后每年中耕除草和培土 3~4 次。10 月下旬，在离地面 5~7 cm 处割去茎叶，并在根际周围培土 10~15 cm，以利越冬。

2. 施肥　芍药是喜肥植物，除施足基肥外，每年要进行追肥 3~4 次，春夏季应以人粪尿以及碳酸氢铵为主，秋冬季以土杂肥、栏肥为主。施肥量在第 1、第 2 年较少，第 3、第 4 年用量应增多。对于肥料种类，以棉饼、菜籽饼肥与农家肥各 1 份，掺匀并发酵，每亩每次施肥 100 kg，或施过磷酸钙 100 kg。施肥时，应在植株两侧开穴施入。

3. 排灌　芍药喜旱怕水，通常不需灌溉。严重干旱时，宜在傍晚浇水。多雨季节应及时排水，防止烂根。

4. 亮根　白芍生长 2 年后，每年在清明节前后，将其根部的土扒开，使根露出一半晾晒，此法俗称“亮根”。晾 5~7 d，再培土壅根，这不仅能起到提高地温、杀虫灭菌的作用，而且能促进主根生长，提高产量。

5. 摘蕾　为了减少养分损耗，每年春季现蕾时应及时将花蕾全部摘除，以促使根部肥大。

五、病虫害防治

1. 灰霉病　为害芍药的茎、叶及花，一般在开花后发生，高温多雨时发病严重。受害叶部病斑褐色，近圆形，有不规则轮纹；茎上病斑棱形，紫褐色，软腐后植株倒伏；花受害后变为褐色并软腐，其上有一层灰色霉状物。栽种前用 35% 代森锌可湿性粉剂 300 倍液浸泡芍头和种根 10~15 min 后再下种；合理密植，加强田间通风透光，清除被害枝叶，集中烧毁，减少病害的发生。

2. 锈病　为害叶片。5 月上旬开花以后发生，7~8 月发病严重。初期在叶背出现黄色，黄褐色颗粒状夏孢子堆，后期叶面出现圆形和不规则的灰褐色斑，背面则出现刺毛状的冬孢子堆。可喷洒 25% 戊唑醇乳油 2 000 倍液或 15% 三唑酮可湿性粉剂 1 500 倍液，每 7 d 喷 1 次，连喷 2~3 次。

3. 蛴螬　金龟子幼虫。主要咬食芍根，造成芍根凹凸不平的孔洞。幼虫可用 90% 敌百虫晶体 1 000~1 500 倍液根部浇注，或用百部、苦参、石蒜提取液浇灌。

4. 小地老虎　除进行人工捕捉外，4~6 月，可用 40% 辛硫磷乳油 1 000~1 500 倍液根部浇注。

六、采收加工

1. 采收　芍药一般种植 3~4 年后采收，采收时间在 8~10 月。采收时，宜选择晴天割去茎叶，挖开主根两侧泥土，去掉尾部泥土，取出全根，起挖中谨防伤根。

2. 加工　传统白芍加工法是挖出全根，去净泥土，修去头尾和支根，放入沸水中烫煮，煮时要不断翻动，10~15 min，待芍根表皮发白，有香气，内外色泽一致，即表明已煮透。然后迅速将煮透的芍根捞出浸入凉水中，用竹片或不锈钢刀刮去外皮。去皮后，切齐头尾及时晒干。也有将芍药根修去头尾和枝根后，先用竹片或不锈钢刀刮去外皮，再水煮至透心，然后干燥的做法。晒时要经常翻动，切忌暴晒，晒至七八成干，装入麻袋或堆放室内，用草包或芦席盖上，闷 2~3 d，使内部水分蒸出，然后再晒 3~5 d，反复至内外完全干燥。

出口日本及东南亚国家的白芍，有全去皮、部分去皮和连皮 3 种规格。全去皮：即不经煮烫，直接刮去外皮晒干。部分去皮：即在每支芍药根条上刮 3~4 刀皮。连皮：采挖后，去掉须根，洗净泥土，直接晒干。去皮与部分去皮的白芍，一般在晴天上午 9 点至下午 3 点进行加工比较好，用竹刀或玻璃片刮皮或部分刮皮，晒干即得。

七、质量评价

1. 经验鉴别　以粗长均直、质坚实、无白心或裂隙者为佳。

2. 检查　水分不得过 14.0%。总灰分不得过 4.0%。重金属及有害元素照铅、镉、砷、汞、铜测定法测定，铅不得过 5 mg/kg；镉不得过 0.3 mg/kg；砷不得过 2 mg/kg；汞不得过 0.2 mg/kg；铜不得过 20 mg/kg。二氧化硫残留量照二氧化硫残留量测定法测定，不得过 400 mg/kg。

3. 浸出物　照水溶性浸出物测定法项下的热浸法测定，不得少于 22.0%。

4. 含量测定　照高效液相色谱法测定，本品含芍药苷不得少于 1.6%。

商品规格等级

白芍商品一般根据产地分为杭白芍、亳白芍、川白芍。杭白芍、川白芍商品分选货和统货，均不分等级。亳白芍商品分选货和统货，选货分为 3 个等级。

白芍片

亳白芍选货一等：呈圆柱形，平直或稍弯曲，两端平截，长 5~18 cm。表面类白色或淡棕红色，光洁或有纵皱纹及细根痕，偶有残存的棕褐色外皮。质坚实，不易折断，断面较平坦，类白色或灰白色，形成层环明显，射线放射状。气微，味微苦、酸。2.0 cm ≤中部直径≤ 2.5 cm。

亳白芍选货二等：1.0 cm ＜中部直径＜ 2.0 cm。余同一等。

亳白芍选货三等：中部直径＜ 1.0 cm。余同一等。

亳白芍统货：直径不分大小。余同一等。

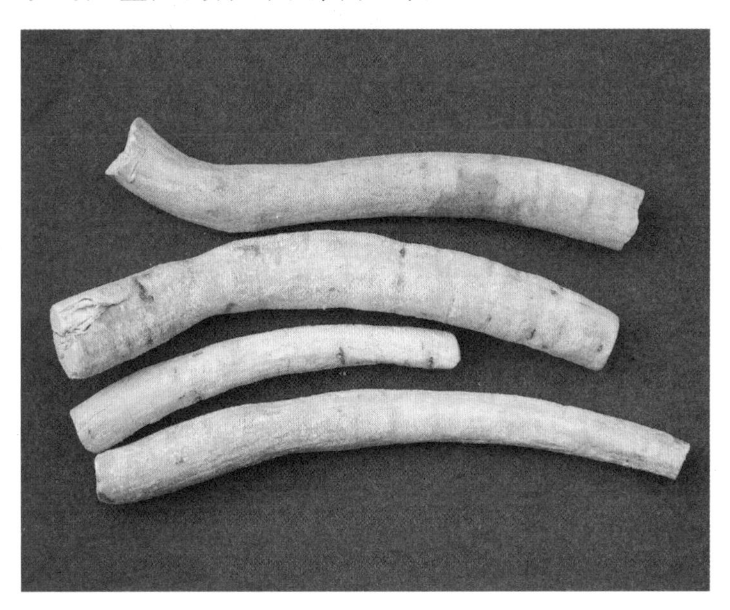

白芍个

射干

学名：*Belamcanda chinensis*（L.）DC.

科：鸢尾科

射干为鸢尾科植物射干的干燥根茎，具有清热解毒、消痰、利咽之功效，常用于热毒痰火郁结、咽喉肿痛、痰涎壅盛、咳嗽气喘等症。河南有零星栽培。

一、生物学特性

射干生于林缘或山坡草地，大部分生于海拔较低的地方，喜温暖和阳光，耐寒、耐旱、怕涝。射干生长对土壤要求不严，山坡旱地均能栽培，以肥沃疏松、地势较高、排水良好的中性或微碱性沙质壤土为好，忌低洼地和盐碱地。

射干种子在10~14℃开始发芽，发芽最适温度为20~25℃。种子繁殖时，4月中下旬出苗，9月上旬倒苗。根茎繁殖时5月上旬出苗。二年生植株2月下旬出苗，7~9月为花期，8~10月为结果期。植株枯萎后即进入越冬休眠期，翌春地上萌发。

二、选地与整地

选择在肥沃、有机质丰富、结构疏松的沙质壤土为宜，每亩施腐熟有机肥2 000~2 500 kg，过磷酸钙20~30 kg。深耕20 cm以上，整平做畦，畦宽120~130 cm、高20 cm。

三、繁殖方法

1. 种子繁殖　春播和冬播均可，春季在3月下旬或4月上旬，冬播于11月上旬。行距30~40 cm，开约3 cm深的浅沟条播，播前将种子用40~45℃温水加入50%多菌灵可湿性粉剂1 000倍液浸泡24 h，播后覆土镇压，约25 d后出苗。亩用种量2~3 kg。待幼苗出齐，分2~3次间苗，定苗保持株距15~20 cm，缺苗部分带土移栽补苗。

2. 根茎繁殖　在3月春种或在11月秋种均可。栽种时，在整平耙细的畦面上，按行距30~40 cm、株距15~20 cm，挖穴深10~15 cm，每穴栽种茎芽2个，芽头向上，后填土压紧，每亩约用种茎60 kg。

四、田间管理

1. 苗期管理　苗期应保持田间湿润，及时拔草、排水。

2. 中耕施肥　从第2年开始每年追肥，分别在3月、6月和10月进行。第1次每亩施畜粪水1 000 kg或碳酸氢铵30 kg；第2次施尿素15 kg、过磷酸钙15 kg；第3次施复合肥30 kg，可促进根部生长，提高产量。

3. 摘除花茎　种子繁殖的射干第2年开花结实。根状茎繁殖的当年开花结实。宜在晴天上午用剪刀剪除花茎，分期分批摘尽，严禁用手摘。

五、病虫害防治

1. 锈病　一般发生于8月上旬至9月上旬，染病部位出现明显的橘黄色至深褐色的粉堆、疱状物或毛状物，受害植物叶片干枯脱落，严重的导致整株死亡。防治可采用三唑类杀菌剂，如12.5%烯唑醇可湿性粉剂3 000倍液，每隔7 d用1次，连续2~3次。

2. 叶斑病　发生在7~9月，为害植株叶片，早期叶片出现淡黄色斑点，后期斑点扩大形成大斑，颜色渐变成深褐色，叶片发黄早枯。可在播种前用50%多菌灵可湿性粉剂800倍液浸种3 h后播种，能有效抑制叶斑病发生；田间发病可用70%甲基硫菌灵可湿性粉剂800倍液，每隔7 d施用1次，连续2~3次。

3. 环斑蚀夜蛾　又名钻心虫，5月上旬幼虫为害叶鞘、幼茎，造成断苗、枯心。随着虫龄增大，7月后幼虫向根部移动，为害根茎，造成茎或根部腐烂，影响根茎质量。幼虫期是最佳防治期，5月上旬用21%噻虫嗪悬浮剂4 g，兑水30 kg喷雾，7月中旬用40%辛硫磷乳油800倍液喷雾。

4. 大青叶蝉　4月上旬开始为害，最佳防治期为若虫孵化期，4月初第1代若虫刚刚孵化时，为害较弱，可用黄板诱杀；大面积虫口基数大时，可喷洒40%辛硫磷乳油1 000倍液。

5. 地下害虫　蛴螬、蝼蛄咬食根茎，可悬挂黑光灯诱杀成虫。

六、采收加工

1. 采收　种子直播2~3年后收获，根状茎繁殖的2年收获。射干最佳采收期为11月下旬。收获时要深挖，避免伤根断根。

2. 加工　采收后除去泥沙杂质，晒或炕至半干，搓去须根，然后再晒或炕至全干。

七、质量评价

1. 经验鉴别　以粗壮、质硬、断面色黄者为佳。

2. 检查　水分不得过10.0%。总灰分不得过7.0%。

3. 浸出物　照醇溶性浸出物测定法项下的热浸法测定，用乙醇作溶剂，不得少于18.0%。

4. 含量测定　照高效液相色谱法测定，本品含次野鸢尾黄素不得少于0.10%。

商品规格等级

射干药材一般为选货和统货2个规格，都不分等级。

选货：干货。呈不规则条状或圆锥形，略扁，有分枝，长 3~10 cm，直径 1~2.5 cm。表面灰黄褐色或棕色，有环纹和纵沟。有凹陷或圆点状凸起的须根痕。质松脆，易折断，断面黄白色或黄棕色。气微，味苦、甘。无须根，杂质不得过 1%。

统货：干货。有残存的须根，杂质不得过 3%。余同选货。

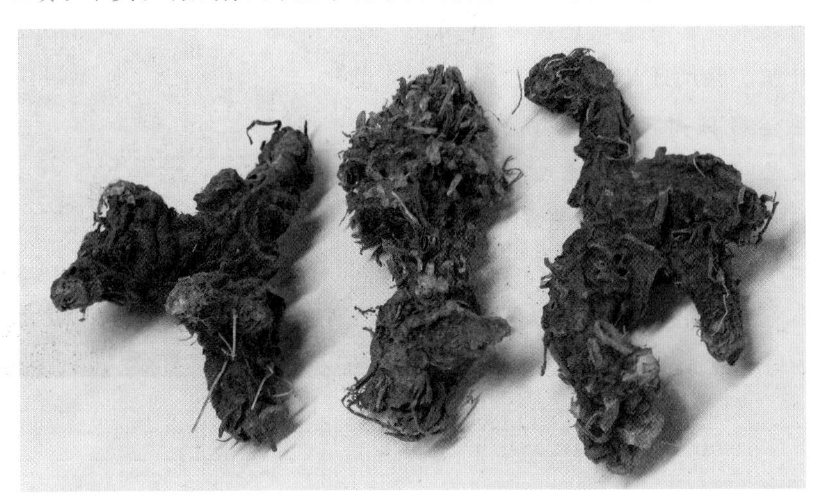

天麻

学名：*Gastrodia elata* Bl.
科：兰科

天麻，多年生寄生草本植物，以其干燥块茎入药，药材名为天麻，具有息风止痉、平抑肝阳、祛风通络的功效。天麻主治肝风内动、惊痫抽搐、眩晕、头痛、肢体麻木、手足不遂、风湿痹痛等。天麻作为一种常用的名贵中药材，在河南省伏牛山、大别山、太行山区均有栽培。

一、生物学特性

天麻是附生植物，无根无绿叶，不能自养，必须依靠蜜环菌与其共生才能得到营养而生长。常生于山区海拔 400~3 200 m 的林下阴湿、腐殖土较厚的地方。天麻喜凉爽湿润气候，气温达 10~15℃时开始萌动，20~25℃时生长最快，夏季温度不超过 25℃的凉爽条件和年降水量在 1 000~1 600 mm、空气相对湿度 70%~90%、土壤含水量在 40% 左右适宜天麻生长。在约 2 年的生活周期中，除有性繁殖时间约 70 d 在地表外，其余全部时间都潜居土中。蜜环菌喜相对湿度较高的新鲜空气及富含腐殖质的微酸性（pH 5~6）沙壤土。土壤湿度一般要保持在 50% 左右，蜜环菌具有好气特性，在通气良好的条件下，才能培养好。

当年 5~6 月播种后，经 20~30 d 发芽形成小米麻，蜜环菌以菌索形态侵入营养繁殖茎，长成白麻和米麻。播种当年以白麻和米麻越冬。第 2 年春季蜜环菌索侵入白麻，后发育成箭麻，进入生殖生长阶段。播种第 2 年以箭麻、白麻或米麻越冬。第 3 年 4~5 月进行开花阶段。

二、选地与整地

1. 选地　天麻喜凉爽、潮湿的环境，适合在海拔 1 200~1 600 m 的山区栽种，在不同海拔的山区，也可通过选择一些小气候条件，满足天麻生长的需要。土壤质地对天麻生长有极大影响，蜜环菌喜湿度较大的环境条件，而天麻则不喜水浸土壤、黏性土壤、排水不良的土壤，特别是在雨季穴中长期积水天麻会染病腐烂，因此宜选沙土和沙壤土种植天麻和培养菌种。

2. 栽培场地和栽培穴的准备　天麻栽培不以“亩”为单位，而是以“窝”、“穴”或“窖”为单位。栽培场地不一定要求连片，根据小地形能栽几窝即可栽几窝，窝不宜过大，不强求一致，可根据地形扩大或缩小。

3. 整地　天麻对整地的要求不严格，只要砍掉地面上过密的杂树以便于操作，挖掉大块石头，把土表渣滓清除干净即可，不需要翻挖土壤，便可直接挖穴栽种。雨水多的地方栽培场地不宜过平，应保持一定的坡度，以利于排水。陡坡地区做小梯田后，穴底稍加挖平，但为了方便排水，也应有一定的斜度。

三、繁殖方法

天麻繁殖方法有有性繁殖和无性繁殖两种方法。有性繁殖即箭麻抽薹开花后，经过授粉产生种子，用种子培育。无性繁殖是用白麻、米麻或去芽的小箭麻进行营养繁殖。

1. 无性繁殖栽培　无性繁殖技术操作简单成熟，生产中常选择白麻、米麻作为种麻，以无性繁殖方式培育天麻。栽培方式有露天栽培、箱栽和地下室箱栽等，露天栽培最为常用。技术要点如下：

（1）菌材培育　菌材选用蜜环菌适宜生长的树林或枝条，首先将直径 3 cm 以下的菌材截成 8~15 cm 长木段，直径 3 cm 以上的菌材截成 20~30 cm 的木段，然后用刀将木段砍成鱼鳞状，刀口深度以达到木质部为宜。砍过口的菌材在培养菌种前要在清水中泡 1 d，也可用 0.25%~2.0% 的硝酸铵溶液浸泡 20~30 min。先在培育坑底铺一层培养料（可用 5.5 份腐熟落叶加 1 份干净沙子，也可用 3 份杂木屑加 1 份沙子或腐殖质原土），厚为 5~10 cm，然后将段木一根接一根平摆在底层培养料上，再把剪碎的蜜环菌种撒在段木鱼鳞口上。也可铺一层菌枝，菌材之间用培养料填实，其上覆 2 cm 厚培养料，依此继续往上铺第 2 层、第 3 层。铺至坑顶时，上面覆盖 10 cm 厚的培养料或腐殖质土，并压实。为了保湿，上面最好盖些树木枝叶。培菌时间一般在栽床前 40~50 d 进行。

（2）栽植　生产中常用块茎繁殖法来栽培天麻。麻种选择以白麻最好，质量上以新鲜浆足、无破损、无霉烂的白麻较理想。块茎繁殖分冬栽和春栽 2 种。冬栽在 10~11 月，春栽在 3~4 月。栽麻方法分为固定菌材和活动菌材 2 种栽麻法。固定菌材栽种，就是把麻种栽在已培养菌的坑内。首先，去掉盖在坑上的枝叶和上层培养料，待露出菌材时，再将麻种放在长有蜜环菌的菌材两侧。放置麻种时，相邻 2 个麻种距离不能过近或过远，一般以 7~10 cm 为宜。坑内培有多层菌材时，可先把上面菌材层掀起，从最下面一层栽麻，逐步往上加层。活动菌材栽培法，是把已培养好的菌材取出，另挖一个坑（同培菌坑），在坑底铺一层培养料，然后将菌材摆在上面，两菌材之间用培养料填至 1/2 时栽入麻种，再用培养料填平。依照上法，将带菌菌材与不带菌菌材相间摆放，成为第 2 层，麻种放在第 2 层带菌材两侧。依此法可摆放第 3 层等。摆完后，其上覆盖好培养料，最后覆土即可。

2. 有性繁殖栽培　用种子繁殖是目前天麻先进的栽培技术，可得到生长势强、抗逆性也强的一代种麻，因而可大幅度提高天麻产量。

（1）播种场地选择　播种场地的选择与无性繁殖培养菌床和栽培天麻场地的条件基本相同，但种子发芽和幼嫩原球茎喜湿润环境，因此，在选择播种场地时就应考虑到水资源。

（2）菌材及菌床的准备　预先培养的菌材与菌床都可用来伴播天麻种子。选择蜜环菌培养时间短、菌索幼嫩、生长旺盛、菌丝已侵入木段皮层内，尤其是无杂菌感染的菌材、菌床播种天麻种子，并备好足够的生长良好的蜜环菌菌枝。

（3）播种期的选择　天麻种子在 15~28℃时都可发芽，春季播种越早，萌发后的原球茎生长越长，接蜜环菌的概率和天麻产量越高。

（4）播种量　1 个天麻果中有万粒以上种子，而萌发后只有少数原球茎被蜜环菌侵染获得营养生存下来。一般 60 cm × 60 cm 的播种穴，播 5~8 个果子的种子。

（5）播种深度　天麻播种穴一般播两层，深 30 cm 左右，上面覆土 5~8 cm，但在不同地区不同气候条件下，由于天麻、蜜环菌具有好气性，播种深度应有不同。

（6）播种方法　①菌叶拌种。播前先将已培养好的以树叶为基质的萌发菌种从培养瓶中掏出，放在洗脸盆、塑料薄膜或搪瓷盘中，每窝用菌叶 1~2 瓶，将黏在一起的菌叶分开备用。将成熟的天麻果撕裂，把种子抖出，轻轻撒在菌叶上，边撒边拌均匀。菌叶拌种工作应在室内或背风处进行。②播种方法。利用预先培养好的蜜环菌菌床或菌材拌播。如是菌床，播种时应挖开菌床，取出菌棒，在穴底先铺一薄层壳斗科树种的湿树叶，然后将拌好种子的菌叶分为 2 份，一份撒在底层，按原样摆好下层菌棒，棒间仍留 3~4 cm 距离，覆沙或腐殖土至棒平，再铺湿树叶，然后将另一半拌种菌叶撒播在上层，放蜜环菌棒后覆土 8~10 cm，覆沙或腐殖土，要求实而不紧，穴顶盖一层树叶保湿。

四、田间管理

1. 防寒　冬栽天麻在田间越冬，为防止冻害，必须在 11 月覆盖沙土或树叶 20 cm 以上，翌年开春后再除去覆盖物。

2. 调节温度　开春后，为加快天麻长势，应及时覆盖地膜增温，5 月中旬气温升高后必须撕开地膜，待 9 月下旬再盖上地膜，以延长天麻生长期。夏季高温时，要覆草或搭棚遮阴，把地温控制在 28℃以下。天麻生长期间不需拔草、追肥。

3. 防旱排涝　春季干旱时要及时浇水、松土，使沙土的含水量在 40% 左右。

夏季6~8月，天麻生长旺盛，需水量增大，可使沙土含水量达50%~60%。雨季要注意排水，防止积水造成天麻腐烂。9月下旬后，气温逐渐降低，天麻生长缓慢，但是蜜环菌在6℃时仍可生长，这时水分大，蜜环菌生长旺盛，可侵染新生麻。这种环境不利于天麻生长，只利于蜜环菌生长，从而使蜜环菌进一步侵入天麻内层，引起麻体腐烂。因此，9~10月要特别注意防涝。

五、病虫害防治

1. 病害　多为真菌侵染。一是腐生菌、寄生菌的直接侵染，原因多为土壤杂质大、种材带杂菌、蜜环菌过于旺盛；二是水分过大、透气不良或土壤过于干燥导致杂菌发生；三是菌材间空隙没填实，致杂菌繁生。上述病害可引起天麻生长不良，皱缩、腐烂。防治方法：①选择地质干净利水的沙土、壤土、腐殖质土作培菌和种植地。②少连作，2~3年更换新场地。③培菌、栽种不使用带杂菌的种材并填实空隙。④旱天浇水，雨涝排水。⑤蜜环菌过于旺盛的菌材种植时要疏散菌源或另加新材。

2. 虫害　地鼠、蛴螬、蚂蚁、地老虎及蝶类幼虫。地鼠活动在中高山区，在地表或深层拱出孔道，一旦进入栽培地，就会将天麻吃掉或藏匿。蛴螬、地蛆、地老虎咬食地下块茎，白蚂蚁、黄蚂蚁咬食菌材，并造出隙孔。蝶类幼虫咬食地上茎、序芽、花果。伤口不愈合的植株在遇涝雨天气时，创面易腐烂造成茎秆弯曲或中途倒苗。以上害虫均应注意防治。

（1）地鼠防治方法　栽培地四周有地鼠活动，可在四周挖深槽，地鼠拱至土槽断面就会转向地下深层或其他方向；用磷化锌、杀鼠灵或溴敌隆等鼠药拌马铃薯或苹果放入经常出入孔道进行毒杀；也可机械捕杀。

（2）蛴螬、地蛆、地老虎防治方法　于开穴翻松土壤时捡拾；用90%敌百虫晶体1 000倍液浇灌洞穴。

（3）刺蛾、谷螟、腻虫、尺蠖害虫防治方法　清除野外种子园周围2 m杂草蓬蒿，形成隔离带；发生期用45%马拉硫磷乳油1 000倍液喷雾或用50%辛硫磷乳油1 500倍液喷施园区四周；也可人工捕捉。

（4）黄蚂蚁、白蚂蚁防治方法　用 90% 敌百虫晶体 1 000 倍液喷洒或灌洞。

六、采收加工

1. 采收　栽植 1 年后可起收，一年中秋冬和初春（11 月至翌年 3 月）天麻块茎处于休眠期时均可采收。起收天麻时，先扒开表土或培养料，取出上层菌材，然后在培养料中拣出天麻块茎。采收过程要小心轻拿，以免损伤天麻。

2. 加工　挖出的天麻块茎中，将箭麻、白麻和米麻分开。箭麻和 50 g 以上的白麻可加工成商品出售，小于 50 g 的白麻和米麻可作繁殖用。一般每坑可采收 1.0~2.5 kg。起收时若多数菌材尚好，可只摘出商品麻，不碰动白麻和米麻，并抽出老朽菌材，换入新菌材，原样覆盖、封口。挖出的天麻，首先洗去泥土，再放入蒸笼蒸煮至透心，一般 30~40 min 即可。蒸过的天麻日晒或用火坑烘至七八成干时，取出，再晾至全干或烘至全干即可。

七、质量评价

1. 经验鉴别　以质坚实、有鹦嘴状芽、断面半透明、无空心者为佳。

2. 检查　水分不得过 15.0%。总灰分不得过 4.5%。二氧化硫残留量照二氧化硫残留量测定法测定，不得过 400 mg/kg。

3. 浸出物　照醇溶性浸出物测定法项下的热浸法测定，用稀乙醇作溶剂，不得少于 15.0%。

4. 含量测定　照高效液相色谱法测定，本品含天麻素和对羟基苯甲醇的总量不得少于 0.25%。

商品规格等级

天麻药材一般分为乌天麻（冬麻、春麻）及红天麻（冬麻、春麻）4 个规格。选货，均分为 4 等级。

乌天麻（冬麻）选货一等：椭圆形、卵形或宽卵形，略扁，且短、粗，肩宽、肥厚，俗称“酱瓜”形；长 5~12 cm，宽 2.5~6 cm，厚 0.8 ~4 cm。表面灰黄色或黄白色，纵皱纹细小。“芝麻点”多且大；环节纹深且粗，且环节较密，一般为 9~13 节。“鹦哥嘴”呈红棕色或深棕色，较小。“肚脐眼”小巧，下凹明显。体重，质坚实，难折断，断面平坦，黄白色，无白心、无空心，角质样。气微，味回甜，久嚼有黏性。每千克 16 支以内，无空心、枯炕。

乌天麻（冬麻）选货二等：每千克 25 支以内，无空心、枯炕。余同一等。

乌天麻（冬麻）选货三等：每千克 50 支以内，大小均匀，无枯炕。余同一等。

乌天麻（冬麻）选货四等：每千克 50 支以外，凡不合一、二、三等的碎块以及空心、破损天麻均属此等。余同一等。

乌天麻（春麻）统货：宽卵形、卵形，扁，且短，肩宽；长 5~12 cm，宽 2.5~6 cm，厚 0.8~4 cm。多留有花茎残留基，表皮纵皱纹粗大，外皮多未去净，色灰褐，体轻，质松泡，易折断，断面常中空。

红天麻（冬麻）选货一等：每千克 16 支以内，无空心、枯炕。

红天麻（冬麻）选货二等：每千克 25 支以内，无空心、枯炕。余同一等。

红天麻（冬麻）选货三等：每千克 50 支以内，大小均匀，无枯炕。余同一等。

红天麻（冬麻）选货四等：每千克 50 支以外，凡不合一、二、三等的碎块以及空心、破损天麻均属此等。余同一等。

红天麻（春麻）统货：长圆柱形或长条形，扁，弯曲皱缩，肩部窄，不厚实。长 6~15 cm，宽 1.5 ~ 6 cm，厚 0.5 ~2 cm。多留有花茎残留基，表皮纵皱纹粗大，外皮多未去净，色黄褐色或灰褐色，体轻，质松泡，易折断，断面常中空。

铁皮石斛

学名：*Dendrobium officinale* Kimura et Migo

科：兰科

铁皮石斛，多年生附生性草本植物，以干燥草质茎入药。根据加工方法不同，药材分为“铁皮石斛”和“铁皮枫斗（耳环石斛）”。铁皮石斛性甘，微寒，归胃、肾经，有益胃生津、滋阴清热的功效。铁皮石斛的主要化学成分有多糖、芪类、黄酮、生物碱、氨基酸、挥发油、微量元素等。

一、生物学特性

铁皮石斛茎丛生，直立，圆柱形；叶二列，纸质，长圆状披针形，总状花序，花期3~6月。蒴果于10月上旬至翌年2月陆续成熟。铁皮石斛的种子极为细小，胚胎发育不完全，无胚乳组织，在自然状态下发芽率极低，有性繁殖极为困难，主要靠无性繁殖，从根部不断分蘖或从上部茎节处生根长出新的植株。茎的生活期通常为3年，3月至4月初二年生茎的基部腋芽萌发形成幼苗，一枝母茎能发1~3个新苗。一般在第3年秋末春初采收。

铁皮石斛对生态环境要求严格，多附生于海拔2 100~2 500 m的林缘岩石或林中长满苔藓、爬满野藤、直径粗的阔叶树上，喜阴凉、湿润的环境，通常与地衣、蕨类和藓类植物互生。铁皮石斛耐干旱与严寒，适宜的生长环境为空气相对湿度大于70%，热量资源丰富，生长期年平均气温在17~22℃，最冷月最热月温差不明显，1月平均气温在10℃以上，无霜期250~350 d，年降水量1 000 mm以上。

二、选地与整地

铁皮石斛是附生植物，在栽培的时候需要选择合适的附生植物。

1. 附主选择　铁皮石斛为附生植物，附主对其生长影响较大。与粮食作物和其他经济作物不同的是，铁皮石斛是靠裸露在外的气生根在空气中吸收水分和养分，铁皮石斛的常用载体是岩石、砾石或树干等。阴暗湿润、岩石上生长有苔藓，周围有一定阔叶树遮阴的地方发展铁皮石斛比较适宜。树干为附主时，则应以树冠浓密，叶草质或蜡质，皮厚而多纵沟纹，含水分多并常有苔藓植物生长的阔叶树种为主。选择荫棚栽培石斛，则应选在较阴湿的树林下，用砖或石砌成高 15 cm 的高畦，将腐殖土、细沙和碎石拌匀填入畦内，平整，畦面上搭 100~120 cm 高的荫棚进行铁皮石斛生产。

2. 选地整地　栽种铁皮石斛时要先进行生长基质整理。其基本要求是：在大块的岩石上栽种铁皮石斛时，应在石面上用钻子按适宜株、行距进行打窝，在石面较低一方打一个小出水口，以防积水引起基部腐烂，打窝时应保护好石面上其他部位的苔藓；在小砾石上栽种石斛时，将地内杂草、杂枝除去，预留好遮阴树，将过多过密的小杂树清除，以利增加透光度和太阳的斜晒力度。

此外，还可选择适宜场所进行树栽、墙栽、盆栽，或在石缝、岩壁及人工栽培基质上进行铁皮石斛的种植。

三、繁殖方法

铁皮石斛的繁殖方法分为有性繁殖和无性繁殖两大类。有性繁殖即种子繁殖，无性繁殖包括分株繁殖、扦插繁殖、高芽繁殖和离体组织培养繁殖等，目前生产上以无性繁殖为主。

1. 种子繁殖　铁皮石斛种子极小，呈黄色粉末状，通常不发芽。只在养分充足、湿度适宜、光照适中的条件下才能萌发生长，一般需在组培室进行培养。尽管铁皮石斛繁殖系数极高，但其有性繁殖的成功率极低。

2. 分株繁殖　在春季或秋季进行，以 3 月底或 4 月初石斛发芽前为好。

选择长势良好、无病虫害、根系发达、萌芽多的一至二年生植株作为种株，将其连根拔起，除去枯枝和断技，剪掉过长的须根，保留 3 cm 左右老根，按茎数的多少分成若干丛，每丛须有茎 4~5 枝，即可作为种茎。

3. 扦插繁殖　在春季或夏季进行，以 5~6 月为好。选取三年生、生长健壮的植株，取其饱满圆润的茎段，每段保留 4~5 个节，长 15~25 cm，插于蛭石或河沙中，深度以茎不倒为度，待其茎上腋芽萌发，长出白色气生根，即可移栽。一般在选材时，多以上部茎段为主，因其具顶端优势，成活率高，萌芽数多，生长发育快。

4. 高芽繁殖　多在春季或夏季进行，以夏季为主。三年生以上的铁皮石斛植株，每年茎上都要萌发腋芽（也叫高芽）并长出气生根，成为小苗，当其长到 5~7 cm 时，即可将其割下进行移栽。

5. 离体组织培养繁殖　铁皮石斛也可采用组织培养的方法快速繁殖试管苗。将铁皮石斛的嫩茎经常规消毒后，制备成外植体，采用合适的培养基，加入植物生长发育需要的激素进行组织培养。在适宜的条件下 2 个月后便可以培养出具 4~8 个叶片的试管苗。

6. 栽种方法　铁皮石斛栽种宜选在春（3~4 月）、秋（8~9 月）季栽种为好，尤以春季栽种比秋季栽种更宜。此时，适宜的温湿度、日照、雨水等条件，有利于刺激铁皮石斛茎基部的腋芽迅速萌发，同时长出供幼芽吸收养分、水分的气生根，达到先根、后芽的生长目的。秋季种植是利用秋天的适宜温度引发根系生长，但根的质量、数量、长速都不及春季种植。目前常用的种植方法有贴石栽种法、贴树栽种法、荫棚栽种法。

四、田间管理

1. 灌溉　铁皮石斛栽种后应保持湿润的气候条件，要适当浇水，但切忌浇水过多，积水烂根。

2. 追肥　栽种铁皮石斛时不需施肥，但成活以后就必须施肥，才能提高铁皮石斛的产量和质量。一般于铁皮石斛栽种后第 2 年开始进行追肥，每年

1~2 次。第 1 次为促芽肥，在春分至清明前后进行，以刺激幼芽发育；第 2 次为保暖肥，在立冬前后进行，使植株能够贮存养分，从而安全越冬。通常都是用油饼、豆渣、厩肥、肥泥加磷肥及少量氮肥混合调匀，然后在其根部薄薄地糊上一层。由于石斛的根部吸收营养的功能较差，为促进其生长，在其生长期内，常每隔 1~2 个月，用 2% 的过磷酸钙或 1% 的硫酸钾进行根外施肥。下述具体施肥时间、方法可供参考：

（1）贴石栽培　一年内可追肥 2 次，早春施肥一般在 2~3 月，早秋施肥在 9~10 月进行，以腐熟的农家肥上清液或多元复合肥水溶液为宜，浓度宜低不宜高，以免造成烧根。如果残渣过多，使根的伸长受阻，影响石斛的正常生长。在干旱时可结合浇水，在水中按规定放入磷酸二氢钾、赤霉素做叶面喷施，既达到施肥之目的，又可降低岩石温度，增加湿度，使其多萌发新根、新芽，提高商品性能和产品质量。

（2）贴树栽培　可将腐熟农家肥的上清液或磷酸二氢钾、赤霉素溶液采用高压喷雾方法做根外施肥，施肥时间与次数应视石斛生长状况，结合降雨情况而定，旱时勤施，涝时少施。

（3）荫棚栽培　主要施用腐熟农家肥的上清液，施肥水时间及次数主要根据棚内湿度而定，棚内湿度大时少施，干旱时多施，涝时少施。要注意棚内温湿度变化，灵活掌握。不管采用何种方式栽培铁皮石斛，其施肥水时间都要在清晨露水干后进行，严禁在烈日当空的高温下施用肥水，否则将会严重影响石斛的正常生长。

3. 除草　种在岩石或树上等场所的铁皮石斛，常常会有杂草滋生，必须随时将其拔除。一般情况下，铁皮石斛种植后每年除草 2 次，除草时将长在石斛株间和周围的杂草及枯枝落叶除去则可。但在夏季高温季节，不宜除草，以免影响铁皮石斛正常生长。

4. 调节荫蔽度　铁皮石斛栽培中应注意荫蔽度的调节。例如，贴树栽培的石斛，随着附主植物的生长荫蔽度不断增加，每年冬春应适当修剪去除其过密的枝条，以控制荫蔽度为 60% 左右为宜，过于荫蔽不利于铁皮石斛的生长。

荫棚栽培的铁皮石斛，冬季应揭开荫棚，使其透光，以保证石斛植株得到适宜的光照和雨露，利于更好地生长发育。

5. 修枝　每年春季发芽前或采收石斛时，应剪去部分老枝和枯枝，以及生长过密的茎枝，以促进新芽生长。

6. 翻蔸　铁皮石斛栽种 5 年以后，植株萌发很多，老根死亡，基质腐烂，病菌侵染，使植株生长不良。故应根据生长情况进行翻蔸，除去枯朽老根，进行分株，另行栽培，以促进植株的生长和增产增收。

五、病虫害防治

铁皮石斛生长发育过程中，一般病害较轻，虫害较重。通常出现的病害主要有黑斑病、煤污病、炭疽病等，常见的害虫有石斛菲盾蚧和蜗牛等。

1. 黑斑病　发病时嫩叶上呈现黑褐色斑点，斑点周围显黄色，逐渐扩散至叶片，严重时黑斑在叶片上互相连接成片，最后枯萎脱落。本病害常在初夏（3~5 月）发生。防治方法：用石灰等量式波尔多液 160 倍液或 50% 多菌灵可湿性粉剂 1 000 倍液预防和控制其发展。

2. 煤污病　病害发生时整个植株叶片表面覆盖一层煤烟灰黑色粉末状物，严重影响叶片的光合作用,造成植株发育不良。3~5 月为本病害的主要发病期。防治方法：用 50% 多菌灵可湿性粉剂 1 000 倍液喷雾 1~2 次防治。

3. 炭疽病　病害发生时受害植株叶片出现深褐色或黑色病斑，严重的可感染至茎枝。1~5 月为本病害的主要发病期。防治方法：用 50% 多菌灵可湿性粉剂 1 000 倍液或 50% 甲基硫菌灵可湿性粉剂 1 000 倍液喷雾，以预防并控制感染。

4. 石斛菲盾蚧　害虫寄生于石斛植株叶片边缘或叶的背面，吸取汁液，引起植株叶片枯萎，严重时造成整个植株枯黄死亡，同时还可引发煤污病。防治方法：本害虫 5 月下旬是孵化盛期，以 1~3°Bé 石硫合剂喷杀效果较好。已成盾壳但量少者，可采取剪除老枝叶片集中烧毁的办法进行防治。

5. 蜗牛　主要躲藏在叶背面啃吃叶肉或为害花瓣，一年内可多次发生，一旦发生，为害极大，常可于一个晚上就将整个植株吃得面目全非。防治方法：①用麸皮拌敌百虫，撒在害虫经常活动的地方进行毒饵诱杀。②在栽培床及周边环境洒敌百虫等农药，亦可撒生石灰、饱和食盐水。③注意栽培场所的清洁卫生，枯枝败叶要及时清除。

六、采收加工

1. 采收　野生铁皮石斛全年均可采收，以秋后采收的质量为佳。家种者则通常于栽培 2~3 年后便可陆续采收。采收时间 11 月至翌年 3 月。采收时，用剪刀或镰刀从茎基部将老植株剪下来，注意采老留嫩，使留下的嫩株继续生长，以便翌年连续收获，达到一年栽种，多年受益之目的。

2. 加工　铁皮石斛入药应用一般分为鲜铁皮石斛、干铁皮石斛和铁皮枫斗三大类。

（1）鲜铁皮石斛　加工采回的鲜铁皮石斛不去叶及须根，直接供药用，或将采回的铁皮石斛除去须根和枝叶，用湿沙贮存备用，也可平装竹筐内，盖以箔席贮存，但注意空气流通，忌沾水而致腐烂变质。

（2）干铁皮石斛　在铁皮石斛主产区，加工方法较多，主要有下述 3 种：

水烫法：将鲜铁皮石斛除去叶片及须根，在水中浸泡数日，使叶鞘质膜腐烂后，用刷子刷去茎秆上的叶鞘质膜或用糠壳搓去质膜。晾干水汽后烘烤，烘干后用干稻草捆绑，竹席盖好，使不透气，再进行烘烤，火力不宜过大，而且要均匀，烘至七八成时，再搓揉一次并烘干，取出喷少许沸水，然后顺序堆放，用草垫覆盖好，使颜色变成金黄色，再烘至全干即成。

热炒法：将上述依法净制后的鲜铁皮石斛置于盛有炒热的河沙锅内，用热沙将铁皮石斛压住，经常上下翻动，炒至有微微爆裂声，叶鞘干裂而翘起时，立即取出置放于木搓衣板上反复搓揉，以除尽残留叶鞘，用水洗净泥沙，在烈日下晒干，夜露之后于翌日再反复搓揉，如此反复 2~3 次，使其色泽金黄，质地紧密，干燥即得。

烘干法：取净制后的鲜铁皮石斛置于鼓风烘箱内恒温 50~60℃烘烤，烘烤时间为 2~3 d，干燥后使含水量在 12% 以内。

（3）铁皮枫斗　取铁皮石斛鲜茎，剪成 6~12 cm 的短条，50~85℃烘焙至软化，并在软化过程中尽可能除去残留叶鞘，经卷曲加工、烘干定形成螺旋形或弹簧状的枫斗，用打毛机除去毛边或残留叶鞘。

七、质量评价

1. 经验鉴别　鲜铁皮石斛以青绿色、肥满多汁、嚼之发黏者为佳。铁皮枫斗（耳环石斛）以肥满、色鲜艳、有龙头凤尾、嚼之易碎而发黏者为佳。

2. 检查　水分不得过 12.0%。总灰分不得过 6.0%。

3. 浸出物　照醇溶性浸出物法项下热浸法，用乙醇作溶剂，醇溶性浸出物不得少于 6.5%。

4. 含量测定　多糖按干燥品计算，含铁皮石斛多糖以无水葡萄糖计，不得少于 25.0%。甘露糖按干燥品计算，含甘露糖应为 13.0%~38.0%。

商品规格等级

药材商品分为铁皮枫斗和铁皮石斛 2 个规格。铁皮枫斗分为 4 个等级，铁皮石斛分为 2 个等级。

铁皮枫斗一般分为特级、优级、一级、二级。

特级：螺旋形，一般 2~4 个旋纹，单重 0~0.5 g，表面暗绿色或黄绿色，表面略具角质样光泽，有纵细皱纹。质坚实，易折断。断面平坦，略胶质状。气微味淡，嚼之有黏性。久嚼有浓厚的黏滞感，残渣极少。

优级：螺旋形，一般 4~6 个旋纹，单重≥ 0.5 g。余同特级。

一级：螺旋形或弹簧状，一般 2~4 个旋纹，单重≥ 0.5 g，表面黄绿色或金黄色，有纵细皱纹。质坚实，易折断。断面平坦，略胶质状。气微味淡，嚼之有黏性。久嚼有浓厚的黏滞感，略有残渣。

二级：螺旋形或弹簧状，一般 4~6 个旋纹，单重≥ 0.5 g。久嚼有浓厚的黏滞感，有少量纤维性残渣。余同一级。

铁皮石斛一般分为一级和二级。

一级：呈圆柱形的段，长短均匀。直径 0.2~0.4 cm。表面黄绿色或略带金黄色，两端不得发霉。质坚实，易折断。断面平坦，略胶质状。气微味淡，嚼之有黏性。久嚼有浓厚的黏滞感，略有残渣。

二级：呈圆柱形的段，长短不等。直径 0.2~0.4 cm。久嚼有浓厚的黏滞感，

铁皮枫斗

铁皮石斛

王不留行

学名：*Vaccaria segetalis* (Neck.) Garcke
科：石竹科

王不留行，为石竹科植物麦蓝菜的干燥成熟种子，具有活血通经、下乳消痈、利尿通淋的功效，主治血瘀经闭、痛经、难产、产后乳汁不下、乳痈肿痛、热淋、血淋、石淋等症。

一、生物学特性

王不留行为一年生或二年生草本植物，高 30~70 cm，全株无毛，灰绿色，微被白粉，根为主根系。茎直立、单生，上部呈二叉状分枝。单叶对生，叶片卵状披针形或披针形。伞房花序，花梗细，花瓣淡红色。蒴果宽卵形或近圆球形；种子近圆球形，直径约 2 mm，红褐色至黑色，有明显粒状突起。种脐近圆形，下陷，其周围有一凹沟，沟内的颗粒状突起呈纵行排列，胚乳白色，质坚硬。花期 5~7 月，果期 6~8 月。

二、选地与整地

人工栽培宜选山地缓坡和排水良好的平地种植，土质以沙壤土最佳，低洼易积水的土地栽种易烂根，不易栽种。结合冬耕，每亩施厩肥 3 000 kg、过磷酸钙 30~40 kg，整细耙平，做宽 1.2 m、高 10 cm 畦，四周开好排水沟。

三、繁殖方法

春播一般于4月中旬至5月中旬播种，秋播于9月上旬至10月上旬播种，可采用点播和条播。将籽粒饱满均匀而富有光泽的种子浸泡24 h后晾干，按行距25~30 cm开浅沟条播，沟深2~3 cm，将拌灰的种子均匀地撒入沟内，播后覆土1.5~2 cm，稍加镇压，浇水。每亩用种量1.5 kg左右。点播按株行距20 cm × 25 cm进行。

四、田间管理

1. 间苗、补苗　苗高5 cm左右时，按株距12~15 cm间苗，间去弱苗、病苗以及过稠密之苗，若有断垄现象，应及时补苗。补苗应带土移栽，以提高成活率。

2. 中耕除草　及时除草松土，植株根系不发达，中耕除草松土时宜浅，以免伤及根系。孕蕾期不宜除草，以免损伤花蕾。

3. 追肥　以基肥为主，生长期间一般进行2~3次追肥，追肥结合中耕除草，以磷、钾肥为主。每亩施入稀薄人畜粪水1 500 kg或尿素5 kg，施后要立即浇水；也可用0.3%磷酸二氢钾溶液叶面喷施，间隔10 d左右喷1次，连续3~4次，以促进果实饱满。

4. 排灌水　苗期干旱要及时灌水，保持土壤湿润，雨季或者雨水较多，应及时排除积水防止烂根。

五、病虫害防治

1. 叶斑病　主要为害叶片，病叶上形成枯死斑点，发病后期在潮湿的条件下长出灰色霉状物。防治方法：增施磷、钾肥，或在叶面喷施0.2%磷酸二氢钾，增强植株抗病力；发病前用石灰等量式波尔多液160倍液喷施，每7~10 d喷1次，连喷2~3次；发病初期，喷施50%多菌灵可湿性粉剂800~1 000倍液，或65%代森锰锌可湿性粉剂500~600倍液喷施防治。

2. 黑斑病　主要为害叶片。防治方法：用70%甲基硫菌灵可湿性粉剂

500 倍液浸种；发病初期用 50% 多菌灵可湿性粉剂 800 倍液或 70% 甲基硫菌灵可湿性粉剂 1 000 倍液喷施。

3. 红蜘蛛　主要为害叶片。易在 5~6 月发生。防治方法：发病期用 18% 喹螨醚悬浮剂 1 000 倍液喷施。

4. 食心虫　幼虫为害果实。防治方法：低龄幼虫期用 10% 氯氰菊酯乳油 3 000 倍液或 90% 敌百虫晶体 1 000 倍液喷杀。

六、采收加工

1. 采收　待萼筒变黄种子变黑时，趁早晨露水未干时收割地上部分，运回。一定要注意采收时间，采收过迟，种子容易脱落，难以收集。留种地应分开采收。

2. 加工　将收割的地上部分晒干，脱粒，除去杂质，再晒至全干即可。

七、质量评价

1. 经验鉴别　以粒饱满、色黑者为佳。

2. 检查　水分不得过 12.0%。总灰分不得过 4.0%。

3. 浸出物　照醇溶性浸出物测定法项下的热浸法测定，用乙醇作溶剂，不得少于 6.0%。

4. 含量测定　照高效液相色谱法测定，本品含王不留行黄酮苷不得少于 0.40%。

商品规格等级

王不留行药材为统货，不分等级。

统货：干货。呈球形，直径约 2 mm。表面黑色，少数红棕色，略有光泽，有细密颗粒状突起，一侧有一凹陷的纵沟。质硬。胚乳白色，胚弯曲成环，子叶 2。气微，味微涩、苦。

望春花

学名：*Magnolia biondii* Pamp.
科：木兰科

望春花，多年生落叶乔木，以其干燥的花蕾入药，药材名称辛夷，别名木笔花、毛辛夷等。辛夷性温，味辛、微苦，具有祛风散寒、宣肺通窍等功效，用于风寒头痛、鼻塞流涕、鼻鼽、鼻渊等症。河南省南召、鲁山两县最为集中，产量高、花蕾大、质量好、挥发油含量高。

一、生物学特性

望春花适应性强，生于海拔 1 600 m 以下中低山林区，成树能耐 -15℃低温。在气候温暖阳光充足、土壤肥沃疏松、排水性好的微酸性沙质土壤中生长良好，树冠成形迅速，黏壤地上生长缓慢，黏性过重或低洼积水地栽植生长不良，甚至沤根、枯死。种子有休眠特性，需低温贮藏数月打破休眠，发芽率达 80% 以上。

一般花期 2~3 月，春季营养生长期一般为 4 月初至 5 月初；春季封顶和花芽分化一般为 4~5 月；5 月中旬至 8 月是夏季营养生长期。果期 8~10 月，落叶休眠期为 11 月至翌年 2 月。

二、选地与整地

选地势平坦，排灌方便，微酸性、疏松肥沃的地块。育苗地每亩施厩肥 3 000 kg，过磷酸钙 50 kg，均匀撒入作为基肥。冬季翻耕，经冻融风化，早春再浅耕一次，并进行土壤消毒。耙细整平后做宽 1~1.5 m，高 15~20 cm 的苗床。栽植地宜选背风向阳的缓坡地或丘陵地，宜选微酸性、土层深厚、疏松肥沃、排水良好的沙质土壤。一般为穴栽，按行株距 4 m×5 m 开穴，穴长、宽、深均为 1 m，施入腐熟厩肥、堆肥或腐殖质土。

三、繁殖方法

望春花可用种子、压条、扦插和嫁接等繁殖方法繁殖。用种子繁殖有多、快且成活率高的优点，生产中多用种子繁殖。

1. 种子处理　当果轴呈紫红色，果实开裂、露出朱红色种子时，适时采摘(一般在 9 月上旬)。摘后晾干，但要保持一定温度，防止种皮变黑，影响种子萌发。因外种皮为肉质，富含油脂，需用水 0.5 kg，加白碱 1 g，放入 0.5 kg 种子，浸泡 20~24 h，搓去外种皮，然后捞出，用清水冲洗，摊在席上，置室内通风处凉 1~2 d。晾时勤翻动，防止发霉，但也要保持一定温度。

2. 育苗　可采用种子直播育苗或阳畦育苗移栽。

（1）直播育苗　苗圃要选在地势平坦、土层深厚、土质疏松肥沃，排水方便、通气良好的微酸性 (pH 6~6.5) 沙质壤土或轻黏壤土地。冬季深翻 18~20 cm，早春解冻后浅耕。耕前施足腐熟过的有机肥，翻后随时耙平做床，床高 15~20 cm，宽 30~35 cm，床面成龟背形，以防积水。在垄顶开沟，沟深约 3 cm。将种子按 3~4 cm 株距播入沟内，覆土并轻轻压实，经常保持土壤湿润，1 个月左右子叶方可出土。

（2）阳畦育苗　移栽苗床要选在背风向阳处，北墙高 60~70 cm，南墙高 15~20 cm，宽 1.5~2 m，长度视育苗多少而定。床内深挖 35 cm，以 2∶1 的比例填上土和腐熟的有机肥，弄碎、混匀、摊平，然后摆播种子，再覆土，保持湿润。床上要加盖塑料薄膜和草栅，晴朗天气掀开，晚上覆盖。当幼苗长出 5~6 片真叶，按行距 30 cm，株距 15 cm，带土移栽到苗圃地，移栽后及时灌水。

3. 苗圃地管理　苗木成活后，及时中耕松土、除草，增温保墒，促使苗木根系发育，提高吸水能力，中耕要先浅后深。结合灌水要适时追肥，追肥要前重后轻，即前期促，后期控，因望春花苗木髓心大，若秋梢生长过旺，冬季易受冻害，故自 8 月上旬以后开始减少水肥，增加苗木的木化度，提高移栽成活率。

4. 移栽　在选好的定植地上，按行株距 3 m×2 m 挖一米见方穴，施入足量的基肥，与底土拌匀。以二年生大苗，并在根系蘸黄泥浆或带小土团定植成活率较高，随起随栽。每亩栽 110~160 株。

四、田间管理

1. 中耕除草　定植后至成林前，每年在春、夏、秋三季各进行 1 次中耕除草，冬季在植株基部适当培土壅根，除掉萌蘖。其间可间种农作物，并结合农作物的管理进行中耕除草。成林后，每年夏、冬两季各中耕除草 1 次，并将草覆盖根际，以利植株越冬。

2. 追肥　望春花喜肥，如在定植时已施足基肥，一般可不追肥，有条件时，可结合中耕除草适量追肥。定植后，每年追施 2~4 次。第 1 次于 2 月中旬，每亩施腐熟厩肥 1 500~2 000 kg，混合硫酸铵 15 kg，在植株旁开环形沟均匀施入，覆土盖肥。第 2 次于夏季整枝后每亩施人畜粪肥 2 500 kg、饼肥 50 kg、过磷酸钙 50 kg，混合后于植株旁开环形沟施入，覆土盖肥。第 3 次于秋季修剪后施上述肥料 1 次。第 4 次于冬季，每亩施厩肥 3 000 kg、饼肥 100 kg、过磷酸钙 50~100 kg，施肥后结合培土防寒，有利于翌年花芽的分化。

3. 排水灌溉　移栽后适量浇水，保持土壤湿润，有利于成活。积水时应及时排水。

4. 整枝修剪　在定植后第二年定干，于主干 1 m 高时除去顶芽，促使分枝。在植株基部选留 3 个主枝，在主秆上距离保持 15 cm 左右，并向各方向延伸，避免重叠。主枝上只留顶部枝梢，使其斜生并向四周发展。侧生中短枝条一般不剪，长枝保留 20~25 cm。延长枝常在春梢的饱满芽下方修剪，以利迅速扩大树冠。一般在夏季 8 月左右，适时摘心，可控制顶端优势。冬季修剪以疏删为主，将徒长枝、病枝、虫枝、枯枝及生长过密枝从基部疏剪，一般不作短截。

5. 矮化栽培　通过修剪，一般 6 年时间矮化树形基本形成，并产生花芽。在整个矮化过程中，要改变主枝上所挂小石的质量、支撑棒的长度、绑缚的位置，使主枝尽量与水平面成 30° 夹角方向生长。

6. 清园　10~11 月辛夷果实采集后，气温逐渐降低，植株进入落叶休眠期，在此时期清除树下的病残体及杂草，集中烧毁或深埋，减少越冬病源及害虫和虫卵的数量。

五、病虫害防治

1. 根腐病　主要为害幼苗。一般 6 月上旬开始，7~8 月发病严重。初期根系发黑，逐渐腐烂，后期地上部枝干枯死。用 50% 多菌灵可湿性粉剂 500 倍液或 30% 噁霉灵可湿性粉剂 500 倍液灌根。

2. 叶枯病　主要为害叶片。发病初期叶片出现黑褐色圆形病斑，逐渐扩大，导致叶片呈焦枯状枯死或脱落。发病初期及时摘除病叶，同时喷洒 70% 百菌清可湿性粉剂 1 000 倍液或 50% 退菌特可湿性粉剂 800 倍液，每隔 7~10 d 喷 1 次，连喷 2~3 次。

3. 大蓑蛾　主要以幼虫为害叶片，造成孔洞、缺刻，甚至食尽叶片。防治方法：人工捕杀，在田间悬挂黑光灯诱杀成虫；发生初期喷 40% 辛硫磷乳油 1 000 倍液防治。

六、采收加工

1. 采收　望春花种植后 4~5 年即能开花。一般在每年的 1~2 月采收，齐花梗处摘下未开放的花蕾，切勿损伤枝条。采摘宜早不宜迟，过早产量低，过晚花已开放，影响质量。

2. 加工　采摘后除去杂质，放日光下晒，摊晒至半干时，收回室内堆放 1~2 d，使其发汗，再晒至全干，即成商品（供药用）。如遇阴雨天气，可用烘房低温（10~25℃）烘烤，当烤至半干时，堆放 1~2 d 再次烘烤（25~35℃），烤至花苞内部全干为止。

七、质量评价

1. 经验鉴别　以完整未开花蕾、内瓣紧密、色绿、无枝梗、香气浓者为佳。

2. 检查　水分不得过 18.0%。

3. 含量测定　照挥发油测定法测定，本品含挥发油不得少于 1.0%（mL/g）。照高效液相色谱法测定，本品含木兰脂素不得少于 0.40%。

商品规格等级

望春花药材一般为选货和统货 2 个规格。选货分为 3 个等级。

选货一等：干货。除去枝梗，阴干，呈长卵形，似毛笔头，直径 0.8~1.5 cm。基部常具短梗，长约 5 mm，梗上有类白色点状皮孔。苞片 2~3 层，每层 2 片，两层苞片间有小鳞芽，苞片外表面密被灰白色或灰绿色茸毛，内表面类棕色，无毛。花被片 9，棕色，外轮花被片 3，条形，约为内两轮长的 1/4，呈萼片状，内两轮花被片 6，每轮 3，轮状排列。雄蕊和雌蕊多数，螺旋状排列。体轻，质脆，气芳香，味辛凉而稍苦。花蕾长度≥ 3 cm，花蕾完整无破碎，含杂率＜ 1%。

选货二等：2 cm ≤花蕾长度＜ 3 cm，花蕾偶见破碎，含杂率＜ 1%。余同一等。

选货三等：花蕾长度＜ 2 cm，含杂率＜ 3%。余同一等。

五味子

学名：*Schisandra chinensis*（Turcz.）Baill.
科：木兰科

五味子，多年生落叶木质藤本植物，以植物五味子的干燥成熟果实入药。习称“北五味子”。唐代《新修本草》载“五味皮肉甘酸，核中辛苦，都有咸味”，故有五味子之名。五味子分为南、北二种。“南五味子”为同科植物华中五味子 *Schisandra sphenanthera* Rehd. et Wils. 的果实。中医临床多用北五味子，认为质量优、疗效好，具有收敛固涩、益气生津、补肾宁心的功效。

一、生物学特性

五味子喜湿润环境，耐寒，需适度荫蔽，幼苗期尤忌烈日照射，宜在富含腐殖质的沙质壤土上栽培。种子胚具有后熟性，要求低温和湿润的条件，种皮坚硬，光滑有油层，不易透水，需要进行低温沙藏处理，其种子空秕率很高，因此发芽率较低。

五味子新鲜种子经层积处理，5 月上旬播种后 15~20 d 可出苗。幼苗生长缓慢，喜阴、怕阳光暴晒，需遮阴，秋末 9 月下旬至 10 月上旬茎蔓高达 30~50 cm。根系生长呈圆锥状。幼苗茎蔓木质化程度高的可以安全越冬，木质化差的越冬蔓会被冻死，而根茎不死，第 2 年重新萌生茎蔓。第 2 年主蔓继续生长，并从茎基部和主蔓的节间抽出新蔓。7~8 月高温多雨季节茎蔓生长较快，到秋末落叶时，茎蔓生长高达 80~100 cm。第 3 年、第 4 年茎蔓生长较快，到落叶时可高达 1.5~2 m。第 4 年、第 5 年大部分植株都能开花结果。5 月中下旬至6月上旬开花，雌雄同株异花占85%，雌株占7.5%，雄株占7.5%，雌花多生长在植株的上部，雄花多生长在植株的下部。6月上旬至7月上旬结果，8月下旬至9月上旬果熟。五年生以后可年年开花结果。地下部分的根每年萌动早于地上部分，从三年生开始，根茎上便长出横走地下根状茎，在根茎的茎节上可以长出不定根和不定芽，萌生新植株，俗称"串根"，可以利用此特性进行根茎的无性繁殖。

二、选地与整地

宜选择潮湿的环境、灌溉便利、疏松肥沃的壤土或腐殖质土壤的地块做栽种地。地块透风透光，荫蔽度50%~60%。每亩施腐熟农家肥2 000~3 000 kg，深翻20~25 cm，整平耙细，育苗地做宽1.2 m、高15 cm、长10~20 m的高畦，移植地穴栽。

三、繁殖方法

野生五味子除了种子繁殖外，主要靠地下横走茎繁殖。生产上多采用种子进行繁殖，亦可用压条、扦插繁殖和根茎繁殖，但生根困难，成活率低。

1. 种子处理　挑选8~9月收获的果粒大、均匀一致的成熟果实用清水浸泡并搓去果肉，得到的种子用清水浸泡5~7 d，捞出种子晾干，与3倍于种子的湿沙混匀，放入已准备好的深0.5 m坑中进行低温层积处理，翌年2~3月，将湿沙低温处理的种子移入室内，装入木箱中进行沙藏处理，其温度保持在5~15℃，当春季种子裂口即可播种。

2. 播种　春播于5月上旬至6月中旬进行，条播行距10 cm，覆土1~3 cm，每平方米播种量30 g左右。秋播于8月上旬至9月上旬播种，当年鲜籽，搓去果肉，用清水漂洗干净后晾干即可播种。播后搭1~1.5 m高的棚架，上面用草帘或苇帘等遮阴，土壤湿度保持在30%~40%，待小苗长出2~3片真叶时可逐渐撤掉阴帘，及时中耕除草。

3. 移栽　在选好的地上，于4月下旬或5月上旬移栽，也可在秋季叶发黄时移，按行株距 120 cm × 50 cm 穴栽，穴深 30~35 cm，直径 30 cm，每穴栽 1 株，栽后踏实浇水。15 d 后进行查苗，未成活者补苗。秋栽于第 2 年春苗返青时查苗补苗。

四、田间管理

1. 中耕除草　移栽后应经常中耕除草，结合除草可进行培土。

2. 灌溉　开花结果前需水量大，应保持土壤湿润。雨季积水应及时排除。越冬前灌 1 次水有利于越冬。

3. 施肥　一般一年追肥 2 次，第 1 次在展叶前，第 2 次在开花前，每株追施腐熟农家肥 5~10 kg，距根部 30~50 cm，周围开 15~20 cm 深的环状沟，勿伤根，施后覆土；第 2 次追肥，适当增加磷、钾肥，促使果成熟。

4. 搭架　移植后第 2 年应搭架，按右旋引蔓上架。

5. 剪枝　春剪一般在枝条萌发前进行，剪掉过密果枝和枯枝，剪后枝条疏密适宜。夏剪于 6 月中旬至 7 月中旬进行，主要剪掉茎生枝、膛枝、重叠枝、病虫细软枝等，对过密的新生枝也应进行疏剪或剪短。秋剪于落叶后进行，剪基生枝。3 次剪枝都要注意留 2~3 个营养枝作主枝，并引蔓。

五、病虫害防治

1. 根腐病　病原是真菌中一种半知菌。7~8 月发病，开始叶片萎蔫，根部与地面交接处变黑腐烂，根皮脱落，几天后整株死亡。防治方法：选排水良好的土壤种植，雨季及时排除田间积水；发病期用 50% 多菌灵可湿性粉剂 500~1 000 倍液根际浇灌。

2. 叶枯病　发病初期从叶尖或边缘发起，果穗脱落。防治方法：加强田间管理，注意通风透光，保持土壤疏松、无杂草。发病初期用 70% 百菌清可湿性粉剂 800 倍液喷雾，7 d 喷 1 次，连续数次。

3. 卷叶虫　主要以幼虫为害，造成卷叶，影响果实生长甚至脱落。防治方法：低龄幼虫期用 40% 辛硫磷乳油 1 500 倍液或 21% 噻虫嗪乳油 5 000 倍液茎叶喷雾。

六、采收加工

1. 采收　五味子实生苗5年后结果，无性繁殖3年挂果，一般栽植后4~5年大量结果，待果实呈紫红色，采摘。

2. 加工　摘下来的鲜五味子可晒干或烘干。晒干时，要不断翻动，防止霉变。烘干时温度一般35℃，干至手攥成团有弹性，松手后能恢复原状为好。

七、质量评价

1. 经验鉴别　以粒大、果皮紫红、肉厚、柔润者为佳。

2. 检查　杂质不得过1.0%。水分不得过16.0%。总灰分不得过7.0%。

3. 含量测定　照高效液相色谱法测定，本品含五味子醇甲不得少于0.40%。

商品规格等级

五味子药材分为2个等级。

一等：干货。呈不规则球形、扁球形或椭圆形。表面红色、暗红色或紫红色，色度B值在–3.12~–118.9（D 65光源），质油润，干瘪粒不超过2%。皱缩，内有肾形种子1~2粒。果肉味酸，种子有香气，味辛微苦。

二等：干货。表面黑红或出现“白霜”，色度B值在1.63~157.72（D 65光源），干瘪粒不超过20%。余同一等。

夏枯草

学名：*Prunella vulgaris* L.
科：唇形科

夏枯草，多年生草本植物，以其干燥果穗入药，药材名夏枯草，别名夏枯球，具有清肝泻火、明目、散结消肿功效，用于目赤肿痛、目珠夜痛、头痛眩晕、瘰疬、瘿瘤、乳痈、乳癖、乳房胀痛等症。夏枯草是大宗常用中药材，临床应用广泛，为夏桑菊、夏枯草膏、夏枯草颗粒等中成药的重要原料。河南确山人工栽培夏枯草已有多年历史，为全国重要的夏枯草人工栽培基地。

一、生物学特性

夏枯草茎高 20~30 cm，直立，下部伏地，自基部多分枝，根茎匍匐，在节上生须根。茎生叶卵状长圆形或卵圆形，大小不等，长 1.5~6 cm，宽 0.7~2.5 cm，先端钝，基部圆形、截形至宽楔形，下延至叶柄成狭翅，边缘具不明显的波状齿或几近全缘，草质。轮伞花序密集组成顶生长 2~4 cm 的穗状花序。花冠紫、蓝紫或红紫色，长约 1.3 cm。小坚果黄褐色，长圆状卵形，长 1.8 mm，宽约 0.9 mm。

夏枯草喜温暖湿润气候，耐寒，对土壤要求不严，以排水良好的沙质壤土栽培为宜，土壤黏重或低湿地不宜栽培。根茎 3 月发芽，4 月开花，果实 5~6 月成熟，地上部分全部枯萎。夏枯草花序通常每轮先开 2 朵花，剩余 4 朵次日开放；花序每日开放 1~2 轮，直至整个花序开完；花序花期为 7~14 d，朵花期为 1~2 d。

二、选地与整地

选择阳光充足，土层深厚肥沃、排水良好、疏松通气透水沙壤腐殖质土地块，最好与水稻轮作或与玉米套种，深耕 30 cm。整地前，每亩施用商品有机肥 1 000 kg、磷肥 50 kg、尿素 20~25 kg 或复合肥 50 kg，正常翻耕、耙细，整成 2~3 m 宽的平畦。

三、繁殖方法

1. 种子繁殖　生产中一般采用直播。春、秋两季均可播种，春播 3 月下旬至 4 月上旬；秋播 8 月上旬至 9 月上中旬。播种一般分条播和撒播 2 种，条播要用锄按行距 15~20 cm 开沟，将种子拌些细沙，均匀撒于沟内；撒播可将种子均匀撒于畦面，种后用扫帚轻扫，将种子掩着即可。播后浇水 1 次，保持畦面湿润，15~20 d 出苗。

2. 分株繁殖　一般在春季老根发芽后，将根挖出分开，每根需带 1~2 个幼芽，随挖随栽。按行距 27~33 cm，穴距 16~20 cm 开穴，每穴栽 1 株，栽后压实，浇水定根。

四、田间管理

1. 间苗、定苗　苗出齐后长到 6~8 片叶时，按行距 20~25 cm，株距 15~20 cm 进行间苗。

2. 中耕除草　夏枯草全生育期一般要进行 2 次中耕锄草。第 1 次在 12 月中下旬至翌年 1 月中上旬，用锄头浅锄松土，利于定植夏枯草生根和蹲苗过冬。第 2 次在 2 月中下旬至 3 月中上旬，气温回升，雨水增多，杂草和夏枯草均开始快速生长，应及时用锄头稍深锄，去除杂草、中耕松土，结合施肥理畦，利于夏枯草分蘖、发棵和拔茎。

3. 肥水管理　出苗前，要保持土壤湿润。开春以后，结合中耕除草，亩追施尿素 10 kg 左右，促进夏枯草分蘖、发棵和早日封行。4 月底至 5 月中上旬的蕾花期，采用叶面喷施的方式，喷施500~800倍的硼砂和磷酸二氢钾，促进花蕾发育和果穗饱满整齐，并能促进果穗提早转黄成熟，7~10 d喷1次，连续喷2~3次，喷洒要均匀，以叶面不滴水为好。

五、病虫害防治

1. 花叶病毒病　造成花瓣、叶片畸形和植株矮缩，病叶厚薄不均，叶色浓淡不匀、畸形皱缩。防治方法：种子处理，先清水浸泡3~4 h，再转入10%磷酸三钠溶液里继续浸泡40~50 min，捞出后清水冲洗30 min，催芽播种；药剂防治，在发病初期用20%菌毒清可湿性粉剂500倍液、1.5%植病灵乳剂、20%盐酸吗啉胍可湿性粉剂400倍液喷雾，每隔10 d喷1次，连喷2~3次。避蚜和治蚜，对控制蚜虫传播病毒起决定性作用，因此在蚜虫发生期用3%啶虫脒微乳剂2 000~3 000倍液，或4.5%高效氯氰菊酯乳油1 500倍液，间隔7 d喷1次，连喷2次，重点是叶背和叶梢。

2. 焦叶病　夏枯草焦叶病为真菌性病害，病源未知，主要为害夏枯草叶片，初期叶片出现红色病斑，并逐渐扩大，最终造成叶片全部焦枯脱落。一般发病在4~5月，最佳防治时期为发病初期。4月初，发病初期用70%甲基硫菌灵可湿性粉剂800倍液、75%百菌清可湿性粉剂600~800倍液喷雾防治；发病期用25%吡唑醚菌酯可湿性粉剂2 000倍液，或25%咪鲜胺乳油1 000倍液，或50%烯酰吗啉可湿性粉剂1 000倍液喷雾防治，注意交替用药。

3. 大灰象甲　在夏枯草田中幼虫、成虫取食夏枯草嫩尖和叶片，轻者把叶片食成缺刻或孔洞，重者把夏枯草吃成光秆儿，造成缺苗断垄。一般4月中下旬开始为害，最佳防治期为卵孵化期和幼虫期。用1.8%甲维盐乳油2 000倍液或20%氯虫苯甲酰胺胶悬剂3 000倍液防治。施药时注意要交替使用。

六、采收加工

1. 采收　春播在当年采收，秋播在第2年采收。在6月中上旬，植株80%果穗出现黄渐变成棕红色时进行收割。可用镰刀人工收割也可用机械收割。收割前要关注天气，避免阴雨天收割。

2. 加工　将收割后的夏枯草摊在晾场或者田间晒干，晾晒期间严防雨淋，晒干后可直接剪穗。剪穗时要求所带茎秆不超过 2 cm，可选择农闲时剪穗。将剪好的果穗，装入洁净、无污染的薄膜袋或编织袋中，贮存在干燥通风的场所。贮存时，地面要垫高或者用塑料薄膜覆盖以防受潮发霉。

七、质量评价

1. 经验鉴别　以穗大、色棕红、摇之作响者为佳。

2. 检查　水分不得过 14.0%。总灰分不得过 12.0%。酸不溶性灰分不得过 4.0%。

3. 浸出物　照水溶性浸出物测定法项下的热浸法测定，不得少于 10.0%。

4. 含量测定　照高效液相色谱法测定，本品按干燥品计算，含迷迭香酸不得少于 0.20%。

商品规格等级

夏枯草药材一般为统货和选货 2 个规格，都不分等级。

选货：干货。果穗呈圆柱形或棒状，略扁。直径 0.8~1.5 cm。体轻，摇之作响。全穗由数轮至 10 多轮宿存的宿萼与苞片组成，每轮有对生苞片 2 片，呈扇形，先端尖尾状，脉纹明显，外表面有白毛。每一苞片内有花 3 朵，花冠多已脱落，花萼二唇形，内有小坚果 4 枚。果实卵圆形，棕色，尖端有白色突起。气微，味淡。残留果穗梗的长度≤ 1.5 cm。果穗长≥ 3 cm。淡棕色至棕红色。

统货：干货。果穗长 1.5~8 cm。淡棕色至棕红色，间有黄绿色、暗褐色，颜色深浅不一。余同选货。

学名：*Scrophularia ningpoensis* Hemsl.

科：玄参科

玄参，以干燥根入药，具有清热凉血、泻火解毒、滋阴的功效，主治温邪入营、温毒发斑、热病伤阴、津伤便秘、骨蒸劳嗽、目赤咽痛、瘰疬、白喉、痈肿疮毒等症。

一、生物学特性

玄参，多年生高大草本植物，高 60~120 cm。支根数条，纺锤形或胡萝卜状膨大，粗可达 3 cm 以上。茎四棱形，有浅槽，无翅或有极狭的翅。叶在茎下部多对生而具柄，上部的有时互生而柄极短。花序为疏散的大型圆锥花序，由顶生和腋生的聚伞圆锥花序合成；花褐紫色，花冠唇形。蒴果卵圆形，连同短喙长 8~9 mm。

玄参喜温暖湿润气候，并有一定的耐寒耐旱能力，适应性较强，在海拔 1 000 m 以上地区均可种植。玄参吸肥力强，病虫害多，不宜连作。生长期 3~11 月。3~5 月为苗期，子芽萌动出苗。5~7 月为茎叶生长期，地上部分生长迅速。7~9 月为块根膨大期，块根长 5~25 cm，直径 2~5 cm，子芽 5~15 个。花期在 6~10 月，果期在 9~11 月。10 月下旬地上部分开始枯黄。生长期为 220~240 d。气温在 30℃以下,植株生长随着温度升高而加快；温度 30℃以上，生长受到抑制。地下块根生长的适宜温度为 20~25℃。

二、选地与整地

选地通常以土层深厚、肥沃、疏松、排水性良好的土地为宜，土壤黏结、排水不良的低洼地不宜栽种。前茬以禾本科作物为好，也不宜同白术等药材轮作，忌连作。前茬作物收获后，立即深翻，同时施足基肥，适当增施磷、钾肥。整细耙平后，做成宽 130 cm 的高畦。

三、繁殖方法

1. 子芽繁殖　玄参以子芽繁殖为主。冬种于 12 月中下旬至翌年 1 月上旬栽种，春种于 2 月下旬至 4 月上旬栽种。严格挑选无病、健壮、白色、长 3~4 cm 的子芽作种芽，按行距 40~50 cm，株距 35~40 cm 开穴，穴深 8~10 cm，每穴放子芽 1 个，芽向上，覆土 3 cm，浇水压实。

2. 种子繁殖　有春播和秋播 2 种。秋播时幼苗于田间越冬，翌年返青后适当追肥，加强田间管理，培育 1 年即可收获。与秋播不同，春播宜在早春将种子播种到阳畦中进行育苗，至 5 月中旬苗高 5~6 cm 后定植，当年可收获。

四、田间管理

1. 中耕除草　及时中耕除草，苗期浅耕，以免伤根。6~7 月植株封垄后，杂草不易生长，故不必再进行中耕。

2. 追肥、培土　植株封垄前追肥 1~2 次，以磷、钾肥为主，可掺入土杂肥在植株间开穴或开浅沟施入，结合追肥进行培土。培土时间一般在 6 月中旬施肥后，可以保护子芽，使白色子芽增多，芽瓣闭紧，提高子芽质量。

3. 灌溉　干旱及时浇水，雨季及时排水。

4. 除蘖打顶　春季幼苗出土，每株选留一个健旺的主茎，抹去多余的芽。7~8 月植株长出花序时，应及时除去花序，以使养分集中，促进根部生长。通常分 2 次打顶，第 1 次于 7 月中旬蕾末期至始花期选晴天露水干后打顶，第 2

次是植株高达 1.5~2 m时，用镰刀将上部 1/3 茎秆及侧枝割去，20~30 d 后再将重新萌发出的侧枝处理 1 次。

五、病虫害防治

1. 斑枯病　4 月中旬始发，高温多湿季节发病严重，先由植株下部叶片发病，出现褐色病斑，严重时叶片枯死。防治方法：清洁田园；轮作；发病初期喷石灰等量式波尔多液160 倍液防治。

2. 白绢病　发病时间同斑枯病，为害根部。防治方法：轮作；拔除病株，并在病穴内用石灰水消毒；种栽用 50% 退菌特可湿性粉剂 1 000 倍液浸泡 5 min，晾后栽种。

3. 棉红蜘蛛　6 月始发，为害叶片。防治方法：清洁田园；发生初期用 43% 联苯肼酯悬浮剂 2 000 倍液或 34% 螺螨酯悬浮剂 6 000 倍液喷雾；忌与棉花轮作或邻作。

六、采收加工

1. 采收　栽种当年 10~11 月地上部枯萎时采挖，挖出后去除残茎叶，抖掉泥土，掰下根茎和子芽，将玄参根茎运回洁净的室内散堆晾放。将子芽妥善运回晾放留种，严防碰伤或污染。

2. 加工　暴晒 6~7 d 待表皮皱缩后，堆积并盖上麻袋或草，使其“发汗”，4~6 d 后再暴晒，如此反复堆、晒，直至干燥、内部色黑为止，如遇雨天，可烘干，但温度应控制在 40~50℃，将根晒至四五成干时方可采用。

七、质量评价

1. 经验鉴别　以条粗壮、质坚实、断面色黑者为佳。

2. 检查　水分不得过 16.0%。总灰分不得过 5.0%。酸不溶性灰分不得过 2.0%。

3. 浸出物　照水溶性浸出物测定法项下的热浸法测定，不得少于 60.0%。

4. 含量测定　照高效液相色谱法测定，本品含哈巴苷和哈巴俄苷的总量不得少于 0.45%。

商品规格等级

玄参药材一般分为统货和选货 2 个规格。选货分为 3 个等级。

选货一等：干货。呈类纺锤形或长条形。表面灰黄色或灰褐色，有纵纹及抽沟。质坚实。断面黑色，微有光泽。每千克≤ 36 支，支头均匀。无空泡。气特异似焦糖，味甘、微苦。

选货二等：干货。每千克≤ 72 支。余同一等。

选货三等：干货。每千克 >72 支，个头最小在 5 g 以上。间有破块。余同一等。

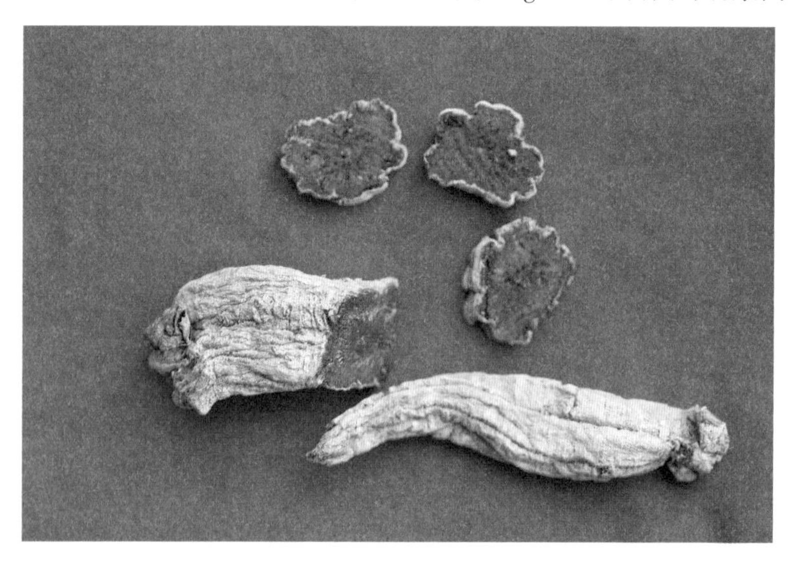

银杏

学名：*Ginkgo biloba* L.
科：银杏科

银杏，多年生落叶乔木，以成熟干燥的种子入药，药材称白果，别名白果仁、银杏果等。白果味甘、苦、涩，性平、有毒，归肺、肾经，具有敛肺定喘、止带浊、缩小便之功效，用于痰多喘咳、带下白浊、尿频等症。银杏还以干燥的叶片入药，药材称银杏叶，别名白果叶。银杏叶味甘、苦、涩，性平，归心、肺经，具有活血化瘀、通络止痛、敛肺平喘、化浊降脂之功效，用于瘀血阻络、胸痹心痛、肺虚咳喘、高脂血症等症。河南全省有分布，各地均有栽培。

一、生物学特性

银杏初期生长较慢，实生苗一般要20多年才能开花结实，30年进入挂果盛期，500年的大树仍能正常结实。银杏雌雄异株，4月开花，雌雄花都没有花被构造，既没有花萼，也没有花瓣。雌花仅有1个裸露的胚珠，雄花是一个柔荑花序。10月成熟，种子具长梗，下垂，常为椭圆形、长倒卵形、卵圆形或近圆球形。枝条一般一年仅有1次生长，不具有秋梢，在6月底至7月初即停止生长。一年生枝条较软，多年生枝条质地脆。一般3月下旬至4月上旬萌动展叶，4月上旬至中旬开花，9月下旬至10月上旬种子成熟，10月下旬至11月落叶。

二、选地与整地

选择排水良好、背风向阳、土层深厚、土壤肥沃的地块，每亩施腐熟农家肥 2 000 kg、过磷酸钙 30 kg，深翻 30 cm，耙细整平。育苗地做成宽 1.2~1.5 m、高 20 cm 的高畦。大田按株行距 3 m × 4 m 开穴，穴深 40~50 cm，备栽。

三、繁殖方法

1. 种子繁殖　一般在 3 月中旬至 4 月上旬播种，采用条播法，行距为 40 cm，株距 15 cm，沟深 4 cm，将种子撒入沟内，浇水覆盖。为使出苗早而整齐，可用塑料薄膜制成拱形棚覆盖，温度控制在 30~35℃。当幼苗出土后，温度控制在 25℃以下，当其超过 25℃时，需注意通风降温，防止烧苗。当土壤湿度小时，中午要浇水。一般 10~20 d 即能发芽。

银杏生长速度很慢，要经过 2~3 年才能移栽。银杏苗高 60~70 cm 时，春季可在萌芽前 15~20 d 定植，秋季在 10 月中旬进行定植。栽植深度为保持苗木的原有土痕，可以浅，但是绝对不能过深。

2. 嫁接繁殖　可在每年的 3~4 月选取母株，应当保证所选的母株具有较强的生长能力，挑选出三年生或四年生健康的枝条作接穗，然后利用剥皮接或是皮下枝接的方法，将枝条嫁接在实生苗上，经过栽培管理，5~7 年，银杏便能结出果实。

四、田间管理

1. 排灌　幼苗出土前，应保持土壤湿润，以利出苗。栽培银杏树苗 5~7 d 后进行浇水，成活后可以降低浇水频率。在土壤化冻后银杏树苗发芽前进行第 1 次浇水，在 5 月天气干旱的时候进行第 2 次浇水。遇大雨或暴雨，应及时排水。

2. 追肥　银杏每年生长期短，停止生长早，年生长量是 10~15 cm，为促使二次生长，应及时进行追肥。一般每年需施肥 3 次以上，11 月中下旬每亩施腐熟农家肥 2 000~3 000 kg，改善土壤肥力。春季发芽后（3 月中下旬）施长叶肥，以速效氮肥为主，每亩施尿素或复合肥 10~20 kg，5~8 月须进行根外追肥 2~3 次，用 0.2% ~0.3% 的尿素溶液或施磷酸二氢钾等。

3. 整形修剪　自然开心形是银杏的主要丰产树型。中心无主干，从嫁接部分培养三四个主枝，每个主枝上培养2~4个侧枝，从侧枝抽生长枝，生长枝培养结果短枝，树冠呈半球形或自然开心形。对于幼树的整形修剪，第1分枝长度保留40 cm，第2分枝长度保留30 cm，最后形成第3分枝。以后的修剪就是剪除朝偏冠方向生长的新枝条顶端嫩梢，除萌芽和萌条，剪除细弱枝、直立枝、徒长枝、病虫枝和过密枝等；用绳将过密的强枝拉开，确保疏密适中、通气透光，逐步培养成主干疏层形或疏散开心形。挂果树的整形修剪与幼年树形成第3分枝后的整形修剪方法一致。

4. 人工授粉　银杏树为雌雄异株，结果园要进行人工授粉，在4月下旬雌花开花率超过40%的时候采集雄花花粉，按1∶0.25∶（250~500）的比例将花粉、硼酸和水混合，每天上午8点至10点进行喷洒。

5. 人工疏果　为了有效克服大小年结果现象，确保树势健壮，应进行合理疏果。根据树长势，叶子超过6片的短枝留3个果，四五片叶的留2个果，三四片叶的留1个果。疏果的时候，将大果留下，去掉小果。

五、病虫害防治

1. 叶枯病　土地缺锌、积水、有地下害虫或土壤水分不足等很容易导致银杏树感染叶枯病，并在早期发生落叶现象。加大水肥管理力度，使银杏树更为健壮地生长，提高其抗病能力。例如，7月前在银杏根基附近地面泼浇锌肥或锌、锰、硼等微量元素混合液（1∶500），可有效预防该病害。在发病初期，对幼树或苗木喷70%代森锰锌可湿性粉剂800倍液或50%退菌特可湿性粉剂800~1 000倍液或25%多菌灵可湿性粉剂600~800倍液进行防治，根据发病轻重，每隔15~20 d喷施1次，连喷2~3次。

2. 黄化病　一般在6月中旬发病,7月上旬黄化增多。防治时要找准病因，并注重积水排湿、干旱灌水；若是缺锌，应施加锌肥、多效锌或硫酸锌等。

3. 干枯病　病原菌由伤口侵入，以菌丝体及分生孢子器在病枝中越冬，待温度回升，便开始活动。一般在4月初开始出现症状，并随气温的升高而加速扩展，直到10月下旬停止。防治方法：加强管理，增强树势，提高植株抗性；重病株和患病死亡的枝条，应及时清理销毁，彻底清除病原；及时刮除病斑，并喷施石灰等量式波尔多液160倍液或50%多菌灵可湿性粉剂100倍液，以杀灭病菌并防止病菌扩散。

4. 超小卷叶蛾　主要在4月中旬至6月中旬为害银杏树，最严重的为幼虫为害。冬季树干涂白，用生石灰5 kg、敌敌畏0.1 kg、食盐1 kg兑水20 kg涂刷树干可起到很好的防治效果。也可以在幼虫刚孵化还没有钻入枝梢前或幼虫从枝梢中爬出卷叶的时候进行喷杀，如将敌敌畏（80%）、敌百虫（90%）、水按照1∶1∶（800~1 000）的比例混匀后进行喷雾，还可以用20%呋虫胺水分散粒剂3 000~4 000倍液进行喷杀。

5. 天牛　用1份敌敌畏加水30份，加几滴煤油，用棉球浸泡药水后，塞入蛀洞，或在成虫发生期人工捕捉成虫。

六、采收加工

（一）白果采收加工

1. 采收　白果适时的采收期，是以白果开始有自然降落为主要标志。采收白果时，枝梢略受外力震动，白果即会脱落降下，同时，白果的外种皮与中种皮也更易剥离。

2. 加工　白果适时采收后，集中堆放在靠近水源的平整旷地，厚度以30 cm为宜，以湿稻草或青草覆盖好。2~3 d后，外种皮已发酵腐烂，可去除外果皮，去白果皮时小心过敏。白果除去外种皮后，当即放在清水中冲洗除杂，再加以漂洗。漂洗后马上用清水冲洗干净，直到果面闻不到药味为止。漂白白果用的容器，以瓷缸和水泥池为宜，切忌使用铁器。将漂洗后的洁净白果，摊放在室内或室外通风阴凉处，放在已经冲洗干净的木板或水泥地上，厚度以3 cm为宜。在阴干过程中，将白果勤加翻动，特别要注意防止泥块、杂质及其他脏物污染中种皮，使中种皮发生黄斑或霉污，影响商品的美观和品质。

（二）银杏叶采收加工

1. 采收　对采种母树可结合采种时采部分叶子，余下的部分叶子可在10

月中下旬采集。对于专用的采叶园，采摘时一只手固定主干，另一只手自下而上对叶子逐片采摘，不可用手捋采，以免损伤芽子，影响翌年树体生长。采到枝条顶端时，应在顶芽周围保留 2~3 片嫩叶，以保护顶芽不受损伤。对树体高大人工无法采收的叶子，可在落叶前 15~20 d 喷洒少量的乙烯利溶液，促其落叶，在地面上一次性收集。

2. 加工　银杏叶采收后，应及时清除夹在叶子里面的树枝、杂草、泥土、沙石及霉烂叶，然后摊在水泥地面上晾晒，以防生热发霉。摊晒厚度一般为 2 cm，注意要不断翻动叶片，促使加速干燥，干燥的时间越短，叶片的质量越高。如遇阴雨应及时将叶片收起，置于通风良好的室内摊晾，并经常翻动。叶片干燥标准是叶片含水量达到 12% 的气干状态（感观标准是，将叶握到手中不焦碎，又比较柔软），一般每 2.5 kg 鲜叶可制成 1 kg 干叶。干燥之后的银杏叶片，即可在室内进行堆藏，或将充分干燥的叶片及时装入大塑料袋内，扎好口密封，一般不会发生霉变。

七、质量评价

（一）银杏叶

1. 经验鉴别　以叶片完整、色黄绿、无杂质、无霉变者为佳。

2. 检查　水分不得过 12.0%。

3. 浸出物　照醇溶性浸出物测定法项下的热浸法测定，用稀乙醇作溶剂，不得少于 25.0%。

（二）白果

1. 经验鉴别　以粒大、壳色黄白、种仁饱满、断面色淡黄、无破壳、无霉变者为佳。

2. 检查　杂质不得过 2%。水分不得过 12.0%。总灰分不得过 10.0%。酸不溶性灰分不得过 2.0%。

3. 浸出物　照醇溶性浸出物测定法项下的热浸法测定，用稀乙醇作溶剂，不得少于 13.0%。

4. 含量测定　照高效液相色谱法测定，本品含总黄酮醇苷不得少于 0.40%。萜类内酯以银杏内酯 A、银杏内酯 B、银杏内酯 C 和白果内酯的总量计，不得少于 0.25%。

商品规格等级

白果药材有选货和统货 2 个规格，银杏叶药材均为统货。

白果选货：干货。略呈椭圆形，一端稍尖，另端钝，中种皮（壳）骨质，坚硬。长 2.2~2.5 cm，宽 1.5~2 cm，大小均匀，表面黄白色，无霉果，破果≤ 5%。气微，味甘、微苦。

白果统货：干货。长 1.5~2.5 cm，宽 1.0~2.0 cm，大小不分，表面黄白色或淡棕黄，无霉果，破果≤ 15%。余同选货。

银杏叶统货：干货。本品多皱折。长 3~12 cm，宽 5~15 cm，叶基楔形，叶柄长 2~8 cm。完整者呈扇形，上缘呈现不规则的波状弯曲，有的中间凹入，深者达叶长 4/5 处。具有二叉状平行叶脉，细而密，光滑无毛，极易纵向撕裂。

白果

银杏叶

淫羊藿

学名：*Epimedium brevicornu* Maxim.

科：小檗科

淫羊藿，多年生草本植物，以干燥叶入药，别名仙灵脾，是我国常用中药之一。淫羊藿味辛、甘，性温，归肝、肾经，具有补肾阳、强筋骨、祛风湿的功效，用于肾阳虚衰、阳痿遗精、筋骨痿软、风湿痹痛、麻木拘挛。《中国药典》收载的药材淫羊藿还有箭叶淫羊藿 *E.sagittatum* (Sieb. et Zucc.)Maxim.、柔毛淫羊藿 *E.pubescens* Maxim. 或朝鲜淫羊藿 *E.koreanum* Nakai 的干燥叶。河南主要栽培品种为淫羊藿，在驻马店、许昌、南阳、洛阳等有种植。

一、生物学特性

淫羊藿喜阴湿，以土壤湿度 20%~30%、空气相对湿度 70%~80% 为宜。对光较为敏感，忌烈日直射，遮阴度达到 60%~65% 为好。淫羊藿对土壤要求比较严格，以中性疏松、含腐殖质、有机质丰富的沙质壤土为好，海拔在 450~1 200 m 的低中山地的灌丛、疏林或林缘半阴环境中适合生长。

二、选地与整地

淫羊藿喜阴湿，选择阴坡或半阴半阳坡的自然条件，坡度 35° 以下，土壤为微酸性的树叶腐殖土、黑壤土、黑沙壤土。可以利用阔叶林或针阔混交林及果树经济林下栽培。将林下地面草皮起走，顺坡打成宽 120~140 cm、高 12~15 cm 的条床，横条沟栽苗，开沟深度 6~10 cm。

三、繁殖方法

淫羊藿种子寿命短，6 月中旬采种后应立即播种，生产中一般不提倡种子繁殖，多采用根茎繁殖。低温贮藏的种子也应当在当年结冻前播完。特殊情况下可在翌年春季化冻后播种。

1. 种子繁殖

（1）种子采收　淫羊藿种子的成熟期在 5 月末至 6 月上旬。待果皮欲开口、种子外露呈褐色时，及时将果实摘下，做到随熟随采，运回后脱粒，簸出杂质，及时保鲜贮藏。所选种子要求充分成熟，外形饱满完整，不携带病原杂菌，种子纯净度达 80% 以上，千粒重 4.5~4.7 g，无霉变，方可保证发芽率达到 90%。

（2）种子存储　淫羊藿种子寿命短，采收后应立即播种。如遇特殊情况可在种子选好后，用细河沙或细河沙掺腐殖土或腐殖土与种子混合贮藏。先用 80% 多菌灵可湿性粉剂 800 倍液进行基质消毒，然后将基质与种子以 3∶1 的比例进行充分混合，装入木箱中，置于阴凉干燥处贮藏，要有遮雨棚，其间要经常检查，防止发热、水分不足、霉变等，贮藏期 2 个月左右。

2. 根茎繁殖

（1）根茎选择　采挖野生淫羊藿根茎做繁殖材料，要选择根系发达粗壮，浆气足，须根多，根的直径在 0.3 cm 以上，越冬芽饱满，无病虫害侵染。

（2）采收贮藏　淫羊藿枯萎期在 9 月底至 10 月中旬，根茎的采收在此间进行。将采挖的根茎切成 10~15 cm 长的小段，每段要有 2 个以上越冬芽，扎把备用。

3. 育苗

（1）撒播育苗　在育苗床上开 3~5 cm 深的浅槽，用筛过的细腐殖土将槽底铺平，然后播种。播种后用筛过的细腐殖土覆盖 0.5~1 cm，再覆盖一层落叶等物，以保持土壤水分。在播种前或覆土后一次性浇透水。亩播种量 6.5~10 kg。

（2）条播育苗　在育苗床上横床开沟，行距 10~15 cm，沟深 3~4 cm。开好沟后，踩好底格，然后沟内播种，覆土厚度 0.5~1 cm，覆盖落叶等物。亩播种量为 6.5~7 kg。

4. 移栽

（1）种子育苗移栽　移栽时间为 10 月上中旬，将一年生小苗挖出移栽。将选好的种苗按大、中、小分成三等，分别栽植。栽植时，按行距 15~20 cm 横床开沟，沟深 9~10 cm，在沟内按 8~10 cm 株距摆苗，务必使须根舒展，覆土 6~8 cm 厚，稍压即可。

（2）根茎育苗移栽　将准备好的根茎按粗细及越冬芽饱满度分成三等，用浓度为 50~100 mg/kg 的 5 号生根粉液速浸 5 s 后，分别栽植。栽植时，按行距 20~25 cm 横向开沟，沟深 9~10 cm，在沟内按株距 10~15 cm 栽苗，覆土 6~8 cm，稍压即可。栽后用 98% 噁霉灵可溶性粉剂 3 000 倍液或 80% 多菌灵可湿性粉剂 800 倍液给床面消毒，然后用树叶覆盖床面。也可在林下安排好的栽植带上栽植，进行半野生管理。

四、田间管理

1. 补苗　翌春 2~3 月出苗后，及时拔除死苗、弱苗、病苗，阴天补苗种植，以保证基本苗数。

2. 中耕除草　结合中耕进行除草，以畦面少有杂草为度。在生长旺季，可每 10 d 除草 1 次，秋冬季可 30 d 左右除草 1 次。

3. 灌溉与保墒　淫羊藿喜湿润土壤环境，干旱会造成其生长停滞或死苗。如果在夏季连续晴 5~6 d，就必须早晚进行人工浇水。

4. 合理施肥　在第 1 年的 10~11 月结合整地开畦施入基肥，一般亩施 1 000~3 000 kg。翌年 3 月底至 6 月追施 1 次或 2 次，一般情况下无机氮肥亩施入量不超过 5 kg，有机复合肥 10~30 kg；促芽肥于翌年 10~11 月施 1 次，亩施农家肥 1 000 kg 或有机复合肥 10~20 kg；每次采收后及时补充土壤肥料，一般可亩施农家肥 1 000~2 000 kg 或有机复合肥 20~30 kg。基肥施于开畦后定植前，将肥料均匀撒于畦面，然后翻入土中，耙细混匀；也可在开畦后定植前，挖定植穴或条施，并将肥料与周围土壤混匀，施于穴内或沟里。追肥主要采用穴施，追肥时切勿将肥施到新出土的枝叶上。

五、病虫害防治

1. 叶褐斑枯病　叶褐斑枯病为害叶片。患病叶病斑，初期为褐色斑点，周围有黄色晕圈。扩展后病斑呈不规则状，边缘红褐色至褐色，中部呈灰褐色，后期病斑灰褐色，收缩，出现黑色粒状物，此为病菌的分生孢子器。病菌在淫羊藿苗期和成株期均有发生，以幼苗期发生较多、为害重。防治：①及时清除病残体并销毁，减少侵染源。②发病初期可施药防治，常用药剂有50% 代森锌可湿性粉剂 600 倍、50% 甲硫・福美双可湿性粉剂 800 倍液、石灰等量式波尔多液 160 倍液、50% 多菌灵可湿性粉剂 500~600 倍液、70% 甲基硫菌灵可湿性粉剂 800~1 000 倍液、75% 百菌清可湿性粉剂 500~600 倍液，上述药剂应交替使用，以免产生抗药性。

2. 皱缩病毒病　苗床幼苗期。染病叶常表现为叶组织皱缩，不平，增厚，畸形呈反卷状，成苗期，田间常有 2 种症状。花叶斑驳状：病叶扭曲畸变、皱缩不平、增厚、呈浓淡绿色不均匀的斑驳花叶状。黄色斑驳花叶状：染病叶组织褪绿呈黄色花叶斑状。防治：①选用无病毒病的种苗留种。②在续断生长期，及时灭杀传毒虫媒。③发病症状出现时，若需施药防治，可选用磷酸二氢钾或 20% 毒克星可湿性粉剂 500 倍液，或 0.5% 抗毒剂 1 号水剂 250~300 倍液，或 20% 病毒宁水溶性粉剂 500 倍液等喷洒，隔 7 d 喷 1 次，连用 3 次，促叶片转绿、舒展，减轻为害。采收前 20 d 停止用药。

3. 锈病　病菌为害淫羊藿叶片、果实等。患病叶，初期叶片上出现不明显的小点，后期叶背面变成橙黄色微突起的小疮斑，即为夏孢子堆。病斑破裂后散发锈黄色的夏孢子，严重时叶片枯死。患病果实出现橙黄色微突起的小疮斑，严重时患病果实成僵果。防治：①清洁田园，加强管理。②清除转主寄主。③发病期可选用 15% 三唑酮可湿性粉剂 1 000~1 500 倍液。

4. 白粉病　为害淫羊藿的叶片。发病初期，叶片正面或背面产生白色近圆形的小粉斑，逐渐扩大成边缘不明显的大片白粉区，布满叶面。抹去白粉，可见叶面褪绿，枯黄变脆。发病严重时，叶面布满白粉，变成灰白色，直至整个叶片枯死。发病后无臭味，白粉是其明显病症。防治：①清洁田园，加强管理。②发病期可选用 50% 多菌灵可湿性粉剂 500 倍液或 75% 甲基硫菌灵可湿性粉剂 1 000 倍液喷雾，病害盛发时可用 15% 三唑酮可湿性粉剂 1 000 倍液等药剂喷施防治。

5. 生理性红叶病　此病通常在无遮阴的暴露地出现。叶部褪绿变色呈红色状，植株生长受阻，矮小。苗床期受害严重者植株可出现早死亡。成苗期受害植株变色后虽然一般不死亡但新生芽较少，影响生物产量，减产显著。防治：①遮阴育苗。②基地种植，选择在杨梅树、松树等乔木下遮阴栽种。

六、采收加工

1. 采收　种植 2 年后的淫羊藿便可采收。8 月是淫羊藿生长发育好、营养物质积累最高的季节，而且药效强，可在此时采收。连续采收几年后，常会影响淫羊藿的后期发育，影响其越冬芽及翌年的新叶产量和质量。为此。连续采割 3~4 年后，应轮息 2~3 年以恢复种群活力。

2. 加工　将采收好的淫羊藿，拣出杂质、粗梗及混入的异物，捆成小把，置于阴凉通风干燥处阴干。

七、质量评价

1. 经验鉴别　以色青绿、无枝梗、叶整齐不碎者为佳。

2. 检查　水分不得过 3.0%。总灰分不得过 12.0%。酸不溶性灰分不得过 8.0%。

3. 浸出物　照醇溶性浸出物测定法项下的冷浸法测定，用稀乙醇作溶剂，不得少于 15.0%。

4. 含量测定　照高效液相色谱法测定，本品按干燥品计算，叶片含总黄酮以淫羊藿苷计，不得少于 5.0%；叶片含朝藿定 A、朝藿定 B、朝藿定 C 和淫羊藿苷的总量不得少于 1.5%。

商品规格等级

淫羊藿商品分小叶淫羊藿和大叶淫羊藿两种。

小叶淫羊藿一等：叶新鲜，上表面呈青绿至黄绿色。叶占比≥ 90%，碎叶占比≤ 1%。

小叶淫羊藿二等：叶上表面呈淡绿色至淡黄绿色。80% ≤叶占比＜ 90%，1% ＜碎叶占比≤ 2%。

大叶淫羊藿一等：叶新鲜，上表面呈绿色至深绿色。叶占比≥ 85%，碎叶占比≤ 1%。

大叶淫羊藿二等：叶上表面呈淡绿色至黄绿色。75% ≤叶占比＜ 85%，1% ＜碎叶占比≤ 2%。

大叶淫羊藿统货：叶片革质或近革质，残留茎细长圆柱形，光滑，中空。气微，味微苦。70% ≤叶占比＜ 75%，2% ＜碎叶占比≤ 3.5%。

禹白附

学名：*Typhonium giganteum* Engl.
科：天南星科

禹白附为多年生草本植物独角莲的干燥块茎，药材名为白附子。味辛，性温，有毒，归胃、肝经，具祛风痰、定惊搐、解毒散结、止痛之功效，用于中风痰壅、惊风癫痫、破伤风、偏正头痛、毒蛇咬伤等症。主产于河南、陕西、四川、广西、湖北、辽宁等地。白附子为河南禹州市道地药材，常称为禹白附，为国家地理标志保护产品。

一、生物学特性

独角莲喜凉爽和较阴湿的环境，通常生于海拔 1 500 m 以下的荒地、山野、田地、山坡、林下、水沟旁阴湿地，对土壤及前茬作物要求不严，一般土壤均可种植，但低洼涝地不宜栽培，以防雨季积水导致烂根及病害发生。在东北地区冻害严重，块茎难以自然越冬，其他地区较好。独角莲生长期短，河南地区一般 6 月出苗，花期在 6~8 月，果期在 7~9 月。

二、选地与整地

独角莲应选择腐殖质丰富的沙质壤土，以排水良好的地块种植为宜，一般平地、坡地和山地均可生长，土壤不宜过黏或过碱。对前茬作物要求不严，粮田、蔬菜地均生长良好。整地时每亩施入腐熟堆肥或厩肥 2 500~3 000 kg，翻耕深度为 20~25 cm，做成宽 55~60 cm、高 15~20 cm 的畦，整细耙平畦面。

三、繁殖方法

独角莲有种子繁殖和小块茎繁殖两种方法，生产上以小块茎繁殖为主。一般用小块茎繁殖 3~5 年，为了恢复种性，须用种子繁殖 1 年。

1. 小块茎繁殖　4 月下旬至 5 月上旬，将上年贮藏的新鲜块茎按行距 20 cm、株距 10 cm、深度 8 cm 左右栽种，芽嘴向上。亩用种量 20~50 kg，最大密度控制在 33 000 株 / 亩。

2. 种子繁殖　选用当年产新且发芽率≥ 75% 的种子，于 3~4 月（春播）或 9 月下旬至 10 月上旬（秋播）播种。按行距 15~20 cm，深 5 cm 左右开沟，将种子均匀撒入并覆 1 cm 细土，略加镇压，再均匀亩施腐熟厩肥 1 000 kg。亩播种量为 0.5~1 kg。

四、田间管理

一般 6 月中旬中耕、除草、施肥，8 月上旬再中耕、除草、追肥 1 次。同时视具体情况灌溉排水。

1. 无性繁殖的田间管理

（1）施肥　根据独角莲的实际生长情况选择合适的肥料，不要一次性施肥太多。6 月出苗后，每亩追施腐熟人畜粪尿 2 000~2 500 kg；8 月上旬每亩施入尿素 20 kg、过磷酸钙 40 kg。

（2）灌溉排水　因独角莲喜湿润，故对水分要求较高，土壤含水量要求 18%~20%，低于 18% 时应及时灌溉。不要让其处于干旱的环境中，尤其是高温的夏季，要注意灌溉。浇水尽量选择早晚进行，切忌中午或午后，以免灼伤叶片。独角莲虽喜阴湿环境，但块茎怕涝，若遇暴雨或雨后猛晴，及时用井水冲浇 1 次。雨季防止田间积水，若遇积水应及时排出。

2. 有性繁殖的田间管理

（1）间苗、定苗　秋播的当年不间苗，第二年苗高 3~5 cm 时进行间苗，每隔 5 cm 保留 1 株。苗高 10 cm 时结合中耕除草按株距 10 cm 定苗。

（2）施肥　第1次在定苗后，亩施用腐熟稀人粪尿1 000 kg；第2次封垄前，亩施用腐熟厩肥或堆肥1 500~3 000 kg，过磷酸钙10 kg，氯化钾5 kg。

（3）灌溉排水　同无性繁殖的田间管理。

五、病虫害防治

独角莲植株有毒，一般无虫害发生，但有时会有独角莲灰斑病发生。症状为椭圆形或多角形的病斑生于叶片上，一般直径2~4 mm，呈灰褐色，病斑两面生有灰色霉状物，即病菌的子实体。防治措施：发病前喷施石灰等量式波尔多液160倍液，发病期喷施70%甲基硫菌灵可湿性粉剂800倍液，7~10 d再重喷1次。

六、采收加工

1. 采收　块茎繁殖的当年即可收获，种子繁殖需2~3年后收获。一般霜降前后采挖块茎，大小分开。大的加工药材，小的块茎留作种栽，可用干细泥沙分层堆积，贮藏越冬，窖温要保持在2~5℃。

2. 加工　将采挖的独角莲块茎，去掉泥土、残茎及须根，用竹刀挖出芽头，除去或撞去粗皮，洗净，晒干。

七、质量评价

1. 经验鉴别　以个大、质坚实、色白、粉性足者为佳。

2. 检查　水分不得过15.0%。总灰分不得过4.0%。

3. 浸出物　照醇溶性浸出物测定法项下的热浸法测定，用70%乙醇作溶剂，不得少于7.0%。

商品规格等级

白附子药材一般为选货和统货2个规格。选货，分为3等级。

选货一等：干货。呈椭圆形或卵圆形，长2~5 cm，直径1~3 cm。表面白色至黄白色，略粗糙，有环纹及须根痕，顶端有茎痕或芽痕。质坚硬，断面白色，粉性。气微，味淡、麻辣刺舌。每千克个数≤ 60 个，破损率< 5%。

选货二等：60 个<每千克个数≤ 140 个，破损率< 3%。余同一等。

选货三等：每千克个数> 140 个，破损率< 3%。余同一等。

统货：每千克破损率< 5%。余同一等。

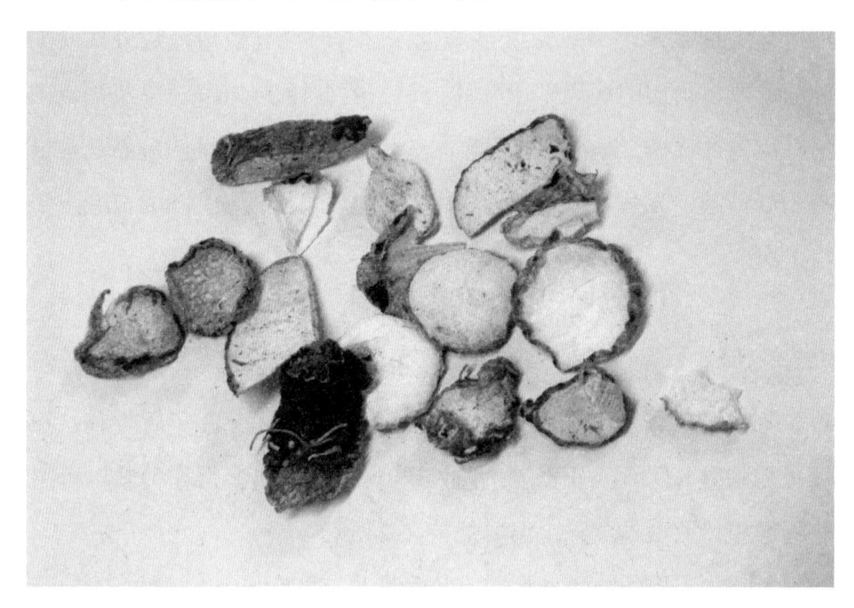

禹南星

学名：*Pinellia pedatisecta* Schott
科：天南星科

禹南星，以多年生草本植物掌叶半夏的干燥块茎入药。其性温、味苦辛，有毒，归肺、肝、脾经，具燥湿化痰、祛风止痛、散结消肿之功。掌叶半夏主产于河南、河北、山东、福建、四川等地。禹南星主产于河南、集散于禹州，为道地药材，为国家地理标志产品。

一、生物学特性

掌叶半夏喜湿润、疏松、肥沃的土壤和环境，喜肥水，能耐寒，怕强光，应适度荫蔽或与高秆作物或林木间作。立地条件为海拔 1 000 m 以下，年降水量 600~750 mm，年平均气温 >14℃，冬季极端最低气温 –15℃，无霜期> 200 d，平均日照时数> 2 400 h。宜选湿润、疏松、肥沃富含腐殖质的壤土或沙质壤土栽培，黏土及洼地不宜种植。山区可在山间沟谷、溪流两岸或疏林下的阴湿地种植。花期在 6~7 月，果期在 9~11 月。

二、选地与整地

选择疏松肥沃、排水良好、pH 7~8、地势平坦、排灌方便的地块种植。种植前深翻土壤 25 cm 以上，结合耕翻，每亩施入腐熟厩肥 3 000 kg，翻入土中作基肥，整平耙细后做宽 1.2 m 的高畦，四周开好排水沟。

三、繁殖方法

掌叶半夏采用块茎繁殖法或种子繁殖法，生产上主要采用块茎繁殖法。

1. 块茎繁殖　选择上年新鲜块茎，在清明至谷雨间栽种。也可以夏种，最迟在小暑前种完。栽种时，在整好的畦面上，按行距 20~25 cm 开 5 cm 深的沟（或挖穴），按株距 14~16 cm 下种，覆土 4~5 cm，墒情不足时，栽后及时浇水。

2. 种子繁殖　采用块茎繁殖 3~5 年，为了恢复种性，须采用种子繁殖 1 年。采用育苗移栽，育苗时间采用 9 月中下旬秋季育苗或翌年 5 月春季育苗。按行距 15 cm 挖浅沟，沟深 1.5 cm，将种子均匀撒入沟内，覆土 1.5 cm 与畦面齐平。播种后灌一次透水，保持土表湿润。

四、田间管理

1. 块茎繁殖的田间管理

（1）遮阴　掌叶半夏属阴生植物，怕强光直射，种植后应在畦埂上按行距 1.5~2 m、株距 30 cm 间作玉米或其他高秆作物为掌叶半夏遮阴。

（2）追肥　苗高 6~9 cm 时结合中耕除草（宜浅不宜深，耙松表土层即可）进行第 1 次追肥，每亩追施腐熟稀薄的人畜粪水 1 500~3 000 kg；第 2 次于 6 月中下旬，苗长到 20~25 cm 高时，量同第 1 次；第 3 次于 7 月下旬进行（此时为生长旺盛期，非常关键），每亩追施腐熟堆肥或厩肥 1 500~2 500 kg；第 4 次在 8 月下旬，每亩追施尿素 10~20 kg，增施饼肥 50 kg 和适量磷、钾肥。

（3）排灌水　掌叶半夏喜湿，但还要防止田间积水。栽后要少浇水、勤浇水；叶含水分多，最怕气温很高的天突然下大雨，遇到此种情况，一定及时用井水冲浇 1 次，降低地温。若伏天无雨，天气炎热，其生长繁茂而通风不良，管理人员午后可在垄间来回走动，使其散热。同时每天早晨或傍晚浇 1 次水，可达到降温保墒的效果，但忌中午或午后浇水。

（4）摘花薹　6~8 月肉穗状花序从鞘状苞内抽出时，除留种外，应及时剪除（不能用手拔，以防损伤减产）以减少养分消耗。

2. 种子繁殖的田间管理

（1）苗床管理　秋季育苗的在冬季用腐熟堆肥或厩肥覆盖畦面，保温保湿，以利幼苗越冬。第2年春天将堆肥或厩肥压入苗床作肥料。秋播的当年不疏苗，第2年早春返青后，苗高3~5 cm时，间去过密的瘦弱植株。

（2）施肥　秋播的当年不施肥，翌年可追肥2次。第1次在疏苗、中耕后进行，每亩施用腐熟稀人粪尿1 000 kg；第2次在移栽前进行，每亩施用腐熟稀人粪尿1 500~2 000 kg，每亩配合施入磷肥10 kg、钾肥3 kg。

（3）灌排水　播种后要求土壤含水量20%~22%，保持幼苗出土前畦面湿润。秋播的幼苗越冬前浇透水1次，翌年春季以后可配合追肥适时浇灌，伏天应保持水分充足。如遇雨季田间积水，应及时开沟排水。

（4）移栽　苗高6~9 cm时，选择阴天，将生长健壮的小苗，稍带土团，按行株距20 cm × 15 cm移植于大田。

五、病虫害防治

1. 病毒病　为全株性病害，多夏季发生，发病时叶片上产生黄色不规则的斑驳，使叶片变为花叶，同时发生叶片变形、皱缩、卷曲，使植株生长不良、矮小，后期叶片枯死。有的全株叶片细长、皱缩，严重影响产量和质量。防治方法：①选择抗病品种栽种。②发现病株立即拔除，集中深埋，病穴用5%石灰乳浇灌。③增施磷、钾肥，以增强植株抗病能力。④及时消灭蚜虫、红蜘蛛等传毒的害虫。

2. 块茎腐烂病　病源不详，多在雨季土壤湿度大、浸水时间长时发生。块茎先从下部腐烂，后侵入叶柄基部腐烂，地上茎叶逐渐枯萎倒地死亡。防治方法：①选用无病种栽，种前用5%草木灰液或50%多菌灵可湿性粉剂800倍液浸种20 min，或用0.5%~2%石灰水浸种12~30 h，捞出晾干后栽种。②选地势高燥、排水良好的地块种植，雨后及时排水。③发现病株，及时挖出，病穴撒石灰消毒，防止蔓延。

3. 红天蛾　夏季 7~8 月发生，以幼虫咬食叶片，咬成缺刻、空洞，严重时食光。防治方法：①幼虫 1~2 龄时，用 90% 敌百虫晶体 800~1 000 倍液或用 40% 辛硫磷乳油 600~800 倍液茎叶喷雾。②忌连作，也忌与半夏、魔芋等同科植物间作。

4. 红蜘蛛　以 5~6 月开始为害叶片。防治方法：①亩用 18% 喹螨醚悬浮剂 30 mL，或 50% 四螨素悬浮剂 20 mL，或 1.8% 阿维菌素乳油 10 mL，兑水 30 kg，茎叶喷雾防治。

5. 蚜虫　为害叶片。防治方法：用 40% 辛硫磷乳油，或 25% 抗蚜威水分散粒剂，或 10% 杀灭菊酯乳油 800~1 000 倍液防治。

六、采收加工

1. 采收　块茎繁殖当年收获，种子繁殖 2~3 年后收获，采收期为 9 月下旬至 10 月上旬。掌叶半夏全株有毒，采收时要戴橡胶手套，避免接触皮肤。大的加工成药材，中小的可以留种。选择生长健壮、完整无损、无病虫害的中小块茎，晾 3~5 h，拌沙后贮藏于地窖内留作种茎。

2. 加工　传统加工方法是选晴天挖起块茎，置于流动的清水中，反复刷洗去外皮，洗净杂质。未去净的块茎，可用竹刀刮净外表皮，挖出芽点。去皮后的块茎至于阳光下晒至水分含量 11%~13%。现代加工方法是脱皮后置于 55℃烘房内，一般 2~3 d 可以烘干，也可切 5 mm 厚片，再置于 55℃烘房内，一般 1~2 d 可以烘干。

七、质量评价

1. 经验鉴别　以个大、色白、粉性足、无霉蛀者为佳。

2. 检查　水分不得过 16.0%。总灰分不得过 5.0%。

3. 浸出物　照醇溶性浸出物测定法项下的热浸法测定，用稀乙醇作溶剂，不得少于 10.0%。

商品规格等级

禹南星药材均为统货，不分等级。

统货：干货。呈扁球形，高 1~2 cm，直径 1.5~6.5 cm。表面类白色或淡棕色，较光滑，顶端有凹陷的茎痕，周围有麻点状根痕，有的块茎周边有小扁球状侧芽。质坚硬，不易破碎，断面不平坦，白色，粉性。气微辛，味麻辣。

禹州漏芦

学名：*Echinops latifolius* Tausch.
科：菊科

禹州漏芦为驴欺口或东蓝刺头 *Echinops grijsii* Hance 的干燥根，味苦，性寒，归胃经，具有清热解毒、排脓止血、消痈下乳的功效。《神农本草经》将其列为“上品”。现代研究表明，禹州漏芦中含有噻吩类、挥发油类、三萜类、甾体类、有机酸类及酯类等成分，其中噻吩类具有较好的抗肿瘤效果。禹州漏芦因主产河南禹州且质量上乘而得名，以野生为主，目前人工栽培尚处于探索阶段。

一、生物学特性

驴欺口高 30~90 cm，茎直立，叶纸质，复头状花序单生茎顶或茎生 2~3 个复头状花序，宜生于温暖的生长环境，耐寒怕涝，全国广泛分布。野生种多生长在山坡草丛、阳坡等地。驴欺口为深根性植物，喜光、肥。适宜于土层深厚、透气性好的沙质壤土，有机质丰富，土壤肥沃，pH 6.5~7.5，黏性土壤、涝洼地块不适合种植。驴欺口适应性强，但北方的栽培品质较好，在北方可以正常越冬。当 5 cm 土层地温达到 10℃，驴欺口开始返青。3~5 月为茎叶生长期，6~7 月为地下快速增长期，7 月下旬进入开花期，9 月下旬种子陆续成熟。11 月地上部分干枯，芦头可以经受低温，温度降至 –10℃，仍可安全越冬。驴欺口属于主根系植株，侧根较少。在生长发育过程中通常会从芦头处长出多条地上茎，一般只有一个主茎较为粗壮。驴欺口第 1 年产量较低，第 2 年、第 3 年进入产量快速增长期。

二、选地与整地

要选土质疏松、肥力中等、排水良好的沙壤土。前作以禾本科作物为好。在山区一般选择土层较厚有一定坡度的土地种植，有条件的地方最好用新垦荒地。保水、保肥力差的沙土或黏性土不适宜种植。移栽种植地的选择与育苗地相同，但对土壤肥力要求较高。前作收获后要及时进行整地，深耕 30 cm。驴欺口下种前再翻耕 1 次，翻耕时要施入基肥。育苗地一般亩施堆肥或腐熟厩肥 1 500~2 000 kg，移栽地 3 000~4 000 kg。将肥料撒于土壤表面，耕地时翻入土内。整地要细碎平整，做成宽 120 cm 左右的高畦，畦沟宽 30 cm 左右，畦面呈龟背形，便于排水。排水便利的地块可做平畦。

三、繁殖方法

驴欺口以种子繁殖和芦头繁殖为主，芦头繁殖多用于种质的保存与筛选，较少直接用于生产。

1. 种子繁殖　驴欺口种子 9 月成熟采收后，即可播种进行秋季育苗。在整理好的畦上按行距 25~30 cm 开沟，沟深 1~2 cm，将种子均匀地播入沟内，覆土，以盖住种子为度，播后浇水盖草保湿。每亩用种量 2 kg，10 d 左右即可出苗。当苗高 6~10 cm 时可间苗，一般 11 月左右即可移栽定植于大田。春季育苗在 3 月中下旬进行，播后浇水盖地膜保温，苗高 6~10 cm 时间苗，5~6 月可定植于大田。育苗田注意及时拔出杂草。移栽时按照行株距（20~25）cm×（10~15）cm，挖 8~10 cm 深的穴，每穴栽 1 株，移栽时注意直根向下，栽后浇水覆盖。

2. 芦头繁殖　3 月上中旬，选无病虫害的健壮植株，剪去地上部的茎叶，留长 3~5 cm 的芦头作种苗，按行株距（30~35）cm×（20~25）cm，挖 3 cm 深的穴，每穴栽 1~2 株，芦头向上，覆土盖住芦头为度，浇水，30~35 d（即 4 月中下旬）芦头即可生根发芽。

四、田间管理

1. 中耕除草　出苗后，及时除草。驴欺口生育期内需进行 3 次中耕除草，苗高 10~15 cm 时进行第 1 次中耕除草，中耕要浅，避免伤根。第 2 次在 6 月，第 3 次在 7~8 月进行，封垄后停止中耕。育苗地应拔草，以免伤苗。第 2 年、第 3 年早春除草一次即可。

2. 合理施肥　驴欺口移栽时作基肥的氮肥不能施用太多，中期可施用适量的氮肥，以利于茎叶的生长，为后期根系的生长发育提供光合产物。第 1 次除草结合追肥，雨后进行，一般以施氮肥为主，以后配施磷、钾肥，如饼肥、过磷酸钙、硝酸钾等，最后一次要重施，以促进根部生长。第 1、第 2 次可亩施加腐熟粪肥 1 000~2 000 kg、过磷酸钙 10~15 kg 或饼肥 50 kg。第 3 次施肥于收获前 2 个月，应重施磷、钾肥，促进根系生长，每亩配施肥饼 50~70 kg、过磷酸钙 40 kg，两者堆沤腐熟后挖窝施，施后覆土。在驴欺口生长发育旺盛时期可施加适量的微量元素肥料。

3. 灌溉　驴欺口系肉质根，怕田间积水，故必须经常疏通排水沟，严防积水成涝，造成烂根。但出苗期和幼苗期需水量较大，要经常保持土壤湿润，遇干旱应及时灌水。

4. 摘花蕾　除了留种株外，对驴欺口抽出的花薹应注意及时摘除，以抑制生殖生长，减少养分消耗，促进根部生长发育。

五、病虫害防治

1. 枯萎病　俗称“黑心病”，染病植株叶片黄枯下垂呈枯萎状，根部变为灰褐色，剖开病茎维管束变褐，严重的全株萎蔫枯死。湿度大时，病部可见粉红色霉状物，即病原菌分生孢子梗和分生孢子。病菌为土壤栖居菌，以菌丝体及厚垣孢子在土壤中越冬，翌年通过雨水或农事活动进行传播，侵染适宜温度 16~20℃。土壤湿度高，有利于病菌的侵入和扩展。防治方法：用 50% 多菌灵可湿性粉剂 500 倍液，或用 80% 代森锰锌可湿性粉剂 800 倍液等药剂植株根部浇灌或喷施防治。

2. 立枯病　幼苗期多发，发病部位为茎基部。发病初期近土表层茎基部产生水渍状椭圆形暗褐色斑块，并以失水状萎蔫现象出现，后凹陷扩大绕茎1周，病部缢缩干枯，如是幼苗期，幼苗死亡，如是成长期茎叶干枯，根受影响较小。防治方法：①播种前用50%多菌灵可湿性粉剂按种子质量的0.2%~0.3%拌种。②土壤处理。播前亩施生石灰200 kg进行消毒。③发病初期，用50%多菌灵可湿性粉剂或70%甲基硫菌灵可湿性粉剂500~600倍液浇灌病区，每隔5~10 d喷1次，连续2~5次。

3. 黑斑病　由链格孢引起染病叶片初生近圆形褪绿斑，扩大后边缘为淡绿色至暗褐色，有时病斑具有黄色晕环。病斑多有较明显的同心轮纹，严重时多个病斑汇合成大斑，全株叶片由外向内干枯。防治方法：①发病前喷石灰等量式波尔多液160倍液，7 d喷1次，连喷2~3次。②发病初期喷50%多菌灵可湿性粉剂1 000倍液。③加强田间管理，实行轮作。④冬季清园，烧毁病残株。⑤注意排水，降低田间湿度，减轻发病。

4. 蚜虫　主要为害叶及幼芽。防治方法：用50%辛硫磷乳油1 000~2 000倍液或3%啶虫脒微乳剂1 500~2 000倍液喷雾，7 d喷1次，连续2~3次。

5. 蛴螬、地老虎　4~6月发生，咬食根部。防治方法：①撒毒饵诱杀。②在上午10点人工捕捉。③用90%敌百虫晶体1 000~1 500倍液浇灌根部。

六、采收加工

1. 采收　驴欺口一年生植株亩产150 kg左右，α–三联噻吩含量为0.20%；二年生亩产250 kg左右，α–三联噻吩含量为0.32%；三年生亩产300 kg左右。一般以二年生、三年生为主，一年生采收较少。于11月初至翌年3月地上部枯萎时采挖。根入土较深，质地脆而易断，采挖时先将地上茎叶除去，深挖，防止挖断。

2. 加工　采收后的驴欺口要经过晾晒或低温烘干，干后装入麻袋。

七、质量评价

1. 经验鉴别　以枝条粗长、质坚实者为佳。

2. 检查　水分不得过 13.0%。总灰分不得过 10.0%。酸不溶性灰分不得过 4.5%。

3. 浸出物　照醇溶性浸出物测定法项下的热浸法测定，用稀乙醇作溶剂，不得少于 13.0%。

4. 含量　本品按干燥品计算，含 α– 三联噻吩不得少于 0.20%。

商品规格等级

禹州漏芦药材均为统货，不分等级。

统货：干货。根呈圆锥形或破裂成片块状。多扭曲，长短不一，完整者长达 30 cm，中部直径 1~2.5 cm。表面灰褐色或暗棕色，粗糙，具不规则纵沟及菱形的网状裂隙，外皮易剥落。根头部膨大，有残茎及鳞片状叶基，顶端有灰白色茸毛。体轻，质脆，易折断，断面不整齐，具灰黄色放射状纹理基裂隙，中心灰黑色或棕黑色，多糟朽。气特异，味微苦。

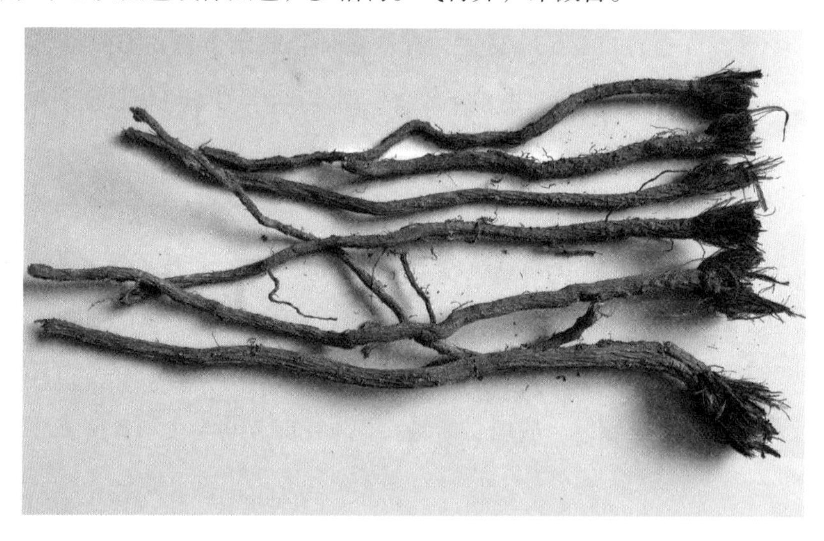

远志

学名：*Polygala tenuifolia* Willd.
科：远志科

远志，为多年生草本植物，远志的干燥根，别名细叶远志，是我国常用中药之一。远志味苦、辛，性温，归心、肾、肺经，具有安神益智、交通心肾、祛痰、消肿的功效，用于心肾不交引起的失眠多梦、健忘惊悸、神志恍惚、咳痰不爽、疮疡肿毒、乳房肿痛等症。河南卢氏、林州、辉县种植较为集中。

一、生物学特性

远志野生于向阳山坡、路旁、荒草地。株高 15~50 cm，主根粗壮，皮部肉质，浅黄色。远志喜冷凉气候，忌高温，较耐旱。远志第 1 年生长缓慢，根长 20 cm，不太耐旱，需要湿润的土壤。2 年以上的远志于 5 月中旬开花，持续到 8 月中旬，其开花顺序是主枝花序在先，侧枝花序在后，再次为侧分枝。一般 6 月中旬至 7 月初成熟的果实，种子质量较好，7 月中旬以后开花结果的种子成熟度较差或不能成熟。远志果实成熟后易裂开，应在 80% 成熟时采收种子。9 月底地上部停止生长。远志以种子繁殖，种植 3~4 年后收根。

二、选地与整地

宜选向阳、排水良好的沙质壤土地块，其次是壤土及石灰质壤土，而黏土和低湿地不宜种植。选地后，深耕 30 cm，整平、做畦。每亩施腐熟的厩肥或堆肥 2 500~3 000 kg，捣细撒匀，耕翻 25~30 cm，整平耙细，做成 1 m 宽的平畦，以便于灌溉和排水。

三、播种育苗

1. 直播　春播于4月中下旬，秋播于10月中下旬或11月上旬进行。把种子均匀撒入沟内，覆土1~2 cm，按行距20~23 cm开浅沟条播，每亩播种量0.75~1 kg，播后，稍加镇压浇足水，播种后约半个月开始出苗。秋播在翌年春季出苗。

2. 育苗　于3月上中旬，在苗床上条播，播种后覆土1 cm；要保持苗床潮湿，苗床温度15~20℃为宜。播种后10 d左右出苗，苗高6 cm左右即可定植，定植应选择阴雨天或午后，按行株距（20~23）cm×（3~6）cm定植。

四、田间管理

1. 查苗、补苗　远志苗出土后检查一遍，发现缺苗及时进行补苗。补种时先开浅沟，浇足水，待水渗后再下种，覆土1.5~2 cm，用草或地膜覆盖，苗出土后去掉覆盖物。移栽时在密处取苗，带土移栽，随栽随剜苗，在下午或阴雨天进行，浇足水，用树枝、柴草之类给予临时性遮阴，能提高成活率。

2. 中耕除草　远志植株矮小，在生长期要勤松土除草，松土要浅。用耙子浅浅地搂松地面，将草除掉，连搂两遍，保持土表疏松湿润，避免杂草掩盖植株。

3. 间苗、定苗　间苗、定苗结合松土除草进行。用种子直播的，如果出苗较多，为避免幼苗、幼芽之间相互拥挤、遮阴、争夺养分，要拔出一部分幼苗，选留壮苗，使幼苗幼芽保持一定的营养面积，使植株能正常生长。间苗宜早不宜迟，避免幼苗过密，生长纤弱，宜倒伏和死亡。间苗次数可视情况而定。远志种子细小，间苗次数可多些，如果只进行一次间苗就按行株距定苗，因幼苗常遭病虫害侵害，间去小苗、弱苗和过密苗，如有缺苗，可用间出的好苗补上，并浇水保苗。

4. 灌溉和排水　远志虽喜干旱，但在种子萌发期、出苗期和幼苗期，抗旱力差，一定要注意适量浇水，否则幼苗会因缺水而旱死。定苗后不宜浇水过多，以利于根往深处生长，提高抗旱能力。成株以后抗旱能力增强，不必多浇水。雨季注意清沟排水，防止田间积水造成烂根死亡。一般可结合施肥浇水，浇后及时中耕，可使土壤疏松透气，并保持有适度水分。

5. 合理施肥　远志株型不大，叶较细小，根也细长，所以需肥较少。因此，第 1 年无须追肥，两年之后的远志在生长期间需要适当追肥。每年春季返青前施一次厩肥，每亩 800 kg，返青后施稀人粪尿 800 kg 或尿素 1~6 kg，6 月再施 1 次腐熟饼肥 40 kg。或在春季发芽之前每亩追施鸡粪或马粪 1 000 kg、草木灰 500 kg、磷酸二氢铵 30 kg。每次施肥都要开沟，施后盖土浇水。每年的 6 月中下旬或 7 月上旬，是远志发育旺盛期。此时每亩喷 1% 硫酸钾溶液 50~60 kg 或 0.3% 磷酸二氢钾溶液 80~100 kg，隔 10~12 d 喷 1 次，连喷 2~3 次。一般在下午 4 点以后进行，效果最佳。喷施钾肥能增强远志植株的抗病能力，并能促进根部的生长膨大，有显著的增产效果。

6. 覆草　远志播种后，种子发芽慢，时间长，或因种子细小，覆土较薄，土面容易干燥而影响出苗，这种情况下，常常需要用草覆盖。远志生长 1 年的苗在松土除草后，或生长 2~3 年的苗在追肥后，行间每亩覆盖麦糠之类 800~1 000 kg，连续覆盖 2~3 年，中间不需翻动。覆盖柴草能增加土壤中的有机质，具有改良土壤、保持水分、减少杂草的综合效果，为远志生长创造一个良好的生长环境。

7. 间作与遮阴　远志属于耐阴植物，可以在幼树果园里套种，也可以与其他作物间作。如果在裸露田里种远志，当年的幼苗需要适当遮阴，尤其在 7~8 月应稍加遮阴才能发育良好。

五、病虫害防治

1. 根腐病　使远志烂根，植株枯萎。防治方法：加强田间管理，及早拔除病株，烧毁，病穴用 10% 石灰水消毒；发病初期喷 50% 多菌灵可湿性粉剂 600 倍液，7 d 喷 1 次，连续 2~3 次。

2. 蚜虫　防治方法：亩用 0.3% 苦参碱水剂 150 g，兑水，茎叶喷雾，10 d

喷 1 次，连喷 2~3 次。

六、采收加工

1. 采收　栽种后第 3、第 4 年秋季回苗后或于春季出苗前，挖取根部，除去泥土和杂质。

2. 加工　新鲜远志根，趁水分未干时，用木棒敲打，使其松软、膨大，抽去木心，晒干即可。抽去木心的远志称远志肉。采收后直接晒干的，称远志棍。

七、质量评价

1. 经验鉴别　以根粗、皮细、肉厚、去净木心者为佳。

2. 检查　水分不得过 12.0%。总灰分不得过 6.0%。黄曲霉毒素照黄曲霉毒素测定法测定，本品每 1 000 g 含黄曲霉毒素 B_1 不得过 5 μg，黄曲霉毒素 G_2、黄曲霉毒素 G_1、黄曲霉毒素 B_2 和黄曲霉毒素 B_1 总量不得过 10 μg。

3. 浸出物　照醇溶性浸出物测定法项下的热浸法测定，用 70% 乙醇作溶剂，不得少于 30.0%。

4. 含量测定　照高效液相色谱法测定，本品含细叶远志皂苷不得少于 2.0%，远志𠮿酮Ⅲ不得少于 0.15%，3,6'- 二芥子酰基蔗糖不得少于 0.50%。

商品规格等级

远志药材有远志筒、远志肉和全远志 3 个规格。远志肉和全远志均为统货。远志筒分为选货和统货，选货又分为 2 个等级。

远志筒大筒：干货。呈筒状，中空。长度≥ 3 cm，直径≥ 4 mm，抽心率≥ 95%。表面灰黄色至灰棕色，有较密并深陷的横皱纹、纵皱纹及裂纹，老根的横皱纹较密更深陷，略呈结节状。质硬而脆，易折断，断面皮部棕黄色，木部黄白色，皮部易与木部剥离。气微，味苦、微辛，嚼之有刺喉感。无杂质、虫蛀、霉变。

远志筒中筒：干货。长度≥ 3 cm，直径≥ 3 mm，抽心率≥ 90%。余同大筒。

远志筒统货：干货。长度≥ 3 cm，直径≥ 3 mm，抽心率≥ 80%。余同大筒。

远志肉统货：干货。多为破裂断碎的肉质根皮，皮粗细、厚薄不等。直径范围为 1 号筛通过率≤ 15%，抽心率≥ 80%。余同大筒。

全远志统货：干货。呈圆柱状，含有木心。长度≥ 3 cm，直径≥ 3 mm。余同大筒。

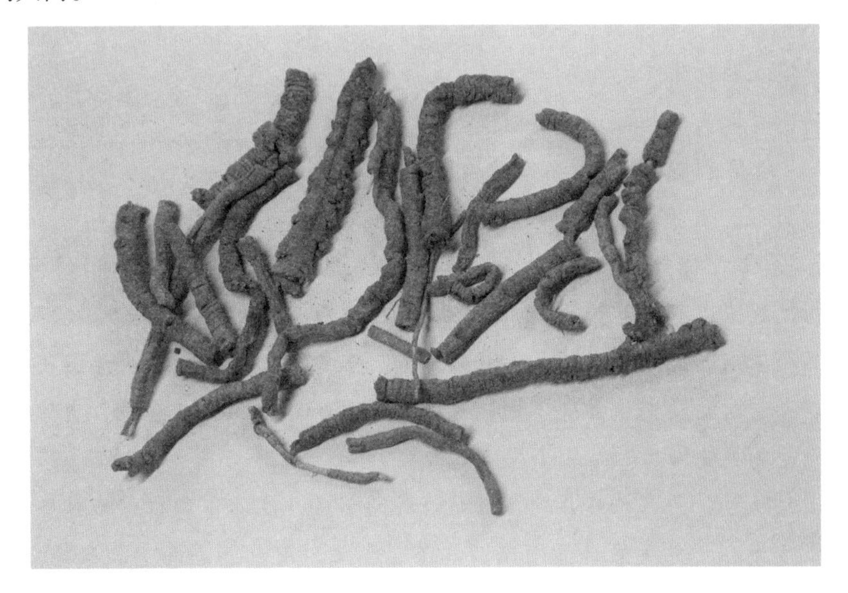

远志肉

皂荚

学名：*Gleditsia sinensis* Lam.

科：豆科

皂荚，多年生落叶乔木或小乔木，又名皂荚树、皂角树等。皂荚树干及树枝生长的棘刺入药称为“皂角刺”；皂荚的果实入药称为“大皂角”；皂荚的不育果实入药称为“猪牙皂”。皂角刺味辛，性温，归肝、胃经，具有消肿托毒、排脓、杀虫之功效，常用于痈疽初起或脓成不溃，外治疥癣、麻风等症。大皂角入药具有祛痰开窍、散结消肿的功效，主治湿痰咳喘、中风口噤、痰涎壅盛、神昏不语、癫痫、喉痹、二便不通、痈肿、疥癣等症。猪牙皂是皂荚受伤后所结的小型不育果实，其味辛、咸，属于温性药，有小毒，归肺、大肠经，具有祛痰开窍、散结消肿的功效，主治中风口噤、神昏不醒、痰涎壅盛等症。皂荚主产于河南、江苏、湖北、河北、山西、山东等省。皂荚兼具药用、洗化、水土保持、绿化、环保等多种用途。

一、生物学特性

皂荚树高可达 15 m，棘刺粗壮，红褐色，常分枝。花期在 5 月，果期在 10 月。皂荚果实呈扁长的剑鞘状而略弯曲，长 15~25 cm，宽 2~3.5 cm，厚 0.8~1.5 cm，表面深紫棕色至黑棕色，被灰色粉霜，种子所在处隆起，两侧有明显的纵棱线，果皮断面黄色，纤维性。种子多数，扁椭圆形，长约 10 mm，黄棕色，光滑。

皂荚多分布在海拔 1 000 m 以下，生长于村边、路旁向阳温暖的地方，为深根性树种，喜光不耐庇荫，抗旱节水、耐高温，喜生于土层肥沃深厚的地方。在年降水量 300 mm 左右的石质山地也能正常生长结实，在石灰岩山地及石灰质土壤上能正常生长，在轻盐碱地上也能长成大树。皂荚树寿命和结实期都很长，可长达600~700年。

二、选地与整地

选择土层深厚、肥沃，pH 5.5~8.5的沙壤土或壤土。山地、丘陵地选择坡度不大于20°的阳坡或半阳坡；平地选择地势平坦、交通便利、排灌条件良好的地块为宜。一年生苗木穴状整地规格为穴径、深各为40~60 cm；四旁地、行道树、零星栽培的大规格苗木整地规格为长、宽、深各为60~120 cm。在播种前，要进行细致整地，均匀施入基肥，亩施有机肥4 000 kg左右。育苗地应选择土壤肥沃、灌溉方便的地方，进行细致整地，一般亩施有机肥3 000 kg，做畦，宽1 m，高30 cm。

三、繁殖方法

皂荚一般以种子繁殖为主，分株繁殖较少使用。

1. 种子繁殖　选择生长健壮、树干通直、发育较快、种子饱满、无病虫害的30年以上壮龄母树，在10月进行采种。碾碎砸烂皂荚，筛子除去果皮，风选得到优质净种。把种子与湿沙按照1∶3的比例混匀后置于阴凉通风干燥处层积。播种前1周，将种子放入70~80℃的温水中浸泡，每天换温水1次，经浸泡3~4 d后，分批拣出充分膨胀的种子，同湿沙按照1∶2的比例混匀堆放3~4 d催芽，种皮破裂露芽后即可进行播种，发芽率可达95%以上。也可以采用1∶5碱水浸泡2 d，再用清水泡1 d，发芽率可达80%~90%。待种子膨胀后拣出埋入湿沙中，发芽后即可播种。播种以春播为好，一般在5月上旬为宜。每亩需种子15 kg。在播种前5~6 d把苗床浇透，待表面干燥后即可播种。条播，条距20~25 cm，每米播种沟播种10~15粒，播后覆土3~4 cm，并经常保持土壤湿润。可于当年秋末苗落叶后，按0.5 m×0.5 m的行距进行换床移栽。

2. 植苗造林　选用植苗高度在50 cm以上的苗木在春、秋两季造林，以秋冬相交时期为宜。栽植穴规格为 30 cm × 30 cm × 30 cm，株行距为 1 m × 1.5 m。栽植后要灌足定根水，或结合阴雨天气栽植。

3. 根蘖分株造林　在秋季落叶后或春季发芽前进行。土壤温湿度较好的地块，可以边分株边栽植，栽植时只留下部根系，地上部分全部剪去。栽植穴大小以根系大小而定。栽植时，必须埋严根系，并对根系进行培土踩实，以利保墒，提高成活率。

四、田间管理

1. 中耕除草　幼苗出土后，一定要保持床土疏松，只能用手耙轻轻疏松表土和锄草，以免损伤幼苗。育苗分别在 4 月、6 月、8 月、10 月进行。

2. 间苗、定苗　幼苗高 5~6 cm 时间苗，株距 10 cm 进行间苗，间苗后应及时灌水松土。当苗高达 10~20 cm 时，进行定苗，株距保持在 15 cm 以上。

3. 施肥　每年追肥 3~4 次，每次间隔 3~4 周，结合中耕锄草进行，以沟施和撒施方法为主。肥料氮、磷、钾的比例为 3∶2∶1。

4. 灌溉排水　育苗田保持土壤湿润。雨后应及时排水，防止积水，遇到干旱时应及时进行灌溉。

5. 抹芽与修枝　在苗木生长过程中，根据主干的长势定期进行抹芽，整形带以下发出的芽全部抹去。2~3 年后进行修枝，促进主干迅速生长，获得干形通直、树冠繁茂匀称的苗木。

6. 嫁接　一般选择在 3 月上旬至 5 月上旬，以砧木萌动后到展叶期（俗话离皮后）为最好，嫁接方法采用劈接法，用修枝剪将砧木距地面 15~20 cm 处剪断，断面要平滑，砧木上的刺清除掉，再用锋利的切接刀在砧木中间劈开，深 3 cm 左右，将接穗在上端（细头）留 2 个芽子，下端（粗头）削成 3 cm 左右的楔形切面，削面要平整光滑，削好的接穗迅速插入砧木的切口，要领是“上露白，下蹬空，形成层对着形成层”，并用塑料薄膜条缠好。接后应及时抹去萌蘖，防止养分消耗，利于接芽萌发和嫁接部位愈合，需除去萌条 3~5 次，接芽长到 10 cm 时及时松动塑料条。

五、病虫害防治

1. 炭疽病　发病期间可喷施石灰等量式波尔多液 160 倍液或 65% 代森锌可湿性粉剂 600~800 倍液。

2. 白粉病　发病时可喷施 80% 代森锰锌可湿性粉剂 500 倍液或 70% 甲基硫菌灵可湿性粉剂 1 000 倍液。

3. 褐斑病　发病初期可喷洒 50% 多菌灵可湿性粉剂 500 倍液或 75% 百菌清可湿性粉剂 800 倍液。

4. 蚜虫　喷洒 0.3% 苦参碱水剂 200 倍液；蚜虫发生量大时，可喷 40% 辛硫磷或 50% 马拉硫磷乳剂、40% 啶虫脒水分散粒剂 1 000~1 500 倍液、4% 鱼藤酮乳油 1 000~2 000 倍液。

5. 皂荚豆象　成虫体长 5.5~7.5 mm，宽 1.5~3.5 mm，赤褐色，每年发生 1 代，以幼虫在种子内越冬，翌年 4 月中旬咬破种子钻出，等结皂荚后，产卵于荚果上，幼虫孵化后，钻入种子内为害。防治方法：可用 90℃ 热水浸泡 20~30 s，或用药剂熏蒸，消灭种子内的幼虫。

6. 皂荚食心虫　幼虫在果荚内或在枝干皮缝内结茧越冬，每年发生 3 代，第 1 代 4 月上旬化蛹，5 月初成虫开始羽化。第 2 代成虫发生在 6 月中下旬，第 3 代在 7 月中下旬。防治方法：秋后至翌春 3 月前，处理荚果，防止越冬幼虫化蛹成蛾，及时处理被害荚果，消灭幼虫。

六、采收加工

（一）大皂角和猪牙皂

1. 采收　皂荚栽培 5~6 年后即结果，果实成熟期在 10 月，变黑成熟后长期宿存枝上不自然下落，但易遭虫蛀，应及时采摘。采集时可用手摘，也可用钩刀割取。

2. 加工　皂角：取采收的果实，拣去杂质，洗净，干燥。猪牙皂：取采收的不育果实，除去杂质，洗净，干燥。

（二）皂刺

1. 采收　全年均可采收。主刺和1~2次分枝的棘刺，表面紫棕色或棕褐色，采用专用工具、修枝剪等采收，在采收时避免伤害树皮；生长在枝条上的分枝刺长1~6 cm，刺端锐尖，采收结合皂荚树形整形、修剪进行，带刺的枝条收集后，采用皂荚小枝脱刺机或修枝剪进行采集；留在树上的枝刺用修枝剪采集。

2. 加工　采集后即进行干燥，晒干即可。或趁鲜切片后晒干。

七、质量评价

1. 经验鉴别　皂刺以个大、质坚、色紫棕者为佳。皂角以肥厚、饱满、坚实者为佳。猪牙皂以个小饱满、色紫黑、有光泽、无果柄、质坚硬、肉多而黏、断面淡绿色者为佳。

2. 检查　水分不得过14.0%。总灰分不得过5.0%。

商品规格等级

皂刺药材一般为统货和选货2个规格，选货分为3个等级。皂角、猪牙皂药材均为统货。

皂刺一等：干货。本品为主刺和1~2次分枝的棘刺。主刺长≥10 cm，直径≥0.5 cm，分刺长1~7 cm。主刺长圆锥形，刺端锐尖。表面紫棕色或棕褐色。体轻，质坚硬，不易折断。木部黄白色，髓部疏松，淡红棕色；质脆，易折断。气微，味淡。无杂质、虫蛀、霉变。

皂刺

皂刺二等：干货。主刺长≥4 cm，直径≥0.4 cm，分刺长1~4 cm。余同一等。

皂刺三等：干货。主刺长≥2 cm，直径≥0.3 cm，分刺长1~3 cm。余同一等。

皂角统货：干货。扁长，稍弯曲，状如扁豆角。长 15~25 cm，宽 2~2.5 cm，厚 0.8~1.5 cm。表面紫棕色至紫黑色，被灰白色粉霜，擦去后有光泽，可见细纵纹。一端尖，另一端有短果柄或果柄痕，两侧有明显突起的纵棱线。质坚硬，摇之有响声。破开后，内含种子数粒，扁椭圆形，黄棕色，平滑，略有光泽。种皮质坚，破开后可见子叶 2 片，黄白色。气特异，味微甜而后辣。

皂角

猪牙皂统货：干货。呈圆柱形，略扁而弯曲，长 5~11 cm，宽 0.7~1.5 cm。顶端有鸟喙状花柱残基，基部有细长的子房柄。表面紫棕色，被白色蜡质白粉，擦去后有光泽，并有细小的疣状突起及线状或网状的裂纹。质硬而脆，易折断，断面外层棕黄色，中间黄白色，中心较软。有淡绿或淡棕黄色的丝状物与斜向网纹，纵向剥开可见排列整齐的凹窝，偶有发育不全的种子。气微，多闻则打喷嚏。味先甜而后辣。

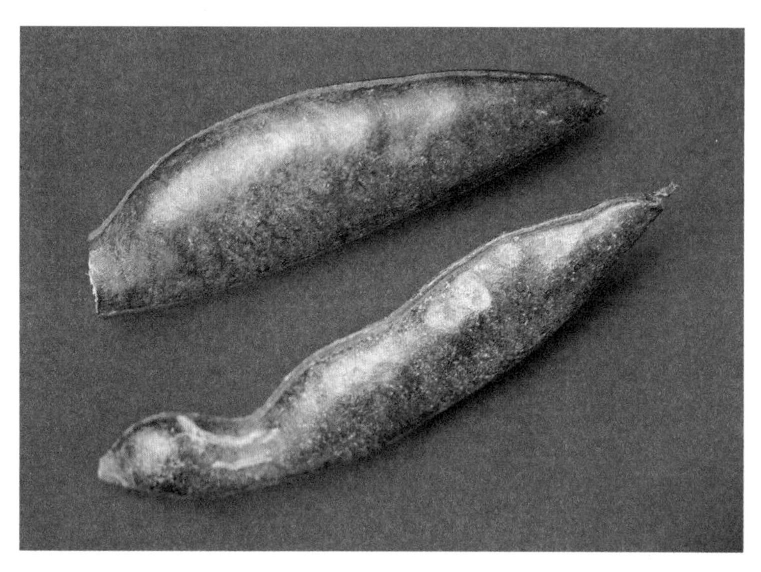

猪牙皂

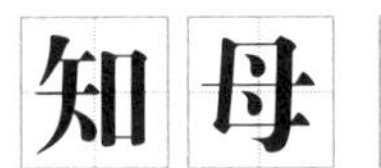

学名：*Anemarrhena asphodeloides* Bge.

科：百合科

中药知母为植物知母的干燥根茎，多年生草本宿根植物，是我国常用中药之一。知母味苦、甘，性寒，归肺、胃、肾经，具有清热泻火、滋阴润燥的功效，用于外感热病、高热烦渴、肺热燥咳、骨蒸潮热、内热消渴、肠燥便秘。河南林州、灵宝、卢氏、商丘等多地有种植。

一、生物学特性

知母在河南西部每年3月（日平均气温≥10℃）萌发出土，4~6月地上部分和根系生长旺盛，根茎以增长长度为主；8~10月以增粗充实为主。花期5~7月。果期6~9月。从开花到种子成熟需60 d左右。11月（日平均气温5℃）植株枯萎。生长期230 d左右。种子在3月下旬（旬平均气温10℃左右）播种，30 d左右出苗；在4月中旬（旬平均气温15℃左右）播种，约20 d出苗，在5月上旬（旬平均气温22℃左右）播种，15 d左右出苗；在25℃条件下，7 d可萌芽。因种子成熟度不一致，含仁率50%，发芽率40%左右，千粒重8 g，以贮藏2年以内的种子为佳。播种后，当年只形成叶丛和小球状根茎；翌年根茎横卧，部分植株抽薹开花结果；第3年根茎分枝，全部抽薹开花结果。根茎的产量随生长年龄而增加，但植株生长超过3年后，根茎之间相互交叉拥挤，老根茎逐渐腐朽。植株抽薹开花后根茎产量下降，质量差。

知母喜温暖气候，耐寒冷和干旱，多野生于山坡丘陵、草地或沙丘上，适应性强，地下根能安全越冬，适宜在海拔2 200~2 500 m排水良好的沙质土壤和富含腐殖质的中性土壤中生长。

二、选地与整地

选排水良好、肥沃的沙质壤土地块深翻 25~30 cm，至翌春解冻后结合春耕，每亩施腐熟有机肥 1 000~1 500 kg、氯化钾 6~7 kg、复合肥 60 kg，并施杀虫杀菌剂进行土壤消毒，然后耙细做成高 10~15 cm、宽 120~150 cm 的畦，畦沟宽 30 cm。

三、繁殖方法

1. 种子繁殖　选三年生以上植株采种，其上有花茎 5~6 枝，每枝有花朵 150~180 朵。知母果实易脱落，可随熟随采，每株可采收种子 5~7 g。当年采收的种子发芽率为 80%~90%，隔年种子发芽率为 40%~50%，种子贮存 3 年以上不能作种。春播于 4 月中下旬在畦上按行距 20 cm 开浅沟，将种子均匀撒入，每亩播量为 1 kg，然后覆土 1.5~2.5 cm，上面再覆盖麦草，并在畦沟浇水。气温 15 ℃时，20~30 d 即可出苗，选连阴天揭掉麦草。4 月在畦上按行距 10 cm 开浅沟条播育苗，生长 1~2 年后于春季萌芽前移栽。方法是将 10 cm 宽行距繁育的知母苗隔行挖苗，然后在移栽地开穴移栽，每穴 1 株，栽后覆土、稍镇压，在畦沟浇水，未挖的繁殖地知母也按株距 10 cm 间苗定株。

2. 分株繁殖　在早春未萌芽前挖出根状茎，选择丰满无病害的根状茎切成 5~6 cm 的小段，每段带 1~2 个芽，在畦上按 20~25 cm 行距开深 5~6 cm、宽 6~7 cm 的沟，将切好的根状茎按 10 cm 株距横向摆于沟内，并覆土 5 cm，栽植后刮平畦面，稍镇压即可。

四、田间管理

知母栽植或播种后，尽量保持园地土壤湿润。当知母苗高 3~4 cm 时，及时松土并清除杂草，苗高 7~10 cm 时，按 15~20 cm 的株距定苗。定苗后如遇干旱，要适当浇水。采用知母根茎分株栽培的，当年生长缓慢，注意不要大水漫灌，待翌年进入旺盛生长期，再增加灌水量。播种或栽种第 2 年，知母苗高 15~20 cm 时，每亩追施过磷酸钙 20 kg、硫酸铵 10 kg。在知母株行间开沟，施后覆土。对于无须留种的知母，当知母开花时要及时剪去花莛，进入 7 月、8 月高温多雨季节，注意排除田间积水。

五、病虫害防治

知母的抗病虫害能力较强，地上部分一般不感染病害，地下害虫主要是蛴螬。防治方法是在知母播种或栽种前每亩用 10% 二嗪磷颗粒剂 500 g 掺拌 15~30 kg 细土，混匀后撒于播种沟或栽种穴内。生长期间如有蛴螬为害，即实施灌根。在蛴螬发生较重的园地，用 50% 辛硫磷乳油 1 000 倍液或 80% 敌百虫可湿性粉剂 800 倍液进行植株灌根，灌药量为每株 150~250mL，可以杀灭知母根附近的蛴螬幼虫。

六、采收加工

1. 采收　种子繁殖的于第 3 年、分株繁殖的于第 2 年的春、秋季采挖。据试验，知母有效成分含量最高时期为花前的 4~5 月，其次是果后的 11 月。在此期间采收质量最佳。

2. 加工　知母肉：于 4 月下旬抽薹前挖取根茎，趁鲜剥去外皮，不能沾水，晒干即成商品。知母肉又称光知母。毛知母：于 11 月挖取根茎，去掉芦头，洗净泥土，晒干或烘干；再用细沙放入锅中，用文火炒热，不断翻动，炒至能用手擦去须毛时，再把根茎捞起置于竹匾内，趁热搓去须毛，但要保留黄茸毛，即成毛知母。

七、质量评价

1. 经验鉴别　以条粗、质硬、断面黄白色者为佳。

2. 检查　水分不得过 12.0%。总灰分不得过 9.0%。酸不溶性灰分不得过 4.0%。

3. 含量测定　照高效液相色谱法测定，本品含芒果苷不得少于 0.70%，知母皂苷 B Ⅱ不得少于 3.0%。

商品规格等级

知母药材有毛知母和知母肉 2 个规格。所有规格均为统货。

毛知母统货：干货。呈长条状，微弯曲，略扁，偶有分枝，一端有浅黄色的茎叶残痕，长 3~15 cm，直径 0.8~1.5 cm。表面黄棕色至棕色，上面有一凹沟，具紧密排列的环状节，节上密生黄棕色的残存叶基，由两侧向根茎上方生长；下面隆起而略皱缩，并有凹陷或突起的点状根痕。质硬，易折断，断面黄白色。气微，味微甜、略苦，嚼之带黏性。

知母肉统货：干货。除去外皮，表面黄色或黄白色，偶有凹陷或凸起的点状根痕。余同毛知母。

毛知母

栀子

学名：*Gardenia jasminoides* Ellis

科：茜草科

栀子，多年生木本植物，以干燥成熟的果实入药，药材名为栀子，性寒，味苦，具有泻火除烦、清热利湿、凉血解毒之功效，用于热病心烦、湿热黄疸、淋证涩痛、血热吐衄、目赤肿痛、火毒疮疡等症，外用消肿止痛。果实还可以提取天然色素，广泛用于食品工业和出口。

一、生物学特性

栀子喜温暖湿润、阳光充足的环境。栀子幼苗能耐荫蔽，成年植株要求阳光充足；耐寒性不强，在 –5℃时能安全越冬，适合生长的温度为 12~35℃，最适温度 25~28℃；对土壤要求不严格，适应性强，较耐旱，忌积水，喜湿润，宜选择排水良好、疏松、肥沃、酸性至中性的红黄壤土种植；低洼地、盐碱地不宜栽种。平原、丘陵、山地均可种植。

扦插繁殖第 2~3 年可开花结实，种子繁殖第 3~4 年开花结实。6~7 年开始进入结实盛期，可产果 20~25 年。栀子 4~5 月发新叶抽枝，一部分老叶也在此时脱落。春梢在 4 月抽生。夏梢于 5 月中旬至 8 月上旬抽生，夏梢是形成树冠的主枝。秋梢于 8 月中旬在夏梢顶端抽生。6 月始陆续开花，盛期为 6 月中下旬，至 9 月果实已基本完成膨大过程，10~11 月果实由青绿转红黄而成熟。

二、选地与整地

选择向阳山坡的中下部或平地土层深厚、肥沃疏松、排水良好的沙质土壤，荒坡地宜在头年冬进行全垦，然后按行株距 1.5m × 1.2 m 或 1.3m × 1.2 m 挖穴，穴深、宽各 50 cm，冬季经风化后，在第 2 年春种植前每穴施下腐熟农家肥 5 kg，将土与肥拌匀，以待种植。

三、繁殖方法

可用种子、扦插、分株、压条等方法进行繁殖，生产上常用种子繁殖和扦插繁殖。

1. 种子繁殖　3 月中下旬播种。①选种。挑选树势健壮，树冠宽阔丰满、枝条分布均匀，呈圆头形，叶片中等大小，叶色淡绿或较深绿，枝条节间较短，结果多且果实饱满、色泽鲜艳的植株，待其鲜果充分成熟时采摘。②种子处理。果实采后晒至半干再浸入 40℃ 左右温水中浸泡，待果壳软化后用手揉搓，将籽揉散，去掉漂浮在水面上的果壳、杂质和秕籽，捞出沉于水底的饱满种子，晒干贮藏，也可用细沙拌匀贮藏备播。播种前用 45℃ 温水浸种 12 h。③播种育苗。春季 3~4 月或秋季 9~11 月播种，在整好的苗床上，按行距 15 cm，开深 1 cm 左右的沟，将处理后的种子均匀撒入沟内，盖火土灰至畦面，再盖上稻草或薄膜，保持土壤湿润。每亩用种 2~3 kg。出苗后除去薄膜或揭去盖草，进行松土除草、追肥、灌溉、间苗、定苗等常规管理，1 年后即可移栽。

2. 扦插繁殖　分为春插和秋插。春插在 3 月上旬至 4 月中旬进行，秋插在 9~10 月进行，以春插成活率高。选生长健康的二至三年生枝条，截取 10~15 cm 作为插穗，除去下部叶片，顶上 2 片叶子可保留并各剪去一半，按株行距 10 cm × 15 cm，将插穗长度的 2/3 斜插入苗床，注意遮阴和保持一定湿度，培育一年即可定植。插穗一般 1 个月可生根，在 80% 相对湿度、20~24℃ 条件下约 15 d 即可生根。若用吲哚丁酸浸泡 24 h，效果更佳。

3. 定植　在秋季寒露至立冬间或春季雨水至惊蛰间定植。选择苗干通直、完全木质化、高度在 30 cm 以上，根系发达、主根短而粗、侧根多须、无病虫害，叶绿色、健壮的苗木，按株行距 1.5 m × 1.5 m，定点挖穴，穴坑深、宽各 30 cm 左右，穴内各施磷肥和生物有机肥约 0.25 kg 与土拌匀，每穴栽健壮苗 1 株。

四、田间管理

1. 中耕除草　每年春、夏、秋季各中耕除草1次，冬季全垦除草并培土1次。

2. 施肥　定植后的第1~2年，分别在春、夏、秋季施下，第1次和第2次每亩每次施入畜粪水1 500~2 000 kg。第3次追肥每亩施入厩肥2 000 kg，在树冠外围开环沟施下，施后培土，促进树冠生长繁茂。当栀子进入结果期，则以施磷、钾肥为主，每年施3~4次。3~4月每亩施尿素25 kg和饼肥50 kg；5~6月增施磷、钾肥，每亩施复合肥50 kg，并用0.2%磷酸二氢钾和1%尿素液或3%过磷酸液75~100 kg，选晴天喷洒叶、花、果，作根外追肥；第3次施促秋梢肥，栀子秋梢顶芽95%以上形成花芽，而秋梢花芽占结果植株85%以上，为结果主枝，这次促梢肥尤为重要，通常在立秋前进行，每亩施厩肥2 000 kg，拌30 kg饼肥和5 kg尿素混合；第4次在收果后进行，每亩施厩肥、草木灰(火土灰)2 000 kg，过磷酸钙25~30 kg混合均匀后，开环沟施下培土。在4次追肥中以后2次追肥尤为重要，施肥量仍占全年总肥料量的2/3。

在栀子开花盛期，喷0.15%硼砂。花谢3/4时，喷洒每100 kg水溶有5 g赤霉素的溶液或每1 000 kg水溶有2,4－二氯苯氧乙酸8~10 g和尿素3 kg、磷酸二氢钾2 kg的混合液。每隔10~15 d喷1次，连喷2次，可促进栀子生长，加速细胞增殖，减少果柄离层的形成，从而提高坐果率。

3. 修枝整形　定植后将栀子树修成树冠开阔的自然开心形。具体做法：定植后第1年将主干离地面20 cm以内的萌芽抹除，作为定干高度。梢长至18~20 cm时，从中选留3~4个生长方向不同的壮枝，培养成主枝。第2年夏季在留下的主枝的叶腋间，选留3~4个强壮的分枝培养为副主枝，向不同的方向生长，依次延长顶梢。以后再在副主枝上放出侧枝。第3年便进入结果期。通过合理的整形，使树冠外圆内空，枝条疏朗，通风透光，调节生长、发育、抽枝、开花、结果之间的平衡关系，减少养分无用的消耗，增加结果面积，提高产量。

五、病虫害防治

1. 叶斑病　5 月下旬和 8 月上旬发病前，分别喷施 50% 多菌灵可湿性粉剂 1 000 倍液或 25% 嘧菌酯悬浮剂 1 000~2 000 倍液，每隔 15 d 喷 1 次，连喷 2~3 次。发病初期选用百菌清、多菌灵、甲基硫菌灵、代森锌等各种杀菌药剂交替喷施防治。

2. 炭疽病　为害叶片和嫩果。一般 5 月开始发生，7~8 月为害最严重。5~8 月经常喷波尔多液保护和预防。发病时用 50% 异菌脲悬浮剂 1 500 倍液，或 30% 嘧菌酯悬浮剂 1 500 倍液喷雾防治。

3. 咖啡透翅天蛾　3 龄前幼虫取食嫩叶致麻点和孔洞，4 龄后食量增大，暴食叶片，数量多时将整株叶片吃光，还蛀食枝条，可导致植株枯死。成虫期采用黑光灯诱蛾；掌握在幼龄阶段及时喷药防治，可选用 20% 杀灭菊酯乳油 1 500 倍液或 40% 辛硫磷乳油 1 000 倍液喷雾防治。

4. 栀子卷叶螟　幼虫取食幼嫩叶片、新芽，为害新梢顶端，稍卷叶，影响栀子夏梢、秋梢生长和花芽的形成，使翌年产量下降。在 6~7 月抓住低龄幼虫阶段，喷施 40% 啶虫脒水分散粒剂 2 500 倍液或 20% 阿维·杀虫单微乳剂 2 500 倍液，茎叶喷雾。

六、采收加工

1. 采收　一般种植后第 3 年开始采果。栀子采果年限为 15 年左右，根据树势确定，当栀子树出现衰老、产量下降时，宜更新。10~11 月在果皮呈红黄色时分批采收，一般分 2 批采收，10 月下旬采收第一批，采摘已经成熟的果实；11 月上旬采收第二批，采收剩余的全部果实。栀子用手工采摘，应选择晴天，若有露水，应待露水干后再采摘。

2. 加工　采摘后除去果柄、杂物，置沸水中泡煮约 3 min，或置蒸笼中蒸至顶端出汽为宜。蒸煮后的果实放置通风处，待内部水分散发后，再晒干或用 40~60℃ 热风烘干。

七、质量评价

1. 经验鉴别 以皮薄、饱满、色红黄者为佳。

2. 检查 水分不得过 8.5%。总灰分不得过 6.0%。重金属及有害元素铅不得过 5 mg/kg；镉不得过 1 mg/kg；砷不得过 2 mg/kg；汞不得过 0.2 mg/kg；铜不得过 20 mg/kg。

3. 含量测定 照高效液相色谱法测定，本品含栀子苷不得少于 1.8%。

商品规格等级

栀子药材一般为选货和统货 2 个规格。选货，分为 2 等级。

选货一等：呈长卵圆形或椭圆形，长 1.5~3.5 cm，直径 1~1.5 cm，具有纵棱，顶端有宿存萼片，基部稍尖，有残留果梗。皮薄脆革质，略有光泽。内表面色较浅，有光泽，具隆起的假隔膜。气微，味微酸而苦。颜色均匀，无焦黑个。饱满，表面呈红色、棕红色、橙红色、橙色、红黄色。种子团与果壳空隙较小，种子团紧密充实，呈深红色、紫红色、淡红色、棕黄色。青黄个质量占比≤ 5%，果梗质量占比≤ 1%。

选货二等：较瘦小，表面呈深褐色、褐色、棕黄色、棕色、淡棕色、枯黄色。种子团与果壳空隙较大，种子团稀疏，呈棕红色、红黄色、暗棕色、棕褐色。青黄个质量占比≤ 10%，果梗质量占比≤ 2%。余同一等。

统货：呈长卵圆形或椭圆形，长 1.5~3.5 cm，直径 1~1.5 cm，具有纵棱，顶端有宿存萼片。表面呈红色、橙色、褐色、青色，皮薄脆革质，略有光泽。气微，味微酸而苦。青黄个质量占比≤ 10%，果梗质量占比≤ 2%。

紫苏

学名：*Perilla frutescens* (L.) Britt.

科：唇形科

紫苏，一年生草本植物，以干燥成熟果实、茎和叶入药，药材名分别为紫苏子、紫苏梗和紫苏叶，是我国常用中药之一。紫苏子味辛，性温，归肺经，具有降气化痰、止咳平喘、润肠通便的功效，用于痰壅气逆、咳嗽气喘、肠燥便秘等症。紫苏梗辛、温，归肺、脾经，具有理气宽中、止痛、安胎的功效，用于胸膈痞闷、胃脘疼痛、嗳气呕吐、胎动不安等症。紫苏叶辛、温，归肺、脾经，具有解表散寒、行气和胃的功效，用于风寒感冒、咳嗽呕恶、妊娠呕吐、鱼蟹中毒等症。河南洛阳、南阳、禹州等地有种植。

一、生物学特性

紫苏植物变异较大，叶两面紫色或叶面青背紫色的称为紫苏，叶全绿的称为白苏，同等入药，都称为“紫苏”。3 月底至 4 月中上旬播种，7~10 d 发芽，前一年采收的种子发芽率为 70% 左右，陈年种子的发芽率为 1% 上下。子叶出土凹尖，圆肾脏形，初呈黄绿色，2 天后转为紫红色。幼苗 5~10 d 出现第 1 对真叶，真叶卵形或宽圆卵形，顶端有小短尖头。紫苏的第 1 对真叶表面紫红色，背面紫色。幼茎及叶柄均为紫色，近无毛或短疏柔毛。白苏第 1 对真叶绿色，茎及叶柄被短疏柔毛。白苏比紫苏幼苗生长稍快些。幼苗期紫苏与白苏香气均偏淡。30~40 d 长出 3~4 对真叶，并开始长出第 1 对分枝。

紫苏植物从基部以上 3~5 节开始分枝。每节 1 对分枝，不因播期及植株长势而变化。白苏枝条伸展宽阔，成四棱形。紫苏枝条斜向上展，成宽锥形。

主茎粗壮，木质化程度高，每个节部微不规则隆起。主茎节间长度以中部最长，顶部次之，基部最短。基部 1~5 节平均长 1.5~5.0 cm，中部 6~10 节平均长 13.0~17.1 cm，顶部 11 节以上平均长 3.5~9 cm。同一分枝的节间长度以基部最长，向顶端依次减少。紫苏植物为直根系植物，一般垂直深度为 30~45 cm，土层深厚时也可达 70 cm 以上。侧根分层着生，一般 3~4 层，根系水平分布半径范围为 35~50 cm，细小根毛较少。

紫苏营养生长阶段从 4 月底开始一直到 8 月底 9 月初，分枝数由下而上增多，叶片面积逐渐增大。白苏平均叶片面积和平均株高均比紫苏大。进入生殖生长阶段以后，紫苏茎、枝、叶的紫红色逐渐变淡，白苏的叶片由亮绿色逐渐变成暗绿色。花序着生在主茎顶端及上部 4~5 节的分枝顶端以及每对叶腋。分枝在主茎顶芽摘除或生长受阻时代替主茎生长。株形一般不受影响或稍有减少。主茎（或代替主茎生长的侧枝）顶序上对生的四纵列花朵呈现规则的十字形排列，分枝顶序和其余花序上花朵一律偏向外侧，呈微扇形排列紧密的侧总状花序。白苏顶端花序长 8~10 cm，紫苏顶端花序长 6~8 cm。腋生花序比顶端花序短 1~2 cm。同一分枝上顶端花序比中部腋生花序长，中部腋生花序比基部腋生花序长。开花顺序一般早现蕾早开花，全株以主茎和分枝顶序先开，腋生花序最后开放。上部分枝比下部分枝早开花，中部分枝次于上部分枝。各分枝开花时间相差 3~5 d。同一分枝上由上而下逐渐开花。同一花序上开花顺序为从下到上，故为无限花序，但所有花序顶端 1~2 朵花一般不结实，或结实发育不良，仅 1~2 枚小坚果。天气晴朗时上午 9 点至下午 2 点开花最多，盛花时间为上午 9~11 点。花期持续 20~35 d。

二、选地与整地

选择湿润、疏松、肥沃、阳光充足且排灌方便的壤土或沙壤土种植紫苏。每亩施人粪尿或堆肥 1 000~2 000 kg 作基肥，把土壤耕翻 15 cm 深，耙平。整细、做畦，畦和沟宽 2 m，沟深 15~20 cm。翻耕土壤，耙碎，让基肥与土壤混合后做畦。

三、繁殖方法

紫苏种植方法可分为直播法和育苗移栽法。直播分为条播和穴播。条播按行距 40~50 cm 左右开沟，沟深 1.5~2.5 cm，播后覆盖 1 cm 左右薄土。每亩播量 0.5~0.75 kg。穴播按株行距 50 cm × 60 cm 挖穴，播后要覆盖薄土。每亩用种量 0.5~0.6 kg。播种后保持土壤湿润，在适温 (约 25 ℃) 下 5~7 d 即可出苗。当地温达到 12 ℃以上，即可开始播种；也可以夏天播种。春播产量比夏播产量高 20%~30%。紫苏属植物种子小，播种时不易均匀，播种过密苗细弱易感病。紫苏千粒重为 0.98 g，白苏千粒重为 1.25~1.43 g。50 g 种子粒数为 33 000~50 000 粒。育苗移栽每 15 m^2 苗床播种量以 40~50 g 为宜，采用拌细土的方法，使播种均匀。

四、田间管理

1. 中耕除草　植株生长封垄前要勤除草，直播地区要注意间苗和除草，条播地苗高 15 cm 时，按 30 cm 定苗，多余的苗用来移栽。直播地的植株生长快，如果密度高，会造成植株徒长、不分枝或分枝很少。虽然植株高度能达到，但因通光和空气不好，植株下面的叶片较少，都脱落了，影响叶子产量和紫苏油的产量。同时，茎多叶少，也影响全草的规格，故应早间苗。育苗田从定植至封垄，松土除草 2 次。

2. 灌溉排水　播种或移栽后，如数天不下雨，要及时浇水。雨季注意排水，防止积水烂根和脱叶。紫苏性喜温暖湿润的气候，较耐湿，耐涝性较强，不耐干旱，尤其是在产品器官形成期，如空气过于干燥，茎叶粗硬、纤维多、品质差。

3. 追肥　紫苏生长时间比较短，定植后两个半月即可收获全草，又以全草入药，故以氮肥为主。在封垄前集中施肥。直播和育苗地，苗高 30 cm 时追肥，在行间开沟每亩施人粪尿 1 000~1 500 kg 或硫酸铵 7.5 kg，过磷酸钙 10 kg。第 2 次在封垄前再施 1 次肥，但此次施肥注意不要碰到叶子。

五、病虫害防治

1. 斑枯病　从6月到收获都有发生，为害叶子。发病初期在叶面出现大小不同、形状不一的褐色或黑褐色小斑点，往后发展成近圆形或多角形的大病斑，直径0.2~2.5 cm。病斑在紫色叶面上外观不明显，在绿色叶面上较鲜明。病斑干枯后常形成孔洞，严重时病斑汇合，叶片脱落。在高温高湿、阳光不足以及种植过密、通风透光差的条件下，比较容易发病。防治方法：从无病植株上采种；注意田间排水，及时清理沟道；避免种植过密；在发病初期开始，用80%代森锌可湿性粉剂800倍液或者石灰等量式波尔多液200倍液喷雾。每隔7 d喷1次，连喷2~3次，在收获前半个月禁止用药。

2. 红蜘蛛　为害紫苏叶子。6~8月天气干旱、高温低湿时发生最盛。红蜘蛛成虫细小，一般为橘红色，有时黄色。红蜘蛛聚集在叶背面刺吸汁液，被害处最初出现黄白色小斑，后来在叶面可见较大的黄褐色焦斑，扩展后，全叶黄化失绿，常见叶子脱落。防治方法：收获时收集田间落叶，集中烧掉；早春清除田埂、沟边和路旁杂草；发生期及早用1.8%阿维菌素乳油3 000倍液茎叶喷雾，但要求在收获前半个月停止喷药，以保证药材上不留残毒。

3. 银纹夜蛾　7~9月幼虫为害紫苏，叶子被咬成孔洞或缺刻，老熟幼虫在植株上做薄丝茧化蛹。防治方法：用90%敌百虫晶体1 000倍液喷雾。

六、采收加工

（一）紫苏叶

1. 采收　紫苏要选择晴天收割，香气足，方便干燥，紫苏叶用药应在7月下旬至8月上旬，紫苏未开花时进行。

2. 加工　采收的紫苏叶，除去杂质，晒干。

（二）紫苏子

1. 采收　9月下旬至10月中旬果实种子成熟时采收。割下果穗或全株。在采种的同时注意选留良种。选择生长健壮的、产量高的植株，等到种子充分成熟后再收割，晒干脱粒，作为种用。

2. 加工　把割下的果穗或全株扎成小把，晒数天后，脱下种子，晒干。每亩产 75~100 kg。

（三）紫苏梗

1. 采收　9 月下旬至 10 月中旬果实成熟时采收。用镰刀从根部割下。

2. 加工　把收割的植株捆成小把，倒挂在通风背阴的地方晾干，干后把叶子、果穗除去，即成，果穗可另加工紫苏子。或把收割的植株除去叶片、果穗，趁鲜切片，晒干。

七、质量评价

（一）紫苏叶质量评价

1. 经验鉴别　以叶完整、香气浓、色紫者为佳。

2. 检查　水分不得过 12.0%。

3. 含量测定　照挥发油测定法测定，保持微沸 2.5 h，本品含挥发油不得少于 0.40%（mL/g）。

（二）紫苏子质量评价

1. 经验鉴别　以粒饱满、色紫黑、无杂质者为佳。

2. 检查　水分不得过 8.0%。

3. 含量测定　照高效液相色谱法测定，本品含迷迭香酸不得少于 0.25%。

（三）紫苏梗质量评价

1. 经验鉴别　以茎完整、色紫、香气浓者为佳。

2. 检查　紫苏梗水分不得过 9.0%。总灰分不得过 5.0%。

3. 含量测定　紫苏梗照高效液相色谱法测定，本品含迷迭香酸不得少于 0.10%。

商品规格等级

紫苏药材分为紫苏梗、紫苏叶、紫苏子 3 种。紫苏梗有紫苏梗个、紫苏梗段 2 个规格，其中紫苏梗个又分为选货和统货 2 个规格，紫苏梗段为统货。紫苏叶有散紫苏叶和齐紫苏叶 2 个规格，其中散紫苏叶又分为选货和统货 2 个规格，齐紫苏叶为统货。紫苏子药材一般为统货和选货 2 个规格。所有规格均不分等级。

紫苏梗个选货：干货。本品呈方柱形，四棱钝圆，直径 0.5~1.5 cm。整齐，表面紫棕色，节较少，节部稍膨大，有对生的枝痕和叶痕。体轻，粗细均匀，质硬。断面裂片状，木部黄白色，射线细密，呈放射状，髓部白色，疏松或脱落。味淡，香气浓郁，含杂率＜ 1%。无虫蛀、霉变。

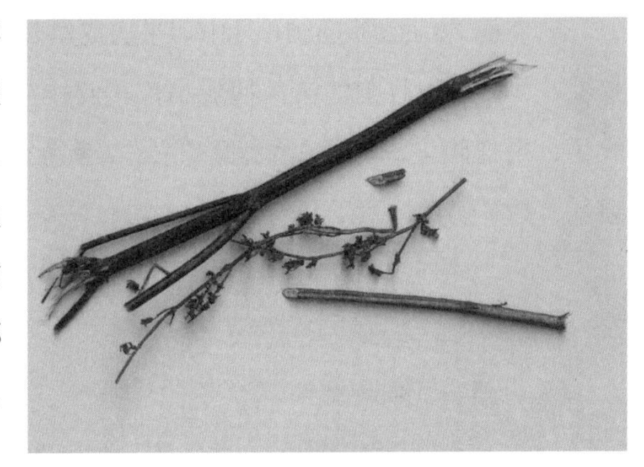

紫苏梗

紫苏梗个统货：干货。长短不一，表面暗紫色，节部稍膨大，有对生的枝痕和叶痕。味淡，香气淡，杂质率＜ 3%。余同选货。

紫苏梗段统货：干货。本品呈方柱形，四棱钝圆，厚 2~5 mm，常呈斜长方形，木部黄白色，射线细密，呈放射状，髓部白色，疏松或脱落。味淡。无虫蛀、霉变。

散紫苏叶选货：干货。叶片长 4~11 cm，宽 2.5~9 cm。两面紫色或上表面绿色，下表面紫色，质脆。叶片稍卷曲、比较完整，破碎度＜ 3%。有叶柄，无嫩枝。色紫，颜色鲜明。气清香，味微辛。无杂质、虫蛀、霉变。

散紫苏叶统货：干货。叶片多皱缩卷曲、破碎度＜ 10%。有叶柄和少

紫苏叶

许嫩枝。色淡紫，颜色暗。余同选货。

齐紫苏叶统货：干货。紫苏叶叶片叠齐，捆扎成小扎，叶片平直、完整，叶长 4~11 cm，宽 2.5~9 cm。两面紫色或上表面绿色，下表面紫色，颜色鲜明。质脆。气清香，味微辛。无杂质、虫蛀、霉变。

紫苏子选货：干货。呈卵圆形或类球形，直径约 1.5 mm。果皮薄而脆。表皮完整，无破损，表面灰棕色或灰褐色，有微隆起的暗紫色网纹，基部稍尖，有灰白色点状果梗痕。果皮薄而脆，易压碎。种子黄白色，种皮膜质，子叶 2，类白色。压碎有香气，味微辛。颗粒均匀、饱满，油脂足。无杂质，无虫蛀，无霉变。

紫苏子统货：干货。表皮基本完整。颗粒大小不一，有的饱满，有的略干瘪，有的油脂足，有的油脂低。杂质率≤ 3%。余同选货。

紫苏子

学名：*Aster tataricus* L. f.
科：菊科

紫菀，多年生草本植物，以干燥根和根茎入药，别名青菀，是我国常用中药之一。紫菀味辛、苦，性温，归肺经，具有润肺下气、消痰止咳的功效，用于痰多喘咳、新久咳嗽、劳嗽咳血等症。河南商丘睢县、虞城，周口鹿邑，许昌等地有种植。

一、生物学特性

紫菀，根状茎斜升，茎直立，粗壮，基部有纤维状枯叶残片且常有不定根，有棱及沟，被疏粗毛，有疏生的叶。叶纸质，上面被短糙毛，中脉粗壮，基部叶长圆状或椭圆状匙形；下部叶匙状长圆形，常较小；中部叶长圆形或长圆披针形，无柄；上部叶狭小。头状花序多数，在茎和枝端排列成复伞房状；花序梗长，有线形苞叶。总苞半球形，总苞片 3 层，线形或线状披针形，顶端尖或圆形。舌状花蓝紫色；管状花稍有毛。瘦果倒卵状长圆形，具冠毛。花期在 7~9 月；果期在 8~10 月。紫菀喜温暖气候，耐寒、耐旱。对土壤要求不严，除盐碱地外均可栽培，但以疏松肥沃的沙壤土为好。

二、选地与整地

紫菀应选择地势平坦、土层深厚、肥沃、土质疏松、排灌方便的沙质土壤，深翻 30 cm 以上，每亩将 2 500~3 000 kg 腐熟厩肥或 150 kg 饼肥翻入土中作基肥，栽前浅耕 1 遍，整平耙细，做成 1.3 m 宽的平畦。

三、繁殖方法

紫菀用根状茎繁殖。春、秋两季栽种，春栽于4月上旬，秋栽于10月下旬。栽前选粗壮节密、呈紫红色、无病虫害、近地面生长的根茎作种栽，切除下端幼嫩部分及上端芦头部分，截成有2~3个芽，长5~10 cm的小段。按行距25~30 cm开横沟，沟深6~7 cm，将种栽顺着条沟排放，株距10~15 cm，放1~2段根状茎，覆土与畦平齐面，轻轻压紧后浇水湿润。上盖一层薄草，保温保湿。若春栽,需将根茎与湿沙层积贮藏至4月上旬栽种。秋栽宜随挖随种,成活率高。

四、田间管理

1. 中耕除草　第1次中耕除草在齐苗后，宜浅松土，避免伤根；第2次在苗高7~9 cm时进行；第3次在夏至植株封行前进行。封行后用手拔草。

2. 灌水　紫菀生长期间喜湿润。在苗期应适当灌水，6月是叶生长茂盛时期,应注意多灌水勤松土保持水分；雨季不能积水,应加强排水；9月雨季过后,正值根系发育期，早晚需适当灌水；多灌水，勤松土，保持土壤湿润。

3. 追肥　一般要进行3次，第1次在齐苗后进行，结合中耕除草亩施人畜粪尿1 000~1 500 kg。第2次在7月上中旬，每亩沟施人畜粪尿1 500~2 000 kg，并配施10~15 kg过磷酸钙。第3次在封行前进行，结合中耕除草亩施用堆肥300 kg，加饼肥50 kg混合堆积后，于株旁开沟施入。

4. 剪除花薹　除留种植株外，8~9月如发现植株抽薹，要及时剪除，使养分集中供应地下根茎的生长。

五、病虫害防治

1. 根腐病　发病初期，用50%多菌灵可湿性粉剂1 000倍液或50%甲基硫菌灵可湿性粉剂1 000倍液，喷洒在植株基部及周围地面。

2. 黑斑病　发病初期，用50%退菌特可湿性粉剂800倍液或80%代森锌可湿性粉剂600倍液喷雾，每隔7 d喷1次，交替使用，连续喷3~4次。

3. 斑枯病　发病初期用石灰等量式波尔多液 160 倍液或 45% 代森铵水剂 1 000 倍液喷雾，每 10 d 左右喷 1 次，连续 2~3 次，认真清洁园地，烧掉病残植株。

4. 银纹夜蛾　人工捕捉幼虫，低龄虫用 90% 敌百虫原粉 800~1 000 倍液或 8 000 IU/mg 苏云金杆菌悬浮剂 150 mL/ 亩兑水茎叶喷雾。

5. 蛴螬　用 90% 敌百虫晶体 100 倍液或 50% 辛硫磷乳油 1 000 倍液灌根。

6. 地老虎　在耕地或开沟栽种时，亩用 90% 敌百虫粉剂 1.5~2 kg，掺适量沙土，翻耕入土中，大量发生时，用 90% 敌百虫晶体 1 000 倍液，浇灌植株根部。

六、采收加工

1. 采收　栽后 1 年叶片出现黄萎时收获。先割去茎叶，将根刨除，去净泥土，将根状茎（“母根”）取出留种用，其余加工药材。

2. 加工　将鲜紫菀的根编成辫子状，晒干；或直接晒干。

七、质量评价

1. 经验鉴别　以根长、色紫红、质柔韧者为佳。

2. 检查　水分不得过 15.0%。总灰分不得过 15.0%。酸不溶性灰分不得过 8.0%。

3. 浸出物　照水溶性浸出物测定法项下的热浸法测定，不得少于 45.0%。

4. 含量测定　照高效液相色谱法测定，本品含紫菀酮不得少于 0.15%。

商品规格等级

紫菀药材均为统货，不分等级。

统货：干货。呈马尾形，根茎顶端有茎、叶的残基，呈不规则的疙瘩头状；簇生多数细根，松散弯曲或编成辫状。表面紫红色或灰棕色。质较柔韧。断面灰白色。气微香，味甜微苦。大小不一。无苗芦、杂质、虫蛀、霉变。

动物源

梅花鹿

学名：*Cervus nippon* Temminck

科：鹿科

梅花鹿，陆生动物，别名花鹿，以梅花鹿的雄鹿未骨化而带茸毛的幼角入药，药材称为鹿茸，是我国名贵的中药材之一。鹿茸性温，味甘、咸，气微腥，有滋补强壮之功效，用于肾虚、头晕、耳聋、目暗、阳痿、滑精、宫冷不孕、羸瘦、神疲、畏寒、腰脊冷痛、筋骨痿软、虚、神经衰弱、阴疽不敛及久病虚损等症。梅花鹿主产于吉林、辽宁等省区。河南信阳、驻马店、新乡、南阳等地有饲养。除鹿茸外，已骨化的角或锯茸后翌年春季脱落的角基，分别习称“鹿角”和“鹿角脱盘”，味咸，性温，归肾、肝经，有温肾阳、强筋骨、行血消肿之功。以鹿角为原料，经水煎煮、浓缩制成的固体胶，称为“鹿角胶”；剩余的角块，称为“鹿角霜”。鹿角胶有温补肝肾、益精养血的功效。鹿角霜有温肾助阳、收敛止血的功效。

一、生物学特性

梅花鹿体型中等，四肢细长，成年母鹿体重 70~90 kg，体长 90 cm；成年公鹿体重 120~140 kg，体长 120 cm，肩高 100 cm。梅花鹿被毛短小、整齐、艳丽，季节性变化明显，夏季被毛为棕黄色或红棕色，冬季为褐色或栗棕色，均有白斑，状若梅花，故称梅花鹿。梅花鹿有棕色或黑褐色背中线，体两侧有白斑纵列，腹下、四脚及尾内侧为白色，公鹿颈部冬季生有鬣毛，臀斑白色并围绕黑色毛带。公鹿角发育完全为四杈型，无冰枝，眼下有发达眶下腺，可分泌识别本群、占领地的外激素。梅花鹿寿命为 23~35 岁，最佳生茸年限约 12 年。

公鹿出生第 2、第 3 年可分别长出毛桃茸、分杈茸，4~5 月脱盘生茸。梅花鹿通常 1.5 岁达到性成熟，季节性发情，在 9~11 月发情配种。母鹿妊娠期平均为 8 个月，在 5~7 月产仔，多为单胎。仔鹿成活率高，生长发育迅速，一年后，公鹿可达 50 kg 以上。性成熟早，公母鹿 1.5 岁可配种，3~4 岁繁殖力最强。

梅花鹿怕热不怕冷，适宜温度 8~25℃，温度升高时，即躲在鹿房或树荫下，气温下降到 −5~10℃，仍能自由活动，不影响采食。梅花鹿喜雨雪，爱清洁。感觉灵敏，胆小怕惊，喜过群居生活。它们的嗅觉、听觉、视觉发达，感觉灵敏，遇到突然声响及意外情况常出现“炸群”。在配种季节，公鹿间常互相角斗，争强好胜，如不及时赶开，会造成死亡，但每年 2~7 月长鹿茸时，则变得温顺，行动小心。

二、繁育技术

1. 鹿场选址　鹿喜寂静、隐蔽的场所，因而人工饲养鹿场在建造初必须选择远离噪声，无污染，避风向阳，地势平坦，稍向南或东南倾斜（便于排水，以保持鹿场干燥），土质坚实（以排水、透水性较好的沙壤土好），水源充足，水质良好，交通便利（距公路 1.5 km 为好）的地方。

鹿场建造应远离工矿区、公共设施、其他鹿场、当地居民区及牛羊圈舍，以避免各种复杂环境对鹿群造成的惊扰或传染疾病。此外，鹿场内还应配备宽敞的运动场，饲料基地，以保证饲料及时供应。鹿场围墙的高度以 3 m 为宜，场内铺砖石或水泥地面，搭盖鹿舍，舍内要配投食槽、水槽。

2. 饲养管理　梅花鹿是反刍动物，较牛羊食量低，更耐粗饲料，所有农作物的秸秆、副产品、青枝落叶、蒿草都是鹿的好饲料。由于梅花鹿的生理特点属野生习性，饲料转化率非常高，各种多汁饲料都可饲喂，另外可再适当补以谷物、豆类等精饲料和矿物质饲料更好。它们最喜食橡树叶、薯秧等，其次是玉米秸、稻草、麦秸等。饲养原则以青粗饲料为主，精饲料为辅，配合饲喂当地的青绿多汁饲料。

（1）饲料调制　为改善饲料品质，提高消化率，需要对玉米秸、稻草、麦秸等进行氨化处理。方法：将 3%~5% 尿素水溶液均匀地喷洒在秸秆上，堆于水泥地面或坚实的土地上，用聚乙烯塑料薄膜封严，四周边缘压以黄土。在 20℃气温下，3 周可以使秸秆堆内温度升高到 40~60℃，这时揭开薄膜，使氨气充分散发掉，便可使用。用氨化秸秆喂鹿消化率可提高 10% 以上。青粗饲料，其中氨化饲料可占一半以上，混合后喂给，以免挑食。精饲料的配方为玉米 60%、麸皮 20%、饼类 20%，另加适量面粉、食盐、骨粉和维生素。

（2）公鹿饲养管理　公鹿 1 月至 3 月下旬为长茸初期，4~8 月为长茸期，8 月下旬至 11 月中旬为配种期，11 月下旬至翌年 1 月中旬为恢复期。公鹿不同时期的发育需求，所喂饲料均不同。长茸初期、恢复期和配种期日喂量掌握在每头公鹿每次 3~4 kg，其中精饲料 1~1.5 kg，多汁饲料 1~1.5 kg，青粗饲料 2~3 kg，每日喂 2 次。配种期适当多给些多汁青绿饲料。长茸期日喂量 7~8 kg，其中精饲料 2~3 kg，多汁饲料 2~3 kg，青粗饲料 3~4 kg，每日 2~3 次。

（3）母鹿饲养管理　母鹿发情期、怀孕期需多喂营养充足的精饲料，后期多给体积小、质优、适口性强的饲料，日喂量 3.2~4.5 kg，其中精饲料 1~1.5 kg，多汁饲料 1 kg，青粗饲料 1~1.2 kg；分娩后，哺乳期饲料要含丰富的蛋白质、维生素和矿物质，日喂料 5.7~7.5 kg，其中精饲料 1.2~1.5 kg，多汁饲料 1.2~2 kg，青粗饲料 3~4 kg，并有充足的石粉和食盐，精饲料日喂 2~3 次，青粗饲料可让其自由采食。鹿舍要清洁、安静，不要惊吓和强行驱赶怀孕母鹿，以防生病和流产。

（4）仔鹿饲养管理　仔鹿产下后，应将其身上黏液擦干，使其尽快吃上初乳，然后编好耳号。仔鹿哺乳期可自然哺乳，也可人工哺乳。人工哺乳必须让仔鹿吃上初乳。日喂量 2.5~4 kg，其中精饲料 1~1.5 kg，多汁饲料 0.5 kg，青粗饲料 1~2 kg，并有适量石粉和食盐。有条件的可组织放牧，公母分群管理，以防早配。

（5）适时配种，提高繁活率　选择茸大、生长快、质量好的鹿作种鹿。梅花鹿 1.5 岁开始性成熟，2.5~3 岁配种较好。母鹿 9~10 月发情，发情时兴奋不安，眼角流黏液，气味异常，常“吱吱”鸣叫，阴部黏液增多，喜接近公鹿。发情配种时，要防止公鹿角斗，最好采取小群配种方式，以 4~5 头母鹿、1 头公鹿为一小群，到一定时间更换小群中的公鹿，这样容易怀胎。

三、疾病防治

1. 鹿场卫生消毒与防疫　仔鹿舍隔天喷雾消毒 1 次；成年鹿舍、运动场每周喷雾消毒 2 次；饮水消毒每月 1 次。对病毒引起的疫病防治重点是免疫接种；由细菌引起的结核病、肠毒血症等预防重点是加强日常管理和及时药物治疗；对肝片吸虫病主要做好驱虫工作。口蹄疫的免疫程序为：2 月龄幼鹿肌内注射口蹄疫疫苗 2 mL，3 月龄肌内注射 3 mL，成年鹿 6 月肌肉注射 3 mL，12 月肌肉注射 3 mL。

2. 梅花鹿口蹄疫　发病症状：发病初期，梅花鹿体温迅速增高，产生高热的症状，肉眼可见全身的肌肉发抖。流口水，精神萎靡不振，食欲不佳或者直接停止进食。进食也不会进行反刍，口腔内会出现溃疡，水疱破裂后会发生坏死，严重的时候会导致牙齿全部掉落。在鹿蹄上与全身皮肤上也会出现相关病变。防治方法：口腔内发病的鹿可以用高锰酸钾清洗口腔，然后涂抹适量的碘甘油。皮肤与蹄子发病的鹿可以用克辽林等药剂冲洗患处，再涂抹抗生素包扎。

3. 梅花鹿出血性肠炎　发病症状：患上出血性肠炎的病鹿精神十分不好，远离鹿群然后发呆卧地，体温也会上升到 40℃以上，发病初期食欲不佳或停止进食，但是饮水量明显增加，伴随着腹泻的状况。病鹿饮完水后会开始排稀水粪便，后期开始携带脓血，出现脱水的症状，呼吸急促，心跳加快，无目的地乱跑，原地转圈，病程很短，严重时 2 d 内便会死亡。防治方法：发现患病鹿时要将病鹿断食 2 d 左右，每天服用痢特灵，每天 2 次，连续服用 1 周左右，有很明显的效果。如果这种口服的效果不好，也可以使用新霉素、金霉素等药物进行注射治疗。

4. 梅花鹿坏死杆菌病　发病症状：病鹿患病初期会出现跛行的症状，仔细观察会发现鹿蹄在蹄叉、蹄冠的地方有肿胀的现象。用手触摸按压肿胀处鹿会很敏感，并且人能够感受到患处温度很高。伴着病情的不断发展，鹿蹄的皮下组织也会受到损害并且出现蜂窝织炎，患处会坏死然后流出灰色的恶臭液体，还有坏死的组织碎片。发病严重的两只耳朵下垂，拒绝进食，体温迅速增高，躺在地上不愿起来。防治方法：用高锰酸钾与过氧化氢溶液清洗患处，再将患处的坏死组织全部清除，然后撒布碘仿硼酸粉进行消毒，群体发病需要用煤酚皂、高锰酸钾溶液等进行脚浴。

四、捕收加工

1. 捕收　合理地掌握鹿茸的捕收获取时机，对提高鹿茸质量与产量均有着重要意义。根据需要和雄鹿年龄、茸形及长势，并参考个体历史长茸特点而确定收茸种类。鹿茸一般分锯茸和砍茸。收获鹿茸种类主要有：初生茸，育成雄鹿第一次长出的圆柱形茸，锯下称之为“初生茸”。二杠茸，对 2~3 岁的雄鹿或茸干较小的，宜收二杠茸。三杈茸，5 岁以上的雄鹿，茸干粗大、丰满，宜收三杈茸。另外，在一年中第 2 次采收的茸，称为“再生茸”。

根据鹿的种类，确定拟收茸的种类后，据鹿茸生长情况，则可确定个体雄鹿收茸时间，一般在 5~8 月均可进行收茸。初生茸一般于 5 月或 6 月中旬收茸，在初生茸生长成杆状，长 15~20 cm 时即可确定收茸时间。二杠茸以第 2 侧枝刚要长出，茸角顶部膨大裂开时收茸为宜；如主干和眉枝肥壮，长势良好，可适时晚收。三杈茸以第 3 侧枝刚要开始长出，茸角顶部刚裂开时收茸为宜；如主干较细者，可适当早收，而若主干与眉枝粗壮，茸形好，上咀头肥嫩的三杈茸，可适当晚收。收取再生茸，可于配种前适时进行。收茸主要有以下 3 步：

（1）保定　先将取茸鹿由鹿舍拨到小圈里，再由小圈把鹿逐头经通道推（逼）入保定器内“保定”，以限制其自由活动，便于锯茸。“保定”是借助于器具（保定器）或药物（麻醉剂）限制动物活动的一种措施。收茸多采用机械（器具）保定法，常用保定器有夹板式、抬杆式或吊索式。有时也用麻醉法保定。

（2）锯（砍）茸　保定后，先行消毒，再用钢锯或竹锯（指锯竹子用的锯）在角盘上 2 cm 处锯茸，但钢锯易折断，竹锯效果较好。锯茸者一手持锯，一手握茸体，茸根留茬必须保持平正，不能损伤角柄；拉锯时用力要均匀，要防止掰裂茸皮而使鹿茸等级降低。锯茸动作要求敏捷轻快。对于生长 6 年以上的老鹿，有的尚用砍茸法收茸。即从鹿第二颈椎处放血，并将颈皮切断，将鹿头砍下，再将鹿茸连脑盖骨锯下再行加工处理。“砍茸”可据需要收取。

（3）止血　为防止出血过多，在锯茸前可在茸角基部扎上止血带。锯茸完毕后，立即在创面上撒以止血粉（如七厘散、白鲜皮粉等），一般都是将药粉撒布在塑料布上做成 15 cm × 15 cm 的敷料，上药时扣到锯口上，轻轻按压一下并包扎止血即可。然后将鹿从保定器中释放出来，则完成锯茸收茸。

2. 加工　鹿茸加工也是鹿茸生产中的一个关键环节，主要有 2 种加工方法。

（1）排血茸加工　首先用真空泵从茸的锯口处将茸体内的血液抽出，然后将茸固定在操作架上进行“煮炸”。

“煮炸”时间：第 1 天在沸水中烫 10 s 左右（锯口应露出水面），这样将鹿茸置于沸水中烫茸一定时间，以达到排净茸内残血和灭菌的目的。第 1 天的煮炸加工称为第 1 水，之后的称为第 2 水、第 3 水、第 4 水等（即第 2 天、第 3 天、第 4 天煮炸等），连续若干次入水烫茸煮炸后有一间隔冷晾过程，将冷晾过程间隔的诸次煮炸合称为“作排”，分一排、二排、三排……每次入水煮炸时间为 10~60 s 不等，冷晾时间为 10~35 min，煮炸次数及时间长短可视鹿茸的种类、大小、质量酌情掌握。

煮炸方法：第 1 水常作二排，先将茸放入沸水中（只露锯口）烫 5~10 s，取出检查，发现茸皮有损伤时可敷上蛋清面，以防煮炸时破裂；第 1 排煮炸经连续数次下水烫后，茸内残血排出，出现血沫，茸毛直立，茸头富有弹性，散出熟蛋黄香气时，取出冷晾，等茸不烫手时开始第 2 排煮炸，当茸熟透，茸内血液基本排净，则结束第 1 水煮炸。以后 2~4 d 的煮炸统称为“回水”。第 2 水煮炸亦常作二排，煮炸次数和时间酌减，以煮透为原则，待锯口出现气泡为止。然后卸掉茸架晾透，置烘箱内，在 65~70℃ 下烘烤 30~35 min，取出风干。第 3 水煮炸一般只作一排，煮炸时茸可不上架，当茸尖由硬变软，再由软变为有弹性为止，然后如前法进行烘烤，风干。第 4 水主要煮炸茸尖、咀头和主干上半部，每次入水时间可稍长，煮炸至茸头富有弹性为止，在 70℃烘烤 30 min，风干。第 4 水后的 5~6 d，每隔 1 d 煮炸 1 次茸头，烘烤 20~30 min。以后可根据茸的干燥程度和气候情况不定期煮炸烘干，直至鹿茸完全干燥为止。

（2）带血茸加工　带血鹿茸的加工过程包括洗刷、封锯口、冷冻、解冻干燥、烫煮、烘干等。

洗刷：新收取的鲜茸用 40℃左右的 2% 碱水洗刷茸表，除去油污、血污。

封锯口：将面粉均匀地撒在鹿茸锯口上，用 100W 的电烙铁封锯口。

冷冻：鹿茸锯口朝下摆放在冷藏箱内，-20℃至 -15℃进行冷冻，直至冻透。

解冻干燥：烘干箱内温度 40℃，烘干 2 h；50℃，1 h；60℃，1 h；70℃，烘干时间为 8 h，每 2 h 要翻动鹿茸 1 次。注意解冻过程中不能中断加热，否则会造成茸皮和髓质部分离。从烘干箱内取出，送风干室冷晾风干 12 h。如此反复直至鹿茸的含水量达到 28% 左右时即可取出。

烫煮与烘干：含水量达到 28% 左右时，以后每天烫煮 1 次茸头，烫煮茸头的水温为 98℃。烫煮茸头的标准是茸头由硬变软，再变硬，直到富有弹性为止。每天烘干 1 次，箱内温度为 75℃，每次烘干 2~3 h，直到鹿茸干燥达到标准含水量为止。鹿茸从解冻到加工成标准含水量为 15 d 左右。

五、质量评价

1. 经验鉴别　鹿茸以粗大、顶端丰满、皮色红棕、毛细、质嫩、油润光亮者为佳。

2. 浸出物　照醇溶性浸出物测定法项下的热浸法测定，用 70% 乙醇作溶剂，不得少于 4.0%。

商品规格等级

来源于梅花鹿的有鹿茸、鹿角、鹿角霜、鹿角胶 4 种药材。鹿茸药材有二杠茸、三杈、二茬茸 3 个规格，其中三杈和二茬茸均为统货，不分等级。

二杠茸分为 3 个等级。

二杠茸一等：干货。体呈圆柱形，具有“八”字分岔 1 个，大挺、门庄相称，短粗嫩状，顶头钝圆。皮毛红棕或棕黄色。锯口黄白色，有蜂窝状细孔，无骨化圈。不拧嘴，不抽沟，不破皮、悬皮、乌皮，不存折。不臭、无虫蛀。气微腥，味微咸。

二杠茸二等：干货。有破皮、悬皮、乌皮、存折等现象。虎口以下稍显棱纹。余同一等。

二杠茸三等：干货。兼有独挺和怪角。不符合一、二等者，均属此等。余同一等。

三杈统货：干货。体呈圆柱形，具 2 个分枝。

二茬茸统货：干货。形状与二杠茸相似，但大挺长而圆，或下粗上细。下部有纵棱筋，皮质黄色茸毛粗糙，间有细长的针毛，锯口外围多已骨质化，体较重，其他同二杠茸。不臭、无虫蛀。气微腥，味微咸。

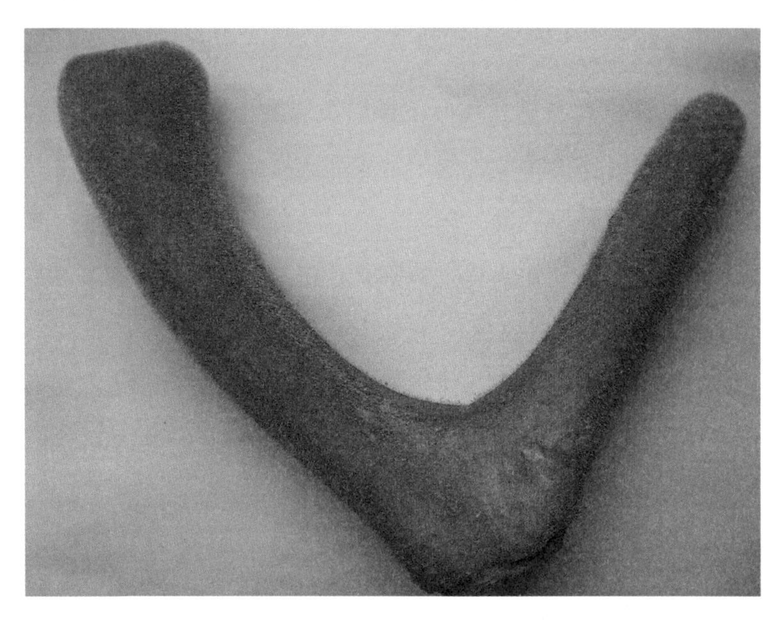

二杠茸

全蝎

学名：*Buthus martensii* Karsch

科：钳蝎科

全蝎来源于节肢动物门蛛形纲动物东亚钳蝎，以干燥体入药，称为全蝎，别名全虫、蝎子，味辛，性平，有毒，具有息风镇痉、通络止痛、攻毒散结功效，用于肝风内动、痉挛抽搐、小儿惊风、中风口㖞、半身不遂、破伤风、风湿顽痹、疮疡、瘰疬等症。河南省各地均有分布。

一、生物学特性

全蝎多栖息在山坡石砾、落叶下，以及墙隙土穴、荒地的潮湿阴暗处。在生长发育和活动旺盛的季节，蝎子常表现出昼伏夜出的特性。怕冻，冬季休眠，至翌年惊蛰后开始活动，但人工恒温条件下可以无休眠期。蝎子为肉食性动物，主要以节肢动物为食，特别喜食蚯蚓、土鳖虫、黄粉虫，新鲜的肉类如猪肉、牛肉，但不吃熟食。

蝎子的生殖方式为卵胎生。仔蝎自母体内产出，需经过6次蜕皮，大约3年的时间长为成蝎。初生幼蝎称为1龄蝎，以后每蜕1次皮即增加1龄，经过第6次蜕皮后，即变成7龄，也就是成蝎。蝎子每次蜕皮前1周停止取食，活动明显减弱，皮肤粗糙，体节明显，腹部肥大，并进入一种半休眠状态。蜕皮时间一般需3 h左右。

蝎子生长发育、交配、产仔的适宜温度为25~35℃，在12~25℃活动时间短，范围小，生长缓慢，高于40℃活动失常，昏迷，严重时脱水死亡。在恒温养殖条件下，蝎子可以随时进行交配，在温度28~38℃，温度越高交配成功率就越高；交配期间怕强光和惊扰，故应为其创造隐蔽安静的交配环境。雌雄成蝎交配受精后经 110 d 左右的时间以仔蝎形式产出，平均每胎可产 30 只，繁殖时间一般在 7 月左右。野生蝎完成性发育需 26 个月，人工养蝎冬眠被打破，一般仅需 10~12 个月即可性成熟。蝎的寿命可达 8 年。

二、养殖管理

蝎一般要经过 2 次冬眠、6 次蜕皮，3 年才能长成，在人工控制温度、光照、湿度的条件下，投给充足的食物，不经冬眠，1 年即可成熟。

1. 养殖方式　根据养殖规模的大小，一般可采用盆养、箱养、池养、房养等方法。蝎场应建在背风向阳、采光面大、排水良好、清洁安静的地方，同时避开有可能施用剧毒农药的地方，切忌在家禽、鸟类、壁虎、蜥蜴、青蛙、老鼠等天敌出没的地方养蝎。蝎场的建设随着人工养蝎的方法不同而不同。

（1）盆养　用大盆 1 个，盆内盛水，于大盆中放 1 个小盆，小盆内放些沙土，蝎子放在小盆内饲养。此法宜初期小规模饲养。

（2）箱养　用木板制成或直接利用废旧的木箱、塑料箱，箱口四周围一圈塑料膜或玻璃条，防蝎子外逃。一般箱子的尺寸为 1 m × 0.6 m × 0.8 m，箱底铺 2 cm 沙土，在土上放一些砖瓦、煤渣供蝎子活动和栖息。

（3）池养　蝎池可建在室内，也可建在室外，普通蝎池尺寸为高 0.5 m，宽 1 m，长度据实际情况而定，一般用砖砌池。砌好池后，池内壁不必抹灰浆，保持粗糙，利于蝎子在内攀附、爬行、栖息。池外壁可用少量灰浆堵塞砖缝，防止蝎子从缝隙中外逃。池面内侧近顶口处，在涂抹的灰浆干燥之前，可镶嵌玻璃、瓷片等光滑材料，防蝎从顶口外逃。在池中心离四边 15 cm 左右用砖瓦、石块平垒起多层留有 1.5 cm 左右空隙的垛，供蝎子栖息。

（4）房养　蝎房的样式和大小视环境条件及养蝎多少而定，一般为长、宽 3 m 左右，高约 2.6 m。正面留门 1 个，墙中腰开窗 3~4 个，靠地面的墙壁留一些小洞口，以便蝎子出入。在房外距墙 1 m 左右处，挖约 15 cm 深的环房水沟 1 条，形成水围房以防蝎子跑掉。蝎房用土坯砌成，土坯之间保留一定空隙，供蝎居住，墙的外面则用泥封严。房内沿墙内壁放一圈高 1.3 m 的土坯层，土坯之间留一定空隙，供蝎居住。

无论哪种养殖方式，在投入使用前都要用 0.1% 高锰酸钾溶液将养殖场地和用具彻底地喷洒后，再用蝎病特效散（蝎友）煮沸液喷洒 1 遍，全面彻底消毒灭菌。

2. 种蝎的选择与投放　选择个大、体表发亮、健壮活跃、食欲旺盛、尾部向背弯曲、适应性较强的蝎子作种蝎。引进种蝎时，最好选择孕期为中后期的待产蝎，即从腹部可看到内有大米粒状的胚胎形成，有的甚至可看到背部的花纹，这样不但能提早产出效益，还可观察母蝎产仔量和强壮程度。

种蝎的引进一般在春、秋两季较好，特别是春末夏初引种更好，因为引进当年便可产仔繁殖。秋天引种也可以，但必须进行恒温饲养才能正常产仔繁殖。为提高种蝎的繁殖能力和仔蝎的成活率，引进种蝎时必须引进适当数量的雄蝎，按 3：1 或 4：1 的雌雄比例进行搭配比较合适。投放种蝎最好一次放足，若分 2 次或多次放入则容易引起先放的蝎和后放的蝎发生恶斗，互相残杀，造成大量死亡。如需多次投放时，可先向池内喷撒一些白酒来麻痹全蝎的嗅觉，待酒味散发后，全蝎气味相投，就可和睦相处了。

3. 产仔期管理　仔蝎对母蝎的气味依赖性很强，离开母背不能成活，为提高仔蝎的成活率，引进的母蝎于产仔前 7~10 d 可先放入产仔瓶中。产仔瓶可使用罐头瓶，底部装有 2~3 cm 的沙土，湿度以潮湿为宜。每瓶放母蝎 1~2 条，并投黄粉虫 1~2 条。产仔瓶内不用供水设施，如瓶中的沙土过于干燥时，可用海绵或其他容器顺瓶壁滴水，使其保湿，此时室内最佳温度要求在 34~37℃。待母蝎产仔后，将同一天产的仔蝎放在一起并做好出生记录，以便日后管理。8~10 d 后仔蝎呈棕黄色并脱离母背，便可进行仔母分离。分离后的母蝎要集中疗养，待疗养 20 d 后按雌雄 3 ∶ 1 的比例进行混养，这样不但能使雌蝎快速恢复体能，也能提高交配后受精率，对下一次产仔有较大的好处。产仔期间应及时清理腐烂变质的死虫。

4. 饲养密度　仔母分离后的幼蝎，按每平方米 2~3 龄蝎 3 000 只、4~5 龄

1 500 只、龄蝎 800~1 000 只、种蝎 600 只的密度投放。由于不同个体之间常发生对食物、配偶、巢穴或领域的争夺，如饲养密度过大会发生自相残杀。因此，在人工养殖中，首先应当保证蝎子的栖息地、投食地点分布均匀、合理。在种群密度过大时，可采用增加窝穴的方法，保证每个蝎子都有其充足的生长空间，才能防止相互攻击行为的发生。投放后要及时检查蝎池的防逃措施是否完善。

5. 喂食和供水　蝎子喜食蛋白质高而脂肪低、软体多汁的昆虫幼虫，如黄粉虫、土鳖虫、米蛾、苍蝇、蚕蛹、碎肉末等。在正常情况下，离开母体的幼蝎，其食量很大，每隔 2 d 吃 2 龄期的黄粉虫 1 条。一条成蝎，一次能将一条黄粉虫全部吃掉，一般吃饱 1 次，停食 5~7 d 后再觅食。因此投食时，应按全蝎龄期的大小安排食料，大全蝎喂养大龄黄粉虫，小全蝎喂低龄黄粉虫。将黄粉虫放在小塑料盘中置于全蝎经常活动寻食的地方，不宜将食料直接撒到蝎窝里，以免污染养蝎池。投食时间一般设在下午 3~4 点，每天投喂的数量按蝎子密度的 1/3 进行，做到第 2 天略有剩余为佳。

养殖期间用吸足水的海绵块放在塑料小盘上，再将小盘放在全蝎经常活动的地方，每隔 2 d 洗换一次海绵和小盘，以免水质变坏，引发蝎病。全蝎除从海绵块内吸取水分以外，还可以从泥土里吸取一部分水分。因此，在采用海绵供水的同时，还应每 3~5 d 在上午 7~9 点，往全蝎经常活动的场地上喷洒清洁的饮用水，以保持沙土湿润但不积水为宜。

6. 控制饲养条件　人工饲养蝎子的关键除了控制好各生长期的密度外，环境温湿度是影响全蝎生长发育的关键环境因素。如果温度忽高忽低，忽冷忽热，全蝎容易死亡。养殖人员要认真观察天气的变化和室内温度的高低，特别是在天气多变的季节要按照全蝎生长发育和繁殖期对温度的要求，人工加温调整到最适宜的温度。雌雄蝎交配期，孕蝎产仔期和仔蝎幼龄期都应全天候人工控制恒温在 32~36℃。青年蝎和成蝎期的温度可控制在 26~32℃即可。

全蝎喜干怕湿，但过于干燥也不利于全蝎生长发育，在一般情况下应保持昼湿夜干和窝内干、活动场地湿的原则，使其场地沙土的含水量在

15%~20%，空气相对湿度在70%~85%为宜。外环境湿度达不到要求，幼蝎蜕皮困难，这也是目前许多养殖户出现的幼蝎蜕皮期延长或蜕不下皮或死亡的原因之一。但饲养池不可过湿，避免长时间潮湿引起螨类等微生物侵害。此外，每天还应定时通风，以保持空气新鲜。注意防范壁虎、老鼠、蚂蚁、家禽、飞鸟、蛇、青蛙等天敌的袭害。

三、病虫害防治

蝎子的生命力很强，一般少有疾病发生。健康全蝎昼伏夜出，排灰白色粪便。若白天拖着尾巴不入窝，在外面慢慢爬行，或者是腹部下垂并隆起，体色有所变化，排出土黄色或灰黑色粪便，说明全蝎已患有疾病。常见的有细菌性蝎病和蝎螨。

1. 细菌性蝎病　蝎子感染细菌性蝎病后，表现为黑腐、斑腐、软腐等症状，对于这类病害要防患于未然，防重于治。要定期对养殖场所和饲养器具进行严格消毒；保持饲养区内外、蝎窝内外空气新鲜无污染；喂鲜活食物和清洁饮用水；按全蝎的大小、孕期、产仔期和幼蝎各龄不同的生长发育期，保持最佳饲养温湿度和密度；保持饲养区内安静，严防惊吓、摔跌和挤压。发病初期可使用以下方法进行防治。①饮水疗法：每2 000只成蝎，用土霉素2片，干酵母(食母生)20片或大黄苏打片2片(两种方法可交替使用)，研碎后加清洁饮用水2 500 g，搅拌均匀后，投入海绵。让海绵沾满药液，放在养殖区内全蝎经常活动的地方，让全蝎自由吸饮。每7 d换药1次，每次连续3 d。②食疗法：每1 000 g黄粉虫，用土霉素2片，干酵母20片(或用大黄苏打片4片)，研碎后加细麦麸500 g，搅拌均匀后，每隔5 d喂1次黄粉虫。再用吃了药麸子的黄粉虫每隔10 d喂1次全蝎。可以预防各种细菌性蝎病的发生。

2. 蝎螨　一旦发现螨虫，要用药物治疗。①用“杀螨剂一号”一支(0.5 mL)加水稀释至500 mL，用喷雾器彻底喷洒养殖场所。喷药次数和药量要视蝎螨的轻重而定，一般重复用药要间隔3 d后再用。②蝎病特效散1 000 g，第1次加水8 000 g熬成浓缩汁液4 000 g，用纱布滤出药汁后，再加水6 000 g，熬成浓缩汁液 3 000 g，过滤后，2 次汁液兑在一起用喷雾器喷雾蝎体和养殖场所，使其表面有雾滴为度，每 3 d 喷雾 1 次，连喷 3 次。③用 20% 螨卵酯粉剂，加入 400 倍的水，稀释后，拌入养殖池内的沙土中，拌湿为度，可杀死幼螨和卵。1 周后，再用同样的方法拌 1 次，连用 3 次可根治。

四、捕收加工

1. 捕收　饲养蝎，一般在立秋后进行捕收。在晚上，用灯光诱捕，待蝎子出动后用竹筷或镊子将蝎夹住放在光滑的瓷盆内。如果采用房养或内部设施较复杂、难以拆卸的蝎窝，可向内喷白酒或乙醇，蝎子因受乙醇刺激而跑出即可进行捕收。

2. 加工　一种是“盐全蝎”，将蝎洗净后，放入盐水锅中浸泡 6~12 h（盐水浓度为 4%~5%），捞出；然后放入沸盐水中煮 10~20 min，再捞出，摊放通风处，阴干。另一种是“淡全蝎”，先将蝎放入冷水中洗净，再放入沸水中煮，待水沸腾时捞出，晒干。

五、质量评价

1. 经验鉴别　以身干完整、色绿褐、腹中少杂质者为佳。

2. 检查　水分不得过 20.0%。总灰分不得过 17.0%。酸不溶性灰分不得过 3.0%。黄曲霉毒素照黄曲霉毒素测定法测定，本品每 1 000 g 含黄曲霉毒素 B_1 不得过 5 μg，黄曲霉毒素 G_2、黄曲霉毒素 G_1、黄曲霉毒素 B_2 和黄曲霉毒素 B_1 的总量不得过 10 μg。

3. 浸出物　照醇溶性浸出物测定法项下的热浸法测定，用稀乙醇作溶剂，不得少于 18.0%

商品规格等级

全蝎药材一般分为选货一等、二等 2 个等级，或统货。

选货一等：干货。虫体干燥得当，干而不脆，个体大小均匀，虫体较完整。

背面绿褐色，后腹部棕黄色，气微腥，无异味。“淡全蝎”舌舔无盐味。“盐全蝎”体表无盐霜、无盐粒、无泥沙等杂质。完整者体长≥ 5.5 cm。体表无盐霜、大小均匀、完整，破碎率≤ 15%。

选货二等：干货。完整者体长 4.5~5.5 cm。体表有少量盐霜，破碎率≤ 30%。余同一等。

统货：干货。个体大小不一，完整者体长≥ 4.5 cm。破碎率≤ 40%。余同一等。

土鳖虫

学名: *Eupolyphaga sinensis* Walker
科: 鳖蠊科

土鳖虫来源于节肢动物门鳖蠊科昆虫地鳖虫和冀地鳖虫的干燥体，别名土元、地鳖虫等，味咸，性寒，有小毒，具有破血逐瘀、续筋接骨的功效，用于跌打损伤、筋伤骨折、血瘀经闭、产后瘀阻腹痛、症瘕痞块等症。分布于河南省大部分地区。

一、生物学特性

土鳖虫多生活于潮湿温暖和富有腐殖质的地窖、墙角、猪圈、牛棚旁的松土中，怕光，怕干燥，白天入土潜伏，夜晚出来活动、觅食或交尾。土鳖虫是一种喜欢温暖又能忍耐低温的变温动物。土鳖虫在每年 4 月中下旬气温升到 10℃以上时，开始出土活动，到 11 月中下旬，当气温下降至 10℃以下时逐渐入土进入冬眠。生长发育适宜温度为 15~37℃，最适宜温度为 20~30℃；卵发育适宜温度为 28~30℃。温度低于 15℃，土鳖虫活跃不起来，行动迟缓，随着气温升高至 15~37℃，活动便频繁起来，而 37℃以上显现出兴奋的状态，在 40℃以上生长受到抑制，温度升至 45~50℃则会死亡，温度降至 5℃时则停止活动，0℃以下便处于僵硬状态。土鳖虫生长发育要求空气相对湿度为 70%~75%，土壤湿度为 20% 左右，湿度过低，生理活动和生长发育就会受影响，甚至会死亡。土鳖虫喜碱性或微碱性土壤，在酸性土壤中生长缓慢，甚至会死亡。

土鳖虫为不完全变态昆虫，完成一个世代，需要经过卵、若虫和成虫3个阶段，历时1~2.5年。雌虫无翅，成熟需9~11个月。雄虫有翅，从若虫到长出翅膀，约需8个月。雄虫最后一次蜕皮后长出双翅即可寻找配偶交配，1只雄虫一生能与7~9只雌虫交配，交配后翅膀断裂，7 d后陆续死亡。雌虫交尾后1周即可产卵，以后每隔4~6 d产卵1次。6~10月为交尾期，7~10月是产卵盛期。产卵后卵子黏结在一起呈块状叫卵鞘，为棕褐色，肾形或荚果形，长约5 cm，每头雌虫一生可产卵鞘30~40块。卵鞘孵化的最适温度为30~35℃，经40~60 d可孵化出幼虫。刚孵化的若虫微白色，8~12 d后蜕第一次皮，蜕皮时不食不动呈假死状，经1~2 d后恢复活动，以后每隔25 d左右蜕皮1次。一般雄虫一生蜕皮7~9次，雌虫蜕皮9~11次。凡是8月中旬以前产的卵，当年11月中旬都可以孵化，8月下旬至越冬前产的卵要到翌年6月下旬或7月上旬才开始孵化。雄若虫生长发育期280~320 d，雌若虫约500 d。

二、养殖管理

1. 养殖方式　土鳖虫的养殖方式根据养殖规模可分为缸养、盆养、池养。在人工控制温湿度条件下，一年四季均可养殖。

（1）缸养　选择内壁较滑，土鳖虫不易爬出，口径50 cm以上，深60~80 cm的缸作养殖用。用清水洗干净，放在太阳下暴晒进行消毒，然后放在室内适当位置。缸底先铺入5~6 cm的干净的小石子，上再铺7~10 cm厚的湿土，整平压实，湿土上面再铺一层2.5~3 cm厚的养殖土。在缸中央插入一段口径为3 cm的竹筒，作为灌水调节土壤湿度用，并在缸周围撒上石灰，防止天敌进入缸内为害土鳖虫。

（2）池养　池养是在室内建池养殖。养殖室宜选择在地势高、地下水位低、坐北向南、背风向阳，且较偏僻安静处。面积大小应按养殖量而定，高3 m左右，顶部盖瓦或水泥预制板，四面开有通风窗，前面开门，并安上纱窗纱门。养殖室建好后，可在室内建养殖池，池的大小可根据养殖量和养殖室的面积大小而定，一般是沿着四壁建池，中间留有50 cm人行道。池深100 cm，50 cm

建于地下，50 cm露出土面，底层和四壁用砖砌，用水泥抹平。池顶除留出投喂饲料处安装活动木板外，其余用水泥板盖严，不留有任何空隙，但要留有通气孔，通气孔盖上铁纱罩。养殖室面积大，可把池建成数格，每格1~2m^2。然后，在池底按罐养法铺放石子、湿土和饲养土即可放养。

（3）养殖台　在室内靠墙的一面建造起多层的台式养殖池，以墙壁为后墙，两边用砖砌高200 cm左右，每层高25 cm，宽33 cm，用水泥板隔开，可砌8层，然后每层再分成数小格，每小格前面用木板做成能开关并能通气的活动门，然后在每个小格内铺放养殖土，便可进行养殖。

2. 饲养土的准备　养殖土宜选择土质疏松、通气性好、富含有机质的菜园土、草木灰、干牛粪混合拌均匀后用，或把田间壤土，发酵过的锯末、草木灰按3∶7混匀后使用。把选好的养殖土在太阳下摊薄暴晒，然后过筛，除去杂质和大的土块，筛出的土粒以米粒至绿豆大小为适宜；或用生石灰1份、硫黄2份，加水4份入锅内拌后煮沸50~80 min，然后用纱布过滤后，取其汁液与饲养土拌湿均匀后，再摊薄在太阳下晒干。忌用刚施过氮肥和喷过农药的土壤，以免造成土鳖虫中毒而影响生长。

土鳖虫饲养期间，一般室内温度30~32℃，空气相对湿度70%~80%，饲养土温度28~30℃，湿度以15%~20%为宜。饲养土厚度：幼虫期7~15 cm，成虫期20~25 cm。同一池中，虫口密度大的，土应厚些，密度小的，则土浅些；夏季土薄些，冬季土厚些；饲养种虫要比饲养药用虫体土层厚些，以利于交配及产卵过程少受干扰。

3. 选用种虫　土鳖虫成虫、若虫或卵鞘均可作为种虫来源，一般于每年5~9月引种。优良种虫的标准是：雌性种虫个体大、体长、呈椭圆形、腹部饱满、棕褐色、有光泽、食量大、活动能力强、产卵率高；若虫虫种健壮、活泼、体形大、色泽鲜、具有光泽；卵鞘呈豆荚形、红褐色、带光泽、卵粒饱满，在灯光下观察，清晰可见鞘内的卵粒。一般按成虫每平方米100~200 g，幼虫50~100 g投放种虫。

选出作种的成虫、若虫和卵，在入缸、池、台前要经过消毒处理。常用消毒方法有两种：一是采取隔离饲养，将虫种放入养殖盒内先单独养殖7~10 d，通过观察，若无死亡、厌食、打斗、触角及翅下垂散开、体色变暗失去光泽的现象，排出的粪便呈颗粒状，不黏不稀，无病状，可放入池、缸、台内养殖。二是用药物进行消毒，通常用1%~2%福尔马林溶液喷洒虫体，5 h后再用清水喷洒洗去药液。卵鞘则浸入福尔马林溶液2 min后洗去药液，但将要孵化的卵鞘不宜用福尔马林消毒。注意用的浓度不宜过高，以杀死附在虫体和卵鞘的病菌和螨类为宜。如发现虫体上感染有病菌或螨类、线虫寄生，应立即淘汰，以免传播和蔓延。

4. 卵鞘的采集与孵化　因土鳖虫群集饲养时有吃卵鞘现象，在产卵期需将卵鞘取出。在交配季节，每隔7 d取3 cm厚表土，先过2目筛将成虫分离，再用6目筛分出卵鞘。取出的卵鞘置于塑料盆、木盆、塑料桶等孵化器内进行孵化。孵化土用30%的田间壤土和70%的锯末或经过发酵的阔树叶组成，使用前先将孵化土在阳光下暴晒3 d以上，以杀死虫卵、霉菌等。孵化土保持湿度在20%左右为宜，即手握能成团，松手即散开；将筛出的卵鞘与孵化土按1∶1的比例混合后，放入孵化器中孵化，孵化土干后将土鳖虫卵鞘筛出，切记不能直接向孵化土洒水。卵孵化的最适温度为30~32℃，室内相对湿度为70%~80%，在此条件下，经30 d左右即可孵出若虫。待大部分若虫孵出后，可用4~5 mm孔的筛子将若虫与卵鞘、鞘壳分离开，不必将若虫与饲养土分开，以免伤害若虫。

5. 饲养密度　为便于喂食、管理和采收，土鳖虫一般采用分类饲养的方法，将不同龄期或个体大小相异的分开在不同饲养池中喂养，使其发育程度基本上达到整齐划一。地鳖虫是一种喜欢群居的昆虫，但并不是密度越高越好，否则会因饲料不足和其他方面的原因，造成相互蚕食。一般来说，每平方米池、台的养殖密度1~3龄若虫7万~8万只（质量为450~500 g），4~7龄若虫2.5万~3.5万只（质量为2 250 g左右），8~9龄若虫9 000~18 000只（2 500 g左右），10龄以上若虫2 700~4 500只（质量2 500 g左右），成虫1 800~2 250只（质量4 500 g）左右。

在自然情况下，雌雄比例约为13∶5。在人工饲养条件下，只要有15%

的活泼健壮雄虫(雄：雌=1：5.7)，就能完全满足群集饲养交配需要，不致影响卵受精。部分雄虫比雌虫要早成熟1个月，而此时雌虫还不成熟，不能交配，否则会影响雌虫的正常生长，发现有羽化的雄虫要及时拣出。

6.饲料种类与饲养方法　土鳖虫的饲料主要分为精饲料、青饲料、动物饲料和配方饲料。①精饲料：通常包括植物性饲料如粮食、饼粕、米糠、麦麸等，和动物性饲料如鱼粉、蚕蛹粉、骨粉等。这类饲料含有丰富的淀粉、维生素及其他营养成分，在投喂时宜经炒香炒熟，并经高压消毒，从而增加土鳖虫食欲。②青饲料：为植物的叶片、花朵和果实，通常有白菜叶、芥菜叶、莴苣菜叶、苋菜叶、桑叶、南瓜花、丝瓜花、冬瓜花、西瓜花、黄瓜皮、甜瓜皮、香瓜皮及其内瓤。投喂青饲料要保持新鲜、干净，绝不能用刚喷过农药的青饲料，防止中毒。青饲料是土鳖虫体内水分和维生素的主要来源。③动物饲料：这类饲料是人们吃剩下的猪、牛、鸡、鸭、鱼等下脚料及蚯蚓、蟋蟀、蝼蛄等。这类饲料是土鳖虫蛋白质、脂肪的主要来源，但这类饲料不能腐败变质，防止疾病传染。④配方饲料：按玉米粉50%，麦麸25%，豆粕粉10%，骨粉5%，鱼粉2%，菜叶粉8%的比例加适量水拌匀，以手抓成团，松手即散为适宜。

初春气温上升，冬眠后的土鳖虫营养消耗过多，先喂精饲料一段时间再搭配粗饲料。若虫孵出后的3~5 d不进食，无须投喂饲料，仅在覆盖物上喷洒洁净水即可，小若虫颜色变为褐色时开始进食。初龄若虫以精饲料为主，促进发育，增强抗病力；1月龄后搭配粗饲料；若虫6月龄后，以粗饲料为主，精饲料为辅；产卵雌虫增喂高蛋白动物性饲料。喂料定时定量，集中和分散结合，一般选择在上午10点左右或下午4点左右投料，每天投喂1次。饲料应放在容器内或塑料布上，多处分散投食，残食要及时清除，防止霉变。每次喂食后应观察饲料余、缺情况，原则上掌握“精饲料吃完，青饲料有余”。土鳖虫蜕皮前后因食量减少而应少喂。当发现饲养土表面有许多虫皮，或体色较浅的个体虫时，说明大部分虫子已蜕完皮，急需大量食料，但要及时恢复正常喂食。

7.控制温湿度　土鳖虫的生长与温湿度有较大关系，幼虫适宜温度28~32℃、空气相对湿度40%~50%；中虫适宜温度28℃左右、空气相对湿度

50%~60%；大虫适宜温度 25℃、空气相对湿度 60%~70%。温度在 25~32℃条件下，土鳖虫可正常生长。当低于 20℃时，就需要加温。加温要求平衡，不能忽高忽低。温度保持在 26℃左右时，卵期为 40 d 左右；温度在 30~32℃时，卵期为 30 d 左右。各龄若虫及成虫的活动温度为 15~35℃，最适温度 25~35℃；饲养室中最适宜空气相对湿度为 70%~80%。

三、病虫害防治

1. 卵鞘霉腐病　属于真菌病，当保存卵鞘的容器内湿度过大时霉菌滋生，引起卵鞘发霉。发霉的卵鞘流出白色的液体，在放大镜下观察可以看到白色霉丝，发霉的卵鞘有臭味。防治方法：饲养土必须经过暴晒消毒才能使用；每 5~7 d 收集 1 次土鳖虫卵鞘，收集起来的土鳖虫卵鞘经过去杂，把卵鞘保存好。

2. 霉病　环境湿度过大，土鳖虫容易受绿霉菌感染。染病土鳖虫的腹部呈暗绿色，有斑点，四肢收缩、触角下垂，不出土吃食。预防：土鳖虫养殖室内空气湿度大时饲养土要偏干一些，饲料的含水量要少一些；经常清除剩饲料，饲料盘要常清洗消毒。治疗：把染病土鳖虫拣出，在喂染病土鳖虫的饲料中拌入抗生素，每千克饲料中拌入 1 g 金霉素或土霉素粉。

3. 鼓胀病　在早春及晚秋季节，土鳖虫吃了大量食物后，由于气温突然转低，其代谢能力下降，引起消化不良。土鳖虫染病后，腹部肿大，爬行不便，食欲减退或废绝，腹泻，粪便呈绿色，身体失去光泽。预防：气温突然降低时要加温。投食量随天气变化而定，温度高时多投，温度低时少投。雨天少喂青饲料。治疗：对发病的土鳖虫，按每千克饲料中加 2 片胃蛋白酶、2 片黄连素、2 片大黄苏打进行饲喂。

四、捕收加工

1. 捕收　一般在 9 月下旬至 10 月上旬进行捕收，如饲养规模较大或全年加温饲养的，在不影响种用的情况下，只要能保证虫壳坚硬，随时都可捕收。不论何时捕收，均应避开脱皮、交尾、产卵高峰期，以免影响繁殖。捕收时用筛子连同饲养土一起过筛，拣出杂物，留下虫体，将其放在瓷盆内以备加工。

2. 加工　将捕收到的虫体断食一天，以消化完体内的食物，排尽粪尿，使其空腹，这样既容易加工保存，又有利于提高药用价值。然后将虫体清洗干净后放入开水中烫泡 3~5 min，烫透后捞出用清水洗净，摊放在竹帘或平板上，在阳光下暴晒或烘至完全干燥，达到干而具有光泽，虫体平整而不碎为好。

五、质量评价

1. 经验鉴别　以完整、色紫褐者为佳。

2. 检查　杂质不得过 5.0%。水分不得过 10.0%。总灰分不得过 13.0%。酸不溶性灰分不得过 5.0%。黄曲霉毒素照黄曲霉毒素测定法测定，本品每 1000 g 含黄曲霉毒素 B_1 不得过 5 μg，含黄曲霉毒素 G_2、黄曲霉毒素 G_1、黄曲霉毒素 B_2 和黄曲霉毒素 B_1 的总量不得过 10 μg。

3. 浸出物　照水溶性浸出物测定法项下的热浸法测定，不得少于 22.0%。

商品规格等级

土鳖虫药材一般为选货和统货 2 个规格，不分等级。

选货：干货。前端较窄，后端较宽。长 2.4~3.0 cm，宽 1.8~2.4 cm。大小均匀，虫体完整。背部紫褐色，具光泽，无翅。前胸背板较发达，盖住头部；腹背板 9 节，呈覆瓦状排列。腹面红棕色，头部较小，有丝状触角 1 对，常脱落，胸部有足 3 对，具细毛和刺。腹部有横环节。质松脆，易碎。无杂质。气腥臭，味微咸。

统货：干货。大小不分。杂质不得过 3%。余同选货。

蜈蚣

学名：*Scolopendra subspinipes mutilans* L. Koch

科：蜈蚣科

蜈蚣为节肢动物门少棘巨蜈蚣的干燥体，又名百足虫，入药后药材名为蜈蚣，是我国常用中药之一。蜈蚣味辛，性温，有毒，具有息风镇痉、通络止痛、攻毒散结之功效，用于肝风内动、痉挛抽搐、小儿惊风、中风口㖞、半身不遂、破伤风、风湿顽痹、偏正头痛、疮疡、瘰疬、蛇虫咬伤等症。河南省大部分地区均有分布。

一、生物学特性

在自然条件下，蜈蚣一般栖息在山坡、田野、路边或杂草丛生的地方，或栖息在井沿、柴堆以及砖瓦缝隙间。蜈蚣具有喜阴湿、怕强光、喜群居、胆小易惊、昼伏夜出、饥饿时会互相残杀的习性，一般在晴朗无风的夜晚，晚上 8~12 点时为活动的高峰期。气温高于 25℃时活动多，10~15℃时活动少，10℃以下活动更少甚至停止活动；夏季天气闷热气温高是蜈蚣生长活动的高峰期，尤其是雷阵雨后活动更为活跃，气温低的夜晚活动少；无风或微风的夜晚活动较多，大风的夜晚活动少；雨后的夜晚活动多，雨天的晚上活动少。一般在 10 月以后，在温度低于 10℃时蜈蚣便停食，立冬前后钻入离地面 10~13 cm 深的土壤中越冬，翌年惊蛰后随着天气转暖出洞活动觅食。

蜈蚣为卵生，一生经历卵、幼虫、成虫三个阶段。4 龄的蜈蚣即为成体蜈蚣，具有繁殖能力。蜈蚣性成熟以后，一般在 3~5 月和 7~8 月的雨后初晴的清晨进行交配，交配后 40 d 开始产卵。产卵在 6~8 月，以 7 月上中旬为产卵旺期。

每只雌蜈蚣一次排卵需 2~3 h，每次产卵 80~150 粒。产卵前蜈蚣腹部紧贴地面，自行挖掘浅的洞穴。产卵时，蜈蚣身体曲成“S”形，卵从生殖孔一粒一粒成串产在自行挖好的浅穴内。产完后，随即侧转身体，用步足把卵托聚成团，抱在“怀中”孵化。孵化间雌蜈蚣不吃不喝，直到孵化出幼蜈蚣。产卵或孵卵时，雌蜈蚣若受惊扰，就会停止产卵或将正在孵化的卵粒全部吃掉。蜈蚣孵化时间一般在 21~24 d，长的可达 43~50 d。幼虫长到 2~2.5 cm，脱离母体开始单独活动，四处觅食。幼虫与成虫的步足数目相同。蜈蚣的寿命一般在 6~10 年。

蜈蚣从卵孵化，幼体发育、生长，直到成体，均需经过数次蜕皮，每蜕 1 次皮就增加 1 龄。成体蜈蚣一般一年蜕皮 1 次，个别的蜕皮 2 次。蜕皮时也要避免惊动，否则会延长蜕皮时间。

蜈蚣为典型的肉食性动物，以食各种昆虫为主，也食小型脊椎动物，如麻雀、壁虎、青蛙等，在早春食物缺乏时，也可吃少量青草及苔藓的嫩芽。人工饲养时食物要新鲜，稍有腐败即不进食。

二、养殖管理

1. 饲养方式　根据养殖规模，蜈蚣可采用缸养、箱养、池养等方式。

（1）缸养　用破旧瓦缸或陶瓷缸，最好选择口直径 50~60 cm，高 80~100 cm 的缸，摆放在室内适当的位置。在缸底放一层碎石子或碎瓦片，再盖一层 30 cm 厚的肥沃菜园土，稍整平。在土表上按箱养方式堆叠瓦片，最上层瓦片离缸口 20 cm 左右，在缸口上用铁纱盖罩住防止蜈蚣逃跑。一个直径 80 cm 的缸可放成年蜈蚣 200 只左右。

（2）箱养　养殖箱用木板制成，其大小以长 55 cm，宽 45 cm，高 30 cm 较为适宜，箱内壁贴上一层无毒塑料薄膜，箱口配制有一个铁纱的箱盖。箱制成后，放在室内适当的位置，多个箱成排放好。箱底放多层瓦片，瓦片间的距离为 1.5 cm 左右，用水泥在四周垫脚，通常 5~6 片为一叠，这样瓦片间留的空隙可供蜈蚣栖息。瓦片入箱前，要用水洗干净，并吸足水，以便为蜈蚣创造一个潮湿环境。一定时间后更换一批预先制作好的新的瓦片，以保持湿润和清洁卫生。

（3）池养　养殖池要建在向阳通风、排水方便、阴湿、僻静的地方。可建在室内，也可建在室外。养殖池用砖或石块等砌成，水泥抹面，池高 80 cm，面积大小随意，一般在 5~10 m^2 为宜。池口四周内侧粘贴光滑无损的塑料薄膜，或用玻璃片镶成一圈 15 cm 左右宽、与池壁成直角的内檐。池底不铺放水泥，先铺一层厚约 10 cm 的小土块，再在上面堆放 5~6 层瓦片，瓦片间留有 1.5 cm 的空隙，供蜈蚣栖息和产卵孵化。在天气寒冷的地区，可在池壁围墙内侧距离墙一定距离外挖一深 50~60 cm 的坑，坑内堆放石头、碎砖碎瓦片并造成空隙，供蜈蚣越冬，池口用铁纱盖或塑料纱盖罩严。

2. 种虫的选择　引种时最好选择虫体完整无损伤，体色新鲜光亮，头足器官齐全，背黑腹黄，活跃无病态的已达 4 龄的成虫，体长在 11 cm 左右。引种时间原则上一年四季都可以，但以立夏前后（5 月上旬）引种最合适，这时候的雌蜈蚣已经进入繁殖期，即将产卵。投放时，雌雄蜈蚣应按 4∶1 的比例投放，投放密度为每平方米 500 条。

蜈蚣产卵和孵化期间应保持安静，可采用人工产卵孵化巢，取废弃的铁皮罐头或可乐瓶，去底部，按插在已铺约 10 cm 厚的松土中，每个巢放入 1 条雌蜈蚣产卵孵化，待孵化后再进行母幼分离饲养。因此，在人工养殖蜈蚣时，在蜈蚣产卵和孵卵期间，应保持周围环境的安静，不要有强光照射，不要有噪声，不要去翻窝观看，这是养殖管理中必须注意的事项。当孵化结束后，因蜈蚣有争食物和互相蚕食的现象，应及时将雌体移出或将幼体分窝饲养，以防大吃小。

3. 饲养密度　蜈蚣饲养的密度与生长环境、气温高低、个体大小均有一定的关系。蜈蚣有以强凌弱、互相撕咬残杀的习性，不同龄蜈蚣切忌混养，特别是幼体蜈蚣脱离母体后应分池养殖。一般每平方米养殖地投放 1 龄蜈蚣 1 000 条左右，2 龄蜈蚣约 500 条，3 龄蜈蚣 300 条上下，4 龄以上蜈蚣约 100 条。在人工养殖条件下，如提供足够的新鲜饲料和水源，可以适当增加养殖密度。所以提供足够的新鲜饲料和水源，保持安静的环境，是人工养殖蜈蚣的必备条件。

4. 饲料和喂食　蜈蚣的食源虽然广杂，但不吃腐臭之食，对食物要求新鲜。蜈蚣一次食量大，耐饥力强。饥饿时，一次进食量可达自身体重的 1/5~3/5。食饱后，可 2~3 d 不食。所以人工养殖时，必须每隔 2~3 d 投 1 次新鲜饲料。投料前，要彻底清除前次剩余的食料。鉴于晚上 8~12 点是蜈蚣出来活动的高峰期，所以一般在晚上 8 点左右喂食最为合适。同时，蜈蚣不耐渴，每天需饮水。因此饲养场内必须放置盛水器皿，并每天应换水一次和清洗干净饮水盘。

产卵前，雌体有大量进食积蓄营养的习性，此时应增加喂食量，并注意调节食物种类，以促使雌体多进食，增加孵化前的营养。在卵孵化期间，由于母体已积聚了充足的养料，所以不必喂食，否则反而易造成卵或幼虫被食物污染而被母体食掉，影响孵出率和幼虫成活率。

5. 控制温湿度　环境温湿度是直接影响蜈蚣生长、产卵、孵化、越冬的关键因素，养殖期间应根据发育阶段和外界温湿度的高低进行合理调整。种蜈蚣生长温度应保持在 25~35℃，空气相对湿度应控制在 60%~70%；产卵期温度应保持在 20~28℃，湿度不宜太大，控制在 50% 左右即可。蜈蚣抱卵孵化时间必须按时加水，将空气相对湿度控制在 60%~70%，温度控制在 20~36℃。

霜降后随着气温下降，蜈蚣逐渐停食准备冬眠。蜈蚣冬眠的迟早、入土的深度与气温高低有关，气温下降早蜈蚣冬眠就早，气温越低入土越深。由此可见，土温的高低是影响蜈蚣冬眠时间长短、潜伏土层深浅的关键。因此，在人工饲养下提高土层温度，改善蜈蚣活动环境是延长蜈蚣活动期的有效方法，有利于提高养殖蜈蚣的产量。

三、病虫害防治

1. 绿僵菌　这是在人工饲养中高温高湿时常发生的一种疾病，受感染的蜈蚣部分关节的皮膜出现小黑点，慢慢扩大，使蜈蚣的体表失去光泽，以后转为绿色，食欲减退，行动呆滞，消瘦而亡。防治方法：及时剔除病体后，拣出饲养的蜈蚣，清除池内土壤，用 1%~2% 的甲醛消毒池壁，换上新土，放入健康蜈蚣。

2. 肠胃病　阴雨连绵天气易发生，病体头部呈紫色，毒钩全张开，绝食6~7 d后死亡。防治方法：用磺胺片0.5 g研成细末拌入300 g饲料中投喂。

3. 脱壳病　此病多发于雨季，栖息场所湿度过高，由真菌引起。初期表现为蜈蚣躁动不安，来回爬动，后期行动滞缓，最终因不食不动而死亡。发现病体和死亡蜈蚣要及时拣出，然后用阿莫西林0.25 g，研成细末，加入1 000 g饮用水中拌匀供蜈蚣饮用，连喂数日，直至病愈；或用土霉素0.25 g、食母生0.5 g、钙片1 g共研为细末，拌入400 g饲料中投喂，连喂10 d。

另外，还要提防蜈蚣的天敌老鼠、鸟类、鸡等的侵害。

四、捕收加工

1. 捕收　捕捉蜈蚣一般在春末夏初，尤以惊蛰至清明前捕捉的质量较好。可在晚上8点至翌日凌晨3点在它隐栖的场所，用电筒或避风油灯寻找，发现蜈蚣即用竹夹或镊子夹起，放入准备好的竹篓或布袋内。

2. 加工　捕捉到的活蜈蚣，先用棍子或者篾制的长夹子摁住后，用大拇指和食指捏住，让其尾部绕在四指上去毒刺，取长宽与蜈蚣相当的薄竹片，削尖两头，一端插入蜈蚣腭下，另一端插入尾部，借竹片的弹力将蜈蚣伸直，置阳光下晒干。若遇阴雨天，可用炭火烘干。干燥后取出竹片（切忌折断头尾，影响品质），将体长相近的蜈蚣头朝一方，在背腹处用宽1 cm左右的细竹片横向夹住，结扎成排，每排50条，置木箱内密封贮存。

五、质量评价

1. 经验鉴别　以身干瘪、头红、身色黑、腿全者为佳。

2. 检查　水分不得过15.0%。总灰分不得过5.0%。黄曲霉毒素照黄曲霉毒素测定法测定，本品每1 000 g含黄曲霉毒素B_1不得过5 μg，黄曲霉毒素G_2、黄曲霉毒素G_1、黄曲霉毒素B_2和黄曲霉毒素B_1总量不得过10 μg。

3. 浸出物　照醇溶性浸出物测定法项下的热浸法测定，用稀乙醇作溶剂，不得少于 20.0%。

商品规格等级

蜈蚣药材有蜈蚣条和蜈蚣皮 2 个规格。蜈蚣皮为统货，不分等级。蜈蚣条为选货，分为 3 个等级。

蜈蚣条选货一等：干货。以竹签串起完整虫体，呈扁平长条形，宽 0.5~1 cm，长 ≥ 14 cm。由头部和躯干部组成，全体共 22 个环节。头部暗红色或红褐色，略有光泽，有头板覆盖，头板近圆形，前端稍突出，两侧贴有颚肢一对，前端两侧有触角一对。躯干部第一背板与头板同色，其余 20 个背板为棕绿色或墨绿色，具光泽，自第 4 背板至第 20 背板上常有两条纵沟线；腹部淡黄色或棕黄色，皱缩；自第 2 节起，每节两侧有步足一对；步足黄色或红褐色，偶有黄白色，呈弯钩形，最末一对步足尾状，故又称尾足，易脱落。质脆，断面有裂隙。气微腥，有特殊刺鼻的臭气，味辛、微咸。

蜈蚣条

蜈蚣条选货二等：干货。宽 0.5~1 cm，长 12~14 cm。余同一等。

蜈蚣条选货三等：干货。宽 0.5~1 cm，长 9~12 cm。余同一等。

蜈蚣皮统货：干货。无竹签，全体呈皱缩卷曲状或呈扁平长条形，头部暗红色或红褐色，躯干部为棕绿色或墨绿色，步足黄色或红褐色。气微腥，有特殊刺鼻的臭气。长度不等。

乌龟

学名：*Chinemys reevesii*（Gray）

科：龟科

乌龟，两栖爬行类动物，俗称金龟、泥龟、山龟等，乌龟全身都是宝，龟肉、龟卵味道鲜美，背甲和腹甲合起称为龟甲，腹甲习称龟板。龟甲味咸，性寒，具有滋阴降火、潜阳退蒸、补肾健骨等功效。龟肉味甘、咸、性温，龟胆、龟骨、龟皮、龟血等都有滋补作用，对肾阴不足、骨蒸痨热、咽干口燥、崩漏之下及痔疮等症有一定功效。河南郑州、新县、息县等养殖较多，新乡市、商丘市有零星养殖。

一、生物学特性

乌龟头中等大小，吻短，背甲较平扁，腹甲平坦。腹甲和背甲以骨缝连接，甲桥弱。生活状态时背甲棕褐色，雄性近黑色，腹甲及甲桥棕黄色，雄性颜色较深。头部橄榄色或黑褐色，头侧及喉部有暗色镶边的黄纹及黄斑，并向后延伸至颈部。四肢略扁平，呈灰褐色。

我国自然水体中如江河、湖泊或池塘中常能见到乌龟，其食性复杂，底栖生物、螺类、鱼、小虾均能摄食，同时也进食植物的茎叶等。交配期一般在4月下旬，气温20~25℃，交配时间以晴天傍晚居多，5~8月为产卵期，产卵在凌晨1点左右进行，每年能产3~4次，每次产卵5~7枚，每次产卵都经过选点、挖穴、产卵和盖穴4个步骤，前后大约持续8 h。人工孵化时温度控制在28~32℃，湿度控制在80%~85%，沙子含水量控制在7%~8%。卵为长椭圆形，灰白色，卵径（27~38）mm×（13~20）mm。自然条件下经过50~80 d

孵化出幼龟。

乌龟寿命究竟多长，尚无定论，一般能活 100 年，也有考证的在 300 年以上。乌龟生长与温度关系密切，冬眠时停止生长。自然条件下，乌龟生长速度很缓慢，雌龟 1 龄体重在 15 g 左右，2 龄龟 50 g 左右，3 龄龟 100 g，4 龄龟 200 g,5 龄龟才能达到 250~350 g,性成熟的雄龟体重一般都在 250 g 以下。人工养殖条件下，人为控制生长条件，如温度、光照等，可以加速乌龟的生长，但相对其他水生生物来说乌龟生长速度还是很缓慢。

二、池塘建设

龟池修建在水源充足、背风向阳、安静温暖的地方，亦可以利用当下环境因地制宜进行养殖，如利用无污染的池塘、湖泊和稻田等，新建龟池以壤土为宜。亲龟池一般 200 m^2 左右，池深 1 m 左右，保持水深 0.5~0.7 m。按每平方米 5 只亲龟设置，池底凹形，便于排水，池壁呈 45° 坡度，留有一定的陆地，便于乌龟离水活动。池周边及排水口内侧安装防逃装置，可用砖砌加水泥抹面或石棉瓦竖直填埋，出地面高度为 50 cm 左右，北岸离池 50 cm 修建与池等长、宽度为 80 cm 的地道，地道内铺设沙盘，供雌龟产卵，为了便于雌龟顺利进入沙盘，池壁近水面每隔 3 m 左右开一甬道，宽度为乌龟能顺利通过为宜，进入沙盘端设置多个 T 形越冬洞，接近水面处设置投料台。池塘周边间种树木、玉米等植物，以便乌龟夏天栖息。成龟池按每平方米饲养 8~10 只设计，一个池塘面积一般不超过 5 亩，幼龟池按每平方米饲养 15~20 只设计，面积一般为 60 m^2，池深 0.8~1 m，水深 60 cm，防逃高度 20 cm。稚龟池以每平方米饲养 50 只左右设计，一般 2~3 m^2,饲养量不大可用浴盆等代替。

三、清整与投放

为了提高产量和降低乌龟疾病的发生，需要在放乌龟前对池塘进行清整和消毒，土池如采用干塘方式每亩约 50 kg 生石灰化浆全池泼洒，带水方式每亩约 250 kg 生石灰化浆全池泼洒，隔日加水。

新加入的水要调节水质，使其透明度在 30 cm 左右，pH 7~8，溶解氧在 4 mg/L。放养密度按照乌龟的大小投放，晴天上午放养，放养前要对乌龟进行消毒。经每升 100 mg 的高锰酸钾药浴 5~10 min（或 3% 的盐水浸泡 10 min）后再行放养，以自行游入水中为宜。

四、饲养管理

乌龟属杂食偏肉食性，动物性天然饵料有螺、蚌、小鱼、小虾、蚯蚓、畜禽加工副产品等，也吃人工配合饲料（蛋白质含量＞35%）。喂养方式按照“四定”原则，即保证质量，营养全面的定质，依据乌龟的体重投放一定饲料的定量，养成良好摄食习惯的定时，便于进食和观察的定点。日投喂量为乌龟体重的 5%~8%，一天 2 次，在上午 8~9 点投喂 40%，下午 4~5 点投喂 60%。日常管理中注意水位和水质变化，水位控制在 1 m 左右，水质要清新，视天气和水位情况及时加注新水或开增氧机增氧，每隔 10~15 d 消毒 1 次，每立方米水体用生石灰 1~15 g 或漂白粉 1~2 g 化浆全池泼洒。饲养过程中加强日常管理，每天巡塘检查 2~3 次，主要观察设施完好程度，乌龟的精神状态是不是正常，有无敌害侵入，有无打架、受伤、生病等情况。

五、病害防治

1. 腐甲病　由于乌龟壳受挤压等造成损伤，细菌感染，导致甲壳溃烂。症状：背甲或腹甲一块或数块腐烂发黑，严重的会有缺刻现象甚至溃烂成洞，挤压有血水渗出，并伴有腐臭气味，腋窝和胯窝鼓胀，犯病龟停食少动，有缩头现象。防治方法：加强饲养管理，初期可给予畜禽加工副产品，加强营养，提高抗病力，可用高锰酸钾或者碘等涂抹患处，每天 1 次，连续涂抹 7 d。每 50 kg 乌龟加 3~5 g 维生素 E 拌料投喂，连续 10~15 d。

2. 出血性败血症　由嗜水气单胞菌引起，具有传染性，病龟皮肤有出血斑点，严重的皮肤溃烂、化脓；有停食、呕吐、下痢等症状，粪便褐色或黄色脓样，解剖肝脏肿大，脾脏瘀血，肠黏膜充血，肠内容物发黑。防治方法：

一般为池塘清整消毒不彻底，水质败坏，因此及时加注新水，水体和工具消毒。病龟在每升水中加 10mg 五倍子溶液或 2.5 mg 鳖净溶液中浸泡 24 h；每千克饲料添加诺氟沙星 2~3 g 或环丙沙星 2 g，外加维生素 C_2 或清温止血散 5 g 拌料投喂，连续投喂 6 d。

3. 肺炎　多发生在春初和深秋，在乌龟终末气道、肺泡和肺间质中的炎症。温度变化剧烈，导致病龟有鼻液流出，并逐渐变浓，呼吸声大，大量饮水，少食或停食，后期张大嘴巴并流出白色黏液。防治方法：防止因气温等引起养殖环境骤变，加强深秋冬眠前管理，一是加强投饲管理，二是添加营养物质和抗生素类药物；夏季注意通风，病龟隔离治疗，每千克体重注射庆大霉素 4 万 ~5 万 IU。

4. 白眼病　多发于春季和秋季，属放养密度大和水质碱性过重引起的，幼龟发病率高。病龟眼部发炎充血、肿大、糜烂（眼角膜和鼻黏膜），眼球外覆盖一层白色分泌物，无法睁眼，甚至双目失明，由于不适，常用前肢擦拭眼部，行动缓慢，停食导致营养不良死亡。防治办法：一是加强饲养管理，及时去除未吃完的饵料，保持水质清新，定期对水体消毒并改良水质；二是患病季节投喂畜禽加工副产品加强营养，增强抗病力，病龟隔离治疗，幼龟用每升水 20 mg，成龟每升水 30 mg 溴氯制剂浸洗 20 min，每天 1 次，连续 4 d 左右。氟苯尼考等按说明拌料投喂。

5. 疥疮病　病原为嗜水气单胞菌点状亚种，正常养殖时乌龟是病菌携带者，一旦环境恶化，加之龟体受外伤，病菌便会大量繁殖，表现为颈、四肢有黄豆大小的白色疥疮，挤压疥疮会有黄色、白色的豆腐渣内容物，初期不影响摄食，但病菌大量繁殖后，乌龟停食，反应迟钝，导致死亡。防治措施：彻底消毒养殖池，保持良好水环境，在转运过程中注意避免龟体受伤，每升水加 10 mg 高锰酸钾浸泡 10~15 min 再放养。病龟隔离治疗，病灶部位挤出内容物，涂抹碘酒，敷上土霉素粉，人工填食，再用抗生素类药物治疗。

六、捕收加工

1. 捕收　乌龟全年均可捕收，一般以秋季捕收为好。人工饲养乌龟的捕收比较容易，捕捉方法也很多。如刺网捕捉、滚钩捕捉、下笼捕捉、叉刺捕捉、卡勾捕捉等。如需徒手捕捉时，要防咬伤，应出其不意地用右手按住乌龟的背甲后部，将其头部顶在泥中，使它没有反抗余地，然后用左手卡住它的背部两脚凹处，即可安全地将它捉住。

2. 加工　包含血板和烫板两种。将乌龟宰杀，将背甲、腹甲剔除肉、筋膜等附着物，洗净晒干或晾干称为血板。若将乌龟用沸水煮后取得的甲板叫烫板。

七、质量评价

1. 经验鉴别　以质干、板上有血斑、块大无腐肉者为佳。

2. 浸出物　照水溶性浸出物测定法项下的热浸法测定，不得少于 4.5%。

商品规格等级

龟板药材分为上甲板和下甲板 2 个规格，均为统货，不分等级。

上甲板统货：干货。呈长椭圆形拱状，长 7.5~22 cm，宽 6~18 cm；外表面棕褐色或黑褐色，脊棱 3 条；颈盾 1 块，前窄后宽；椎盾 5 块，第 1 椎盾长大于宽或近相等，第 2~4 椎盾宽大于长；肋盾两侧对称，各 4 块，缘盾每侧 11 块，臀盾 2 块。质坚硬。气微腥，味微咸。

下甲板统货：干货。呈板片状，近长方椭圆形，长 6.4~21 cm，宽 5.5~17 cm；外表面淡黄棕色至棕黑色，盾片 12 块，每块常具紫褐色放射状纹理，腹盾、胸盾和股盾中缝均长，喉盾、肛盾次之，肱盾中缝最短；内表面黄白色至灰白色，有的略带血迹或残肉，除净后可见骨板 9 块，呈锯齿状嵌接；前端钝圆或平截，后端具三角形缺刻，两侧残存呈翼状向斜上方弯曲的甲桥。质坚硬。气微腥，味微咸。

下甲板

中华鳖

学名：*Trionyx Sinensis* Wiegmann
科：鳖科

中华鳖，两栖爬行类动物，俗称鳖、甲鱼、王八、元鱼、团鱼等。鳖的整个身体都有药用价值，如鳖甲、鳖头、鳖肉、鳖胆、鳖脂、鳖血和鳖甲胶等，味道鲜美，有一定的药用食疗价值。其背甲药材称鳖甲，为中医临床常用中药，具有滋阴潜阳、退热除蒸、软坚散结的功效，用于阴虚发热、骨蒸劳热、阴虚阳亢、头晕目眩等症。河南潢川县、固始县养殖较为集中，开封市、濮阳市和郑州市有零星养殖。

一、生物学特性

中华鳖身体扁平，呈椭圆形，有背甲和腹甲，体被柔软的革质状皮肤包裹，背部暗绿色或黄褐色，腹部灰白色或黄白色。头部粗大，口无齿。四肢扁平状，比较发达且均能缩进壳内。4~5 月交配，约 20 d 开始产卵，属分批次产卵型，一般到 8 月底产卵结束，期间可产卵 3~4 次，首次产卵数量较少，为 4~6 枚，5 龄以上一年可产 50 ~ 100 枚。卵为球形，乳白色，卵径 15~20 mm，重为 8~9 g。产卵位置一般安静、向阳、干燥、土质松软，挖坑约 10 cm 深，埋入卵后覆土压平，经过 40~70 d 孵化出壳，1~3 d 脐带脱落入水。

在自然条件下，中华鳖的生长速度很慢，在南方，体重达到 500 g 左右，需要 2~3 年，而在北方则需要 4~6 年。现代甲鱼养殖利用各种人工技术，可将中华鳖生长周期大大缩短，1 年养殖就可以达到 500 g 以上。在性成熟之前是整个生命周期生长最快的时间，且雌性生长速度超过雄性，性成熟之后，雄性生长速度超过雌性。限制中华鳖生长最重要的因素是温度，自然条件下中华鳖每年 10 月开始冬眠，翌年 4 月才出来活动，在冬眠期间不吃不喝不动，不仅不会生长，反而会消耗能量减轻体重。

二、池塘建设

中华鳖养殖池要远离主干道路，水源充足，进出水系统独立，面积在 5 亩左右，水深 1.2~1.5 m。周边安装防逃设施，可在岸边砌水泥墙，或用石棉瓦竖直埋入，离地高度为 70 cm 左右。晒背可减少中华鳖疾病发生并促进健康生长，可用木板、水泥板、竹筏或石棉瓦等在池塘周边每隔 10 cm 左右搭建一个晒背台，大小在 2 m^2 左右，随着个体大小逐渐增多，随时观察拥挤程度，适当增加晒背台数量。中华鳖生性凶猛，喜相互争斗撕咬，故要设置一定数量的躲避台，避免撕咬。躲避台可用水泥板一次成型，做成 30 cm × 25 cm，深度为 40 cm 田字形空格，沉入水底，也可叠加，表层离水面 10 cm 左右，一般在晒背台和投饵台附近适当增加躲避台数量，数量根据养殖量而定。为了降低饵料系数，在池塘中需要设置投饵台，材料为石棉瓦或木板，大小为宽 60 cm 左右，长为 2 m 左右，搭建在池塘人行道一侧岸边，离水面 15 cm 左右。

为了提高产量和降低疾病的发生，需要在放鳖前对池塘进行清理和消毒，一般为两种方式。一是干池清塘，池水放干，去除过多淤泥等，暴晒 5 d 左右，按照每亩 50 kg 左右生石灰化浆全池均匀泼洒，隔日加水至 1.5 m 左右。二是带水清塘，池水留 1 m 左右，按照每亩 250 kg 左右生石灰化浆全池均匀泼洒，如用漂白粉为 15~20 kg。

三、培水与放养技术

中华鳖天生胆小怯懦，水太清容易受到惊吓，影响生长，因此需要对新放入的池水进行培养，培水后达到淡绿色或棕绿色，透明度在 30 cm 左右，pH 7~8，溶解氧 ≥ 4 mg/L。通常可用无机肥料尿素和磷肥，有机肥料需要发酵腐熟才能施用，3 月下旬可按每亩 15 kg 左右投放田螺，可作为鳖的饵料之一。

密度是制约中华鳖产量的重要因素之一，过高不利于生长，过低浪费资源。一般放养密度按照生长阶段和体重而定，体重在3~10 g的中华鳖每平方米不超过80只，10~50 g不超过50只，50~100 g不超过30只，100~200 g不超过15只，200~400 g为3~5只，大于400 g为3只。放养时间为晴天上午，经每升水100 mg的高锰酸钾溶液药浴5~10 min（或3%的盐水浸泡10 min）后再行放养，以自行游入水中为宜。

四、饲养管理

中华鳖的食性复杂，一般养殖中投喂配合饲料，适当加入辅助性饲料，如小鱼、小虾、畜禽内脏及瓜果蔬菜等。投喂方式按照“四定”原则，即保证质量，营养全面的定质，依据鳖的摄食量投放一定饲料的定量，养成良好摄食习惯的定时，便于进食和观察的定点。

饲养过程中加强日常管理，包括定时巡塘、水质调控、避免缺氧等。

1. 定时巡塘　每天巡塘检查2~3次，主要观察摄食完好程度，鳖的精神状态是不是正常，有无敌害侵入，有无打架、受伤、生病等情况。

2. 水质调控　水质是养殖中华鳖的重要因素之一，水中的浮游生物量的多少，亚硝酸盐、氨氮的变化，溶解氧的变化等均应调节到中华鳖适宜生长限度内。

3. 增氧　溶解氧是限定中华鳖正常生长的重要因素之一，低溶解氧会导致中华鳖生长缓慢甚至死亡，利用人工方式增加水体溶解氧，保持在4 mg/L以上。

五、病害防治

良好的环境才能让中华鳖减少疾病的发生，坚持“预防为主，防大于治”的原则，定期消毒，用生石灰或漂白粉每隔15~20 d全池泼洒消毒1次，同时还具有调节水体pH作用，稳定在弱碱性范围。随时观察水质状况变化，做好池塘卫生管理工作。中华鳖一般常见疾病有腐皮病、腮腺炎和白板病等。

1. 腐皮病　属细菌性疾病，具有传染性强、死亡率高的特点，症状为：体表溃烂和糜烂，以四肢、颈部、背甲、裙边和尾部最为严重，发炎肿胀、坏死直至溃疡。诱发原因为高温情况下，高蛋白饲料投喂，养殖密度过大，相互撕咬受伤，新菌感染导致食欲下降，最后器官衰竭而死。可用黄连、金银花、甘草和大黄等量混合研磨成粉，拌料饲喂，每千克饲料加入 8 g 药粉，连续投喂 1 周即可。

2. 腮腺炎　由虹彩病毒、蜡状芽孢杆菌和嗜水气单胞菌共同感染所致，在中华鳖养殖中危害越来越大，死亡率达到 50% 以上，甚至全军覆没。症状为：伸长脖子在水面拍打，急速翻身仰泳，呼吸急促，离水很快死亡，脖子伸长、发软、不肿胀，甚至嘴巴、鼻孔会流血水，体表一般完好无损。可用板蓝根、金银花、黄芩、大黄和神曲粉等量混合研磨成粉，拌料饲喂，每千克饲料加入 10 g 药粉，连续投喂 1 周即可。

3. 白板病　也叫出血性肠道坏死病，又被称为甲鱼癌症。症状为：肠道出血、肝脏肿大并呈灰白色带有星状出血点，胃肠黏膜坏死，腹腔积水。可用五倍子、地锦草和板蓝根按照 5∶3∶2 混合研磨成粉，每千克饲料加入 10 g 药粉，连续投喂 1 周即可。

六、捕收加工

1. 捕收　全年均可捕收，一般 3~10 月，尤以 6~8 月效果最佳。人工饲养鳖的捕收比较容易，捕捉方法也很多。如刺网捕捉、滚钩捕捉、下笼捕捉、叉刺捕捉、卡勾捕捉等。鳖比较凶狠，如需徒手捕捉时，要防咬伤，应出其不意地用右手按住鳖的背甲后部，将其头部顶在泥中，使它没有反抗的余地，然后用左手卡住它的背部两脚凹处，即可安全地将它捉住。

2. 加工　鳖甲产地加工方法有两种：①用竹筷子让鳖咬住，拖出，仰放在木板上，乘机将其头颈砍断，用刀从头端沿背甲至软边的交界处深切一圈，然后一手固定鳖体后部，另一手固定背甲后部将其向前揭开，取出内脏，直接取甲，除去筋肉，用水洗净，晒干。②将处死的鳖置沸水中略煮片刻，至甲壳上硬皮能脱落时取出，剥下背甲，刮净残肉筋膜，洗净，晒干。此法不能在沸水中煮得过久，以防背甲散裂影响质量。以第一种方法加工的鳖甲质量为佳。

中华鳖浑身是宝，不仅背甲可以作为药材，其他部位还可做滋补佳品。常见的加工方式如即食产品、多肽提取物、冻干粉、保健酒等。

（1）多肽产品　新鲜中华鳖，宰杀完毕，去除内脏和油脂，捣碎，加水煮沸 2 h，冷却至 70℃ 加入质量比 2% 的碱性蛋白酶恒温酶解 3 h，再次冷却至 55℃ 加入质量比 0.5% 的风味蛋白酶酶解 0.5 h，升温至 100℃ 灭酶 30 min，离心后超滤膜超滤，薄膜浓缩，喷雾干燥，100 kg 新鲜中华鳖可获得 14.6 kg 粉末低聚肽，若加入 345 L 水就可调制成中华鳖肽口服液。

（2）冻干粉　以中华鳖精为例，低温下宰杀中华鳖，去除内脏和脂肪，由 0℃、80℃、100℃、120℃ 逐步升温干燥，研磨成粉，灭菌得到半成品——鳖粉，将中华鳖脂肪经过搅拌、热浓缩、滤除油渣、冬化处理、充填氮气等过程制成另一个半成品——中华鳖油。60% 中华鳖油和 40% 中华鳖粉充分混合，以软胶囊包装，即为中华鳖精产品之一。

（3）中华鳖酒　将宰杀干净的中华鳖加入谷物和中药材蒸熟，加入酒曲或酵母，恒温密闭发酵，蒸馏出原酒，采用恒温密闭二次发酵工艺，可大大提高中华鳖酒中营养成分含量以增加中华鳖酒的营养功能。可在原料中按质量计加入枸杞等中药材 2~8 份。

七、质量评价

1. 经验鉴别　鳖甲以身干、甲厚、无残肉、无腥臭味者为佳。

2. 检查　鳖甲水分不得过 12.0%。

3. 浸出物　鳖甲照醇溶性浸出物测定法项下的热浸法测定，用稀乙醇作溶剂，不得少于 5.0%。

商品规格等级

鳖甲药材为统货，不分等级。

统货：干货。呈椭圆形或卵圆形，长 10~20 cm，宽 8~17 cm，厚约 5 mm，背面隆起。背面灰褐色或墨绿色，密布皱褶并有灰黄色或灰白色斑点。腹面灰白色，中部有突起的脊椎骨，胫骨向内卷曲，两侧有对称的肋骨各 8 条，伸出边缘。质坚硬，易自骨板衔接缝断裂。气微腥，味淡。

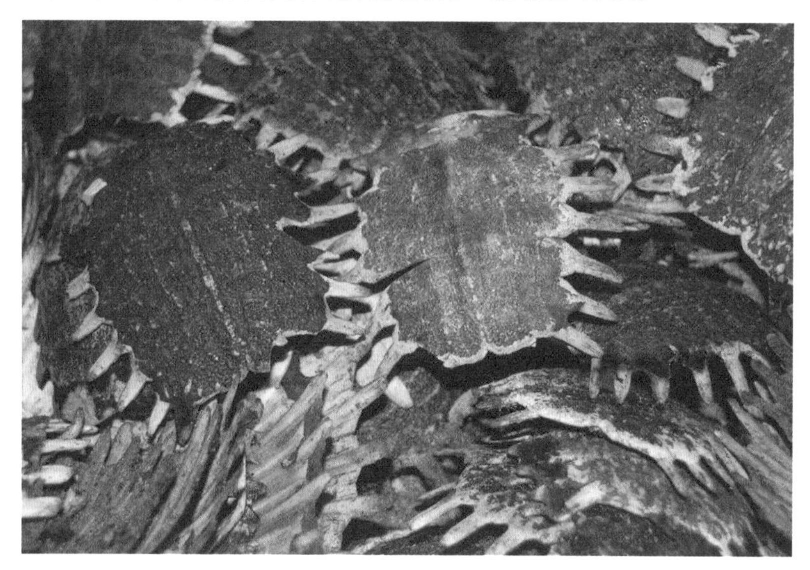

菌物源

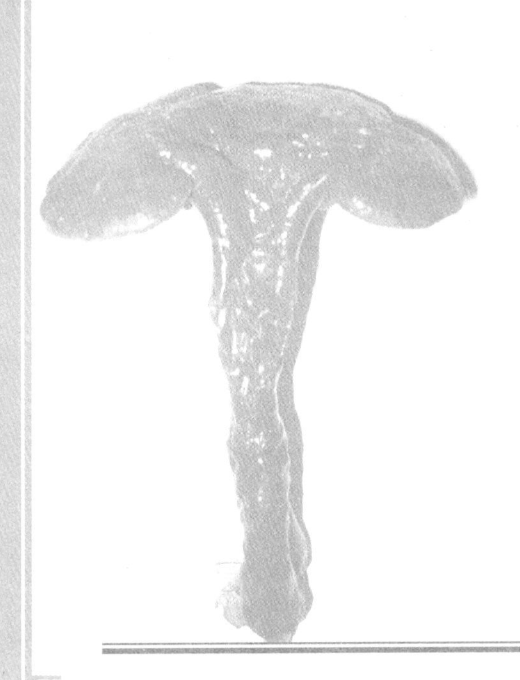

茯苓

学名：*Poria cocos* (Schw.)Wolf

科：多孔菌科

茯苓为多孔菌科真菌寄生在土层覆盖干枯松木上的菌类，以菌核入药，又名云苓、松苓，是我国的重要中药材之一。茯苓性平，味甘、淡，具有安神、健脾、利尿、去水肿等功效；用于水肿尿少、痰饮眩悸、脾虚食少、便溏泄泻、心神不安、惊悸失眠等症。茯苓皮有利尿消肿功效，用于水肿、小便不利等症。河南主产区在大别山的信阳，商城县、固始县，素有“商茯苓”之称。

一、生物学特性

茯苓，多年生真菌，由菌丝及营养物质集结而成不规则菌核，表皮呈黑褐色或棕褐色，皮壳褶皱，内部呈白色或粉红色。子实体平伏地生长在菌核表面，初时白色，老熟干燥后变为淡褐色。形态各异，有球形、椭圆形、长圆形、扁圆形或不规则块状形态，大小不一，质量从几百克至几千克不等。

茯苓生活史包括由担孢子萌发开始至产生新的担孢子的全过程，即担孢子→单核菌丝体→双核菌丝体菌核→子实体→子实层和担子→担孢子。在某些情况下，茯苓的子实体可不经过菌核阶段，由双核菌丝体直接产生。

茯苓为兼性腐生菌，多生于马尾松、黄山松、云南松、赤松、黑松等松树的根上，其生长需要的营养物质大都可以从松树中获取。茯苓性喜温暖，菌丝在10~35℃均可生长，但以25~30℃为最适。温度高于35℃，菌丝易衰老，40℃以上便会死亡，20℃以下菌丝体生长缓慢。菌核的形成要求昼夜温差较大的变温条件，因有利于松木的分解和茯苓聚糖的积累。在适宜的温度下，茯苓接种后 20~30 d，菌丝便可长满段木，100~120 d 便可开始结苓。菌核能耐较高和较低的温度。菌丝体生长阶段要求段木含水量 50%~60%，空气相对湿度以 70% 为宜。空气相对湿度 85% 时子实体形成，发育正常且迅速。茯苓菌结苓后对水分的要求比较严格，土壤湿度低于 15% 时，菌核易龟裂。结苓期土壤湿度以 25% 为宜。水分过多，菌核长期浸渍在潮湿的环境内，易溺死，烂掉。茯苓菌丝在完全黑暗的条件下可正常发育，但子实体形成则需要散射光。栽培茯苓的目的是收菌核，而非子实体，故苓场应选半光照的阳坡，这样白天太阳的热能可提高苓场的沙砾温度，夜间苓场沙砾散热快，造成昼夜较大的温差，以利于菌核的生长。茯苓为好气性真菌，没有阳光，苓场温度低，水汽大，通气不良，菌丝不易蔓延。在弱碱性条件下，菌丝生长会受到抑制，碱性大时，菌丝会很快死亡，所以苓场应选弱酸性土壤。

二、选地与整地

栽培茯苓的海拔在 200~1 000 m 均可，生长温度为 18~35℃。未种过庄稼的荒地更好，林场可以选择东、南、西方向的坡地，但是忌北风吹刮，坡度在 15° ~30° 最好，场地要向阳、沥水、疏松的沙质土壤，含沙量在 70% 为最好。过细的沙土影响茯苓的质量和生长，若是黏土则必须要在冬季翻挖后才可以种植。含水量在 25%~30%，pH 5~6 的酸性土壤最佳，忌碱性土壤。接种前十天要翻地一次打碎块土。土面上撒些白蚁粉，每亩 1 kg 左右。

每年 2 月挖种植穴，开穴的方式为长条式或不规则式，穴深 40~50 cm，水平宽 60 cm 左右，穴长 100~130 cm，穴长比菌材长 30~40 cm。穴底顺坡倾斜，顺坡摆放菌材，以利排水。穴底松土 10~12 cm 深，以利茯苓菌核体积膨胀。穴挖好后撒白蚁粉于穴里，大约每亩 1 kg。

三、栽培

茯苓栽培模式主要包括树蔸栽培、松木段栽培和代料栽培等。几种栽培方式后期管理方式相似，但是前期差异较大。这里主要介绍树蔸栽培、松木段栽培的方法。

1. 树蔸栽培　主要集中在伐区，伐过的松树留下的树蔸用于栽培茯苓。树蔸栽培需要进行亮蔸处理，将松树蔸挖出，除掉一些中间小根，大根留 1 m 长，清除树蔸杂草和泥土及杂柴根，晒干。到栽培时挖窖放下，刀砍蔸基与根交接处和延伸处，先放菌种，再加新鲜松针叶于菌种处，覆土。

常用的树种有马尾松、黄山松、云南松、赤松及黑松等。伐木时间常在秋末、冬初，宜选用 20 年左右的植株为好。伐好后要剔枝留梢、削皮留筋，锯断码晒。木料的干度以不能有裂缝、手触无粘连感为佳。

2. 段木栽培　放木料的一般规律是由山坡下向山坡上逐穴将段木放入穴中。直径 10 cm 以上木料可单独作为菌材下料，每穴 2 根，紧贴并列顺坡摆放。如果两根木料直径在 8 cm 以下，应在上方再加一根，用来做连接在两根粗木料接缝处，补充营养。接种就是在菌材一端（最好是上面的一段）放菌种。每穴放入菌种 1~2 袋，将菌种合理放在木料顶端，小松针覆盖，以防雨水进入苓穴，致使茯苓和菌丝、木棒腐烂发霉。

四、制种与接种

制作菌种时，从异地有明显地域和生态环境差异的高产苓场进行选种分离，提纯菌株，经转管扩大 1~2 次后，接入菌种瓶内，经 28~32℃保温培养 20~25 d 后，菌丝长满瓶，随后 10 d 内茯苓菌丝逐渐浓密，气生菌丝爬上瓶颈，出现菌丝扭结现象，并出现白色块状物质，即菌核的雏形。

接种主要有 3 种类型：菌种、肉引、菌种肉引混合接种，接种量则根据菌种和菌材而定，一般每穴（1 m^2）20 kg 菌材使用菌种 0.3 kg 或肉引 1.2 kg。用树蔸菌材（直径 20~30 cm）时，使用菌种 0.5 kg 或肉引 1.5 kg。接种必须是晴天，禁止阴雨天接种。

1. 菌引接种　直径 10 cm 以上段木可单独作为菌材下料，每穴 2 根，紧贴并列顺坡摆放。直径 5~8 cm 的段木一穴为 3 根，两粗一细，其中较粗的两根木料用来接种，较细的一根木料连接在两粗木料接缝处。直径 5 cm 以下的小松枝垫底或作为填充菌材。接种就是在段木一端（最好是上面的一段）放菌种。将菌种合理放在木料顶端，用小松针和沙土覆盖。菌材周围用沙土填满穴，压实，土厚 12~15 cm 为宜，将段木压紧开始覆土 5~6 cm，穴顶高出地面，呈龟背形，以利于排水。穴两边打好排水沟，排水沟必须低于木质部底部 6~10 cm。

利用松树蔸菌种接种茯苓，首先挖开树根周围土壤，露出树根长 40~50 cm，在根皮上纵向削皮 4~5 条，宽 4~5 cm，深达木质部，树皮相隔 4~5 cm；然后砍出接菌口 4~5 个，把菌种接种在接口处并压实，用松针、松枝围紧。穴内用土围紧；最后，覆土高出树蔸 15 cm。

2. 肉引接种　选取皮薄、嫩红褐色的鲜茯苓菌核并切成 100~150 g 的小块，作为肉引，每块均应保留部分茯苓皮。把肉引的白色苓肉部分紧贴在菌材接菌口处，把苓皮朝外，保护肉引，压实即可，其他参考菌引接种法。

3. 菌引、肉引混合接种　菌引和肉引接种方法同时使用。其优点在于成活率高、生长速度快、产量高、经济效益好。

五、田间管理

接种后的管理分为初期管理和结苓期管理两个阶段。

1. 初期管理　接种 1 周后，观察菌种上的菌丝在木料上生长是否正常。若菌丝没有生长或污染了杂菌，可将原来接有菌种的木料处理干净，晒干后重新接上菌种。接种后 15 d 内不能淋雨，如果下雨需要及时盖上塑料膜。下种后注意穴内不能积水，防止人畜践踏，及时除草培土，防止沙土流失、段木外露。接连下雨时，苓穴容易积水，可在天晴后将苓穴下端没有接种处挖开，露出段木晒穴半天，然后培土。

2. 结苓期管理　在茯苓生长旺季，即在 6~9 月，苓块生长迅速，土壤随时会有开裂现象，应及时除草培土填缝，培土厚度应根据季节灵活掌握，春秋培土 3~4 cm；夏冬培土 6~7 cm。遇干旱严重时，可在早晚适当灌水保湿。

六、病虫害防治

1. 软腐病　主要为害茯苓子实体长成的大茯苓。原因在于苓穴内水分过多。预防方法：下雨前，在苓穴上附上地膜，下雨后及时排水。在栽培前一天，用0.1%高锰酸钾溶液或1∶800的多菌灵悬浮液，喷洒苓穴底和四壁，以杀死杂菌孢子或菌丝体。

2. 白蚁　为害茯苓最大的虫害，为害严重。接种后当年7~9月和第二年5~6月地温高，白蚁繁殖快。预防方法：接种前3 d检查苓场、苓穴内有无白蚂蚁，如有应立即按10 kg的施用量喷施灭蚁粉消灭白蚁。

七、采收加工

1. 采收　茯苓接种一次可连续收获3~4年。接种后8~9个月茯苓开始陆续成熟。一般细段木上的茯苓成熟早，而粗段木上的茯苓成熟迟，树蔸上的茯苓成熟更迟。茯苓采收也要选在晴天或阴天，可以经常翻开土壤检查，凡是茯苓皮色开始变深，变为黄褐色或者呈黑褐色，皮外裂纹处渐趋弥合，呈淡棕色就可以采收了。手按绵软的，说明茯苓中还是苓浆，这样的就不采收。采收时用刀子割断茯苓，不要伤及木料上的苓皮和树皮，以利于新茯苓的生长，采收完毕后再用沙土盖好穴，原来生长茯苓的地方很快又会长出茯苓。由于茯苓的成熟期不一致，所以采收时应分批采收，采大留小的原则。收获后要回填苓穴，应休穴3年后再在原地种植。

2. 加工　将采收茯苓堆放室内避风处，用稻草或麻袋盖严使之“发汗”，析出水分，再摊开晾干，反复堆盖“发汗”、摊晾，至干燥。干燥茯苓表皮皱缩呈褐色，药材称茯苓个。或取鲜茯苓，先“发汗”，晾干水汽，在外表皮起皱后，用刀削下外表黑皮，晒干，称茯苓皮；里面部分，选晴天依次切成块、片，称茯苓块或茯苓片；切出的外侧带粉红部位，称赤茯苓，中间白色部位的称白茯苓；中心含有松根部位的称茯神。切好的茯苓块或片，分别摊竹席或竹筛上晒干，也可烘干。或直接将鲜茯苓削净外皮后，置蒸笼隔水蒸透心，取出后用利刀按上述规格切成块或片，置阳光下晒至足干。一般折干率 50% 左右。

八、质量评价

1. 经验鉴别　茯苓个以个大形圆、体重坚实、皮褐色、有光泽无破裂、断面白色、细腻、嚼之黏牙者为优。

2. 检查　茯苓个水分不得过 18.0%；总灰分不得过 2.0%。茯苓皮水分不得过 5.5%；酸不溶性灰分不得过 4.0%。

3. 浸出物　照醇溶性浸出物测定法项下的热浸法测定，用稀乙醇作溶剂，茯苓个不得少于 2.5%，茯苓皮不得少于 6.0%。

商品规格等级

茯苓药材一般为个苓、茯苓片、白苓块、白苓丁、白碎苓、赤苓块、赤苓丁、赤碎苓、茯苓卷和茯苓刨片 10 个规格。其中个苓、茯苓片、白苓块、白苓丁和赤苓丁又分为选货和统货。白碎苓、赤苓块、赤碎苓、茯苓卷和茯苓刨片均为统货，不分等级。茯苓片、白苓块和白苓丁选货分为 2 个等级。

个苓选货：干货。呈不规则球形或块状，大小不一，表面黑褐色或棕褐色。断面白色。体坚实、皮细，完整。部分皮粗、质松，间有土沙、水锈、破伤，不超过总数的 20%。气微，味淡。无杂质、霉变。

个苓统货：干货。质地不一，部分松泡，皮粗或细。余同选货。

茯苓片选货一等：干货。呈不规则圆片状或长方形，大小不一，含外皮，边缘整齐，厚度不小于 3 mm。色白，质坚实，边缘整齐。

茯苓片选货二等：干货。色灰白，部分边缘略带淡红色或淡棕色，质松泡，边缘整齐。余同一等。

茯苓片统货：干货。色灰白，部分边缘略带淡红色或淡棕色，质地不均，边缘整齐。余同一等。

白苓块选货一等：干货。呈扁平方块，边缘苓块可不成方形无外皮，色白，大小不一，宽度最低不小于 2 cm，厚度在 1 cm 左右。质坚实。

白苓块选货二等：干货。质松泡，部分边缘为淡红色或淡棕色。余同一等。

白苓块统货：干货。质地不均，部分边缘为淡红色或淡棕色。余同一等。

白苓丁选货一等：干货。呈立方形块，部分形状不规则，一般在 0.5~1.5 cm 之间。色白，质坚实，间有少于 5% 的不规则的碎块。

白苓丁选货二等：干货。色灰白，质松泡，间有少于 10% 的不规则的碎块。余同一等。

白苓丁统货：干货。色白或灰白，质地不均，间有不少于 10% 的不规则的碎块。余同一等。

白碎苓统货：干货。加工过程中产生的白色或灰白色茯苓，碎块或碎屑，体轻、质松。

赤苓块统货：干货。呈扁平方块，边缘苓块可不成方形，无外皮，色淡红或淡棕，质松泡，大小不一，宽度最低不小于 2 cm。

茯苓块

茯苓皮

赤苓丁选货：干货。呈立方形块，部分形状不规则，长度在 0.5~1.5 cm。色淡红或淡棕，质略坚实，间有少于 10% 的不规则的碎块。

赤苓丁统货：干货。间有不少于 20% 的不规则的碎块。余同选货。

赤碎苓统货：干货。为加工过程中产生的淡红色或淡棕色大小形状不规则的碎块或碎屑，体轻、质松。

茯苓卷统货：干货。呈卷状薄片，白色或灰白色，质细，无杂质，长度一般为 6~8 cm，厚度＜ 1 mm。

茯苓刨片统货：干货。呈不规则卷状薄片，白色或灰白色，质细，易碎，含 10%~20% 的碎片。

茯苓片

茯神

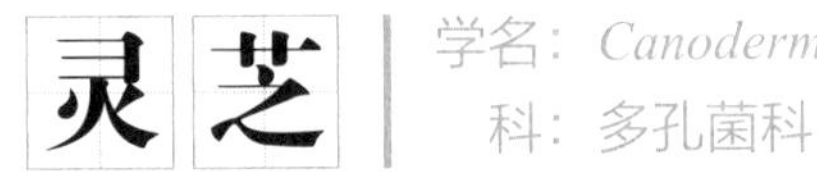

学名：*Canoderma lucidum* (Leyss.ex Fr.) Karst.

科：多孔菌科

灵芝，来源于多孔菌科真菌赤芝的干燥菌核。性平，味甘。归心、肺、肝、肾经，有补气安神、止咳平喘的功效。现代研究表明灵芝具有防治心血管疾病、保护肝损伤、抗肿瘤、免疫调节、抗衰老、防辐射、抗过敏、镇咳、祛痰和平喘作用。临床上用于治疗神经衰弱、冠心病、高血压、血栓、气喘、慢性支气管炎、糖尿病、便秘、白细胞减少症、急慢性肝炎等。灵芝的主要化学成分为灵芝多糖、灵芝酸、腺苷、麦角甾醇、甘露醇、内酯、牛磺酸、灵芝碱等。

一、生物学特征

灵芝属于真菌，菌丝呈白色绒毛状，分泌色素。子实体分为菌盖和菌柄两部分。菌盖木栓质，肾形、半圆形或近圆形，直径 12 cm × 20 cm，厚可达 2 cm；盖面黄褐色至红褐色，菌肉白色，菌管淡白色、淡褐色至褐色，菌管长约 1 cm。菌柄侧生或偏生，罕近中生，近圆柱形或扁圆柱形，粗 2~4 cm，长 10~16 cm，表面与盖面同色，呈紫红色，有油漆状光泽。灵芝孢子粉褐色或灰褐色；孢子呈淡褐色至黄褐色，卵形。

灵芝既是腐生菌，也是兼性寄生菌，属高温型菌类，温度适应范围较宽。菌丝生长的温度在 10~38℃，其中 25~28℃较为适宜。子实体的生长温度为 10~33℃，但原基分化和子实体发育最适宜温度为 25~28℃。温度低于 20℃时菌丝易出现黄色，子实体生长会受到抑制，高于 38℃时，菌丝将会死亡。灵芝菌丝生长期培养料的含水量以 55%~60% 为适宜，空气相对湿度为 65%~70%；子实体发育期，培养料含水量可达 60%~65%，空气相对湿度需达到 90%~95%。菌丝和子实体生长需要大量的氧气。当空气中二氧化碳浓度超过 0.1% 时，灵芝子实体会形成畸形或不能发育开伞。二氧化碳浓度超过 1% 时，子实体发育极不正常，无任何组织分化。光照充足时对菌丝生长有抑制作用。子实体生长分化过程中，需要较多的散射光，光线微弱，子实体瘦小，发育不正常，易畸形，但光照过强对子实体的生长也不利。灵芝子实体幼嫩时有向光性，有向光源生长的趋向。灵芝一般在 pH 3~7 中都可以生长，而以 pH 4.5~5.5 较适宜。

在适宜的条件下，灵芝的担孢子开始萌发生成单核菌丝，两种不同极的单核菌丝，通过质配形成双核菌丝。双核菌丝洁白粗壮，生长到一定阶段，再通过特化、聚集、密结而形子实体。子实体成熟后从菌盖下的子实层内散发出孢子，从而又开始新的发育周期。

二、栽培方式

灵芝的人工栽培方式主要有瓶（或袋）栽、段木栽培。瓶子（或袋）栽培以 5~10 月利用自然温度栽培最为适宜。若进行人工控制温度、湿度、光照等条件，全年均可进行灵芝栽培。灵芝子实体的人工栽培可分为两个阶段：第 1 阶段为菌种的分离、培养，原种、栽培种生产（菌丝培养 25~35 d）；第 2 阶段为子实体栽培（30~40 d）。具体工艺流程如下：

1. 瓶子（或袋）栽培　备料（木屑、棉籽皮、玉米芯、甘蔗渣、麦麸等）→拌料→装瓶（袋）→灭菌→接种→菌丝培养→出芝管理→采收加工。

2. 露地栽培　备料（木屑、棉籽皮、玉米芯、甘蔗渣、麦麸等）→拌料→装袋→灭菌→接种→菌丝培养→培土→出芝管理→采收加工。

3. 段木栽培　树种选择与砍伐→切段→灭菌→接种→菌丝培养→培土→出芝管理→采收加工。

三、菌种生产

（一）母种的生产

1. 可供选择的母种培养基

（1）配方一　马铃薯 200 g（煮沸 20 min 取汁），葡萄糖 20 g，磷酸二氢钾 3 g，七水合硫酸镁 1.5 g，维生素 B_1 10~20 mg，琼脂 18~20 g，水 1 000 mL，pH 自然。

（2）配方二　麦麸或玉米粉 100 g，磷酸二氢钾 2 g，七水合硫酸镁 1.5 g，维生素 B_1 10~20 mg，琼脂水 1 000 mL，pH 自然。

2. 母种的生产

采用上述配方配制培养基，装入试管，1.47×10^5 Pa 灭菌 30 min，摆好斜面，冷却后，在无菌条件下接种灵芝母种。应选择生长旺盛，菌龄较短，菌丝层尚未出现色素分泌物的灵芝试管菌种用于转管较合适。一般钩取黄豆大小菌块放入另一支试管斜面培养基中央即可。接种后的试管置于 25 ℃ 恒温箱或温室中避光培养，接种后的前 3 d 应每天对光检查试管中是否污染，及时弃去污染管，3 d 后隔天检查即可，菌丝长满斜面后即可使用。生产灵芝菌种时，一支试管可接种 5 瓶灵芝原种。一般 1 000 mL 培养基可作试管斜面 120 支左右。

（二）灵芝原种与栽培种的生产

原种亦称二级种，栽培种亦称三级种。

1. 原种与栽培种常用培养基

（1）配方一　麦粒 99%，石膏 1%，含水 65% 左右。

（2）配方二　甘蔗渣（粉碎）75%，麸皮 22%，蔗糖、石膏、黄豆粉各 1%。

（3）配方三　杂木屑 78%，麸皮 20%，石膏 1%，黄豆粉 1%。

（4）配方四　杂木屑 40%，棉籽壳 40%，麸皮 19%，石膏 1%。

2. 原种与栽培种的生产　将小麦粒过筛去杂物、虫蛀等，清水洗净，用水浸泡 8~10 h，然后煮沸 15 min，捞出，滤干水分，加石膏，拌匀后装瓶加盖，高压灭菌，1.47×10^5 Pa 灭菌 40 min 冷却后，接种。

选阔叶树、不霉变的木屑与麦麸及其他敷料充分匀，加水，使培养料的含水量达到65%左右。装瓶至瓶肩处，在料中心扎一锥形孔，封口。高压灭菌，晾凉后，接种。

使用棉籽壳时应将棉籽壳在太阳下暴晒2~3 d，挑出霉变和杂物。按比例先把麦麸和石膏拌入棉籽壳，拌匀。再将辅料溶于水，均匀地拌入料中，料的含水量达到65%为宜。装瓶，灭菌。

混合料与上述方法相同，生产中一般多采用混合配方。

在无菌条件下接种，一般原种用试管接种，1支试管可接种5瓶原种。栽培种用原种菌种，每瓶原种可接40~50瓶栽种。接种后置于25 ℃温度下培养，培养30 d左右，原种可用来接种，栽培种可以打开盖。

四、栽培管理

栽培灵芝的管理应根据具体的栽培方式进行。

1. 灵芝短段栽培

（1）树种的选择与砍伐　大多数阔叶树种都适宜栽培灵芝。一般在树木贮存营养较丰富的冬季砍伐，海拔较高及纬度较高地区砍伐期还可以早些，一般选择11月中旬。树木直径6~15 cm为宜。

（2）切断、装袋　树木砍伐后运到灭菌接种地附近切断。段木长度15 cm，段面要平。新砍伐段木和含水量高的树种，可在切断扎捆后晾晒2~3 d，掌握段面中心部有1~2 cm的微小裂痕为合适含水量，此时段木含水量为40%左右。短段木用铁丝捆扎成捆，每捆直径依塑料袋大小而定，65 cm × 85 cm的袋子每捆直径37~38 cm。捆扎时，段面要平，并用段木或劈开的段木打紧。每袋装入捆扎好的段木。段木过干时，每袋装入500 mL清水，然后把袋口扎紧，进行灭菌。高压蒸汽灭菌与常压灭菌均可。

（3）接种　在无菌条件下接种，选择气温20℃左右，最适宜在晴朗的天气接种，菌种的菌龄应在30~35 d。

（4）菌丝培养　接种后的短段木菌袋，搬入通风干燥的培养室或室外培养场地。菌袋依“品”字形摆放，保持室温22~25℃。接种后的1 d内是管理的关键，这阶段的管理主要是通风、降湿、防霉菌。短段木在室内培养周期2~2.5个月，气温低可稍长些。少数接种后污染严重的段木，可把污染物清除干净后重新灭菌接种。灵芝菌丝在段木上定植后，会逐渐形成红褐色菌被。

（5）选地埋土　选择排水方便，地势开阔，通风良好，土质疏松，水源方便，靠近菌木培养场所及遮阴材料容易获得的地方为埋土场地。使用时间一般为2~3年。埋土前的栽培场地需要翻土，日晒，并依据场地做畦。场地四周开好排水沟。畦上方应搭棚，采用宽幅塑料布封顶，薄膜上再用草帘覆盖以减少亮度和降低辐射热。荫棚要求保温、保湿、通气良好。当气温稳定在20 ℃以上时，可将长满菌丝的短段木埋土。应根据段木品种、直径大小、菌丝生长的好坏分别埋土，以保证出芝整齐，便于管理和采收。选择晴天埋土，在畦上开20 cm的沟，沟底撒上消灭虫蚁的药物，保持段木的间距。段木上覆土后再覆以谷壳或沙子等，防止喷水时泥土溅在子实体上。埋土完毕后，应再喷一次水。

（6）出芝管理　埋土后气温持续在25 ℃以上，通常10 d左右即可出现子实体。菌蕾露土时顶部呈白色，基部为褐色。菌柄长到一定长度，当通气量、温度、湿度、光照等条件都适宜时即会分化出菌盖。因此出子实体管理重点是喷水、通气、光照。

喷水：根据土质、气温、荫棚保湿程度、子实体长势等情况，判断喷水量。在菌蕾露土，菌丝出现前，保持棚内相对湿度达80%~90%，使土壤呈疏松湿润状态。土质松，子实体发生多时要多喷水。气温低、阴雨天、土质较黏时少喷水或不喷水。水质要干净，并选用雾点较细喷头朝空间喷雾，让雾点自由落下。子实体采收后应停喷水或少喷水。

通气：灵芝为好氧性真菌，气温正常情况下，应打开通气窗全天通气。气温高时注意降温和加大通气量。气温低时可中午开窗通气。畦内二氧化碳浓度超过0.1%时，会出现畸形芝。

光照：要求达到300~1 000 lx，但要避免阳光直射。出芝过程中要避免雨水直接淋在畦上，造成土壤湿度过大影响子实体质量。还要注意防止子实体连接，当两相邻芝体十分接近时，应及旋转改变段木位置，防止连体芝的出现。

2. 灵芝的生料段木栽培　生料段木栽培的开展比熟料短段木栽培早，其生产设备比较简单，但产品质量与产量皆不如熟料短段木栽培法，从接种到产芝的周期也较长。选取适宜栽培灵芝的树种，于清明节前后砍伐，在段木上打接种，穴深 1.2~1.5 cm，直径 1.0~1.2 cm，同时接种，接种后用大小相近的树皮盖在穴面上，上堆发菌。发菌期间每隔 7~10 d 翻堆 1 次。在第 2~3 次翻堆时，菌棒可能因水分蒸发而变得含水量不足，应一边翻堆一边喷水，喷水喷到菌棒表皮湿润。菌棒发菌一般 50 d 左右，菌棒便可埋土中栽培。其对荫棚、埋土及管理方法的要求与短段木灵芝栽培一样。

3. 瓶栽灵芝　瓶栽灵芝是最原始的栽培方式，主要以采集灵芝孢子粉为主要目的。

（1）栽培季节　瓶栽灵芝主要是在室内进行，一般来讲，对生产季节的要求并不严格，但是为了多生产孢子粉，灵芝菌丝生长发育的温度以 25 ℃左右为适宜；子实体原基的形成和子实体的生长发育温度要在 25~28 ℃，温度有利于促进子实体成熟和孢子粉的释放。根据这一要求，就可确定适宜的栽培季节。在河南地区安排在 4~5 月接种，6~9 月出芝为适宜的栽培季节。

（2）栽培室的选建　瓶栽灵芝的目的，主要是收集孢子粉，所以选建的栽培室，周围环境的卫生条件要好，用水方便、交通方便；栽培室内，墙壁与地面光洁，能较好地保持温度和湿度；能通风换气并有散射光照条件。

（3）培养料的配方与制作生产中常用的配方：

①木屑 78%，麸皮 20%，蔗糖 1%，石膏 1%。②木屑 78%，甘蔗渣 20%，黄豆粉 1%，石膏 1%。③木屑 36%，棉籽壳 36%，麸皮或米糠 26%，蔗糖 1%，石膏 1%。④木屑 78%，玉米粉 10%，麸皮 10%，蔗糖 1%，石膏 1%。

实践证明用木屑和棉籽壳混合配方较好，其孢子粉的产量比单一用料要高。配料时，麸皮等用量应适当加大，以能满足子实体在释放孢子时消耗的大量营养。

（4）拌料与装瓶　任选一配方，先把木屑与麸皮等拌匀，把石膏、蔗糖溶于水后再拌入料中，加水后使料的含水量在 65%。在栽培过程中，如果培养基含水量偏低，子实体生长后期，由于水分供应不足，会影响孢子的继续分化，造成孢子减产，所以要特别注意培养基的含水量。装瓶时，要松紧适度，一般 750 mL 的菌种瓶，可装湿料 0.5 kg 左右，料装瓶口齐肩处。装瓶后，与灵芝原种生产一样，灭菌，接种，置 25 ℃条件下培养 20 d 后菌丝可布满料面，并向料内深入发展。30 d 左右，子实体原基即可形成。

（5）子实体生长阶段的管理　当菌蕾形成后，要及时揭盖，将菌瓶移入栽培室进行管理，此时要注意：菌种瓶的摆放密度一定要合适，一般瓶间隔为 15 cm 左右，以利于空气流通和子实体的生长。一层一层摆放在培养架上要创造适合灵芝生长的温度、湿度、通风、光照等环境条件，室内温度要控制在 25~28 ℃，空气相对湿度为 90%~95%，每天向空中喷雾状水 4~5 次，经常保持地面湿润状态，但切忌把水直接喷到子实体上和瓶内，以免发生杂菌，导致菌体霉烂。每天早、晚通风 1~2 h。若温度低于 20 ℃，通风可在中午进行。必要时，进行人工加温。若室温高达 30 ℃时，要加强通风，增加喷水次数。栽培室内的光线要充足。灵芝是好氧性真菌，保持栽培室内的空气新鲜，才能使灵芝子实体正常生长。如果空气中二氧化碳浓度超过 0.1% 时，子实体生成鹿角状的畸形芝，会严重影响孢子粉的产量。子实体生长后期，将进入孢子释放阶段，要适时套袋，过早过晚均不利。如果在子实体边缘的白色生长圈尚未完全消失时套袋，不仅影响子实体向外生长造成畸形，也会导致菌管僵化、闭塞，使子实体不能释放孢子，造成减产。套袋过晚，又易造成大量孢子粉散失掉。套袋最佳时间,应选择子实体的白色边缘完全消失后。用纸袋，成熟一个套一个，从上往下套，套到菌瓶肩部，用皮筋扎紧，防止孢子粉向外飞散。

栽培室应控制在最佳温度 24 ℃，空气相对湿度要保持在 85% 左右，要加强通风，保持室内空气新鲜，防止二氧化碳浓度增高。要及时采收孢子。从套袋到孢子粉的采收 20 d 左右。采收时，要先取下纸袋，用毛刷将瓶肩及纸袋内的孢子粉轻轻刷入器皿内，然后再把子实体割下。一般每瓶收 4~6 g，高产的可达 25 g 以上，子实体的产量 30~50 g。

4. 袋栽灵芝

塑料袋栽培灵芝，投资少，便于机械化操作，省工省时，管理方便；出芝整齐，朵大，产量高。袋栽灵芝可以在室内、温室、塑料大棚中进行。

（1）塑料袋的选择与配方　塑料袋应选择采用聚乙烯原料另加 20% 高压料吹制而成的塑料袋，此种塑料袋适宜常压灭菌，若要高压灭菌则采用聚氯乙烯塑料袋。

栽培灵芝的主要原料是木屑或棉籽壳，再加适当的辅料，但栽培灵芝多采用混合用料，其配方与瓶栽灵芝相同。生产中辅料的应用可根据实际情况灵活掌握，但不超过 25%，以促进菌丝生长，含水量应在 65% 左右。水分太大造成氧气不足会使菌丝生长受阻；水分不足菌丝生长细弱，难以形成子实体。

（2）拌料装袋　选用新鲜不发霉的木屑，过筛，清除木块等杂物，棉籽壳用前在日光下暴晒 2 d，按照配方，将木屑、棉籽皮、麸皮、石膏等先拌匀，再将其他辅料放入水中，拌入主料，使其含水量达到 60%~65%。裁好塑料袋后，先将一头用绳扎紧，然后将拌好的培养料装入袋中。装料时，注意料内混有尖硬杂物刺破菌袋。料要装实，上下松紧一致，装好后用手指轻压袋料，料装到离袋口 8 cm 处时，将袋口内空气挤出后用绳扎紧。也可用装袋机装料。

（3）灭菌与接种　灭菌可常压蒸汽灭菌或高压蒸汽灭菌。常压灭菌 8~10 h，高压灭菌一般 1.5~2.0 h。

在无菌条件下进行接种。接种前用 75% 乙醇擦拭消毒原种瓶外表，把瓶口内 1 cm 左右老化菌丝部分弃之不要。一般每瓶菌种可接 20 袋左右，适当增大接种量，有利发菌和减少杂菌侵入。菌种与培养料要坚实接触，并及时扎好袋口。

（4）菌袋培养发菌　把接种后的菌袋，放入培养室或塑料大棚内，堆放在培养架上，进行发菌，培养温度控制在 24~30℃，以 25~28℃ 最好，一般在

7 d 内不要翻动，7 d 以后，检查污染情况和菌丝生长状况。防止室温过高而烧死菌丝，要注意通风降温。整个菌丝生长阶段，都要避光培养。

（5）子实体生长管理　子实体原基形成及子实体生长发育的管理与瓶栽灵芝基本相同。

五、病虫害防治

1. 主要病害及防治　为害灵芝的杂菌种类很多，从制种到栽培都有杂菌的危害。要注意周围环境的卫生，杜绝杂菌侵染的机会。在栽培过程中，如果发生绿霉、曲霉等杂菌，应及时通风，降低栽培场地的温度，控制在 25℃以下。同时用石灰水涂擦患处，抑制霉菌生长。适当降低空气中的相对湿度，有利于抑制霉菌生长。生产菌种时，培养料必须彻底消毒灭菌，接种时，要严格按照无菌操作行，发现污染，及时处理。

另外，用段木栽培时，还会发生有裂褶菌、桦褶孔菌、鳞皮扇菌、树舌菌等竞争性杂菌。如果在段木上长出竞争性的杂菌子实体，必须摘除或刮掉，严重时可将段木菌棒挖出处理，以免感染其他菌棒。

2. 主要虫害及防治　为害灵芝的害虫主要有菌蚊、菌蝇、造桥虫等。防治措施：①搞好栽培场地周围的环境卫生，减少虫源。②栽培场地要严格消毒，防止菌蚊、菌蝇的繁殖。③可用灯光诱杀成虫。④发生虫害时，要停止喷水使培养料干燥，使幼虫停止生殖，直至干死幼虫。

六、采收加工

1. 采收　当菌盖不再增大，盖面色泽同柄，盖边缘有同盖色一致的卷边圈，有褐色孢子飞散，盖背面色泽致时便可采收。从芝蕾出现到采收一般要 40~50 d。采收时将芝体从柄基部剪下或摘下。剪下芝体后的剩余菌柄亦应摘除，否则很快从老柄上方长出朵形很小或畸形芝体。第 1 批子实体采收后，不久会出现第 2 批芝体，短段木栽培依段木直径大小不同，可收灵芝 2~3 年。

2. 加工　采下的鲜芝不应用手接触菌盖下方，避免使子实体相互碰撞。

子实体不能用水洗，剪去过长的菌柄后，去除泥沙和其他杂质，单个排列晒干或烘干。一般应先晒后烘，利用夏季阳光强烈，先单个排在筛子上暴晒1~2 d后，集中在55~65℃烘房内烘烤。日晒时应常翻动芝体，一般4~5 d能晒干。直接烘干时，烤房温度由40℃逐渐上升到65℃，通常烘12~14 h。子实体含水量达11%~12%时为宜。

七、质量评价

1. 经验鉴别　以个大、肉厚、完整、表面有漆样光泽者为佳。

2. 检查　水分不得过17.0%。总灰分不得过3.2%。

3. 浸出物　照水溶性浸出物项下热浸法测定，水溶性浸出物不得少于3.0%。

4. 含量测定　本品按干燥品计算，含灵芝多糖以无水葡萄糖计，不得少于0.90%。含三萜及甾醇以齐墩果酸计，不得少于0.50%。

商品规格等级

灵芝药材商品分为段木栽培赤芝（未产孢）、段木栽培赤芝（产孢）、代料赤芝（未产孢）、代料赤芝（产孢）等规格。段木栽培赤芝（未产孢）有选货和统货，选货分为3个等级。其也不分等级，均为统货。

段木栽培赤芝（未产孢）选货特级：菌盖完整，肾形、半圆形或近圆形。盖面红褐色至紫红色，有光泽，腹面黄白色，干净。木栓质，质重，密实。菌盖直径≥ 20 cm，菌盖厚度≥ 2.0 cm，菌柄长度≤ 2.5 cm。气微香，味苦涩。

段木栽培赤芝（未产孢）选货一级：菌盖完整，肾形、半圆形或近圆形。盖面红褐色，有光泽，腹面黄白色或浅褐色，干净。木栓质，质重，密实。菌盖直径≥ 15 cm，菌盖厚度≥ 1.0 cm，菌柄长度≤ 2.5 cm。气微香，味苦涩。

段木栽培赤芝（未产孢）统货：菌盖完整，肾形、半圆形或近圆形。或有丛生、叠生混入。盖面黄褐色至红褐色，腹面黄白色或浅褐色。木栓质，质重，密实。菌盖直径≥ 10 cm，菌盖厚度≥ 1.0 cm，菌柄长度长短不一。气微香，味苦涩。

段木栽培赤芝（产孢）统货：菌盖完整，肾形、半圆形或近圆形。或有丛生、叠生混入。盖面黄褐色至红褐色，皱缩，光泽度不佳，腹面棕褐色或可见明显管孔裂痕。木栓质，质地稍疏松。菌盖直径≥ 10 cm，菌盖厚度≥ 0.5 cm，菌柄长度长短不一。气微香，味苦涩。

代料赤芝（未产孢）统货：外形呈伞状，菌盖完整，肾形、半圆形或近圆形。盖面黄褐色至红褐色，腹面黄白色或浅褐色。木栓质，质地稍疏松。菌盖直径≥ 6 cm，菌盖厚度≥ 0.5 cm，菌柄长度长短不一。气微香，味苦涩。

代料赤芝（产孢）统货：外形呈伞状，菌盖完整，肾形、半圆形或近圆形。盖面黄褐色至红褐色，皱缩，光泽度不佳，腹面棕褐色或可见明显管孔裂痕。木栓质，质地稍疏松。菌盖直径≥ 6 cm，菌盖厚度≥ 0.5 cm，菌柄长度长短不一。气微香，味苦涩。

猪苓

学名：*Polyporus umbellatus* (Pers)Fries.

科：多孔菌科

猪苓为多孔菌科树花属药用真菌，以菌核入药，又名猪屎苓、黑药，是我国传统的真菌类中药材之一。猪苓性平，味甘、淡，具有利水渗湿功效；主治小便不利、水肿、泄泻、淋浊、带下等症。我国四川、陕西、云南等省以及吉林省长白山地区是猪苓适宜产区。河南南阳的西峡、内乡，洛阳嵩县、洛宁、栾川，三门峡卢氏县有种植。

一、生物学特性

猪苓菌核呈长形块状或不规则块状，稍扁，表面凹凸不平，棕黑色或黑褐色，有皱纹及瘤状突起；断面呈白色或淡褐色，半木质化，较轻。子实体从地下菌核内生出，常多数合生，菌柄基部相连或多分枝，形成一丛菌盖，呈伞状半圆形，直径达 15 cm 以上。菌盖肉质，干后硬而脆，圆形，宽 1~8 cm，中部脐状，表面浅褐色至红褐色。菌肉薄，白色。菌管与菌肉同色，与菌柄呈延生；管口多角形。

猪苓不能自养，也不能寄生或腐生于其他绿色植物上，必须依靠蜜环菌提供养分，与蜜环菌保持共生关系。生长发育需要经过单孢子、菌丝体、菌丝菌核和子实体 4 个阶段。菌丝生长期最适温度为 15~24℃，一年中在 4~6 月和在 9~10 月两个阶段为菌丝的活跃生长期。当地温在 9℃时猪苓开始萌发，担孢子在适宜外界条件下萌发为初生菌丝和次生菌丝，温度 17~19℃时无数的菌丝密集缠绕成菌核。猪苓的菌核系多年生，环境不适时可长期休眠，遇蜜环菌和合适条件萌生出新的菌丝，温度20℃时突破菌核表层，首先形成白苓，当气温在8℃以下时进入冬眠期，25℃以上时菌体进入短暂休眠状态；白苓停止生长后即转为灰色。年末或第2年春为灰苓，秋季皮色更深，逐渐由灰变褐，第2年末或第3年春转变为黑苓。猪苓一年四季均可栽培，但以2~5月和10~12月栽培最好，应避开6~9月高温期。

种植猪苓的菌种可以选择黑苓或灰苓，也可以选择猪苓菌丝体。当用黑苓或灰苓作菌种时，用蜜环菌材伴栽，在适宜的温湿度条件下，能萌发产生新的菌丝，突破菌核表皮层，形成白苓，白苓生长、增大，最后形成黑苓（猪苓）。猪苓子实体生长适温15~25℃，以土壤含水量12%~30%，pH 4.5~5.8为宜。

二、选地与整地

猪苓最适合生长在海拔在300~1 500 m处，以半阳半背的坡向是最好的。它们主要生长在柞、桦、槭、榆、柳、杨等灌木丛中，以含腐殖质的微酸性沙黏土最为合适。选地之后就要顺坡挖窝，注意留有排水沟。

三、猪苓栽培技术

1. 蜜环菌菌材的培育　蜜环菌的好坏是影响猪苓生长发育的主要因素。

（1）树种的选择　以大叶橡树、青岗、桦树、栎树等树种为宜。

（2）截段　将直径6~10 cm的树棒截成长50~60 cm的短节，在树棒2~3面砍成鱼磷口深入木质层。晾晒20~30 d备用，如树棒过干可用0.25%的硝酸铵溶液泡1 d使用。

（3）培养方法　选用干净沙土地培育，挖坑深度15~20 cm，长60 cm，宽70 cm，将坑底土壤挖松整平，铺3 cm厚湿树叶，树叶上摆一层树棒5根，棒间留1~3 cm空隙，回填半沟沙土，在棒两端和两棒之间放入蜜环菌菌种，每隔5 cm放1个菌枝，洒一些清水，浇湿树棒，然后用沙土填实棒间空隙，以盖严树棒为准。然后再放入第2层树棒。如此方法依次放3层，最后盖沙土约10 cm，每10 d浇水1次，3~4个月可以长好菌丝，菌棒培养时间为每年

3~10月。

2. 前期材料准备

（1）种茎　每穴一般0.35~0.5 kg灰苓、黑苓作为种苓。

（2）菌材　每穴用树棒5根。直径6~10 cm的树棒截成长50~60 cm短节，在树棒面砍成鱼磷口深入木质层。晾晒20~30 d备用。

（3）树枝　每穴用鲜树枝2~2.5 kg，直径1~5 cm的树棒截成长5~8 cm的短节备用。

（4）菌种　每穴用蜜环菌2瓶或者培养好的菌棒3根。

（5）苓种　从前一年收获的黑苓或灰苓中选取，质量在100 g以下，无伤痕和腐烂，外皮黑褐色，断面白色，轻压有弹性的菌种作为苓种繁殖效果较好。

3. 栽植

（1）大田猪苓栽培　挖穴：在林地或沙地栽培，穴深15~20 cm，宽60 cm，长不限，穴底挖松整平。穴下填腐殖质土3~5 cm，穴中树棒，两边各放1根菌材，菌材与树棒间距4~5 cm，顺序为1根树棒1根菌棒，以此类推，长度不限，回填半沟细沙土，在蜜环菌材两边分别均匀放入0.35~0.5 kg苓种，后覆盖2~2.5 kg鲜树枝，单个平放，不重叠。

填土：将细土均匀填入菌棒与树棒空隙中间压实，最后用腐殖质土或沙土覆盖8~15 cm，穴面盖成平顶，便于保水保墒。

（2）温室猪苓栽培　选择四面透风的塑料大筐，塑料薄膜只围住筐体，筐体底部放入高8~10 cm的枯树叶，再加入高20 cm的腐殖土，将处理好的蜜环菌菌材（5~10 cm）放入腐殖质土上，间距3 cm，每筐6~8个菌材，将苓种放入菌材之间后覆腐殖质土，以刚盖住菌木为准，最上面加盖浸泡过的树叶。然后移入温室大棚。塑料筐离地5~10 cm，筐与筐间隔25 cm，大棚温度控制在18~25℃，空气相对湿度在50%，基质水分在30%~35%。

四、田间管理

猪苓栽后管理主要是保温保湿，在大田种植还应防止人畜践踏，及时除草，注意观察猪苓营养需求，增加菌棒覆土。

五、病虫害防治

1. 杂菌防治　主要是使用优质蜜环菌菌种和培育优质蜜环菌菌材，选用干净沙土地或生地培育菌材。

2. 虫害防治　防治蚂蚁、蛴螬，种植前可用 90% 敌百虫原粉稀释 800~1 000 倍液，栽前喷洒枯枝落叶，以杀死虫卵，也可用农药进行土壤杀虫。虫害发生期用 90% 敌百虫原粉稀释成 1 000 倍液，在窝内喷洒或浇灌防治。

六、采收加工

1. 采收　人工栽培猪苓一般 3~4 年即可收获。猪苓收获时间在每年 3 月和 11 月以后，休眠期收获的猪苓品质好。可开穴检查，黑苓上不再分生白苓或分生量很少，菌材已腐朽散架，可及时采挖。如果菌材木质较硬或使用的段木较粗，可只收获老苓、黑苓及灰苓，留下的白苓继续生长。如果段木已被充分腐朽，不能继续为蜜环菌提供营养，则必须全部起出，重新栽培。

2. 加工　收获之后，将大的猪苓加工作为商品，小的可作种继续栽培。鲜猪苓，洗净泥土，晒 5~10 d，含水率达 10%~12% 时，即可作为商品出售或保存，也可直接烘干。

七、质量评价

1. 经验鉴别　以外皮乌黑光润、断面洁白、体较重者为佳。

2. 检查　水分不得过 14.0%。总灰分不得过 12.0%。酸不溶性灰分不得过 5.0%。

3. 含量测定　照高效液相色谱法测定，本品含麦角甾醇不得少于 0.07%。

商品规格等级

猪苓药材有猪屎苓和鸡屎苓 2 个规格。鸡屎苓为统货，不分等级。猪屎苓分为选货和统货，其中选货分为 3 个等级。

猪屎苓选货一等：干货。多呈类圆形或扁块状，少有条形，离层少，分枝少或无分枝。长 5~25 cm，直径 2~6 cm，每千克＜ 160 个。表面黑色、灰黑色或棕黑色，皱缩或有瘤状突起。形如猪屎。体轻，质硬，断面类白色或黄白色，略呈颗粒状。气微，味淡。

猪屎苓选货二等：干货。每千克 160~340 个。余同一等。

猪屎苓选货三等：干货。每千克＞ 340 个。余同一等。

鸡屎苓统货：干货。呈条形，离层多，分枝多。长 3~9 cm。表面黑色、灰黑色或棕黑色，皱缩或有瘤状突起。形如鸡屎。体轻，质硬，断面类白色或黄白色，略呈颗粒状。气微，味淡。

猪屎苓